- Verwenden Sie für Kuchen Öl anstatt fester Fette. Oft können Sie einen Teil des Öls im Verhältnis 1 : 1 durch Milch oder Wasser ersetzen. Allerdings müssen Sie in diesem Fall eine „feuchte" Zutat in den Teig reiben, also z. B. Äpfel, Birnen, Karotten, Zucchini oder Kürbis. Ansonsten schmeckt der Kuchen trocken.
- Ersetzen Sie einen Teil oder das gesamte Weißmehl durch Vollkornmehl.
- Garen Sie fettarmes Fleisch bei niedrigen Temperaturen, dafür etwas länger.
- Achten Sie beim Braten von fettarmem Fleisch im Rohr darauf, dass die Feuchtigkeit nicht entweichen kann. Verwenden Sie deshalb einen Bratbeutel, Bratschlauch, einen Beutel aus Backpapier, den Römertopf oder andere gut schließende Backrohr-Behälter.
- Legen Sie fettarmes Fleisch für 1–2 Tage in eine fettarme Marinade aus z. B. verschiedenen Kräutern und Gewürzen, Knoblauch, Zwiebeln, Sellerie, Karotten und je einem Schuss Wein, Essig und Öl. Aber kein Salz, Salz trocknet aus! So gut wie möglich luftdicht abdecken.
- Stechen Sie die fettreiche Haut von Geflügel vor dem Garen ein, dann kann Fett ablaufen.
- Ersetzen Sie ⅓ des Faschierten für z. B. Sugo, Fleischlaibchen, Faschierten Braten oder andere Hackfleischgerichte durch geraspeltes Wurzelgemüse, z. B. Karotten, Sellerie und Petersilienwurzeln.
- Schneiden Sie das sichtbare Fett nach dem Braten in der Pfanne vom Fleisch weg. Vor dem Braten ist es nicht so empfehlenswert, da sonst das Fleisch trocken schmecken kann.
- Verzichten Sie auf das Öl im Nudelwasser, die Nudeln „von heute" kleben auch ohne Öl nicht mehr zusammen. Ausnahme: Sie wollen die Nudeln für den nächsten Tag vorkochen. Nudeln ohne Öl quellen weiter und werden daher weicher.
- Geben Sie auf die kalte Platte mindestens ⅔ fettarme Wurst- und Käsesorten und vergessen Sie die ausgleichenden „Beilagen" wie Radieschen, Gurken, Paprika, Pfefferoni, Kren, Senf, Bittersalate oder Rettich nicht. Ein Vollkornbrot dient als Tupfen auf dem i.
- Wenn Sie Wurst und Käse einkaufen, dann wählen Sie bewusst immer mindestens zur Hälfte fettarme Sorten aus.
- Geben Sie auf Ihr Brot immer eine Scheibe weniger Wurst oder Käse als bisher.
- Verwenden Sie für Ihr Frühstücksbrot wenig Fett, dafür mehr Marmelade.
- Bestreichen Sie Ihr Brot mit ¼ weniger Fett als bisher und bevorzugen Sie hochwertige, von Haus aus weiche Butter.
- Bereiten Sie die Bechamelsauce ohne Fett zu. Die Zubereitung ist dann wie bei einem Pudding. ⅔ der Milch aufkochen, die restliche Milch mit dem Mehl verrühren, unter Rühren in die heiße Milch einkochen und so lange weiterrühren, bis es blubbert.
- Lassen Sie bei Topfenstrudel und Topfenfüllen das Fett weg. Verwenden Sie stattdessen Obst oder Marmelade.

Dieses Buch beantwortet klar und einfach die häufigsten Fragen zum Thema Ernährung, zeigt kleine Regeln mit großer Wirkung und macht mit einprägsamen Tipps und leckeren Rezepten Appetit auf den gesunden Genuss. Mit kompetenten und ermutigenden ernährungsmedizinischen Ratschlägen bei häufigen Krankheiten, Stoffwechsel- oder Gewichtsproblemen und Allergien.

Das Buch ist in folgende Bereiche gegliedert:

- **Gesund essen – ja – aber wie?**
- **Trinken Sie sich fit!**
- **Obst**
- **Gemüse & Co!**
- **Salat**
- **Rund um das volle Korn!**
- **Fleisch und Fisch**
- **Milch und Milchprodukte**
- **Alkohol**
- **Tipps und Tricks rund um das liebe Gewicht**
- **Hilfreiches aus der Ernährungsmedizin**

Alle Rezepte sind sehr leicht nachzukochen und beinhalten Angaben zur Eignung für die schlanke Linie, bei Cholesterinproblemen, Gicht, Rheuma, Verstopfung, Diabetes, Zöliakie, Sprue, Weizenallergie, Milchzuckerunverträglichkeit, Kuhmilchallergie. Jedes Rezept enthält die errechneten Werte zu Kalorien, Eiweiß, Fett, Kohlenhydraten und Broteinheiten.

„Ein erfrischendes Buch, das in jeder Zeile zeigt, dass es praxistauglich ist und aus der Praxis heraus verfasst wurde."!

Privatdozent Dr. med. Edmund A. Purucker
Mitglied des Vorstandes des Verbandes für Ernährung und Diätetik (VFED) e.V.

ISBN 978-3-7022-2790-
9 783702 227906

- Schlagen Sie Frittiertes immer fest in Küchenpapier ein, 1 x fest andrücken und das Papier sofort entfernen, sonst weicht die Panade auf.
- Ersetzen Sie bei Buttercremen einen Teil der Butter durch Topfen oder Sauerrahm mit Gelatine.
- Sie können die Zuckermenge bei fast allen herkömmlichen Rezepten um ca. 10 % reduzieren. Aber bedenken Sie, Fett enthält bezogen auf die gleiche Menge mehr als doppelt so viel Kalorien. Sparen Sie deshalb als Erstes beim Fett.
- Bevorzugen Sie Fisch natur anstatt Fisch in Öl. Z. B. Thunfisch natur anstatt Thunfisch in Öl. In Öl eingelegter Thunfisch liegt bis zu 9! Stunden im Magen. Es kann also vorkommen, dass Sie beim Frühstückstisch noch an Ihr Abendessen erinnert werden.
- Legen Sie fettreiches Grillfleisch immer auf eine Grilltasse damit das Fett ablaufen kann. Eine flache Grillplatte ist nicht geeignet.
- Verwenden Sie für Germteig immer Öl anstatt fester Fette. Reduzieren Sie die Fettmenge um 20–30 % und die Flüssigkeitsmenge je nach Bedarf.
- Verwenden Sie für Saucen Fettkännchen oder Fettschöpfer. Das Fett schwimmt oben und die fettarme Sauce können Sie bequem entnehmen.
- Durchforsten Sie Ihre Vorratsschränke, vom Kühlschrank bis zum Süßigkeitenschrank. Wie viele Fettbomben sind versteckt? Wenn Sie sich nicht sicher sind, lesen Sie die Zutatenliste. Zutaten, die in der Liste weit vorne stehen, sind am reichlichsten im Produkt vorhanden.
- Lassen Sie keine Kalorienbomben, wie z. B. Kekse, Knabbereien oder Süßigkeiten, herumliegen.
- Bevorzugen Sie Wurstsorten aus ganzen Fleischstücken oder bei denen noch die Fleischstücke sichtbar sind. Z. B. Schinkenwurst.
- Essen Sie anstatt Aufschnitt kalten Braten, fettarme Sülzen oder Schinken.
- Lassen Sie beim Toast die Butter weg, z. B. beim Schinken-Käse-Toast.
- Wenn schon Naschereien, dann wählen Sie fettarme aus. Z. B. Trockenobst oder, wenn es „fertige" Süßigkeiten sein sollen, Gummibärchen, Baiser, Windringerl, Marshmallow, Reiscracker, Zuckerl – oder vielleicht genügt Ihnen auch schon ein Kaugummi?
- Knabbern Sie an Schüttelbrot, Laugenbrezeln, Salzstangerl und Pop Corn.
- Garen Sie bei Suppen zur Bindung eine Kartoffel mit. Mit wenig Milch aufgießen, pürieren und schon bekommt Ihre Suppe eine wunderbar sahnige Konsistenz.

Symbole

Anhand der Symbole erkennen Sie, welches Gericht für Sie optimal geeignet ist.

 für die schlanke Linie, zur Vorbeugung oder bei erhöhtem Cholesterinspiegel, Gicht, Rheuma, Verstopfung

 Diabetes

 Zöliakie, Sprue und Weizenallergie

 Milchzuckerunverträglichkeit und Kuhmilchallergie

 Eifrei

Die Autorin

Die Diaetologin ANGELIKA KIRCHMAIER ist durch die wöchentlichen Ernährungstipps auf Radio Tirol seit 2001 bekannt. Sie veranstaltet Vorträge und Seminare für professionelle wie private Anwender im In- und Ausland und gibt ihr Wissen in Ausbildung und Lehre weiter. Täglicher Sport sowie ein gesundes Essen geben der Autorin die nötige Energie, um die vielfältigen beruflichen Anforderungen und Familie unter einen Hut zu bringen.

Journal

für

die Baukunst.

In zwanglosen Heften.

Herausgegeben

von

Dr. A. L. Crelle,

Königlich-Preufsischem Geheimen-Ober-Baurathe, Mitgliede der Königlichen Akademie der Wissenschaften zu Berlin, Correspondenten der Kaiserlichen Akademie der Wissenschaften zu St. Petersburg und der Königlichen Akademieen der Wissenschaften zu Neapel und Brüssel, Ehrenmitgliede der Hamburger Gesellschaft zur Verbreitung der mathematischen Wissenschaften.

Zehnter Band.

In vier Heften.

Mit 19 Figurentafeln.

Berlin,

bei G. Reimer.

1836

Inhalt des zehnten Bandes.

Erstes Heft.

Zweites Heft.

Drittes Heft.

Viertes Heft.

Journal

für

die Baukunst.

In zwanglosen Heften.

Herausgegeben

von

Dr. A. L. Crelle,

Königlich-Preufsischem Geheimen-Ober-Baurathe, Mitgliede der Königlichen Akademie der Wissenschaften zu Berlin, Correspondenten der Kaiserlichen Akademie der Wissenschaften zu St. Petersburg und der Königlichen Akademieen der Wissenschaften zu Neapel und Brüssel, Ehrenmitgliede der Hamburger Gesellschaft zur Verbreitung der mathematischen Wissenschaften.

Zehnter Band.

Erstes Heft.

Mit zehn Figurentafeln (Taf. I. — X.).

Berlin,

bei G. Reimer.

1836.

1.

Beschreibung eines zu Berlin erbauten eisernen Dampfschiffes.

(Von dem Herrn Conducteur *Wilhelmy.*)

Dieses auf Tafel I. bis VI. abgebildete Dampfschiff ist zu Berlin, für Rechnung der Königl. Seehandlung, von dem Herrn Mechanicus Gilbert, aus Derbyshire in den Jahren 1834 und 1835 erbaut worden und zu der Fahrt zwischen Berlin und Hamburg bestimmt, welche es im März dieses Jahres beginnen soll. Das Schiff wird den Weg von Berlin nach Hamburg in drei Tagen, und stündlich $2\frac{1}{2}$ deutsche Meile zurücklegen. Der Schiffsraum ist zur Aufnahme von 30 bis 40 Passagieren eingerichtet; auch wird das Schiff noch andere Fahrzeuge am Schlepptau fortziehen.

Die Figuren 1. bis 6. (Taf. I.) zeigen die Form des Schiffes, und zwar Figur 1. im Grundrifs, Figur 2. von der Seite, Figur 3. der Länge nach, im Durchschnitt, Figur 4. die Ansicht des hinteren und Fig. 5. die Ansicht des vorderen Theils, oder der Brust des Schiffes; Figur 6. ist ein Querdurchschnitt.

Rippen, Knie und Bekleidung des Schiffes sind von Eisen. Die Länge des Schiffes beträgt im Boden, von der Spitze bis zur Steuer-Angel gemessen, 93 Fufs 2 Zoll; die Länge des Verdecks 109 Fufs 6 Zoll; die gröfste Breite 18 Fufs 6 Zoll. Auf ein Drittheil der Länge, nemlich an der Stelle, wo sich die Welle der Ruderräder befindet, ist die Breite des Schiffes bis auf 13 Fufs 6 Zoll rechtwinklig eingezogen, um für die Ruderräder Raum zu gewinnen, welche, wie die Figuren zeigen, mit hölzernen Kasten bedeckt sind.

Der Schiffskasten ist auf folgende Weise construirt.

Zuvörderst ist der ganze Körper durch das sogenannte Gerippe in ein festes System gebracht. Dieses Gerippe wird durch eiserne Rahmen gebildet, deren Gestalt sich nach dem jedesmaligen Querdurchschnitt ergiebt; sie sind, 4 Fufs von einander entfernt, nach der ganzen Länge des

Schiffes aufgestellt und mit einander fest verbunden. Sie bestehen aus geschmiedeten Eck- und Angeleisen *c, c* (Taf. II. Fig. 9.), mit Holz ausgefuttert, welche durch eiserne Anker oder Winkel mit einander verbunden sind; auch sind, um das Gerippe noch mehr in unverrückbarer Lage zu erhalten, und um das sogenannte Durchliegen des Schiffes zu verhüten, die unteren Rahmstücke durch diagonal liegende Breitflacheisen verbunden. Auf dem Boden des Schiffes liegen starke hölzerne Balken *y, y* (Fig. 13. und 14. Taf. VI.), die die Last der Dampfmaschinen vertheilen. Die Seiten des Gerippes sind mit 4 Fuſs langen, 2 Fuſs breiten und $\frac{3}{8}$ Zoll starken Tafeln *a, a* (Fig. 2. Taf. I.) aus geschmiedeten Eisenblechen bekleidet. Der Quadrat-Fuſs dieser Tafeln wiegt 5 Pfund. Die Tafeln sind zusammengeniethet, ohne daſs etwas in die Fugen gelegt wäre. Auf jeden Zoll Fuge befindet sich ein Nieth; 13 Niethe wiegen 1 Pfund; die Tafeln greifen $1\frac{1}{8}$ Zoll über einander; den Boden bilden ebenfalls solche Tafeln; jedoch sind dieselben hier $\frac{13}{32}$ Zoll dick. Sämmtliche Eisenbleche sind vom Königl. Hüttenwerke zu Neustadt-Eberswalde bezogen. An der Stelle, wo die Seitenwände auf dem Boden des Schiffes aufstehen, sind, der gröſseren Dichtigkeit und Festigkeit wegen, Reihen eiserner Tafeln, von 8 Fuſs lang, 14 Zoll breit und $\frac{1}{4}$ Zoll dick, am Boden und an den Seiten des Schiffes befestigt.

Das Verdeck hat einen hölzernen Bretterboden, welcher unmittelbar auf die oberen Rahmstücke des Gerippes befestigt ist.

Auf die Überbauhölzer *b, b* (Fig. 1. und 4. Taf. I.) sind Zapfenlager für die Ruderräderwelle angebracht. Diese Überbauhölzer werden von eisernen Stützen *c, c* (Fig. 2. und 4.) getragen.

Licht erhalten die inneren Räume des Schiffes durch die über das Verdeck hervorspringenden Fenster *d, e, f, g, h, i* (Fig. 1.). Die Treppe *k* (Fig. 3.) führt zu den beiden Kajüten für Herren und für Damen. Diese beiden Kajüten sind sehr elegant und bequem eingerichtet und mit polirtem Mahagoniholz ausgelegt; auch befinden sich Schlafbänke mit Matratzen darin. Die sehr winkligen Räume sind sehr zweckmäſsig zu Schränken, Kasten und Nebenabtheilungen der Kajüten benutzt; überhaupt ist groſse Eleganz mit der möglichsten Bequemlichkeit verbunden worden. Die Treppe *l* (Fig. 3.) führt zu derjenigen Abtheilung des Schiffes, in welcher sich die Dampfmaschinen und die Kessel befinden. Die Fenster *f, f* (Fig. 1.) erleuchten die Maschinenkammer, und das über der Treppe befindliche Fenster *g* giebt das zur Erleuchtung der Kesselräume nöthige Licht. Neben den Kesseln ist noch so viel Raum vorhanden, als nöthig, um den zur ganzen Reise nöthigen Kohlenbedarf unterzubringen. Zu dem Speisezimmer und der Passagierstube, welche von den Fenstern *h* und *i* erleuchtet werden, gelangt man durch die Treppe *o* (Fig. 1.). Diese Abtheilungen sind weniger verziert, als die Kajüten; jedoch ist alles zweckmäfsig und bequem angeordnet.

Die Tafeln II. bis VI. stellen die Dampfmaschinen vor, welche das Schiff in Bewegung setzen. Die Figuren 7., 8. und 9. (Taf. II.) sind Durchschnitte eines Kessels nach der Breite und Länge, und der Grundrifs *D* (Fig. 7.) ist die Ansicht eines Kessels. Da sich an den Maschinen kein Schwungrad befindet, so waren *zwei* Maschinen, mit zwei Kesseln, nothwendig, die aber einander ganz gleich sind, weshalb die Abbildung und Beschreibung e i n e s Kessels und einer Maschine genügt.

Jeder Kessel ist 12 Fufs lang, 5 Fufs 9 Zoll breit und 3 Fufs 8 Zoll hoch, aus $\frac{1}{2}$ Zoll starken geschmiedeten Eisenblechen verfertigt, und hat zwei Feuerungen *a, a* (Fig. 9.). *b, b* (Fig. 8. und 9.) sind die Roste, worunter sich der Aschenfall befindet; *e, e* in *D* (Fig. 7.) sind ein Paar Stangen, an deren Enden Eisenbleche befestigt sind, welche, angezogen, den auf den Eisenblechen sich ansammelnden Schutt in den Aschenfall fördern. Die Einrichtung der Züge *d* zeigen Figur 7., 8. und 9.; sie ziehen sich durch den ganzen Kesselraum, so dafs das Feuer, welches durch sie hinströmt, das zwischen und über ihnen befindliche Wasser sehr bald zum Sieden bringt. Auf einem gemeinschaftlichen Mantel *f* (Fig. 8. und 9.) der beiden Kessel befindet sich ein Schornstein *g*, von 22 Fufs hoch und 2 Fufs 2 Zoll im Lichten weit. Die Aufsen- und Zwischenwände der Kessel bestehen aus $\frac{1}{2}$ Zoll starken geschmiedeten Eisenblechen, welche durch die Stützen *h* (Fig. 9.) mit einander verbunden sind. Die Dicke des Eisenbleches in Mantel und Schornstein beträgt nur $\frac{1}{4}$ Zoll. Der Dampfraum ist in Figur 7. und 8. mit *i* bezeichnet. In der Decke desselben befindet sich ein Sicherheitsventil *x* (Fig. 7.); darüber ist ein Ableitungsrohr angebracht, welches nach dem Schornstein führt. *k, k*, in *D* (Fig. 7.), sind zwei Probierhähne, welche das Wasser und den Dampf im Kessel anzeigen; der eine Hahn mufs, geöffnet, Dämpfe, der andere Wasser geben. *l* (Fig. 7.) ist das Zuleitungsrohr, welches dem Dampfcylinder der Maschine den Dampf zuführt. *n* (Fig. 8.) ist eine Öffnung, durch welche die Kessel gereinigt werden können. Die Thüren *m* (Fig. 7.) führen zu dem Aschenfall. Jeder Kessel wiegt etwa 200 Centner.

Zur Bewegung des Dampfschiffes sind, wie gesagt, *zwei* Maschinen vorhanden, welche, da sie gemeinschaftlich den gleichförmigen Gang des Schiffes hervorbringen, des Schwungrades entbehren können. Sie sind nach der neuern Constructions-Art, nemlich nach dem Expansiv-System erbaut. Eine Maschine, für sich, ohne Schwungrad, würde nicht im Gange erhalten werden können; die verbundenen Maschinen sind, wie sich später näher zeigen wird, so angeordnet, daſs das Maximum des Effects der einen Maschine immer mit dem Minimum des Effects der andern zusammentrift, damit, wenn in auf einander folgenden Zeittheilen des Kolbenhubes die Kraft der einen Maschine um eine gewisse Gröſse abnimmt, die andere Maschine einen eben so groſsen Zuwachs an Kraft erhält. Es wirkt auf diese Weise zu allen Zeiten eine gleiche Kraft, welche also einen gleichförmigen Gang der beiden durch die Ruderräderwelle mit einander verbundenen Maschinen hervorbringt. Ich werde die Maschinen nach der mir vom Herrn Mechanicus Gilbert gegebenen Erläuterung beschreiben, und zwar wird, weil die beiden Maschinen einander ganz gleich sind, nur die Beschreibung einer Maschine folgen, und dann nur noch die Verbindung beider Maschinen näher zu erörtern sein.

Figur 10. und 11., Tafel III. und IV. stellen die eine Dampfmaschine mit der Hälfte der Ruderräderwelle und einem Ruderrade vor: also die eine Hälfte des ganzen Triebwerks des Schiffes; und zwar im Grundriſs und im Durchschnitt nach der Länge des Schiffes. Die Figuren 12., 13. und 14. (Taf. V. und VI.) zeigen die Ansicht der Maschine nach der Länge und Breite, so wie den Querdurchschnitt.

a ist in allen diesen Figuren der Dampfcylinder, an welchem sich der kleinere Halbcylinder, oder der Schieberkasten *b* (Fig. 10., 11., 12.) anschlieſst, der durch seine luftdicht anpassenden Röhrenansätze die Communication des Dampfcylinders mit dem Kessel vermittelt. In diesem Schieberkasten *b* bewegt sich ein anderer, kleiner, hohler Cylinder, der Schieber *c* (Fig. 11.), auf und nieder; dieser Schieber ist überall, bis auf die Lappen, welche sich an seinen Enden befinden, und welche an den Schieberkasten luftdicht passen, so wie es Figur 11. zeigt, etwas dünner als der Durchmesser der inneren Höhlung des Cylinders *b*. Der hohle Schieber *c*, auch als Ableitungsröhre dienend, erhält bei dem Gange der Maschine seine auf- und niedergehende Bewegung, innerhalb des Cylinders *b*, durch die sogenannte Steuerung. Diese besteht aus der auf die Welle der Ruderräder fest aufgesteckten excentrischen Scheibe *g* (Fig. 10. und 11.), mit welcher ein Arm *d* verbunden ist, der durch die Umdrehung der Scheibe eine hin- und hergehende Bewegung erhält; und zwar ist der Weg, den der Arm durchläuft, bei einer Umdrehung der Welle, gleich der doppelten Excentricität der Scheibe. Der Arm *d* hat an seinem Ende eine längliche Schlitzöffnung, welche einen Schenkel *f* eines Winkelhebels zur bestimmten Zeit andrückt. Auf dem Dampfcylinder stehen nämlich zwei Ständer, mit Zapfenlagern an ihren oberen Enden, worin die Axe *x* (Fig. 11.) des Winkelhebels drehbar ist; an den Enden dieser Axe sind die Schenkel *f* und *e* desselben befestigt, und der Arm *d* steht mit dem Schenkel *f* so in Verbindung, daſs wenn die Enden seiner Schlitzöffnung den Schenkel *f* bei der Umdrehung der Welle andrücken, der damit fest verbundene Schenkel *e* in einer senkrechten Ebene sich auf und nieder bewegt. Um den Punct *e* (Fig. 11.) des Schenkels ist die Lenkstange *i*, woran der Schieber *c* befestigt ist, ebenfalls in einer senkrechten Ebene beweglich. Die Bewegung der Steuerung bei der Umdrehung der Welle ist also folgende. Dreht sich die Axe der Radwelle, so wird der Arm *d* durch die excentrische Scheibe hin- oder hergeführt, wodurch die Enden der Schlitzöffnung, nach einer bestimmten Zeit der Bewegung, den Schenkel *f* des Winkelhebels andrücken; hierdurch gerathen der andere Schenkel und die daran befindliche Lenkstange, woran der Schieber *c* befestigt ist, in eine auf- oder niedergehende Bewegung, je nachdem der Arm *d* eine nach dem Dampfcylinder hin gerichtete Bewegung, oder die entgegengesetzte hatte.

Mit dem Kolben *l* des Dampfcylinders (Fig. 11., 12., 13., 14.) steht die Senkrechtführung, oder das sogenannte Parallelogramm, in Verbindung. Es ist nemlich am oberen Ende des Kolbens der Querbalken *m* befestigt, welcher so lang ist, daſs die an seinen Enden befindlichen Arme *r* (Fig. 11. und 12.), nebst den Lenkstangen *n* (Fig. 14.), bei der Bewegung den Dampfkolben passiren können. Um dem Wege des Kolbenhubes mehr Bestimmtheit zu geben, sind die Ständer *o* (Fig. 13. und 14.) auf dem Dampfcylinder angebracht, an welchen sich die Winkelarme *p* um einen Punct auf- und niederdrehen können. Diese Winkelarme stehen mit den senkrechten Führern *q* (Fig. 10. bis 14.) in Verbindung, welchen durch die mit dem Querbalken *m* lose verbundene Radiusstange *r* die auf- und niedergehende Bewegung mitgetheilt wird. Die unteren Enden der senkrechten Führer sind an den Seiten der beiden Balanciers drehbar befestigt, so dafs auf diese Weise die Bahn der Bewegung vermittelst der festen Ständer *o* (Fig. 14.) bestimmt ist.

Für jede Maschine sind zwei Balanciers vorhanden, deren Zapfenlager in dem gufseisernen Gestell der Maschine angebracht sind. Die beiden Balanciers sind durch Querbalken mit einander fest verbunden, so dafs sie gleichsam nur einen ausmachen. Die dem Hintertheile des Schiffes zugekehrten Enden der Balanciers sind durch den auch dort befindlichen Querbalken mit der Bläuelstange *s* (Fig. 12.) des Krummzapfens *t* der Ruderräderwelle in Verbindung gebracht. Die Lenkstange ist nämlich, um die Mitte des runden Querbalkens drehbar, daran befestigt, und das obere Ende der Lenkstange ist ebenfalls um den Krummzapfen beweglich, so dafs bei der Bewegung des Kolbens die Senkrechtführung die Balanciers und diese die Lenkstange, und also auch den Krummzapfen, und mit ihm die Ruderräderwelle, worauf die Ruder fest aufsitzen, herumführen. *v* (Fig. 12.) ist eine Vorrichtung, um die Länge der Lenkstange durch Keile zu reguliren.

Die Arme der Ruderräder (Fig. 11.) sind aus geschweifstem Eisen gemacht; es sind ihrer acht. Sie sind 10 Fufs lang $2\frac{1}{2}$ Zoll breit und oben $\frac{3}{8}$, unten $\frac{5}{8}$ Zoll dick. Die Schaufeln der Räder sind aus $\frac{1}{2}$ Zoll starken, 3 Fufs 6 Zoll langen und 1 Fufs 6 Zoll breiten, geschmiedeten Eisenblechen verfertigt.

Die Pumpe, welche das Wasser in den Kessel bringt, ist eine Saug- und Druckpumpe zugleich; *w* (Fig. 10.) ist die Saug- und *x* die Druckpumpe; die erste saugt das Wasser von der Seite des Schiffes her ein, und die andere drückt das gesaugte Wasser in den Kessel. Die Bewegung des Pumpenkolbens wird durch eine ähnliche Vorrichtung, wie die des Kolbens im Dampfcylinder, hervorgebracht. Es ist nemlich ein über demselben befindlicher Querbalken angebracht, woran Lenkstangen befestigt sind, deren andere Enden mit den Balanciers in Verbindung stehen.

Die Gestelle der Maschinen stehen auf den starken hölzernen Balken *y*, *y* (Fig. 13. und 14.), welche 40 Fufs lang sind und das Gewicht und die Kraftäufserungen der Maschinen gleichförmig vertheilen. Die Liederung des Kolbens, der Kolbenstange und des langen Schiebers etc. ist aus Hanf gemacht.

Der Gang der Maschine ist folgender. Der Dampf des Kessels strömt durch die Dampfröhre *z* (Fig. 11.) in den Schieberkasten *b* ein, und umhüllt den Schieberkasten *c* von allen Seiten; er kann jedoch nur durch die eine der Öffnungen β, β in den Dampfcylinder strömen, indem ihm der lange Schieber das Eindringen in die andere Öffnung versperrt. Der Dampf treibt nun den Kolben, wenn er z. B. zuerst in die untere Öffnung eintritt, hinauf, und setzt durch die Senkrechtführung die Balanciers, und durch die Lenkstange *s* den Krummzapfen *t*, die Ruderwelle, und also auch die excentrische Scheibe, in eine nach dem Hintertheil des Schiffes gerichtete Bewegung, durch welche der Arm *d* eine geradlinige Bewegung bekommt. Hat der Kolben sich so weit hinauf bewegt und die excentrische Scheibe so weit gedreht, daſs der Schieber *c* niedergehen muſs, so drückt das hintere Ende der Schlitzöffnung im Arme *d* den Schenkel *f* des Winkelhebels *exf* an, so daſs sich der andere Schenkel *e* um die Achse *x* niederbewegt; die daran befindliche Lenkstange, an welcher der Schieber *c* befestigt ist, geht dann ebenfalls hinunter und verschlieſst zuerst die untere Öffnung β, so daſs der Kolben durch die Expansion des im unteren Cylindertheile allein befindlichen Dampfes, welcher jetzt mit dem im Kessel nicht mehr communiciren kann, in kurzer Zeit noch weiter getrieben wird. Der noch übrige Theil des Aufsteigens, den der Kolben noch zu durchlaufen hat, kann nur mit Hülfe der zweiten Maschine und vermöge des Beharrungs-Vermögens zurückgelegt werden, indem unmittelbar nach dem Zeitpunct, in welchem der untere Cylindertheil vom Dampfkessel abgeschlossen war, der obere sowohl, als der untere Cylindertheil mit der Atmosphäre in Verbindung stehen, also von beiden Seiten des Kolbens gleicher Druck vorhanden ist. Die Maschine würde nun still stehen, wenn nicht das Beharrungs-Vermögen, und die Kraft der anderen Maschine, welche in diesem Zeitpuncte gerade die gröſste Kraft besitzt, den Kolben, und mit ihm den Schieber *c*, niederdrückte. Es wird nemlich der über dem Kolben befindliche Theil des Cylinders durch die obere Öffnung β im Dampfcylinder mit dem im Kessel sich bildenden Dampf in Verbindung gebracht, und da die obere Öffnung schon die Verbindung der Luft mit dem oberen Cylindertheile gestattet, so wird der Kolben hinunter getrieben. In der Nähe seines niedrigsten Punctes hat der Kolben eine gleiche Stelle, wie oben, welche nur durch das Beharrungsvermögen und durch die Kraft der andern Maschine überschritten wird. Hat der Kolben seinen untersten Punct erreicht, so ist schon früher durch den Schieber der obere Cylindertheil dem Dampf im Kessel verschlossen worden, wogegen bei dem untern Cylindertheile jetzt das Entgegengesetzte Statt findet; und so leidet, wenn nur immer Dampf vorhanden ist, das Kolbenspiel keine Unterbrechung. Durch das Auf- und Niedergehen des Kolbens gerathen die Senkrechtführung, und mit ihr die Balanciers, um ihre gemeinschaftliche Achse in Bewegung. Die Lenkstange *s*, am anderen Ende der Balanciers, nimmt beim Niedergehen des Kolbens eine steigende Bewegung an, wodurch der Krummzapfen, und mit ihm die an derselben Welle befindlichen Ruderräder, eine dem Vordertheil des Schiffes zugerichtete rotirende Bewegung erhalten (wenn man nemlich diejenige Hälfte der Räder betrachtet, welche dem Vordertheile zugekehrt ist). Das Wasser, oder vielmehr das Schiff, wird daher durch die Schaufeln aus seiner Stelle getrieben.

Eine einzelne Maschine, für sich betrachtet, hat in denjenigen Momenten den geringsten Effect, wo der zugehörige Kolben dem höchsten oder dem niedrigsten Puncte im Hube sich nähert. Denn es wirkt alsdann, einestheils aus den eben angeführten Gründen, im Cylinder nicht mehr die Expansion des Dampfes auf die Bewegung des Kolbens, andrerseits ist das Moment des Krummzapfens, womit derselbe auf die Welle wirkt, in diesen Momenten beinahe Null und in dem Augenblick, wo der Kolben den höchsten oder den niedrigsten Punct erreicht hat, völlig Null. In diesem Augenblick ist aber gerade die Kraftäufserung der anderen Maschine (dieselbe für sich betrachtet) die gröfseste. Denn da an der gemeinschaftlichen Welle die Krummzapfen der beiden Maschinen gegen einander *unter einen rechten Winkel* gestellt sind, so liegt, wenn der eine Krummzapfen senkrecht steht, der andere horizontal. Steht daher der Kolben der einen Maschine in seinem höchsten oder niedrigsten Puncte, so wird der Kolben der andern Maschine in der Mitte des Dampfcylinders sich befinden; und da nun in der Mitte des Hubes jedesmal der Kolben die volle Kraftäufserung des im Kessel vorhandenen Dampfes erfährt, also die gröfste, welche möglich ist: so ist der Effect der einen Maschine ein Maximum, während der der anderen ein Minimum ist. Die Ruderwelle, an welcher sich die Krummzapfen beider Maschinen befinden, mufs daher auch immer die gemeinschaftliche Wirkung beider Maschinen erfahren, wodurch denn beständig ein möglichst gleichförmiger Gang erzielt wird, was sonst ein Schwungrad würde thun müssen. So wie das Moment des einen Krummzapfens wächst, wird das Moment des anderen abnehmen.

Jeder Dampfcylinder hat 2 Fufs im Durchmesser und ist 2 Fufs 3 Zoll im Lichten hoch, so dafs die Höhe des Kolbenhubes 2 Fufs 2 Zoll beträgt. Der Druck, welchen der Dampf im Kessel ausübt, beträgt auf den Quadratzoll 19 Pfund; derjenige hingegen, welchen der Kolben im Dampfcylinder erfährt, beträgt 7 Pfund weniger: also nur 12 Pfund auf den Quadratzoll. Hieraus, und aus der Zahl der Kolbenhube in jeder Minute, läfst sich die Kraft der Maschine berechnen. Beide Maschinen haben zusammen die Kraft von 58 Pferden: eine Kraft, welche auch beim stürmigsten Wetter das Schiff forttreiben wird. Das der Königl. Seehandlung gehörige Dampfboot Henriette hat eine Maschine von etwa 30 Pferden Kraft, welche jedoch nicht hinreichend ist, starke Stürme zu überwinden. Die Maschinen des neuen Bootes haben deshalb einen so grofsen Zuwachs von Kraft erhalten.

Die durchschnittliche Geschwindigkeit des Dampfschiffes wird $2\frac{1}{2}$ deutsche Meilen in 1 Stunde sein, so dafs, bei ununterbrochener Fahrt, die Reise, von etwa 70 Meilen, in 28 Stunden zu beendigen sein würde. Man kann indessen nicht ohne Aufenthalt bei Tag und Nacht fahren, weil nach Sonnen-Untergang das Schiff keine Brücke, deren 8, und keine Schleuse, deren 2 vorhanden sind, passiren darf.

Die zu den Fahrten nöthigen Kohlen sollen aus Schlesien bezogen werden. 12 Pfund dieser Kohlen geben der Maschine 1 Stunde lang 1 Pferde-Kraft. Der ganze Kohlenbedarf zu einer Reise, der seinen Platz neben den Kesseln findet, beträgt also 28.58.12 oder 19488 Pfund, oder etwa 180 Ctr.

Aufser den 40 Personen, die im Schiffe Platz finden, wird dasselbe noch zwei beladene Kähne, jeden Kahn im Durchschnitt mit 1500 Ctr. Fracht, fortschaffen.

Die Construction des Dampfschiffes von Eisen gewährt demselben den grofsen Vortheil, dafs es sehr seichte Stellen passiren kann, indem es, wenn es alles Nöthige zur Reise geladen hat, und gegen 40 Passagiere dasselbe bestiegen haben, doch nur 19 Zoll tief einsinken wird, wogegen ein gleich grofses hölzernes Schiff wohl 3 Fufs Wasser ziehen würde. Auf der Reise nach Hamburg wird es also wohl nie vorkommen, das eiserne Dampfboot leichten zu müssen, indem schwerlich ein so niedriger Wasserstand eintreten wird.

Damit das Schiff von den Schwankungen, welche die Bewegung der Maschinen hervorbringt, so wenig als möglich leide, ist die Achse der Ruderräderwelle zugleich die Schwerlinie des ganzen Schiffes, also so wenig als möglich der Bewegung ausgesetzt.

Zur Steuerung des Bootes dient die Vorrichtung, welche Fig. 1. und 3. zeigen. *n*, *n* sind Ständer, die an ihren oberen Enden Zapfenlager haben, worin eine Achse *q* mit einem Kegelrade *r* liegt und sich drehen kann. In dasselbe greift das horizontale conische Rad *s*, an dessen Mittelpunct sich die senkrechte Achse *t* befindet, woran das Steuer befestigt ist. So wie das Rad *u*, welches an der Welle *q* fest aufsitzt, durch die Handhaben gedreht wird, erhält das Steuerruder die gewünschte Bewegung.

Berlin, den 6. Januar 1836.

2.

Versuche über die Widerstandsfähigkeit der bekanntesten und nützlichsten Bausteine, welche das Rheinische Schiefergebirge und das daran grenzende Flötzgebirge an der Mosel und in den Ardennen liefern, angestellt im Festungs-Bauhofe zu Coblenz.

(Von dem Königl. Preufs. Ingenieur-Premier-Lieutenant Herrn *Beise* zu Coblenz.)

(Fortsetzung der Abhandlung No. 6. Heft 1., No. 12. Heft 3. und No. 14. Heft 4. des vorigen Bandes.)

---

§. 13.

Tab. XIII. Quarz-Conglomerat,

so wie es sich in der Grauwackonformation des Rheinischen Schiefergebirges, auf dem südöstlichen Abhange des Taunus, bei Schweich an der Mosel und in der Umgegend von Coblenz findet. Dieses Conglomerat hat zum Theil ein sehr festes Ansehen, wie der Granit, zum Theil ist es weniger fest. Als Baustein wenig anwendbar, höchstens zum Strafsenbau, weil die darin befindlichen Quarzkörner sehr fest sind, wie auch das thonige eisenhaltige Bindemittel.

Laufende No.	Stein-Arten und Fund-Ort. Art, wie sie unter die Presse gebracht wurden.	Dimensionen in Preufsischen Zollen.			Gewichte, bei welchen man die Trennung hörte, ehe sich Risse zeigten, Pr. Pfd.	Gewichte, durch welche feine Risse entstanden, die nur so eben sichtbar wurden, Pr. Pfunde.	Gewichte, bei welchen sich die entstandenen Risse bis auf $\frac{1}{10}$ Linie erweiterten, Pr. Pfunde.	Gewichte, welche die Zerstörung der Steine bewirkten, Pr. Pfd.	Gewichte, bei welchen die Ecken absprangen, oder sich einzelne Flächen abschälten, Pr. Pfunde.	Compression des Steines, unmittelbar vor der Zerstörung beobachtet, wo es möglich war, in Pr. Linien.	Besondere Bemerkungen und Beobachtungen.
		Länge.	Breite.	Höhe.							
269.	Quarzconglomerat vom nördlichen Taunushange. Ohne Unterlagen.	4	4	$3\frac{5}{8}$	84560	84560 Ein Rifs.	88335 Der erste, 111740 mehrere.	120045	Keine.	$1\frac{1}{4}$	Dieser Stein hatte ein granitartiges Ansehen, es fehlte ihm jedoch der Feldspath und der Glimmer. In unreguläre Stücke zerstört.
270.	Desgl.	4	4	4	39260	43035 Ein Rifs, 55112 mehrere.	62665 Alle erweitert.	62665	Keine.	1	Weniger festes Ansehen als der vorige. Dieser und der vorige Stein wurden auf ihren natürlichen Lagern zerdrückt.
271.	Desgl., jedoch aufs Haupt oder die natürlichen Lager vertikal gestellt. Ohne Unterlagen.	$3\frac{1}{4}$	4	$4\frac{1}{6}$	12835	12835	21895	21895	Keine.	1	Die Lager trennten sich als Risse entstanden, deshalb wurde er wahrscheinlich so früh zerstört.

Laufende No.	Stein-Arten und Fund-Ort. Art, wie sie unter die Presse gebracht wurden.	Dimensionen in Preufsischen Zollen. Länge.	Breite.	Höhe.	Gewichte, bei welchen man die Trennung hörte, ehe sich Risse zeigten. Pr. Pfd.	Gewichte, durch welche feine Risse entstanden, die nur so eben sichtbar wurden. Pr. Pfunde.	Gewichte, bei welchen sich die entstandenen Risse bis auf $\frac{1}{10}$ Linie erweiterten. Pr. Pfunde.	Gewichte, welche die Zerstörung der Steine bewirkten. Pr. Pfd.	Gewichte, bei welchen die Ecken absprangen, oder sich einzelne Flächen abschälten. Pr. Pfunde.	Compression des Steines, unmittelbar vor der Zerstörung beobachtet, wo es möglich war, in Pr. Linien.	Besondere Bemerkungen und Beobachtungen.
	Die beiden mit ihren natürlichen sichtbaren Lagern horizontal unter die Maschine gebrachten Exemplare trugen daher pro Quadratzoll:										
	No. 269. . . .	-	-	-	5285	5285	6252	7503	- -	- -	
	No. 270. . . .	-	-	-	2454	3067	3916	3916	- -	- -	
	Summa	-	-	-	7739	8352	10168	11419	- -	- -	
	Durchschnittlich pro Quadratzoll .	-	-	-	3869	4176	5084	5709	- -	- -	
	Der aufs Haupt gestellte Stein dagegen trug nur:										
	No. 271 . . .	-	-	-	987	987	1607	1607	- -	- -	Hieraus folgt, dafs diese Steinart nie aufs Haupt gestellt werden darf, wenn sie einen Theil einer Mauer bildet.

§. 14.

Tab. XIV. Trasse (eine Art Tufstein).

Dieser Stein findet sich unweit des Laacher Sees bei Pleidt (wo die beste ist) unweit Brohl am Rhein u. s. w. in breiten und mächtigen Lagern; er gleicht beinahe dem Backofen-Stein am Bell, aber er hat mehr und gröfsere Poren, und keine fremden Bestandtheile. Man mahlt ihn im Thale, welches am Tönnestein nach Brohl hinuntersteigt, auf vielen Mühlen, und im so vermahlenen Zustande wird er als Handelsartikel ausgeführt. Da aber in der Nähe dieser Mühlen mehrere feine Sandarten vulkanischer Natur vorhanden sind, welche dem Trafsmehl gleichen, so wird es damit verfälscht. Aus diesem Grunde wurde zu den nahen Festungsbauten von Coblenz und Cölln, um daraus Cement zu bereiten, der rohe Stein angekauft, und auf eigenen Mühlen in dem Baubereich selbst vermahlen. Eine Tonne gebrannter Muschelkalk, 1 Tonne Trafsmehl und 1 Tonne schwarzer vulkanischer Sand gab einen vorzüglichen Wassermörtel, weil der Muschelkalk (in der Umgegend von Trier zu Tage kommend) schon viele Bestandtheile enthält, die ihn hydraulisch machen. Eine Tonne guter gebrannter Muschelkalk (untere Abtheilung Wellenkalk) und zwei Tonnen Trafsmehl geben einen guten wasserdichten Cement für Cysternen u. s. w. Mit Übergangs- oder Marmorkalk von der Lahn u. s. w. vermengt giebt dieser Trafs einen sehr guten hydraulischen Mörtel, welcher stärker erhärtet als mit Muschelkalk, wenn man eine Tonne eingesumpften Übergangskalk mit 3 bis 5 Tonnen Trafsmehl vermengt. Dasselbe gilt von den bei Mainz, Wiesbaden und Mosbach unter dem aufgeschwemmten Terrain liegenden Süfswasserkalk, tertiärer Bildung, welcher auch vorher eingesumpft werden mufs, ehe man ihn mit Trafs verbindet. Ein tüchtiges Durcharbeiten und Stampfen giebt bei gleichem Mischungsverhältnifs den besten Mörtel und Cement, wenn man nicht zu viel Wasser zusetzt. Beim Prüfen dieser Steinart, welche wegen ihrer köstlichen hydraulischen Eigenschaft nicht leicht als Baustein benutzt werden wird, als da wo keine andere Steinart vorkommt, zeigte sich eine merkwürdige Erscheinung, nemlich durch die grofsen Poren (wie verwitterter Mandelstein) entstand eine schnelle Compression, so dafs die Schraube immer stofsweise wirkte, und deshalb die Gewichte immer in sehr kleinen Theilen auf die Wagschale gelegt wurden.

272.	Gelbbrauner Trafsstein von Pleidt bei Andernach. Ohne Unterlagen.	3	3	3	10570	10570	15856	18120	Keine Ecke.	3	Zerbrach in ganz unregelmäfsige Körper, Körner u. Staub.
273.	Desgl.	6	6	3¼	12843	12843	24915	49080	Desgl.	3	Wie der vorige.
274.	Desgl.	6	6	4½	17365	17365	26425 Ein Rifs, 38505 mehrere.	49080	Desgl.	1	Desgl.

Laufende No.	Stein-Arten und Fund-Ort. Art, wie sie unter die Presse gebracht wurden.	Dimensionen in Preufsischen Zollen. Länge.	Breite.	Höhe.	Gewichte, bei welchen man die Trennung hörte, ehe sich Risse zeigten. Pr. Pfd.	Gewichte, durch welche feine Risse entstanden, die nur so eben sichtbar wurden. Pr. Pfunde	Gewichte, bei welchen sich die entstandenen Risse bis auf $\frac{1}{10}$ Linie erweiterten. Pr. Pfunde.	Gewichte, welche die Zerstörung der Steine bewirkten. Pr. Pfd.	Gewichte, bei welchen die Ecken absprangen, oder sich einzelne Flächen abschälten. Pr. Pfunde.	Compression des Steines, unmittelbar vor der Zerstörung beobachtet, wo es möglich war, in Pr. Linien.	Besondere Bemerkungen und Beobachtungen.
275.	Desgl.	6	5	$4\frac{11}{12}$	41525	41525	43035	44545	Keine Ecke.	2	Desgl.
276.	Desgl.	6	5	$6\frac{1}{12}$	15860	15860 Ein Rifs.	20385 Der erste, 23405 entstand ein neuer.	29445	12845	3	Desgl.
277.	Ein cylindrischer Stein.	5	dia.	6	38510	38510	46054	46054	20380	1	Desgl.
	Die beiden 3 Zoll hohen Steine trugen pro Quadratzoll Widerstandsfläche:										
	No. 272. . . .	-	-	-	1174	1174	1762	2002	- -	- -	
	No. 273. . . .	-	-	-	357	357	831	1363	- -	- -	
	Summa	-	-	-	1531	1531	2593	3365	- -	- -	
	Durchschnittlich pro Quadratzoll:	-	-	-	765	765	1296	1623	- -	- -	
	Die 5 Zoll hohen Steine trugen pro Quadratzoll Widerstandsfläche:										
	No. 274. . . .	-	-	-	482	482	902	1363	- -	- -	
	No. 275. . . .	-	-	-	1384	1384	1434	1485	- -	- -	
	Summa	-	-	-	1866	1866	2326	2848	- -	- -	
	Durchschnittlich pro Quadratzoll:	-	-	-	933	933	1163	1424	- -	- -	
	Der 6 Zoll hohe viereckige Stein trug pro Quadratzoll:										
	No. 276. . . .	-	-	-	529	529	729	981	- -	- -	
	Der 6 Zoll hohe cylindrische Stein leistete einen Widerstand pro Quadratzoll:										
	No. 277. . . .	-	-	-	1962	1962	2347	2347	1039	- -	

Flötzgebirgsarten.

Dieses Gebirge grenzt bei **Trier** und an der **Sauer** an das Grauwackengebirge, und erstreckt sich über das Grofsherzogthum Luxemburg bis an die höhern Ardennen, die Umgegend von **Metz**, **Nancy**, **Vic**, **Dieuze**, **Sarrelouis**, **Saarbrück** u. s. w., in so weit es hier in Betrachtung kommt.

Bei den angestellten Versuchen war es nicht möglich, das Rothe-todtliegende, den Kupferschiefer-Alpenkalk und Zechstein zu erhalten, wegen der weiten Entfernung ihres Vorkommens. Der Zechstein kommt blofs an der Maas zu Tage und konnte nicht herbeigeschafft werden. Eben so konnte man keinen Oolithen oder Jurakalk in hinreichend grofsen Exemplaren erhalten.

§. 15.

Tab. XV. Muschelkalk. Untere Abtheilung: Wellenkalk.

Befindet sich am östlichen Abhange der Ardennen im Grofsherzogthum Luxemburg und an der Mosel bei **Trier**, wo er über dem Mergel auflagert, welcher den bunten Sandstein bedeckt. Seine Farbe ist gelbgrau mit eingesprengten kleinen Muscheln und Crystallen von Kalkspath. Dieser Kalk wird schon mit Vortheil zu Wasserbauten angewandt, wenn er mit Trafs- oder Ziegelmehl verbunden wird. Ohne diese Beimischung erhärtet er nicht im Wasser. Er ist sehr hart und fest, bricht aber nie in grofsen Blöcken, weil er sehr zerklüftet ist. Schon die Römer wendeten ihn zu Mörtel und Bausteinen an ihren Bauten zu **Trier** an.

Laufende No.	Stein-Arten und Fund-Ort. Art, wie sie unter die Presse gebracht wurden.	Dimensionen in Preufsischen Zollen. Länge.	Breite.	Höhe.	Gewichte, bei welchen man die Trennung hörte, ehe sich Risse zeigten. Pr. Pfd.	Gewichte, durch welche feine Risse entstanden, die nur so eben sichtbar wurden, Pr. Pfunde	Gewichte, bei welchen sich die entstandenen Risse bis auf $\frac{1}{10}$ Linie erweiterten, Pr. Pfunde.	Gewichte, welche die Zerstörung der Steine bewirkten. Pr. Pfd.	Gewichte, bei welchen die Ecken absprangen, oder sich einzelne Flächen abschälten. Pr. Pfunde.	Compression des Steines, unmittelbar vor der Zerstörung beobachtet, wo es möglich war, in Pr. Linien.	Besondere Bemerkungen und Beobachtungen.
278.	Muschelkalk aus den Brüchen an der Mosel bei Trier. Ohne Unterlagen.	3	3	3	24769	32308 Zwei Risse.	40659 Erweiterten sich beide.	78763	24769	$\frac{1}{3}$	Zerbrach in Prismen, Pyramiden u. Körner. Wo kein besseres Material vorhanden ist, giebt dies dauerhafte Chausséen, welche aber wegen des Kalkstaubes den Augen gefährlich sind.
279.	Desgl.	4	4	4	24769	54515	57165	162872	32445	$\frac{5}{6}$	In feinere Theile zerstört wie der vorige.
280.	Desgl.	4	4	$3\frac{11}{12}$	32308	65372	71580	156560	73420	1	Desgl.
281.	Desgl.	4	4	4	48755	48755	62375	164720	54115	1	Desgl.
282.	Desgl.	5	5	5	75655	75655 Drei Risse.	86320 Einer, 94525 d. andere, 116518 der dritte,	195615	78956 Zwei Ecken vorne.	$1\frac{1}{10}$	Desgl.
283.	Aus den Brüchen bei Grevenmachern im Grofsherzogthum Luxemburg. Ohne Unterlagen.	4	4	$3\frac{5}{6}$	35824	35824 Ein Rifs, 42756 noch drei Risse.	62375 Der erste erweitert, 93436 die andern.	115785	36915 Eine Ecke, 75385 noch zwei.	$\frac{11}{12}$	Dieser Kalk hat mehr fremde kieselige und eisenhaltige Theile als der an der Mosel gebrochene, deshalb ist er für gewöhnliche Bauten weniger ergiebig und läfst beim Ablöschen viel unaufgelöschte Theile (Kälber genannt) zurück. Zum Strafsenbau noch brauchbarer wie der vorige.
284.	Desgl.	4	4	$3\frac{11}{12}$	27115	41522	53284	110632	Keine.	1	Desgl.
285.	Desgl.	4	4	4	56832	56832	75685	183515	55725	$\frac{10}{12}$	Desgl.
286.	Desgl.	4	5	5	63125	63125	94315	210325	89630	1	Desgl.
287.	Desgl.	5	5	$4\frac{11}{12}$	72360	72360	81746	197316	94250	$1\frac{1}{12}$	Desgl.
288.	Desgl.	3	3	3	26954	37245	43518	94615	Keine.	$\frac{1}{4}$	Desgl.
289.	Desgl.	3	3	3	25810	25810	52712	80920	Desgl.	$\frac{1}{2}$	Desgl.
290.	Desgl.	3	3	$2\frac{11}{12}$	23700	32520	39870	76155	Desgl.	1	Desgl.

Nehmen wir die 3 Zoll hohen Steine dieser Kalkart zusammen, so erhalten wir pro Quadratzoll Widerstand:

No. 278. . . .	-	-	-	2752	3590	4517	8752	2752	- -
No. 288. . . .	-	-	-	2995	4138	4835	10513	- -	- -
No. 289. . . .	-	-	-	2868	2868	5857	8991	- -	- -
No. 290. . . .	-	-	-	2633	3613	4430	8464	- -	- -
Summa	-	-	-	11248	14209	19639	36720	2752	- -
Durchschnittlich pro Quadratzoll .	-	-	-	2812	3552	4909	9180	2752	- -

Laufende No.	Stein-Arten und Fund-Ort. Art, wie sie unter die Presse gebracht wurden.	Dimensionen in Preufsischen Zollen. Länge.	Breite.	Höhe.	Gewichte, bei welchen man die Trennung hörte, ehe sich Risse zeigten. Pr. Pfd.	Gewichte, durch welche feine Risse entstanden, die nur so eben sichtbar wurden. Pr. Pfunde.	Gewichte, bei welchen sich die entstandenen Risse bis auf $\frac{1}{10}$ Linie erweiterten. Pr. Pfunde.	Gewichte, welche die Zerstörung der Steine bewirkten. Pr. Pfd.	Gewichte, bei welchen die Ecken absprangen, oder sich einzelne Flächen abschälten. Pr. Pfunde.	Compression des Steines, unmittelbar vor der Zerstörung beobachtet, wo es möglich war, in Pr. Linien.	Besondere Bemerkungen und Beobachtungen.
	Die 5 Zoll hohen Steine gaben pro Quadratzoll Widerstand:										
	No. 282.	-	-	-	3026	3026	3965	7825	3158	- -	
	No. 286.	-	-	-	2525	2525	3772	8413	3585	- -	
	No. 287.	-	-	-	2894	2894	3269	7892	3770	- -	
	Summa	-	-	-	8445	8445	11006	24130	10513	- -	
	Durchschnittlich pro Quadratzoll	-	-	-	2815	2815	3668	8043	3504	- -	
	Die 4 oder beinahe 4 Zoll hohen Steine gaben pro Quadratzoll Widerstandsfläche:										
	No. 279.	-	-	-	1548	3909	3573	10179	2025	- -	
	No. 280.	-	-	-	2019	4086	4474	9785	4589	- -	
	No. 281.	-	-	-	3047	3047	3898	10295	3382	- -	
	No. 283.	-	-	-	2239	2456	4838	7236	3509	- -	
	No. 284.	-	-	-	1695	2595	3331	6289	- -	- -	
	No. 285.	-	-	-	3552	3522	4730	11964	3483	- -	
	Summa	-	-	-	14100	19613	24844	55748	16988	- -	
	Durchschnittlich pro Quadratzoll	-	-	-	2350	3269	4141	9291	2832	- -	

§. 16.

Tab. XVI. Keuper Sandstein (*Grès de Luxembourg*).

Dieser Stein ist sehr verschieden hart, er ist zu Quadersteinen, Steinpflaster, Feuerbauten und gewöhnlichem Mauerwerk gut, wenn die Witterung keinen Einfluſs darauf haben kann, oder daſs diese Mauern unter ein gutes Dach gebracht werden. Dagegen verwittert er in geböschten Mauerflächen sehr leicht, wie dies die Festungsmauern in Luxemburg, Thionville u. s. w. beweisen. Lothrecht aufgeführtes freistehendes, oben aber durch Cement oder Thonbedeckung abgewässertes Mauerwerk aus diesem Material erbauet, dauert eben so lange, als irgend ein anderes aus festem Stein erbauetes. Es werden aus dem guten Sandstein, dessen Farbe gelbgrau ist, Fenster- und Thürgespunde, Treppentritte (die aber nicht lange dauern) und Gesimse verfertigt. Zum Straſsenbau ist er nur im Nothfall anzuwenden, eben so zum Steinpflaster, weil die Wagenräder bald tiefe Geleise in das Pflaster und die Chausséen einarbeiten. Da an der Mosel bei Sieck und an andern Orten gutes sehr festes Grauwackengestein zu Tage kommt, woraus das Steinpflaster zu Metz und Thionville verfertigt wird, so wird man wohl in Zukunft auch das Steinpflaster in Luxemburg u. s. w. daraus fertigen lassen.

291.	Keupersandstein in der Nähe von Luxemburg, von der festesten Art, woraus Quadersteine u. Steinpflaster verfertigt werden. Ohne Unterlagen.	3	3	3	16270	24865 Zwei Risse.	34518	39640	17825	1	Zerbrach in Prismen, Pyramiden, Sandkörner u. Staub. Die Lager waren sehr glatt, weil sich dieser Stein sehr gut mit scharfen Meisseln bearbeiten und glattschleifen läſst.
292.	Desgl.	3	3	3	24520	28355	32620	41535	26430	$\frac{11}{12}$	Desgl.
293.	Desgl.	3	3	3	18750	25460	36470	38290	25816	1	Desgl.
294.	Desgl.	4	4	4	32512	32512	36195	59735	42324	$1\frac{1}{10}$	Desgl.
295.	Desgl.	4	4	$3\frac{11}{12}$	27845	35980	54512	58925	35380	1	Desgl.
296.	Desgl.	4	4	4	30750	38432	52720	62845	Keine.	$\frac{5}{6}$	Desgl.
297.	Desgl.	5	5	5	25825	62318	62318	89132	55245	$1\frac{1}{12}$	Desgl.

Laufende No.	Stein-Arten und Fund-Ort. Art, wie sie unter die Presse gebracht wurden.	Dimensionen in Preufsischen Zollen.			Gewichte, bei welchen man die Trennung hörte, ehe sich Risse zeigten, Pr. Pfd.	Gewichte, durch welche feine Risse entstanden, die nur so eben sichtbar wurden. Pr. Pfunde.	Gewichte, bei welchen sich die entstandenen Risse bis auf $\frac{1}{10}$ Linie erweiterten. Pr. Pfunde.	Gewichte, welche die Zerstörung der Steine bewirkten. Pr. Pfd.	Gewichte, bei welchen die Ecken absprangen, oder sich einzelne Flächen abschälten. Pr. Pfunde.	Compression des Steines, unmittelbar vor der Zerstörung beobachtet, wo es möglich war, in Pr. Linien.	Besondere Bemerkungen und Beobachtungen.
		Länge.	Breite.	Höhe.							
298.	Desgl.	5	5	5	42120	56970	58315	92510	63736	1	Desgl.
299.	Desgl.	5	5	5	36825	72730	72730	86740	72730	$1\frac{11}{12}$	Desgl.
300.	Desgl.	5	5	5	40645	40645	75395	95815	Keine.	$\frac{10}{11}$	Desgl.
	Die dreizölligen Steine trugen pro Quadratzoll Druckfläche:										
	No. 291. . . .	-	-	-	1808	2763	3835	4404	1981	- -	
	No. 292. . . .	-	-	-	2724	3151	3624	4615	2937	- -	
	No. 293. . . .	-	-	-	2083	2718	4052	4252	2868	- -	
	Summa	-	-	-	6615	8632	11511	13271	7786	- -	
	Durchschnittlich pro Quadratzoll	-	-	-	2205	2877	3870	4423	2595	- -	
	Die vierzölligen Steine leisteten einen Widerstand pro Quadratzoll Druckfläche von:										
	No. 294. . . .	-	-	-	2032	2032	2262	3733	2645	- -	
	No. 295. . . .	-	-	-	1740	2249	3407	3683	2211	- -	
	No. 296. . . .	-	-	-	1922	2402	3295	3928	- -	- -	
	Summa	-	-	-	5694	6683	8964	11344	4856	- -	
	Durchschnittlich pro Quadratzoll .	-	-	-	1565	2227	2988	3781	1618	- -	
	Die 5 Zoll hohen Steine widerstanden pro Quadratzoll:										
	No. 297. . . .	-	-	-	1033	2492	2492	3565	2210	- -	
	No. 298. . . .	-	-	-	1685	2279	2321	3700	2549	- -	
	No. 299. . . .	-	-	-	1473	2909	2909	3469	2909	- -	
	No. 300. . . .	-	-	-	1626	1626	3015	3832	- -	- -	
	Summa	-	-	-	5817	9306	10737	14566	7668	- -	
	Durchschnittlich pro Quadratzoll .	-	-	-	1454	2326	2684	3641	1917	- -	

§. 17.

Tab. XVII. Gryphitenkalk oder Lias.

Lagert über dem Mergel und in dem Mergel, welcher den Keupersandstein bedeckt, zum Theil auch unmittelbar auf und in dem Keupersandstein. Er enthält sehr viele versteinerte Muscheln, zum Theil von besonderer Schönheit und Gröfse, welche inwendig mit Drusen von Kalkspath ausgefüllt sind. Er findet sich bei Luxemburg, Metz und Thionville, kuppenweise in flachen Kuppen aufgelagert. Dieser Kalk, welcher eine blaue Farbe hat, ist ein vorzüglicher hydraulischer Kalk, weil ein Zusatz von Ziegelmehl oder nur wenig Trafsmehl einen guten Wassermörtel giebt, der schnell erhärtet, und einen eben so guten Cement zu Cysternen und der Abwässerung von Gewölben. Mengt man diesem Kalk gewöhnlichen, aus Sandstein gewonnenen Sand, nemlich zu 1 Tonne gebranntem Kalk 1 Tonne solchen Sand und 1 Tonne feingestofsene Eisenschlacken bei, wie solche der hier bei Mersch an der Allzatte zu Tage kommende thonige Eisenkies liefert, wenn das Eisen daraus gezogen worden ist, so erhält man einen guten Mörtel zu Fugenauswurf, Mauerwerk und äufserm Häuseranputz. Er läfst sich leicht mit dem Meifsel bearbeiten und zerspringt mit glattem oder auch muscheligem Bruch unter dem Hammer. Die darin befindlichen Gryphiten haben, wenn man sie zerschlägt, einen eigenthümlichen stinkenden Geruch.

301.	Aus den Brüchen bei Strafsen und Contern.	3	3	3	45620	45620 Ein Rifs.	55135 Der erste erweitert, noch ein neuer.	69216	46342	$\frac{1}{4}$	Sehr glatte abgeschliffene Lager. Zerbrach in Prismen, Keile u. Pyramiden.
302.	Desgl.	3	3	3	36768	47518	51655	70225	38125	$1\frac{1}{12}$	Desgl.
303.	Desgl.	3	3	3	32515	41160	53580	72795	45650	1	Desgl.

Laufende No.	Stein-Arten und Fund-Ort. Art, wie sie unter die Presse gebracht wurden.	Dimensionen in Preufsischen Zollen. Länge.	Breite.	Höhe.	Gewichte, bei welchen man die Trennung hörte, ehe sich Risse zeigten. Pr. Pfd.	Gewichte, durch welche feine Risse entstanden, die nur so eben sichtbar wurden. Pr. Pfunde.	Gewichte, bei welchen sich die entstandenen Risse bis auf $\frac{1}{10}$ Linie erweiterten. Pr. Pfunde.	Gewichte, welche die Zerstörung der Steine bewirkten. Pr. Pfd.	Gewichte, bei welchen die Ecken absprangen, oder sich einzelne Flächen abschälten. Pr. Pfunde.	Compression des Steines, unmittelbar vor der Zerstörung beobachtet, wo es möglich war, in Pr. Linien.	Besondere Bemerkungen und Beobachtungen.
304.	Desgl.	4	4	4	27530	30968	72735	102640	29150	$\frac{10}{12}$	Desgl.
305.	Desgl.	4	4	4	38276	69760	73794	128585	40620	$1\frac{1}{4}$	Desgl.
306.	Desgl.	4	4	4	45380	45380	67530	100320	45380	1	Desgl.
	Die 3 Zoll hohen Steine trugen pro Quadratzoll Druckfläche:										
	No. 301. . . .	-	-	-	5069	5069	6126	7691	5149	- -	
	No. 302. . . .	-	-	-	4085	5279	5739	7803	4236	- -	
	No. 303. . . .	-	-	-	3613	4573	5953	8088	5069	- -	
	Summa	-	-	-	12767	14921	17818	23582	14454	- -	
	Durchschnittlich pro Quadratzoll	-	-	-	4255	4973	5939	7860	4818	- -	
	Die 4 Zoll hohen Steine widerstanden einem Drucke pro Quadratzoll Druckfläche von:										
	No. 304. . . .	-	-	-	1721	1935	4546	6415	1822	- -	
	No. 305. . . .	-	-	-	2392	4360	4622	8036	2539	- -	
	No. 306. . . .	-	-	-	2836	2836	4221	6270	2836	- -	
	Summa	-	-	-	6949	9131	13389	20721	7197	- -	
	Durchschnittlich pro Quadratzoll .	-	-	-	2316	3044	4463	6907	2399	- -	

§. 18.

Tab. XVIII. Bunter Sandstein (*Grès bigarré*).

Dieser Sandstein kommt bei **Schweich**, unweit **Trier**, an der Mosel, bis beinahe bei **Wasserbillig** vor, dann im **Sauer- und Allzatte-Thale** u. s. w. Auch am Main kommt er hier und da zu Tage. (**Mildenburg**.)

Er giebt gute Quader, Thor-, Thür- und Fenstergespunde, Küchenplatten, und die härteste Art, wie die bei **Berg** in der Allgatte, auch gute dauerhafte Treppentritte. Die weichern Arten sind aber nicht als Treppentritte zu gebrauchen, weil sie sich in 2 bis 3 Jahren völlig austreten. Man fertigt daraus gute Schleifsteine unweit **Trier**, welche als Handelsartikel ausgeführt werden. Die festeren Arten dienen als Mauerwerk jeder Art, vorzüglich zum Häuserbau. Die Farbe dieses Steines ist roth, in's Schmutzigrothe fallend, zum Theil aber auch bunt gestreift, mit weifsen Streifen, zuweilen, wie bei **Flohnheim**, auch weifs, mit schwarzen Streifen. Dieser Stein läfst sich gut in jede beliebige Gestalt bringen und glatt schleifen.

307.	Trierischer bunter Sandstein auf die natürlichen Lager, ohne Unterlagen.	4	4	$3\frac{5}{6}$	24916	76255 Vier Risse.	88135 Alle erweitert.	91360	20384 Eine Ecke, 49080 die zweite, 65685 die dritte, 83804 die vierte.	$1\frac{1}{6}$	In kleine unregelmäfsige Körper und Sandkörner zerdrückt.
308.	Desgl.	4	4	4	20390	43035	85312	115217	20390	$\frac{11}{12}$	Desgl.
309.	Desgl.	4	4	$3\frac{11}{12}$	17364	55120 und 68706 mehrere Risse.	73235	128350	17364 Eine Ecke, 24900 noch eine, 27900 die dritte, 38500 die vierte, 56624 eine Seite abgeschält, 103435 rund herum.	2	Desgl.

Laufende No.	Stein-Arten und Fund-Ort. Art, wie sie unter die Presse gebracht wurden.	Dimensionen in Preußsischen Zollen. Länge.	Breite.	Höhe.	Gewichte, bei welchen man die Trennung hörte, ehe sich Risse zeigten. Pr. Pfd.	Gewichte, durch welche feine Risse entstanden, die nur so eben sichtbar wurden. Pr. Pfunde.	Gewichte, bei welchen sich die entstandenen Risse bis auf $\frac{1}{10}$ Linie erweiterten. Pr. Pfunde.	Gewichte, welche die Zerstörung der Steine bewirkten. Pr. Pfd.	Gewichte, bei welchen die Ecken absprangen, oder sich einzelne Flächen abschälten. Pr. Pfunde	Compression des Steines, unmittelbar vor der Zerstörung beobachtet, wo es möglich war, in Pr. Linien.	Besondere Bemerkungen und Beobachtungen.
310.	Desgl.	4	4	$3\frac{11}{12}$	15845	15845 Ein Riss, 35486 noch zwei.	56625 Der erste, 75242 d. andern.	76755	24920	1	Dieser Stein hatte ein zerreibliches Ansehn und wurde in Sand zerdrückt.
311.	Desgl.	4	4	$3\frac{7}{8}$	20385	20385 Ein Riss, 38505 nocheiner, 47565 der dritte.	74745 Alle drei erweitert.	97395	Keine Ecke.	$1\frac{1}{2}$	Das Ansehn dieses Steines war fester, wie das des vorigen, er wurde auch nicht in so feine Theile zerdrückt, als derselbe.
312.	Desgl.	4	4	$3\frac{5}{8}$	44545	49080 Ein Riss, 62670 d. zweite, 74742 der dritte.	80790 Einer, 95885 alle drei.	95885	18880	1	Desgl.
313.	Desgl.	4	4	4	26430	26430 Ein Riss, 29445 zwei.	49075 Einer, 71730 d. zweite.	104945	15860 Eine Ecke, 20385 die zweite, 38875 die dritte, 48980 die vierte.	1	Desgl.
314.	Desgl. von Mildenburg am Main, ohne Unterlagen.	4	4	$3\frac{5}{8}$	56630	56630 Ein Riss, 62675 d. zweite.	62675	73245	18872	$1\frac{1}{10}$	Die natürlichen Lager waren um 5 Grad gegen die künstlich gehauenen geneigt. Grobkörnig.
315.	Desgl.	4	4	$3\frac{5}{8}$	55120	59645 Zwei Risse.	80785 Der erste, 89845 d. zweite.	105955	29444 Eine Ecke, 36993 die zweite, 42742 die dritte, 48496 die letzte.	2	Gute Lager, die mit den natürlichen parallel liefen und sehr feinkörnig.
316.	Desgl.	3	3	$2\frac{7}{12}$	47570	47570	56632	67195	27936	$\frac{1}{2}$	Wie der vorige.
317.	Desgl., aber unten und oben Sand.	3	3	$2\frac{7}{12}$	55115	55115	86825	93355	Keine.	1	Hatte sehr gute Lager, war feinkörnig und die natürlichen Lager waren kaum sichtbar.
318.	Desgl., aber aufs Haupt oder die natürlichen Lager vertikal.	4	4	4	30955	30955	49075	59645	17371	$1\frac{1}{2}$	Die Lager spalteten sich auf und der Stein zerplatzte, weshalb man diese Steinart nie aufs Haupt stellen darf.
319.	Desgl.	5	3	5	26425	26425	26425	38505	Keine.	Nicht beobachtet.	Desgl.

Laufende No.	Stein-Arten und Fund-Ort. Art, wie sie unter die Presse gebracht wurden.	Dimensionen in Preufsischen Zollen. Länge.	Breite.	Höhe.	Gewichte, bei welchen man die Trennung hörte, ehe sich Risse zeigten. Pr. Pfd.	Gewichte, durch welche feine Risse entstanden, die nur so eben sichtbar wurden. Pr. Pfunde.	Gewichte, bei welchen sich die entstandenen Risse bis auf $\frac{1}{10}$ Linie erweiterten. Pr. Pfunde.	Gewichte, welche die Zerstörung der Steine bewirkten. Pr. Pfd.	Gewichte, bei welchen die Ecken absprangen, oder sich einzelne Flächen abschälten. Pr. Pfunde.	Compression des Steines, unmittelbar vor der Zerstörung beobachtet, wo es möglich war, in Pr. Linien.	Besondere Bemerkungen und Beobachtungen.
320.	Zwei Steine aufeinander mit Mörtel verbunden, unten und oben Sandlager; die natürlichen Lager vertikal.	3	3	$5\frac{1}{2}$	60955	60955	82295	82295	47565 Eine Ecke, 71725 noch eine.	1	Desgl. Der Mörtel hatte hier einen ganz besondern Einfluſs auf die Widerstandsfähigkeit des Steines.
321.	Flohnheimer Sandstein.	4	4	$3\frac{11}{12}$	24915	24915	29445	37750	Keine.	1	Wurde in kleine Prismen und Körner zerdrückt.
322.	Desgl.	4	4	$3\frac{11}{12}$	17365	17365 Ein Riſs, 30955 nocheiner.	41525	41525	40020	2	Desgl.
323.	Desgl.	4	4	$3\frac{5}{6}$	15860	20390	43036	43036	Keine.	$1\frac{1}{2}$	Desgl.
324.	Desgl.	4	4	$3\frac{7}{8}$	23405	23405 Ein Riſs. 24915 nocheiner.	26425	35485	Desgl.	$1\frac{1}{2}$	Desgl.
325.	Desgl.	4	4	$3\frac{5}{6}$	27940	47565	55115	55115	Desgl.	1	Desgl.
326.	Desgl.	4	4	$3\frac{11}{12}$	18884	20390 24920	26425 Einer, 40025 d. andern.	41525	Desgl.	$1\frac{1}{2}$	Desgl.
327.	Desgl.	4	4	$3\frac{5}{6}$	14345	14345 23406	23406 40112	58140	Desgl.	$1\frac{1}{2}$	Desgl.
328.	Desgl.	4	4	$3\frac{5}{6}$	20390	21896 24920	43040	52096	Desgl.	1	Desgl.
329.	Desgl.	4	4	$3\frac{5}{6}$	12842	12842 20390	44545	47414	33980	1	Desgl.
330.	Desgl.	4	4	$3\frac{7}{8}$	21900	24920	30960	40770	Keine.	$1\frac{1}{2}$	Desgl.
331.	Desgl.	$7\frac{2}{3}$	$5\frac{1}{3}$	$3\frac{7}{12}$	9820	9820	22650 35490 Mehrere.	153265	Desgl.	Nicht beobachtet.	Desgl.
332.	Desgl.	4	4	$3\frac{11}{12}$	27940	33980 46060	53610	53610	Desgl.	1	Desgl.
333.	Desgl.	$3\frac{1}{2}$	$7\frac{2}{3}$	$5\frac{1}{3}$	23410	61155	61155	86825	23410 Eine Ecke, 24915 die zweite, 33980 die dritte.	-	Desgl.
334.	Desgl.	4	4	$3\frac{5}{6}$	30954	30954	35485	52110	Keine.	$1\frac{1}{2}$	Desgl.
335.	Desgl., aber aufs Haupt gestellt.	4	4	$3\frac{5}{6}$	32465	33980	35485	36990	20392	$1\frac{2}{3}$	Desgl.
336.	Desgl.	4	4	$3\frac{3}{4}$	17374	18884 23420	24930 40015	41525	Keine.	$1\frac{1}{4}$	Desgl.
337.	Desgl.	4	4	$3\frac{2}{3}$	15860	18875	33980 40015	47563	Desgl.	$1\frac{1}{2}$	Desgl.

Laufende No.	Stein-Arten und Fund-Ort. Art, wie sie unter die Presse gebracht wurden.	Dimensionen in Preufsischen Zollen. Länge.	Breite.	Höhe.	Gewichte, bei welchen man die Trennung hörte, ehe sich Risse zeigten. Pr. Pfd.	Gewichte, durch welche feine Risse entstanden, die nur so eben sichtbar wurden. Pr. Pfunde.	Gewichte, bei welchen sich die entstandenen Risse bis auf $\frac{1}{10}$ Linie erweiterten. Pr. Pfunde.	Gewichte, welche die Zerstörung der Steine bewirkten. Pr. Pfd.	Gewichte, bei welchen die Ecken absprangen, oder sich einzelne Flächen abschälten, Pr. Pfunde.	Compression des Steines, unmittelbar vor der Zerstörung beobachtet, wo es möglich war, in Pr. Linien.	Besondere Bemerkungen und Beobachtungen.
338.	Desgl.	3	3	$2\frac{11}{12}$	8310	8310 17362	19630	24915	Keine.	2	Desgl.
339.	Desgl.	3	3	$2\frac{11}{12}$	9816	11325 29445	32464	32464	Desgl.	1	Desgl.
340.	Desgl., aber aufs natürliche Lager gestellt, oben und unten Bleiplatten.	4	4	$3\frac{5}{6}$	30954	30954	58135	62665	Desgl.	$1\frac{1}{2}$	Desgl.
341.	Desgl.	4	4	$3\frac{2}{3}$	35482	35482	38510	41530	Desgl.	$\frac{11}{12}$	Desgl.
342.	Desgl.	8	8	8	20382	114005	114005	126085	20382	Nicht beobachtet.	Desgl.
343.	Ein Stein ohne Unterlagen zerdrückt.	8	8	8	23410	41525	91355	103435	23410 Eine F..e, 38505 die zweite, 86825 die dritte.	$1\frac{1}{2}$	Desgl.
	Die Trierschen Sandsteine, welche beinahe alle 4 Zoll hoch waren, trugen pro Quadratzoll Widerstandsfläche;										
	No. 307. . . .	-	-	-	1557	4766	5508	5710	3421	- -	
	No. 308. . . .	-	-	-	1274	2689	5332	7201	1274	- -	
	No. 309. . . .	-	-	-	1085	3869	4577	8022	2028	- -	
	No. 310. . . .	-	-	-	990	1604	4121	4797	1557	- -	
	No. 311. . . .	-	-	-	1274	2219	4671	6087	- -	- -	
	No. 312. . . .	-	-	-	2784	3885	5521	5993	1180	- -	
	No. 313. . . .	-	-	-	1652	1745	3900	6559	1939	- -	
	No. 314. . . .	-	-	-	3539	3728	3917	4578	1180	- -	
	Summa	-	-	-	14155	24505	37547	48947	12579	- -	
	Durchschnittlich pro Quadratzoll .	-	-	-	1769	3063	4693	6118	1572	- -	
	Der Mildenburger ohne Unterlagen zerdrückte Sandstein trug pro Quadratzoll bei 4 Zoll Höhe:										
	No. 315. . . .	-	-	-	3445	3728	5332	6622	2464	- -	
	Der beinahe 3 Zoll hohe Stein dieser Steinart, ohne Unterlagen zerdrückt, trug pro Quadratzoll:										
	No. 316. . . .	-	-	-	5286	5286	6292	7406	3104	- -	
	Der eben so hohe Stein mit Sandlagern oben und unten zerdrückt leistete Widerstand pro Quadratzoll:										
	No. 317. . . .	-	-	-	6124	6124	9648	10373	- -	- -	Die Mörtelfugen sind hier also nützlich.
	Die beiden aufs Haupt gestellten 4 und 5 Zoll hohen Steine trugen pro Quadratzoll:										
	No. 318. . . .	-	-	-	1935	1935	3067	3728	1086	- -	Diese Steine trugen folglich aufs Haupt gestellt nur etwa ein Drittel der Last, die sie auf ihrem natürlichen Lager tragen können.
	No. 319. . . .	-	-	-	1761	1761	1761	2566	- -	- -	
	Summa	-	-	-	3696	3696	4828	6294	1086	- -	
	Durchschnittlich pro Quadratzoll:	-	-	-	1848	1848	2414	3147	1087	- -	
	Die beiden mit Mörtel verbundenen Steine aufeinander trugen pro Quadratzoll Druckfläche:										
	No. 320. . . .	-	-	-	6772	6722	9144	9144	6627	- -	
	Die beiden aufs Haupt gestellten 3 Zoll hohen Flohnheimer Sandsteine trugen pro Quadratzoll:										
	No. 338. . . .	-	-	-	923	1426	2181	2768	- -	- -	
	No. 339. . . .	-	-	-	1091	2265	3607	3607	- -	- -	
	Summa	-	-	-	2014	3691	5788	6375	- -	- -	
	Durchschnittlich pro Quadratzoll:	-	-	-	1007	1845	2884	3187	- -	- -	

Laufende No.	Stein-Arten und Fund-Ort. Art, wie sie unter die Presse gebracht wurden.	Dimensionen in Preufsischen Zollen. Länge.	Breite.	Höhe.	Gewichte, bei welchen man die Trennung hörte, ehe sich Risse zeigten. Pr. Pfd.	Gewichte, durch welche feine Risse entstanden, die nur so eben sichtbar wurden. Pr. Pfunde.	Gewichte, bei welchen sich die entstandenen Risse bis auf $\frac{1}{10}$ Linie erweiterten. Pr. Pfunde.	Gewichte, welche die Zerstörung der Steine bewirkten. Pr. Pfd.	Gewichte, bei welchen die Ecken absprangen, oder sich einzelne Flächen abschälten. Pr. Pfunde.	Compression des Steines, unmittelbar vor der Zerstörung beobachtet, wo es möglich war, in Pr. Linien.	Besondere Bemerkungen und Beobachtungen.
Die 4 oder beinahe 4 Zoll ohne Unterlagen zerdrückten Flohnheimer Sandsteine trugen pro Quadratzoll Druckfläche:											
No. 321.		-	-	-	1557	1557	1840	2360	- -	- -	Aus diesen Resultaten der Widerstände der drei verschiedenen Arten des bunten Sandsteines geht hervor, dafs der Mildenburger der festeste ist, dafs darauf der Triersche Sandstein und zuletzt der Flohnheimer folgt. Der Sandstein, welcher bei Colmar und Berg an der Algatte zu Tage kommt, ist aber noch fester als der Triersche. Und der bei Saarlouis ausgehende steht mit seiner Festigkeit d. guten Trierschen nach. Auch fällt seine Farbe schon ins Gelblichrothe.
No. 322.		-	-	-	1085	1510	2595	2595	- -	- -	
No. 323.		-	-	-	991	1274	2689	2689	- -	- -	
No. 324.		-	-	-	1463	1510	1651	2218	- -	- -	
No. 325.		-	-	-	1746	2973	3444	3444	- -	- -	
No. 326.		-	-	-	1180	1413	2076	2595	- -	- -	
No. 327.		-	-	-	897	1179	1985	3634	- -	- -	
No. 328.		-	-	-	1274	1463	2690	3526	- -	- -	
No. 329.		-	-	-	803	1088	2784	2963	2124	- -	
No. 330.		-	-	-	1369	1558	1935	2548	- -	- -	
No. 331.		-	-	-	270	240	711	3748	- -	- -	
No. 332.		-	-	-	1746	2501	3351	3351	- -	- -	
No. 334.		-	-	-	872	2279	2279	3235	- -	- -	
	Summa	-	-	-	16285	20200	29969	38928	2124	- -	
	Durchschnittlich pro Quadratzoll .	-	-	-	1253	1554	2305	2994	2124	- -	
Die 4 Zoll hohen auf das Haupt oder mit den natürlichen Lagern vertikal gestellten Flohnheimer Steine trugen pro Quadratzoll:											
No. 335.		-	-	-	2029	2124	2218	2312	1274	- -	Der Flohnheimer Stein trägt daher beinahe eben soviel auf dem Haupte, als auf den Lagern.
No. 336.		-	-	-	1085	1322	2029	2595	- -	- -	
No. 337.		-	-	-	991	1180	2312	2973	- -	- -	
	Summa	-	-	-	4105	4626	6559	7880	1274	- -	
	Durchschnittlich pro Quadratzoll .	-	-	-	1368	1542	2186	2626	1274	- -	
Die beinahe 4 Zoll hohen mit Unterlagen von Bleiplatten zerdrückten Steine dieser Art trugen pro Quadratzoll:											
No. 340.		-	-	-	1934	1934	3633	3916	- -	- -	Die Bleiplatten haben daher gar keinen vortheilhaften Einflufs auf die Widerstände dieser Steinart.
No. 341.		-	-	-	2218	2218	2407	2596	- -	- -	
	Summa	-	-	-	4152	4152	6040	6512	- -	- -	
	Durchschnittlich pro Quadratzoll .	-	-	-	2076	2076	3020	3256	- -	- -	
Der $5\frac{1}{4}$ Zoll hohe ohne Unterlagen zerdrückte Stein dieser Art trug pro Quadratzoll:											
No. 333.		-	-	-	872	2279	2279	3235	1022	- -	
Der 8 Zoll hohe ohne Unterlagen zerdrückte Flohnheimer Sandstein trug pro Quadratzoll Widerstandsfläche:											
No. 343.		-	-	-	366	648	1427	1615	775	- -	
Der 8 Zoll hohe auf Bleiplatten zerdrückte Stein dieser Art leistete einen Widerstand pro Quadratzoll:											
No. 342.		-	-	-	318	1781	1781	1970	318	- -	
Zusammenstellung.											
	Trierscher Sandstein, 4 Zoll hoch,	-	-	-	1769	3063	4693	6118	1572	- -	Ohne Unterlagen.
	Mildenburger Sandstein, 4 Zoll hoch,	-	-	-	3445	3728	5332	6622	2464	- -	Desgl.
	Desgl., 3 Zoll hoch,	-	-	-	5286	5286	6292	7406	3104	- -	Desgl.
	Desgl., 3 Zoll hoch,	-	-	-	6124	6124	9648	10373	- -	- -	Mit Sandlagern.
	Desgl. aufs Haupt gestellt, 4 u. 5 Zoll,	-	-	-	1848	1848	2419	3147	1086	- -	Ohne Unterlagen.
	Desgl., zwei Steine aufeinander, . .	-	-	-	6772	6772	9144	9144	6627	- -	Mit Mörtel zwischen beiden, oben und unten Sand.
	Flohnheimer Sandstein, 3 Zoll hoch,	-	-	-	1007	1845	2884	3187	- -	- -	Aufs Haupt gestellt ohne Unterlagen.

Laufende No.	Stein-Arten und Fund-Ort. Art, wie sie unter die Presse gebracht wurden.	Dimensionen in Preufsischen Zollen. Länge.	Breite.	Höhe.	Gewichte, bei welchen man die Trennung hörte, ehe sich Risse zeigten. Pr. Pfd.	Gewichte, durch welche feine Risse entstanden, die nur so eben sichtbar wurden. Pr. Pfunde.	Gewichte, bei welchen sich die entstandenen Risse bis auf $\frac{1}{10}$ Linie erweiterten. Pr. Pfunde.	Gewichte, welche die Zerstörung der Steine bewirkten. Pr. Pfd.	Gewichte, bei welchen die Ecken absprangen, oder sich einzelne Flächen abschälten. Pr. Pfunde.	Compression des Steines, unmittelbar vor der Zerstörung beobachtet, wo es möglich war, in Pr. Linien.	Besondere Bemerkungen und Beobachtungen.
	Flohnheimer Sandstein, 4 Zoll hoch,	-	-	-	1253	1554	2305	2994	2124	- -	Ohne Unterlagen auf d. natürlichen Lager.
	Desgl. aufs Haupt, 4 Zoll hoch . .	-	-	-	1368	1542	2186	2626	1274	- -	Desgl.
	Desgl. aufs Lager, 4 Zoll hoch, . .	-	-	-	2076	2076	3020	3256	- -	- -	Mit Bleiplatten oben und unten.
	Desgl., $5\frac{1}{3}$ Zoll hoch,	-	-	-	872	2279	2279	3235	1022	- -	Ohne Unterlagen.
	Desgl., 8 Zoll hoch,	-	-	-	366	648	1427	1615	775	- -	Desgl.
	Desgl., 8 Zoll hoch,	-	-	-	318	1781	1781	1970	318	- -	Mit Bleiplatten oben und unten.

Da diese Steinarten alle zu derselben Formation gehören, so könnten alle auf ihren natürlichen Lagern zerdrückten Exemplare zusammengenommen und ein Durchschnittsresultat daraus gezogen werden, da aber ihre Widerstände so sehr verschieden sind, so ist dies hier nicht geschehen.

§. 19.

Tab. XIX. Gut gebrannte, aber nicht verglasete Ziegelsteine, aus dem bei Coblenz aufgeschwemmten fetten Lehm gebrannt.

344.	Zwei Ziegelsteine durch Mörtel mit einander verbunden. Oben u. unten Sandlager.	5	5	$4\frac{1}{3}$	9320	9320 Einer, 21396 noch einer.	22905 Beide.	27435	Keine.	2	Mit 15860 Pfd. drückte sich der zwischen den Ziegeln befindliche Mörtel zusammen; der 1 Jahr alt war. In Ziegelgries verwandelt.
345.	Desgl.	5	5	4	8305	8305 Ein Rifs, 12835 noch drei.	17364 Alle.	24160	Desgl.	1	Mit 17364 Pfd. wie der vorige.
346.	Desgl.	5	5	$3\frac{3}{4}$	5285	5285 Ein Rifs.	12842	14354	Desgl.	Nicht zu beobachten.	Mörtel u. Stein wurden gleichzeitig zerstört, weil dies. Stein keine so rothe Farbe hatte als die vorigen, folglich weniger gut gebrannt war.
347.	Desgl.	5	5	$4\frac{1}{3}$	5285	5285 Einer, 8305 noch einer.	9816	15855	Desgl.	Desgl.	Desgl.
348.	Desgl.	5	5	4	10824	10824	20305	20305	Desgl.	$\frac{1}{4}$	Mit 15860 Pfund drückte sich der Mörtel zusammen, sonst alles wie No. 344.
349.	Desgl.	5	5	$4\frac{1}{12}$	11330	11330 Vier Risse.	35484 Alle erweitert.	43035	Desgl.	1	Mit 18875 wurde d. Mörtel in eine eben so feste Masse zusammengeprefst, wie die Ziegelsteine selbst. Dieser Stein war beinahe ganz verglaset u. hatte eine dunkelblaurothe Farbe.
350.	Desgl.	5	5	4	23408	24915	32465	55115	Desgl.	Nicht beobachtet.	Wie der vorige.

Laufende No.	Steinart und Höhe der zerdrückten Exemplare.	Gewichte, bei welchen man die Trennung hörte, ehe sich Risse zeigten. Pr. Pfd.	Gewichte, durch welche feine Risse entstanden, die nur so eben sichtbar wurden. Pr. Pfunde	Gewichte, bei welchen sich die entstandenen Risse bis auf $\frac{1}{10}$ Linie erweiterten. Pr. Pfunde.	Gewichte, welche die Zerstorung der Steine bewirkten. Pr. Pfd.	Gewichte, bei welchen die Ecken absprangen, oder sich einzelne Flächen abschälten. Pr. Pfunde.	Besondere Bemerkungen und Beobachtungen.
	Nehmen wir diese Ziegel, welche beinahe alle 4 Zoll Höhe hatten, zusammen, so erhalten wir pro Quadratzoll:						
	No. 344.	373	614	916	1097	- -	
	No. 345.	332	423	694	966	- -	
	No. 346.	211	211	514	574	- -	
	No. 347.	211	271	392	634	- -	
	No. 348.	433	433	812	812	- -	
	No. 349.	453	453	1419	1721	- -	
	No. 350.	936	996	1298	2205	- -	
	Summa	2949	3401	6045	8009	- -	
	Durchschnittlich pro Quadratzoll	421	486	863	1144	- -	

§. 20.

Tab. XX.

Wenn wir alle geprüften Steinarten zusammen nehmen, so erhalten wir die nachstehende Tabelle ihrer Widerstandsfähigkeiten, im mittlern Durchschnitt pro Quadratzoll Druckfläche.

I.	Grauwacke, 2 Zoll hoch,	7585	8121	9695	11192	8963	
	- - 3 - -	6176	6569	7201	9595	8559	
	- - 4 - -	8069	8184	8838	10040	8998	
	- - 5 - -	3906	4318	4551	6829	6380	
	- - 6 - -	1416	1631	2698	6421	8896	
	Durchschnitt aller	5490	5765	6597	8815	7159	
	Ohne Unterlagen	5037	5789	5948	7747	6198	
	Sandlager	7004	7531	8449	9988	9005	
	Bleiplatten	4684	5191	5735	9934	7912	
II.	Übergangs-Thonschiefer, 3 Zoll hoch,	4164	4164	5471	6287	5582	
	4 - -	3480	3486	4085	5900	4240	
	5 - -	1891	2012	3098	4130	2661	
	6 - -	1594	1689	2008	3619	2082	
	Durchschnitt aller	2782	2838	3665	4984	3641	
	Ohne Unterlagen, 3 u. 4 Z. hoch,	2769	2928	3883	4698	4233	
	- - - 5 u. 6 - -	1763	1844	2654	3681	2701	
	Mit Sandlagern, 3 u. 4 Z. hoch,	5031	5225	6268	7689	6139	
	- - - 6 Zoll hoch,	1484	1813	2169	4177	1616	
	Die Lager vertikal . . .	3636	3752	4277	4900	4900	
III.	Übergangskalk, 2 Zoll hoch,	1038	1181	3869	6156	4309	
	- - - 4 - -	3085	3151	5918	8378	7406	
	- - - 5 - -	1748	1748	5372	7718	4714	
	Durchschnitt aller	1957	2026	5053	7751	5476	
IV.	Kieselschiefer aus dem Soonwalde, 2 Zoll hoch,	9815	9815	17969	26183	- -	Unterlagen von Bleiplatten.
	Desgl., beinahe 4 - -	3678	3678	4453	11344	- -	Feine Sand-Unterlagen.
	Desgl., beinahe 4 - -	3723	3824	4635	11514	- -	Ohne Unterlagen irgend einer Art.
V.	Quarz aus der Umgegend von von Coblenz, 2 Zoll hoch,	2823	3312	5206	7332	- -	Theils mit, theils ohne Unterlagen. Siehe die Versuche.
	Desgl., 3 - -	2919	2919	3926	9053	- -	Oben und unten Bleiplatten.
	Desgl., 4 - -	3926	3926	4261	5268	- -	Desgl.
	Im Durchschnitte alle . .	3023	3348	4835	7275	- -	Ohne Unterlagen, mit Sandlagern, mit Bleiplatten.

Laufende No.	Steinart und Höhe der zerdrückten Exemplare.	Gewichte, bei welchen man die Trennung hörte, ehe sich Risse zeigten. Pr. Pfd.	Gewichte, durch welche feine Risse entstanden, die nur so eben sichtbar wurden. Pr. Pfunde.	Gewichte, bei welchen sich die entstandenen Risse bis auf $\frac{1}{10}$ Linie erweiterten. Pr. Pfunde.	Gewichte, welche die Zerstörung der Steine bewirkten. Pr. Pfd.	Gewichte, bei welchen die Ecken absprangen, oder sich einzelne Flächen abschälten. Pr. Pfunde.	Besondere Bemerkungen und Beobachtungen.
VI.	**Schaalstein** aus dem Nassauischen, 2 Zoll hoch,	6193	6193	7586	9213	4526	
	4 - -	2010	3016	4357	5997	- -	
	6 - -	1516	1516	1938	4592	1330	
	Im Durchschnitt alle . . .	2933	3445	4560	6450	2928	
VII.	**Porphyr** an der Lahn und der Aar, 3 Zoll hoch,	1034	4044	4454	9687	3012	Ohne Unterlagen.
	4 - -	1463	2532	3538	10277	1274	Desgl.
	6 - -	3922	4507	6430	6647	- -	Zwei Steine auf einander mit Sandlagern und Bleiplatten. Siehe die Versuche.
	Durchschnitt der 3 u. 4 Z. hohen	1248	3288	3996	9982	2143	Ohne Unterlagen.
VIII.	**Porphyr** von der Nahe, 3 Zoll hoch,	2471	4118	4850	6497	2654	Ohne Unterlagen.
	4 - -	2062	2452	4522	7359	3083	Desgl.
	Desgl. .	4105	4105	5521	6465	- -	Sandlager oben und unten.
	Desgl. .	4551	4824	6050	7393	- -	Bleiplatten oben und unten.
	Desgl. .	2751	3187	5158	6109	2689	Aufs Haupt gestellt.
	Desgl. .	4671	6370	7620	8966	8258	Desgl., aber oben und unten Bleiplatten.
	5 Zoll hoch,	2989	2989	3936	5255	997	Ohne Unterlagen auf seine natürliche Lager.
	Desgl., 2 Steine auf einander, 7 Zoll hoch,	8889	11355	11355	11355	8889	Oben, unten und in der Mitte Bleiplatten.
	Mittlerer Widerstand aller .	2991	3428	5217	7097	3122	Theils mit, theils ohne Unterlagen.
IX.	**Trachit**, 4 Zoll hoch, . .	1640	1858	2508	3866	2787	Ohne Unterlagen.
	Desgl.	1576	1822	4382	8515	5367	Oben und unten Bleiplatten.
	Desgl.	3442	4489	5737	7049	- -	Aufs Haupt gestellt, ohne Unterlagen.
	Desgl., 2 Steine auf einander, $7\frac{5}{8}$ Zoll hoch,	1900	2827	3151	3791	1745	Oben, unten und zwischen beiden Bleiplatten.
	Durchschnitt der einzelnen zerdrückten Steine, 4 Zoll hoch,	1656	1981	2941	4527	3432	Theils aufs Lager, theils aufs Haupt. Siehe die Versuche.
X.	**Basalt**, 4 Zoll hoch, .	5167	5945	6252	10497	1463	Ohne Unterlagen.
XI.	**Basaltisches Lava ähnliches Gestein**, welches zwischen Coblenz, Andernach und Mayen gefunden wird. Viereckige Prismen. Steinbrüche bei Eich. 2 Zoll hoch,	3705	4180	6529	8420	- -	Ohne Unterlagen.
	Desgl. .	2768	2936	4583	5831	4867	Sandlager oben und unten.
	Desgl. .	3473	3558	5556	7126	4867	Mit u. ohne Sandlager. Durchschnitt der vorigen.
	3 Zoll hoch,	4145	4691	6348	6751	3945	Ohne Unterlagen.
	4 - -	2199	2519	3766	4822	2890	Desgl.
	Desgl. .	2689	2689	3728	4483	3539	Auf Sandlagern oben u. unten.
	Desgl. .	2973	2973	5112	6323	3922	Bleiplatten oben und unten.
XII.	Durchschnitt aller 4 Zoll hohen	3165	3490	5065	5864	3070	Theils mit, theils ohne Unterlagen. Siehe die Versuche.

Laufende No.	Steinart und Höhe der zerdrückten Exemplare.	Gewichte, bei welchen man die Trennung hörte, ehe sich Risse zeigten. Pr. Pfd.	Gewichte, durch welche feine Risse entstanden, die nur so eben sichtbar wurden. Pr. Pfunde.	Gewichte, bei welchen sich die entstandenen Risse bis auf $\frac{1}{10}$ Linie erweiterten. Pr. Pfunde.	Gewichte, welche die Zerstörung der Steine bewirkten. Pr. Pfd.	Gewichte, bei welchen die Ecken absprangen, oder sich einzelne Flächen abschälten. Pr. Pfunde.	Besondere Bemerkungen und Beobachtungen.
	Cylindrische Steine, 3 Zoll hoch,	2866	4208	8343	8343	3261	Ohne Unterlagen.
	- - - 6 - -	5105	6526	7712	7812	5154	
	- - - 8 - -	5107	8776	8776	10733	5047	
	- - - 9 - -	6177	6787	6787	6787	- -	
	- - - 10 - -	4155	6251	6371	6371	3851	
	- - - 2 - -	1623	1623	3907	4208	- -	
	- - - 4 - -	4632	6255	7217	7487	4027	
	- - - 10 - -	6672	6672	6672	6672	- -	Feine Sandlager oben u. unten.
	- - - 8 - -	5232	6912	8997	8997	6912	
	2 oder 3 Steine aufeinander	3284	3325	3385	3505	2825	
	Eben solches Gestein aus den Brüchen von Nieder-Mendig, 2 Zoll hoch,	2325	2325	3473	10328	1725	Ohne Unterlagen.
	3 - -	3607	4614	4949	5621	- -	
	4 - -	2847	3741	4755	5121	2277	
	5 - -	3174	4179	5274	6269	3538	
	6 - -	3701	5243	6599	6858	4295	
	2 Steine aufeinander, 4 Z. hoch,	1751	2189	5104	6614	4289	
	3 - - - 6 - -	2054	2919	3745	3745	- -	
	Cylindrische Steine, 6 Z. hoch,	5370	7596	7596	7596	5539	
	Eben solches Gestein bei der Moselbrücke z. Coblenz, 2 Z. hoch,	2758	4792	6551	9417	- -	Ohne Unterlagen.
	3 - -	3772	3094	3627	5767	- -	
	4 - -	2878	3138	3695	4943	1651	
	2 Steine aufeinander . . .	4571	4759	4759	4759	2941	Zwischen beiden Mörtel, oben und unten Sand.
	Basaltisches Gestein vom Camillenberge, 3 Zoll hoch, .	1762	1762	2433	2433	- -	
	4 - - .	2525	2525	2525	2525	1762	
	5 - - .	2385	2446	2446	2748	- -	
	Cylindrischer Stein, 5 Zoll hoch,	1809	1809	2424	2732	1577	
XII.	Tufsteine von Weib, 3 Zoll hoch,	948	948	1177	1177	- -	Theils mit, theils ohne Unterlagen. Man sehe die Versuchstabelle.
	- - - - 4 - -	803	1032	1421	1728	1010	
	- - - - 6 - -	671	756	1233	1430	571	
	- - - - 8 - -	301	611	859	964	372	
	Desgl. von Bell, 5 Zoll hoch,	1631	1649	1794	2206	1733	Ohne Unterlagen.
	- - - 6 - -	1368	1449	1569	1732	686	
	- - - 7 - -	1651	1684	1812	2255	1329	
	- - - 8 - -	1973	1973	2669	2488	1114	
	Die reichsten und feinsten Tufsteine, welche in dieser Gegend gefunden werden. Viereckige. 3 Zoll hoch. . .	1006	1006	1650	1789	- -	Ohne Unterlagen.
	4 - - . .	1620	1620	1840	1934	1219	
	6 - - . .	231	386	999	1362	766	
	Cylindrische Steine, 4 Zoll hoch,	1499	1499	1499	1499	1499	
	- - - - 6 - -	3274	3274	3274	3274	1322	
	Zwei solcher Steine neben einander, 3 Zoll hoch, . .	710	710	1132	1636	- -	

Laufende No.	Steinart und Höhe der zerdrückten Exemplare.	Gewichte, bei welchen man die Trennung hörte, ehe sich Risse zeigten. Pr. Pfd.	Gewichte, durch welche feine Risse entstanden, die nur so eben sichtbar wurden. Pr. Pfunde.	Gewichte, bei welchen sich die entstandenen Risse bis auf $\frac{1}{10}$ Linie erweiterten. Pr. Pfunde.	Gewichte, welche die Zerstörung der Steine bewirkten. Pr. Pfd.	Gewichte, bei welchen die Ecken absprangen, oder sich einzelne Flächen abschälten. Pr. Pfunde.	Besondere Bemerkungen und Beobachtungen.
XIII.	Quarzconglomerat, 4 Zoll hoch,	3869	4176	5084	5709	- -	Aufs Lager.
	Desgl. .	987	987	1607	1607	- -	Aufs Haupt.
XIV.	Trafsstein von Pleidt. Viereckig, 3 Zoll hoch, . .	765	765	1296	1632	- -	Alle auf dem Lager.
	5 - - . .	933	933	1163	1424	- -	
	6 - - . .	529	529	729	981	- -	
	Cylindrischer Stein, 6 Zoll hoch,	1962	1962	2347	2347	1039	Ohne Unterlagen.
XV.	Flötzgebirge. Muschelkalk, 3 Zoll hoch, .	2812	3552	4909	9180	2752	Auf dem Lager.
	Wellenkalk, 5 Zoll hoch, .	2815	2815	3668	8043	3504	
	- - 4 - - .	2350	3269	4141	9291	2832	
XVI.	Keuper Sandstein (*Grès de Luxembourg*), 3 Zoll hoch,	2205	2877	3870	4423	2595	Desgl.
	4 - -	1565	2227	2988	3781	1618	
	5 - -	1454	2326	2684	3641	1917	
XVII.	Gryphitenkalk, 3 Zoll hoch,	4255	4973	5939	7860	4818	Desgl.
	4 - -	2316	3044	4463	6907	2399	
XVIII.	Bunter Sandstein (*Grès bigarré, red Ineestone*). Aus der Umgegend von Trier. 4 Zoll hoch.	1769	3063	4693	6118	1572	
	Vom Main, 4 Zoll hoch, .	3445	3728	5332	6622	2464	Ohne Unterlagen.
	- - 3 - - .	5286	5286	6292	7406	3104	Desgl.
	- - 3 - - .	6124	6124	9648	10373	- -	Bleiplatten oben und unten.
	- - 4 und 5 Zoll hoch,	1848	1848	2419	3147	1086	Aufs Haupt, ohne Unterlagen.
	2 Steine aufeinander, 5 Z. hoch,	6772	6772	9144	9144	6627	Mörtel zwischen beiden, oben und unten Sandlager.
	Von Flohnheim, 3 Zoll hoch,	1007	1845	2884	3187	- -	Ohne Unterlagen.
	- - - 4 - -	1253	1554	2305	2994	2124	
	- - - 4 - -	1368	1542	2186	2626	1274	Aufs Haupt, ohne Unterlagen.
	- - - 4 - -	2076	2076	3020	3256	- -	Aufs Lager, oben und unten Bleiplatten.
	- - - $5\frac{1}{3}$ - -	872	2279	2279	3235	1022	Ohne Unterlagen.
	- - - 8 - -	366	648	1427	1615	775	Desgl.
	- - - 8 - -	318	1781	1781	1970	318	Oben und unten Bleiplatten.
XIX.	Ziegelsteine, 4 Zoll hoch,	421	486	863	1144	- -	Oben und unten Sandlager und zwischen beiden Sand.

(Der Schlufs folgt.)

3.

Practische Abhandlung über Dampfwagen auf Eisenbahnen.

(Vom Herrn Chev. *F. M. G. de Pambour.*)

Der vollständige Titel dieser so eben (Anfangs 1836) zu London erschienenen Schrift ist in seiner ganzen, nach der Gewohnheit englischer Bücher etwas beträchtlichen Länge folgender:

A practical Treatise on locomotive engines upon railways; a work intended to show the construction, the mode of acting, and the effect of those engines in conveying heavy loads; to give the means of ascertaining, on an inspection of the machine, the velocity with which it will draw a given load, and the results it will produce under various circumstances, and in different localities; to determine the quantity of fuel and water it will require; to fix the proportions which ougth to be adopted in the construction of an engine, to make it answer any intended purpose etc. With practical tables, giving at once the results of the formulae; founded upon a great many new experiments, made on a large scale, in a daily practice on the Liverpool and Manchester railway, with many different engines and considerable trains of carriages. To which is added an appendix, showing the expense of conveying goods by locomotive engines on railroads. By the Chev. F. M. G. de Pambour, formerly a student of the Ecole polytechnique, late of the royal artillery, on the staff, in the French service, knight of the royal ordre of the Legion d'honneur etc. during a residence in England for scientific purposes. London: published by John Weale, architectural library, 59, High-Holborn. 1836.

Die Schrift giebt aber in der That nicht allein, was der Titel verspricht, sondern sie handelt auch ihren Gegenstand wirklich practisch und wissenschaftlich zugleich ab: nicht bloſs empyrisch, und auch nicht bloſs mathematisch. Sie hält sich an der Erfahrung und wendet auf dieselbe die Mathematik nur so an, wie es in solchen Fällen immer geschehen sollte, nemlich von derselben nicht sowohl die Form und Formeln, sondern den Geist. Dabei hat sie das Verdienst groſser Deutlichkeit, ohne dieselbe in der Weitschweifigkeit zu suchen, wo sie nicht zu finden ist. Sie läſst sich, weder absichtlich, noch aus Bequemlichkeit, Undeutlichkeit zu Schulden kommen, sondern erzählt dem Leser in einfachen und schlichten Worten, was ihm zu wissen nöthig ist.

Die Schrift ist also als ein gutes Werk in seiner Art zu betrachten. Und da nun ihr Gegenstand das allgemeine Interesse, besonders auch die Geld-Interessen, in gegenwärtiger Zeit in so überaus hohem Grade in Anspruch genommen hat, so glaubt der Herausgeber dieses Journals, dafs es den Lesern desselben angenehm sein werde, wenn er ihnen den Inhalt der Schrift in deutscher Sprache zuführt. Anfangs hatte er die Absicht, nur einen Auszug des Buches auf diesem Wege mitzutheilen; allein er fand beim Durchlesen desselben bald, dafs ein Auszug, ohne Wesentliches wegzulassen, nicht wohl möglich sei. Er giebt also die Schrift ohne alle Weglassungen, und wird, wo es ihm nöthig scheint, einige kurze Bemerkungen hinzufügen. Diese Anmerkungen werden, wie es in diesem Journale gewöhnlich ist, eingeschlossen in eckige Klammern und jedesmal am Ende mit D. H. bezeichnet, des besseren Ansehens wegen, nicht *unter* sondern *in* den Text gesetzt werden.

Gewöhnlich hat dieses Journal, in der letzten Zeit, bei Mittheilung des Inhalts fremdländischer Schriften, die fremden Maafse, Gewichte und Münzen sogleich auf Preufsische reducirt, was zur Bequemlichkeit des Lesers wesentlich nöthig zu sein scheint; denn ohne eine solche Reduction ist die Übertragung einer technischen Schrift aus einer fremden Sprache sogar sehr unvollständig, und die Übertragung der fremden Maafse etc. kann selbst noch nöthiger sein, als die der Worte. Die Reduction wird also auch hier geschehen; jedoch werden die fremden Maafse etc. da beibehalten werden, wo es nur mehr auf *Vergleichungen* als auf absolute Zahlen ankommt, weil in solchen Fällen die durch die Reduction entstehenden Brüche nur beschwerlich sein würden, die *Vergleichung* aber, ohne die Reduction, dieselbe bleibt. Absolute Zahlen von Maafsen, Gewichten und Münzen dagegen werden reducirt werden. Man wolle, wo bei solchen Zahlen nicht ausdrücklich Anderes bemerkt ist, überall *Preufsisches* Maafs, Gewicht und Geld verstehen. Gerechnet hat man, nach Eytelwein und Nelkenbrecher:

1 Fufs Englisch zu 0,971145 Preufsische Duodecimal-Fufs;
1 Meile Englisch zu 427,3 Preufs. Ruthen;
1 Pfund Englisch zu 0,96792 Pfund Preufsisch;
1 Tonne oder 2240 Pfund Englisch *avoir du poids* Gewicht zu 19,71037 Centner Preufsisch;
1 Pfd. Sterling zu 6 Rthlr. 20 Sgr.

Die Englischen Benennungen technischer Gegenstände werden in der Übersetzung, neben den Deutschen, in Klammern, bemerkt werden; was vielleicht einigen Lesern für andere Fälle nützlich und angenehm sein könnte.

Berlin, im März 1836.

Der Herausgeber.

Einleitung.

Es giebt noch keine eigene Schrift über Dampfwagen *(locomotive engines)*. Wood, in „*A practical Treatise on Railroads, and interior communication in general; 1st edit. London 1825, and 2d edit. London 1832*" und Tredgold in „*A practical Treatise on Railroads and Carriages, London 1825*" haben zwar in England den Gegenstand berührt, aber nur als dem Hauptobjecte ihrer Schriften, den Eisenbahnen, untergeordnet. Aufserdem schrieben beide zu einer Zeit, wo die Kunst, Dampfwagen zu bauen, noch erst im Entstehen war. Ihre Ideen und Berechnungen, und selbst die Versuche, welche sie beschrieben, passen kaum noch zu dem, was wir jetzt sehen, und können folglich Denen, welche eine nähere Kenntnifs von Dampfwagen und ihrer Benutzung auf Eisenbahnen zu erlangen wünschen, von keinem Nutzen mehr sein. [„Freilich möchte zwar „auch wohl jetzt die Kunst, Dampfwagen zu bauen, noch nicht zur Voll„kommenheit gediehen sein; noch weniger die Kunst, die Kraft der Dämpfe, „oder andere Naturkräfte überhaupt, auf das Vortheilhafteste zum Transport „von Lasten zu benutzen. Indessen mufs man, um wo möglich weiter „zu gelangen, zunächst mit Demjenigen sich bekannt machen, was bis auf „die neueste Zeit gefunden und erprobt worden ist." D. H.]

Manches war bis jetzt noch gar nicht, Anderes unrichtig berücksichtigt worden. Es waren fernere Untersuchungen nothwendig. Man wird daher den Inhalt der gegenwärtigen Schrift von dem der bisherigen Schriften über denselben Gegenstand ganz abweichend finden. Die Schrift wird durchweg nur von der Erfahrung ausgehen. Der Verfasser hat die Versuche, auf welche er sich beziehen wird, durchaus selbst, nach einem neuen Plane und zu seinen eignen Zwecken angestellt. Theorieen werden *nur* auf diese Versuche gegründet werden.

Sollte es beim ersten Blick auffallend scheinen, dafs behauptet wird, es existire noch keine Theorie der Dampfwagen: so wird das Bedenken schwinden, wenn man erwägt, dafs im Allgemeinen die Theorie der Dampfmaschinen überhaupt, noch keinesweges vollendet ist. Man sollte zwar glauben, es sei über eine Maschine, deren Gebrauch jetzt schon so allgemein geworden und deren Wichtigkeit so sehr groſs ist, längst Alles gesagt und jede nur zu wünschende Erläuterung gegeben worden. Aber daran fehlt viel; und sogar die Art der Wirkung des Dampfes in den Maschinen ist noch keinesweges hinreichend erforscht. Da es nun selbst hieran noch fehlt, so war auch noch natürlich jede treffende theoretische Berechnung unmöglich. Nur Voraussetzungen traten bis jetzt an die Stelle von Thatsachen. Wir haben geschickte Mathematiker analytische Formeln über die Bewegung der Kolben der Dampfmaschinen aufstellen sehen, welche vollkommen richtig sein würden, wenn sich alles, worauf es ankommt, wirklich so, wie sie es annahmen, verhielte; aber da ihre Voraussetzungen nicht richtig waren, so fielen auch die Formeln, der Wirklichkeit gegenüber, wiederum in Nichts zusammen. [„So ist wohl es mit vielen sogenannten Anwendungen der Mathematik auf technische und ähnliche Gegenstände. Die Rechnungen können sehr gut und richtig sein; aber gerade „deshalb, weil sie es sind: weil sie in sich so überaus streng richtig und „consequent sind, sind die Resultate um so gewisser falsch, sobald die „Voraussetzungen falsch oder unvollständig sind. Alle in Betracht kommenden Umstände aber in der Rechnung zu berücksichtigen, ist meistens theils nicht möglich; theils sind gewöhnlich jene Umstände nicht „sämmtlich bekannt. Es ist daher eine sehr zweifelhafte Sache um den „Werth solcher Anwendungen. Der Mathematik nutzen sie nur zufällig, „und in der Technik *schaden* sie leicht sehr. Um die Mathematik und „um ihren Werth stände es sogar miſslich, wenn es wahr wäre, wie man „zuweilen äuſsern hört, daſs einer ihrer *Haupt*zwecke und ein *Haupt*-„nutzen derselben, in solchen Anwendungen bestehe. Glücklicherweise „ist es nicht so. Der wahre Hauptzweck und der Hauptnutzen der Mathematik ist der, den Verstand zu üben, und ihn an Consequenz zu gewöhnen. Hierin leistet die Mathematik mehr, als vielleicht irgend eine andere „Wissenschaft; und so ist ihr Zweck und ihr Nutzen, unabhängig von allen Anwendungen auf sinnliche Gegenstände, groſs und erhaben." D. H.] In der Praxis haben nun, unter solchen Umständen, die Verhältnisse der Maschinentheile nur durch wiederholte Versuche bestimmt werden können, und die Kunst der Construction tappte im Finstern und war auf Nachahmung beschränkt.

Da Dampfwagen die künstlichsten Dampfmaschinen sind, so können wir in der Beurtheilung derselben nicht vorrücken, wenn wir nicht zuvor die Dampfmaschinen überhaupt studiren. Dann aber ist hier der merkwürdige Umstand zu erwähnen, dafs von allen Dampfmaschinen die auf Wagen sich fortbewegenden diejenigen sind, welche am wenigsten zusammengesetzte Widerstände zu überwältigen haben, und deren Kraft also am leichtesten genau sich messen läfst. Dieser Umstand macht sie vorzüglich geeignet, eine Erläuterung der, allen andern Dampfmaschinen gemeinsamen Thatsachen zu gewähren. Ist einmal die Theorie der Dampfwagen hinlänglich festgestellt, so wird sie sich auch auf andere Dampfmaschinen ausdehnen lassen, und insbesondere auf Hochdruckmaschinen.

Wir dürfen uns deshalb auch schmeicheln, dafs unsere Untersuchungen, wenn auch scheinbar nur auf Dampfwagen beschränkt, dennoch zugleich auch zur Erläuterung der Hauptpuncte bei den Dampfmaschinen im Allgemeinen, beitragen werden.

Um den Zweck der gegenwärtigen Schrift näher anzuzeigen, und bemerkbar zu machen, worin sie von ihren Vorgängerinnen sich unterscheidet, wird es nöthig sein, bestimmter auf die Puncte einzugehen, über welche wir neue theoretische und practische Untersuchungen mitzutheilen haben. Es wird sich dann zeigen, dafs jene Puncte fast über den gesammten Gegenstand sich erstrecken.

Bis jetzt hat man gewöhnlich die Spannung des Dampfes im Kessel für unveränderlich gehalten. Sie wurde ein für allemal berechnet, und zwar näherungsweise, aus dem Gewicht des Ventils (*valve*). Eine Menge von Versuchen wird indessen zeigen, wie sehr die Spannung während der Bewegung der Maschine veränderlich ist, und wie nothwendig es ist, diesen Umstand zu berücksichtigen und eine genaue Messung Statt finden zu lassen, wenn nicht die Rechnung auf ganz falschem Grunde ruhen soll.

Für die Vervollkommnung der Messung wird man in unserer Schrift eine Änderung der Federwage (*spring-balance*) vorgeschlagen finden, um die Spannung sicherer zu messen; desgleichen die Beschreibung eines tragbaren Instruments, für jede Maschine passend, zum Ersatz des Quecksilber-Spannungsmessers (*Mercurial-gauge*).

Die Reibung der Bahnfuhrwerke wurde bis jetzt viel zu beträchtlich geschätzt. Dadurch wurde die Berechnung der Kraft der Dampfwagen unrichtig. Eine grofse Zahl von Versuchen mit Bahnwagen, mit und ohne Druckfedern (*springs*), vereinzelt und gekuppelt, wird den wahren Betrag der Reibung näher zeigen.

Die Reibung der Dampfwagen auf den Schienen war bis jetzt fast noch gar nicht ermittelt. Wir haben gesucht, sie durch drei verschiedene Verfahren, die einander zur Prüfung dienen können, zu finden.

Die Reibung *in* der Maschine, welche aus dem Widerstande der Last, die sie fortzieht, entsteht, war noch nie berücksichtigt worden. Wir werden über diesen Gegenstand verschiedene Versuche beibringen.

Die genaue Ermittelung der Spannung des Dampfes in den Stiefeln (Cylindern) der Maschine war nothwendig, um die Art zu erklären, wie fahrende- und Dampfmaschinen überhaupt wirken; so wie, um ihre Kraft unter den verschiedenen Umständen berechnen zu können. Unrichtige Vorstellungen über diesen Punct waren die Ursach aller jener Rechnungsresultate, die die Erfahrung nicht bestätigen wollte. Wir glauben, dafs eine einfache Erklärung dieses Punctes gewissermafsen das gesammte Spiel der Maschinen in's Licht setzen wird.

Über die Verdampfungskraft der Maschinen gab es fast noch keine Versuche, die in Rechnung gebracht werden konnten. Gleichwohl hängt von dieser Kraft zuletzt die der Maschine selbst ab. Man wird in der gegenwärtigen Schrift zahlreiche Versuche an einer Menge von Dampfmaschinen verzeichnet finden.

Eine Formel für die Wirkung einer Maschine von bestimmten Verhältnissen, oder umgekehrt: eine Regel, nach welcher für eine bestimmte Zugkraft und Geschwindigkeit die Maafse einer Maschine gefunden werden könnten, gab es noch gar nicht. Die bisherigen Versuche, durch welche man zu solchen Formeln und Regeln zu gelangen suchte, gaben den Erfahrungen widersprechende Resultate, weil sie nach unrichtigen Grundsätzen angestellt waren. Man hatte sogar als Regel angenommen, dafs die wirksame Kraft einer Maschine nur den dritten Theil ihrer berechneten oder theoretischen Kraft betragen dürfe, während doch offenbar nicht anders als die gesammte Kraft in der Wirkung sich offenbaren kann; und wir werden sehen, dafs es in der That sich so verhält. Diese vermeintliche Regel giebt schon einen hinreichenden Beweis der Unrichtigkeit der gebräuchlichen Rechnungen, die dann auch nur zu Übelständen in der Praxis führen konnten. Man baute Maschinen, ohne im Voraus ihre Wirkung zu kennen. Man wird sehen, daſs sich durch Einführung eines neuen Elementes in die Rechnung, nemlich der Verdampfungskraft der Maschine, die Aufgabe auf die einfachste Weise lösen läſst. Es lassen sich so durch Rechnung und durch einfache Ausmessungen der Maschine die Zugkraft und die Geschwindigkeit eines Dampfwagens unmittelbar finden; so wie umgekehrt die zu einer bestimmten Wirkung der Maschine nothwendige Gröſse ihrer Theile. Eine groſse Menge von Versuchen, während des gewöhnlichen täglichen Verkehrs angestellt, werden die Genauigkeit der Rechnungsregeln darthun. Dies giebt denn also zugleich die Theorie aller Hochdruckmaschinen.

Auch verschiedene Nebendinge im Mechanismus der Dampfmaschinen waren noch nicht hinreichend untersucht worden. Es wird sich zeigen, daſs dieselben die Maschinen um den vierten Theil ihrer Wirkung schwächen können. Wir werden sie, und besonders das Verweilen des Gleitventils (*lead of the slide*), der Rechnung unterwerfen, und deren Ergebnisse durch besondere Versuche rechtfertigen.

Der Widerstand in den Krümmungen einer Eisenbahn nahm ebenfalls unsere Aufmerksamkeit in Anspruch. Wir werden diejenige Form der Räder und diejenige Anordnung der Schienen zu bestimmen suchen, durch welche der Widerstand am meisten vermindert wird.

Das Verhältniſs des Bedarfs an Brennstoff (*fuel*) zur Fracht (*load*) war noch nicht näher erörtert worden, und die für dasselbe aufgestellte Regel zeigte sich der Erfahrung nicht gemäſs. Es wird solches auf verschiedene Arten näher ermittelt und die Resultate werden durch Versuche bestätigt werden.

Die auf alle diese Puncte Bezug habenden Versuche sind in groſser Zahl und an zwölf verschiedenen Maschinen angestellt worden.

In der Regel nahm man die meisten Elemente der Beantwortung der zu erörtenden Fragen aus directen Versuchen. Darauf suchte man auf diese Elemente, nach theoretischen Grundsätzen, eine Rechnung zu gründen, und dann unterwarf man die Resultate dieser Rechnung ferneren speciellen Versuchen, um die Rechnung zu prüfen. Um die gefundenen Formeln zu erörtern, sind dieselben jedesmal auf das sorgfältigste einzelnen Anwendungen unterworfen worden; und um endlich die Schrift auch für Diejenigen nutzbar zu machen, welche die Resultate ohne Rechnung zu haben wünschen, sind nach den Formeln practische Tafeln berechnet worden, für die in der Ausübung am häufigsten vorkommenden Fälle.

Es liegt nicht in unserm Plan, eine vollständige Beschreibung der Maschinen zu geben, noch die Maafse ihrer einzelnen Theile; wir geben beides nur in so weit, als es zu unsern Zwecken nothwendig ist. Jenes würde uns zu weit führen und mehr für den Bau der Maschinen gehören. So sind denn auch die unserer Schrift beigefügten Figuren nur zur Erläuterung des Textes bestimmt. Für jeden andern Zweck würden sie zu unvollständig sein.

Auf dem unbetretenen Pfade, welchen wir zu gehen hatten, können wir leicht gefehlt haben. Wir behaupten nicht, etwas Vollkommenes geliefert zu haben, und nehmen die Nachsicht wegen etwaiger Mängel in Anspruch, die uns bei der Neuheit des Gegenstandes vielleicht zu Schulden kamen. Der Hauptzweck des Verfassers, in Beziehung auf sich selbst, war, seine Mufse durch eine seiner Neigung gemäfse Bemühung nützlich zu verwenden. Der Verfasser der gegenwärtigen Schrift, von Jugend auf zu andern Beschäftigungen vorbereitet; einer Familie angehörig, die mehrere Generationen hindurch dem Kriegswesen sich gewidmet hatte; Sohn eines Generals der Artillerie, dessen Carriere natürlich auch die seinige bestimmte, würde nicht auf den Gegenstand dieser Schrift gefallen sein, hätten nicht die erstaunlichen Wirkungen der Maschinen, welche er hier abhandelt, ihn in Verwunderung gesetzt und der unverkennbare Einflufs, den dieselben nothwendig auf die gesammte neuere Civilisation ausüben müssen, seine ganze Aufmerksamkeit in Anspruch genommen. Der Verfasser hofft, dafs seine Arbeit wenigstens weiter die Aufmerksamkeit des Publicums auf seinen Gegenstand lenken werde. Er wird sich freuen, wenn ihm Einiges gelungen sein sollte, und wenn wenigstens Andere, indem sie seine Fehler berichtigen, die Gegenstände weiter aufklären, auf welche er ihre Aufmerksamkeit zu ziehen suchte.

Alle in diesem Werke beschriebenen Versuche sind von dem Verfasser selbst angestellt worden, und zwar mit aller nur möglichen Sorgfalt und Aufmerksamkeit. Bei einigen wirkten verschiedene Ingenieurs von anerkanntem Talent und Geschicklichkeit mit, nemlich die Herren J. Locke, von der grofsen Verbindungs-Eisenbahn, und Herr King von den Liverpooler Gas-Fabriken. Wir geben die Beschreibung der Versuche mit allen ihren Details und so, dafs Jeder die Genauigkeit derselben möge ermessen können. Wir benennen Ort und Zeit der Versuche, damit sie immer noch durch Nachschlagen der Bücher, in welchen das Gewicht der Ladungen der Wagenzüge vermerkt ist, verificirt werden können.

Wir haben es zu rühmen, daſs uns unsere Bemühungen dadurch sehr erleichtert worden sind, daſs wir von den Vorstehern der namhaftesten, auf unsern Gegenstand bezüglichen Unternehmungen in England bereitwillig die Erlaubniſs erhielten, ohne allen Vorbehalt die Werkstätten zu besuchen, alles auszumessen, alle Nachrichten über die Kostenpuncte zu sammeln und jeden uns nöthig scheinenden Versuch anzustellen. Mit Vergnügen erkennen wir auch hier die Liberalität des englischen Characters an, die uns in unsern Bemühungen so sehr förderlich war.

Besonders sind wir der Freundschaft des Herrn Hardmann Earle, eines der Directoren der Eisenbahn zwischen Liverpool und Manchester, mit der wärmsten Erkenntlichkeit verbunden. Seine Gefälligkeit war unermüdlich. Mit allen Eigenschaften eines unterrichteten Mannes ausgerüstet, machte es ihm Vergnügen, an Untersuchungen Theil zu nehmen, die ihm zu den Fortschritten der Kunst dienlich schienen. Sämmtliche Maschinen und Wagen der Liverpooler Bahn stellte er dem Verfasser zur Disposition. Wegen der Schönheit dieser Maschinen, wegen ihrer groſsen Anzahl (denn es sind ihrer nicht weniger als dreiſsig vorhanden), wegen der Sorgfalt, mit welcher man sie erhält, und wegen des unermeſslichen Umfangs des Verkehrs auf der Bahn, der es möglich macht, ohne die geringste Störung zu verursachen, so groſse und so kleine Ladungen auszuwählen, als man will, ist die Liverpooler Bahn vielleicht die einzige in der Welt, auf welcher sich Versuche in groſsem Maaſsstabe mit derjenigen Genauigkeit anstellen lassen, die sonst nur durch Apparate im Kleinen zu erlangen ist. Aus diesem Grunde zogen wir die Liverpooler Bahn allen andern, welche bis jetzt in Frankreich und England in Thätigkeit sind, vor.

Gleiche Bereitwilligkeit fand der Verfasser bei den Directoren der Darlingtoner Eisenbahn. Es wurden ihm von denselben auch interessante Documente in Betreff aller Arten von Reparaturen und Ausgaben bei dieser Eisenbahn mitgetheilt. Wir sind dafür insbesondere dem Herrn J. Pease, jetzigem Präsidenten der Gesellschaft, Dank schuldig; so wie auch Herrn Robert B. Dockray für seine unermüdlichen Aufmerksamkeiten.

Wir sind unsern Gegenstand mit dem angelegentlichsten Interesse, und, wir möchten fast sagen, mit einem wahren Enthusiasmus, wie er ihn in uns erregte, zu durchforschen bemüht gewesen. Welch ein Gegenstand der Bewundrung ist nicht auch in der That ein solcher Triumph des menschlichen Geistes! Welch ein überraschender Anblick ist nicht ein Dampfwagen, der, mit Leichtigkeit sich fortbewegend, 40 bis 50 beladene Wagen hinter sich herzieht, jeden mehr als 10000 Pfund schwer! Was sind hinfort die schwersten Lasten, für Maschinen, die solche ungeheure Gewichte fortschaffen. Und dabei verschwinden gleichsam die Entfernungen vor Fuhrwerken, welche eine Distanz von $6\frac{1}{2}$ Meilen in $1\frac{1}{2}$ Stunden durchlaufen. Der Boden entfliegt gleichsam unter unsern Augen. Bäume, Häuser, Hügel enteilen mit der Geschwindigkeit eines Pfeils. Und wenn ein Zug einem andern begegnet, so scheint sein Kommen, Nahen und Angelangtsein nur das Werk eines Augenblicks. Kaum noch sehen wir, überrascht, den Zug unter unsern Augen, so ist er auch schon wieder fern, und verschwindet bald, wie ein kleiner Fleck am Horizont.

Anderntheils: wie ermuthigend ist nicht der Erfolg dieser schönen Unternehmungen! Die Liverpooler Bahn trägt 9 pro Cent Zinsen; die Darlingtoner Bahn gleichfalls. Welches Vertrauen in die künftigen Erfolge solcher Werke muſs es nicht erwecken, wenn wir auſserdem vernehmen, daſs die Actien der Liverpooler Bahn in 4 Jahren (nemlich zur Zeit der ersten französischen Ausgabe dieses Buches, Anfangs 1835), von 100 auf 210 und die Actien der Darlingtoner Bahn von 100 auf 300 gestiegen sind! Was darf die bürgerliche Gesellschaft nicht alles für die Folge von dieser neuen Industrie erwarten, welche die Capitalien und den Ertrag des Landes durch ihren unermeſslichen Einfluſs auf die Beschleunigung und Wohlfeilheit der Transporte zu verzehnfachen im Stande ist!

Inhalts-Verzeichnifs.

Siebentes Capitel.
Von den Krümmungen der Bahn und den Rampen.

Abschnitt I. *Von den Krümmungen.*

Abschnitt II. *Von den Rampen.*

Achtes Capitel.
Von der Reibung der Räder auf den Bahnschienen.

Neuntes Capitel.
Vom Brennstoff.

Anhang.
Kosten der Zugkraft von Dampfwagen auf Eisenbahnen.

Nach dem vorbestimmten Plane dieser Schrift, hoffen wir, werde dieselbe deutlich und methodisch ausfallen.

Wir werden mit der Beschreibung eines Dampfwagens beginnen. Darauf werden wir den Leser mit den Mitteln bekannt machen, die Spannung der Dämpfe genau zu messen, so dafs er, ehe wir weiter gehen, die Elemente kennen lernt, auf welchen die bewegende Kraft unserer Maschine beruht.

Hierauf werden wir unsere Aufmerksamkeit auf die verschiedenen Widerstände lenken, welche der Dampfwagen bei seiner Fahrt zu überwinden hat. Wir werden den Widerstand der Fuhrwerke, so wie denjenigen des Dampfwagens selbst, zu ermitteln suchen; sowohl in dem Falle, wenn er sich frei bewegt, als wenn er Bahnfuhrwerke fortzuziehen hat.

Nachdem diese Puncte festgestellt sind, werden wir zu der allgemeinen Theorie der Bewegung der Dampfwagen übergehen, und Formeln aufstellen für die einer bestimmten Ladung correspondirende Geschwindigkeit, und umgekehrt; desgleichen für die Verhältnisse der Maschinentheile zu bestimmten Zwecken.

Sodann werden wir verschiedene Nebentheile der Maschine und ihre Einwirkung auf den Effect zu untersuchen haben. Desgleichen verschiedene äufsere Neben-Umstände.

Endlich werden wir von dem Stützpuncte der Bewegung, nemlich der Reibung der Räder auf den Schienen, zu sprechen haben. Unser letztes Capitel wird Berechnungen des für eine bestimmte Ladung nöthigen Brennstoffes enthalten.

Diese Untersuchungen werden hinreichen, die hauptsächlichsten Fragen zu lösen, welche bei Benutzung der Dampfwagen auf Eisenbahnen vorkommen können.

Es werden mehrere Unter-Abtheilungen der verschiedenen Capitel nöthig sein; so wie Berechnungen und theoretische Erörterungen, von gröfserem oder geringerem Umfange, obgleich alle einfach und leicht; desgleichen eine gröfsere oder geringere Zahl von Versuchen. Die obige Haupt-Eintheilung des Buches aber wird im Ganzen befolgt werden.

Erstes Capitel.

Beschreibung eines Dampfwagens.

Abschnitt I.

Aufzählung und Beschreibung der einzelnen Theile des Wagens.

Fig. 1. Taf. VII. stellt einen Dampfwagen von der als der besten anerkannten Einrichtung vor. [„Viele der neuesten Dampfwagen, z. B. alle „diejenigen auf der Eisenbahn zwischen Brüssel und Mecheln, aus engli„schen Fabriken, weichen von den hier vorgestellten Wagen insbeson„dere darin ab, daſs sie 6 Räder haben, nämlich, nicht bloſs vor, son„dern auch hinter den groſsen Rädern ein Paar kleinere Räder." D. H.] Der Mechanismus des Wagens ist so einfach, daſs eine kurze Beschreibung hinreichen wird, seine Bewegung zu erklären. Was etwa noch bei dieser Beschreibung undeutlich bleibt, wird aus den Einzelnheiten, die weiterhin zur Sprache kommen, deutlicher werden.

Die Haupttheile der Maschine sind:

Die Esse und der Kessel, zur Erzeugung des Dampfes;

Das Gleitventil und die Stiefel (Cylinder), zum Wirksammachen der Dampfkraft;

Die Kurbeln und Räder, welche die Bewegung von den Kolben auf die Maschine selbst übertragen.

Nachdem wir diese Haupttheile beschrieben haben werden, können wir zu den Nebentheilen übergehen und jedem derselben seine Stelle anweisen.

§. 1.

Vom Kessel (boiler).

Fig. 3. Taf. VIII. giebt einen vollständigen Begriff von dem Kessel.

Man sieht, daſs der Körper der Maschine aus drei verschiedenen Theilen besteht. Der vordere Theil, rechts in der Figur, welcher den Schornstein *(chimney)* *C* trägt, ist von den beiden andern durch die Wand *tt* abgesondert. Die beiden andern Theile bilden zusammen den Kessel. Beide sind bis zu einer gewissen Höhe, nemlich bis *cd,* mit Wasser angefüllt; jedoch nimmt auch das Feuer einen Theil ihres inneren Raumes ein; wie man sogleich sehen wird.

Der hinterste der drei Theile enthält nemlich einen parallelepipedischen Raum *e*, welcher von dem Brennstoff ausgefüllt wird, und der also die Esse der Maschine ist. Der Raum zwischen den Seitenwänden der Esse und den äufsern Wänden steht in offener Verbindung mit dem übrigen Raume des Kessels, und ist also ebenfalls voll Wasser. Die Esse wird in dem Theile des Wagens, in welchem sie sich befindet, durch starke Bolzen unterstützt und damit verbunden. Diese Bolzen geben diesem Theile des Kessels, welcher, weil er nicht rund ist, weniger Widerstand leistet, als der cylindrische Theil, die nöthige Festigkeit.

Die Esse (*fire-box*) *e* wird also, da sie sich mitten in dem einen Theile des Kessels befindet, von allen Seiten vom Wasser umgeben: blofs an der Einheizthür *l* und am Boden *nn* nicht. Der Boden hat einen Rost (*grate*), von welchem *nn* eine Stange vorstellt. Fig. 4. zeigt den Rost im Querdurchschnitt.

Vor der Einheizthür *l* liegt ein starkes Brett (*board*) *BB* Fig. 1., auf welches sich der Führer der Maschine stellt. Dem Dampfwagen folgt unmittelbar der Munitionswagen (*tender*), welcher jenem Kohlen und Wasser nachführt. Ein Feuerschürer (*fireman*) wirft von demselben die Kohlen durch die Thür *l* in die Esse, und läfst Wasser in den Kessel zu, so oft es nöthig ist. Das Wasser wird vermittelst einer Druckpumpe (*forcing-pump*), welche die Maschine selbst in Bewegung setzt, und von welcher wir unten weiter sprechen werden, in den Kessel geschafft.

Durch die Zwischenräume der Stäbe des Rostes *nn*, die stets offen bleiben, tritt die zum Verbrennen nöthige Luft in die Esse. Die in die Esse geworfenen Cokes fallen auf den Rost und werden von demselben getragen. Nachdem das Feuer angeschürt und die Heizthür verschlossen worden ist, befindet sich die Flamme gänzlich in der Esse eingesperrt. Sie nimmt dann ihren Ausweg durch eine Menge kleiner Röhren e', e', welche man noch deutlicher in Fig. 4. sieht. Diese Röhren führen sie, den ganzen zweiten Theil des Kessels entlang, in den Schornstein.

Man sieht hieraus, dafs, da das Feuer ganz von der Esse eingeschlossen und überall vom Wasser umgeben ist, gar keine Heizkraft desselben verloren geht. Sodann vertheilt sich die Flamme, auf ihrem Wege nach dem Schornstein, auf die vielen, oben gedachten kleinen Röhren.

Sie durchkreuzt also das Wasser im Kessel; und da die Röhren zusammen eine grofse äufsere Berührungsfläche gegen das Wasser haben, so gelangt die Flamme nur erst, nachdem sie so viel Hitze als nur möglich an das Wasser abgesetzt hat, in den Schornstein. Nachdem die Flamme an das Ende der Röhren *e', e'* gelangt ist, befindet sie sich in dem dritten Theile des Kessels, und entweicht nun frei durch den Schornstein *C*.

Die Hitze wird also hier auf zwei verschiedene Arten benutzt. Das Wasser nemlich, welches die Esse umgiebt, ist in unmittelbarer Berührung mit der Hitze des Feuers und also der Wirkung der *strahlenden* Wärme ausgesetzt. Dagegen empfängt das im mittleren Theile des Kessels befindliche Wasser die Wärme nur durch die Berührung der Flamme und der aus der Esse entweichenden heifsen Luft. Es ist also *dort* der Wirkung der Wärme durch *Mittheilung* unterworfen.

Es ist hier zu bemerken, dafs die Einrichtung des Kessels mit den vielen Röhren, welcher die gegenwärtigen Dampfwagen insbesondere ihre ungemeine Kraft verdanken, eine *Französische* Erfindung ist. Die Idee dazu gehört Herrn Seguin, Civil-Ingenieur und Fabricanten zu Annonay. Herrn Seguins Patent ist vom 22. Februar 1828, und erst am 25. April 1829 lenkte das Comité der Liverpooler Eisenbahn die Aufmerksamkeit der Englischen Mechaniker auf die Dampfwagen, durch Aussetzung eines Preises. Erst am 6ten October 1829 wurde von den Herren Stephenson und Booth der *Rocket* präsentirt, der ganz nach Herrn Seguins Prinzip erbaut war. Wir wollen durch diese Bemerkung Herrn Booths Verdienst nicht schmälern. Es ist nicht das erste Mal, dafs zwei sinnreiche Personen zugleich, auf eine und dieselbe Idee gefallen sind. Aber aus den obigen Daten sieht man, dafs die Priorität der Idee dem Französischen Ingenieur gebührt. Die Thatsache kann in England leicht dargethan werden. Man darf nur in einer der folgenden Schriften, die sicherlich in dem Brittischen Museum, oder in andern gröfsern Englischen Bibliotheken zu finden sein werden, die Beschreibung des Patents nachschlagen; nemlich: in den *Annales de l'industrie française et étrangère, 1828*; in dem *Bulletin de la société d'encouragement etc., 1828*; oder in der *Description des machines et procédés consignés dans les brevets d'invention etc.* Dieses letzte Werk citiren wir nur im Voraus, weil es nur die Beschreibung *abgelaufener* Patente giebt. Herrn Seguins Patents wird darin nicht vor 1838 gedacht werden.

§. 2.

Von der Wirkung der Cylinder.

Den zweiten wesentlichen Theil der Maschine machen die *Cylinder* (Stiefel) mit dem *Gleitventil* oder *Schieber* (*slide*) aus. Auch von diesem Theile die Anordnung zu zeigen, ist Fig. 3. bestimmt.

Im Innern des oben von den Dämpfen eingenommenen Theils des Kessels befindet sich eine weite Röhre *VV'*. Sie ist an ihrem einen Ende offen, und leitet die Dämpfe nach den Cylindern. Bei *V'*, im Innern der Röhre, ist ein Hahn (*cock*) oder Regulator, aufserhalb des Kessels durch den Griff (*handle*) *T* drehbar. So wie man den Hahn mehr oder weniger umdreht, wird den Dämpfen der Ausgang mehr oder weniger geöffnet.

Der Dampf, welcher in dem Kessel in grofser Menge erzeugt wird, nimmt, wenn er nicht entweichen kann, eine starke ausdehnende Kraft an. Öffnet man darauf den Hahn *V'*, so dringt der Dampf [von oben] durch die Öffnung *V* in die Dampfröhre, und diese führt ihn nach der Mündung *v* des Schieber-Gehäuses (*valve-box*). Hier öffnet der Schieber *x*, welcher durch die Maschine selbst in Bewegung gesetzt wird, dem Dampfe den Eingang in die [beiden] Cylinder, abwechselnd nach dem einen und dem andern Ende derselben hin. Die [beiden] Cylinder liegen horizontal auf dem Boden des Schornsteintheils der Maschine, wo das Spiel der Flamme an den Wänden dieses Theils, den Dampf heifs erhält und ihn gegen die Abkühlung durch die äufsere kalte Luft schützt.

Die Pfeile zeigen in der Figur die Richtung der Bewegung der Dämpfe an, von ihrem Eintritt bei *V*, bis zu dem Schiebergehäuse. So wie hier die Lage des Schiebers gezeichnet ist, ist dem Dampfe der Eintritt 1 in den Cylinder offen, und es wird folglich der Kolben (*piston*) in der Richtung des Pfeils fortgetrieben. Im nächsten Augenblick öffnet sich der Eintritt 2, und darauf treibt der Dampf den Kolben nach der entgegengesetzten Seite hin. Nachdem der Dampf seine Wirkung vollbracht hat, tritt er in die Röhre *v'*, und wird durch dieselbe in den Schornstein und durch diesen in die freie Luft geleitet.

Die Eintrittsstelle *V* des Dampfes in die Dampfröhre ist deshalb angemessen *hoch* angeordnet, damit nicht das in dem Kessel beim Sieden aufwallende und von der Maschine geschüttelte Wasser durch die Eintrittöffnung des Dampfes in die Dampfröhre gerathe.

§. 3

Von den Kurbeln (cranks) *und den Rädern* (wheels).

Die auf die beschriebene Weise in Bewegung gesetzten Kolbenstangen (*piston-rods*), welche durch feste Lager (*guides*) an jeder Abweichung von der geradlinigen Bewegung gehindert werden, theilen nun der Achse (*axle*) der beiden hinteren Räder des Wagens eine drehende Bewegung mit. Die Verwandlung der hin- und her gehenden Bewegung der Kolbenstangen in die drehende Bewegung der Achse, geschieht, auf die Weise, wie bei den gewöhnlichen Spinnrädern, durch eine Kurbel an der Achse. Man sieht diese Anordnung in Fig. 3. So wie der Dampf die Kolbenstange hin und her treibt, dreht er die Kurbel yz um, und vermittelst dieser die Achse und die Räder, welche an der Achse *fest* sind. Da es nun aber in dem Umlaufe der Kurbel zwei Puncte giebt, in welchen die auf sie wirkende hin- und her ziehende Kraft die Kurbel eben sowohl weiter als zurück drehen könnte, nemlich diejenigen beiden Puncte, die in der durch den Umdrehungspunct der Kurbel gehenden Richtung der Kolbenstange liegen: so sind die den *beiden* Kolbenstangen correspondirenden *zwei* Kurbeln so mit der Achse verbunden, dafs sie in einem *rechten Winkel* gegen einander stehen. Auf solche Weise empfängt nun jedesmal die eine Kurbel dann die volle Wirkung des Dampfes, wenn derselbe auf die andere, ihrer Lage wegen, gar nicht wirkt; und die Kraft der Maschine bleibt stets unverändert. [„Dieses letzte ist nun wohl nur näherungsweise „der Fall; denn weder die Kraft des Dampfes ist unveränderlich, noch „würde, bekanntlich, selbst dann, wenn sie es wäre, ihre Einwirkung auf „die beiden Kurbeln, in ihren verschiedenen Lagen, dieselbe sein. Die Ver„änderlichkeit der Kraft der Maschine wird nur durch das Beharrungsver„mögen der in Bewegung gesetzten Masse ausgeglichen, was sonst bei Kur„beln noch besonders durch ein Schwungrad unterstützt zu werden pflegt. „Näher würde die Art der Wirkung der Dampfkraft der Unveränderlich„keit kommen, wenn statt zweier, drei Cylinder und drei Kurbeln vor„handen wären, welche mit einander Winkel von 60 Graden einschlös„sen. Aber die Maschine würde dadurch vielleicht zu schwer und künst„lich werden." D. H.]

Da die beiden Cylinder, wie oben gesagt, unter dem Kessel liegen, so stehen die Kolbenstangen, unter dem Wagen, direct mit den Kurbeln in Verbindung; wie es auch die Figur zeigt. Die in Bewegung gesetzte

Kurbel-Achse dreht sich nun mit den Rädern, mit welchen sie nur eine Masse ausmacht, zugleich herum, und der Wagen wird auf die Weise fortgetrieben, wie, wenn man die Räder durch Eingreifen in ihre Speichen herumdrehte.

Da der einzige Stützpunct (*fulcrum*) der Bewegung der Widerstand ist, den die Räder auf den Bahnschienen finden, von welchen sie getragenwerden, welcher Widerstand sie nun zwingt, fortzurollen, statt, an derselben Stelle bleibend, gleitend sich zu drehen: so könnte es zweifelhaft scheinen, ob auf einer so glatten Fläche, wie die der Schienen, die zum Umdrehen gezwungenen Räder dennoch nicht gleiten würden, anstatt fortzurollen: besonders dann, wenn der Dampfwagen bedeutende Lasten fortzuziehen hat. Allein die Erfahrung lehrt, dafs die Reibung der Räder auf den glattesten Schienen, so gering sie auch sein mag, dennoch, weil auch die zum Fortziehen der Lasten auf der Schienenbahn erforderliche Kraft nur gering ist, hinreicht, den Dampfwagen, mit allen Fuhrwerken, die er nach sich zieht, fortrollen zu machen.

In den meisten Fällen ist die Reibung blofs zweier Räder auf den Schienen zum Stützpunct der Zugkraft hinreichend; besonders bei Dampfwagen, deren Gewicht so vertheilt ist, dafs *zwei Drittheile desselben* auf den ziehenden Rädern [„nämlich denen mit der Kurbel-Achse," D. H.] ruhen. Ist eine bedeutendere Zugkraft nöthig, so macht man die vier Räder einander gleich. Für dergleichen Fälle kann man, wenn es nöthig ist, die vorderen Räder mit den hinteren durch metallene Stangen aufserhalb der Räder, nemlich jedes Vorderrad mit dem correspondirenden hintern Rade, in Verbindung setzen, oder kuppeln. Eine solche Kuppelstange (*connecting-rod*) sieht man in Fig. 6. *C* ist die Verlängerung der Kurbel-Achse aufserhalb des Wagens. Ein neuer Kurbel-Arm *Co* ist an diese Verlängerung der Achse befestigt, und wird also durch die Achse herumgedreht. In *o* befindet sich ein hohler Kugelzapfen (*a bal and socket joint*). Bei *m* leitet ein Heber mit baumwollnem Docht (*a cotton-wick syphon*) das Öl in den Zapfen. *n*, *n* sind Schlüssel (*keys*) oder Keile, um die Verbindungsstange zu verkürzen, oder zu verlängern. An ihrem andern Ende ist die Stange auf gleiche Weise mit dem Kurbelarme des andern Rades verbunden. Wenn also nun die Kurbel-Achse *C*, und folglich die Kurbel *Co*, herumgetrieben wird, so theilt sie ihre Bewegung, vermittelst der Verbindungstange und der Kurbel an der Vorder-Achse, auch dieser mit.

Die Kraft der Maschine wird so von den beiden hinteren Rädern auch auf die beiden vorderen übertragen, und es reiben sich nun alle vier auf den Schienen. [„Wenn die vorderen Räder des Dampfswagens nicht an die „hinteren gekuppelt sind, so muſs derjenige Theil des Gewichts des Wa„gens, der auf den vorderen Rädern ruht, durch die Kraft der hinteren „Räder ebenfalls noch fortgeschafft werden, so daſs dieses Gewicht dann „noch zu demjenigen des Munitionswagens und der fortzuziehenden Bahn„fuhrwerke, welche alle keinen Stützpunct für die fortzuziehende Kraft „gewähren, *hinzukommt*; die Reibung der hinteren Räder auf den Schie„nen, welche dem auf ihnen ruhenden *Theile* des Gewichts des Wagens „entspricht, muſs also dann *allein* der zum Fortziehen der gesammten, „wie vorhin bemerkt noch durch den auf den vorderen Rädern ruhenden „Theil des Gewichtes des Dampfwagens selbst, verstärkten Last gewachsen „sein. Sind hingegen die vorderen Räder mit den hintern gekuppelt, so „entspricht die Reibung der Räder des Dampfwagens auf den Schienen „dem *ganzen* Gewichte des Fuhrwerks, und folglich ist dann der, der „Zugkraft zum Stützpunct dienende Widerstand *stärker*, als vorhin; diejenige „Last hingegen, welche der fortziehenden Kraft keinen Stützpunct gewährt, „ist noch auſserdem um das Gewicht des auf den vordern Rädern ruhenden „Theils des Dampfwagens *geringer*. Also wird durch die Kuppelung der „Räder die Wirkung des der fortziehenden Kraft zur Stütze dienenden „Widerstandes, wenn gleich auch nicht die fortziehende Kraft selbst, auf „*doppelte* Weise verstärkt."

„Hat der Dampfwagen sechs statt vier Räder, und könnte man viel„leicht noch, durch Stellschrauben, das Gewicht des Wagens nach Belie„ben auf die Räder vertheilen, so würde sich der von der Reibung auf „den Schienen herrührende, der Zugkraft zum Stützpunct dienende Wi„derstand beliebig modificiren lassen: von Null an, bis zu der dem ge„sammten Gewichte des Wagens entsprechenden Reibung; letzteres durch „Kuppelung der Räder. Man würde dann, ohne die Dampfmaschine zu „hemmen, den Dampfwagen sogar ganz *unwirksam* machen und ihn völlig „zum *Stillstehen* bringen können: dadurch nemlich, daſs man seine ganze „Last von den mittlern Rädern abhöbe und auf die vier übrigen, losgekup„pelten Räder legte; was bei vierrädrigen Wagen nicht angeht." D. H.]

Damit im Fahren der Dampfwagen nicht von den über dem Boden erhöht liegenden Bahnschienen heruntergleiten könne, haben seine Räder an der innern Seite einen vorstehenden Rand oder Spurkranz (*flange*), welcher sie am Ausgleiten nach den Seiten hindert. Damit nun aber dieser Rand nicht fortwährend seitwärts an den Schienen sich reiben möge, sind die Räder neben dem Rande nicht vollkommen cylindrisch, sondern ein wenig conisch; und zwar ist zunächst an dem Spurkranze ihr Durchmesser ein wenig gröſser, als auſserhalb. Die Folge davon ist, daſs, wenn zum Beispiel der Wagen ein wenig links gedrängt wird, das linkseitige Rad, welches nun mit einem *gröſsern* Durchmesser aufruht, dieserhalb einen *längern* Weg durchlaufen muſs, als das rechtseitige Rad; wodurch denn der Wagen auf den Schienen schnell wieder in seine gehörige Lage zurückgebracht wird. Man sieht so geformte Räder in Fig. 2. Taf. VIII. [„Indessen gleitet dann wohl der Wagen, vermöge seines Schwunges, erst „wieder zu weit rechts ab; und nur nach wiederholtem Rechts- und Links-„Ableiten kann er erst wieder in das richtige Geleis zurück gelangen. „In der Regel bewegen sich auch die Bahnfuhrwerke auf den Schienen „fast nie ganz gerade aus, sondern beschreiben immer eine, abwechselnd „rechts und links ausweichende, obwohl sehr langgestreckte Schlangenlinie."

„Ein Vorzug der sechsrädrigen Dampfwagen vor den vierrädrigen „ist auch, daſs die mittleren, hauptsächlich und in der Regel den gröſsten „Theil des Gewichts des Wagens tragenden Räder *gar keines* Spurkranzes „bedürfen, sondern vollkommen cylindrisch sein können, so daſs also die „Reibung an den Schienen von der Seite geringer ist. Denn nur die übri-„gen vier Räder, die in der Regel weniger belastet sind, bekommen Spur-„kränze; und diese Räder allein sind, wie die Erfahrung zeigt, hinlänglich, „den Dampfwagen in dem richtigen Geleise zu halten." D. H.]

§. 4.

Von den Sicherheits-Ventilen (safety-valves).

Die drei bis jetzt beschriebenen Theile eines Dampfwagens sind es hauptsächlich, auf welchen seine Wirkung beruht. Die übrigen Theile sind nur mehr Nebendinge, und nur bestimmt, die durch die Haupttheile hervorgebrachte Kraft der Maschine zu lenken und wirksam zu machen.

Der Kessel hat zwei Sicherheits-Ventile *E* und *F* (Fig. 1. und 3.). Eins derselben ist zuweilen in einer Kapsel verschlossen, damit der Führer der Maschine auſser Stande sei, es zu überladen; wozu er versucht werden möchte, in der Absicht, die Kraft der Maschine zu verstärken, selbst auf die Gefahr, sie zu beschädigen. In der Regel aber verzichtet man auf diese Anordnung, wegen der sonstigen damit verbundenen Übelstände.

§. 5.

Von dem Wasser-Visirstabe (water gauge).

An dem Kessel befindet sich eine Visirröhre, welche die Höhe des Wassers im Kessel anzeigt. Sie besteht aus einer Glasröhre *mn* Fig. 7. Taf. VIII., deren Enden in Kapseln (*verrels*) *a, a* stecken, mit Hähnen, welche die Röhre mit dem Innern des Kessels in Verbindung setzen, und die außerhalb gedreht werden können; wie es die Figur zeigt. Sobal die beiden Hähne *r, r,* ober- und unterhalb geöffnet werden, tritt das Wasser aus dem Kessel in die Röhre, und so hoch hinauf, wie es im Kessel steht. Durch den Hahn *s* kann das Wasser aus der Röhre abgelassen werden. Diese Visirröhre hat den Zweck, daſs der Führer der Maschine sehen könne, ob es nöthig sei, Wasser aus dem Munitionswagen in den Kessel zu schaffen. Da indessen die Röhren im Kessel und die übrigen Theile desselben zu sehr leiden, wenn das Wasser darin fehlt, und der Kessel dann sogar bersten kann: so befinden sich, zu noch gröſserer Vorsicht, an den Seiten des Kessels zwei, und zuweilen drei kleine Hähne, in verschiedener Höhe, die, wenn man sie öffnet, den Wasserstand im Kessel noch zuverlässiger anzeigen.

Eben so, wie es nöthig ist, stets die Höhe des Wasserstandes im Kessel zu kennen: eben so nothwendig ist es auch, von der jedesmaligen Spannkraft der Dämpfe im Kessel unterrichtet zu sein. Denn wäre diese Kraft zu schwach, so würde die Maschine nicht die gehörige Wirkung haben. Da indessen dieser Gegenstand eine ausführlichere Auseinandersetzung erfordert, so werden wir ihm ein besonderes Capitel widmen.

§. 6.

Von den Schiebern (slides).

Über die Schieber ist Folgendes zu bemerken. Wir sagten oben, daſs das Schiebeventil den Dampf abwechselnd nach der einen und nach der andern Seite des Kolbens zuläſst; was die hin- und her gehende Bewegung der Kolben, und weiter das Fortrollen des Wagens hervorbringt. So wie nun der Maschinenmeister den Hahn oder Regulator (*T*, Fig. 3.) geöffnet hat, strömt der Dampf durch die Dampfröhre *v* nach dem Schiebeventil-Gehäuse Fig. 8. Taf. IX. Daselbst drückt er mit seiner ganzen

Kraft auf den oberen Theil x des Schiebers, und preſst denselben während seiner Bewegung auf die Ebene an, auf welcher er gleitet. Wenn sich der Schieber in der in der Figur vorgestellten Lage befindet, so nimmt der Dampf den Weg 1, drückt auf den Kolben und treibt ihn fort, in der Richtung des Pfeils. Zu gleicher Zeit entweicht der an der anderen Seite des Kolbens befindliche Dampf auf dem Wege 2, welcher vermittelst der Öffnung e nach auſsen führt. Hierauf wird der Schieber vermittelst der Schieberstange l in eine andere, durch punctirte Linien angezeigte Lage getrieben. Nachdem er in diese Lage gekommen, ist nunmehr dem aus dem Kessel immerfort zuströmenden Dampfe der Weg 2 offen. Der Dampf treibt also jetzt den Kolben in die der vorigen entgegengesetzte Richtung; dagegen ist jetzt dem Dampfe der Weg 1 zum Austritte durch die Öffnung e verschlossen. So geht es abwechselnd weiter. Der Schieber gelangt immerfort aus der einen seiner Stellungen in die andere, schlieſst und öffnet abwechselnd die beiden Wege 1 und 2, und der Dampf treibt den Kolben hin und her. Der ausströmende Dampf begiebt sich in den Schornstein, wo er, auf die weiter unten zu beschreibende Weise, den Luftstrom verstärkt, um den Zug der Esse zu befördern.

Die Bewegung des Schiebers ist so regulirt, daſs sie derjenigen des Kolbens correspondirt. *Aber der Schieber eilt jedesmal ein wenig dem Kolben vor;* das heiſst: der Zutritt zum Kolben wird dem Dampfe nicht genau in demselben Augenblicke geöffnet, wo der Kolben seine Bewegung zu beginnen hat, sondern *ein wenig früher.* Dieses ist, was *Voreilen des Schiebers* heiſst (*lead of the slide*). Es bekommt dadurch der Dampf in dem Augenblick, wo der Kolben sich in Bewegung setzt, schon seine volle Wirkung auf ihn. Wir werden auf diesen Gegenstand weiter unten zurückkommen, und es wird sich dann zeigen, daſs das Voreilen des Schiebers, welches der Geschwindigkeit der Fortbewegung der Maschine förderlich ist, nur innerhalb gewisser Grenzen Statt finden darf, über welche hinaus die Zugkraft der Maschine schwächer werden würde.

§. 7.

Von den excentrischen Scheiben.

Die hin- und her gehende Bewegung des Schiebers wird von der Kraft des Dampfes selbst hervorgebracht. Wie dieses geschieht einzusehen, erfordert einige Aufmerksamkeit.

An der Kurbel-Achse stecken excentrische Scheiben; und so wie dieselben mit und durch die Achse herumgedreht werden, treiben sie die Schieberstangen hin und her.

Die Anordnung dazu zeigen Fig. 9. und 10. Taf. IX. *O* ist der Mittelpunct der Kurbel-Achse. Ihr Querschnitt ist schräg, von oben links nach unten rechts, schraffirt. *m* ist der Mittelpunct der excentrischen Scheibe, deren Querschnitt entgegengesetzt, von oben rechts nach unten links, schraffirt ist. Indem nun die Achse sich herumdreht, führt sie die excentrische Scheibe mit sich fort, und macht folglich, dafs ihr Mittelpunct um *O* einen Kreis beschreibt. Da bei dieser Bewegung der Punct *m* abwechselnd von der einen Seite des Achsenmittelpuncts *O* nach der andern gelangt, so treibt die excentrische Scheibe vermittelst des Ringes *n, n,* welcher sie umgiebt, offenbar die Stange *L* hin und her, welche nun weiter mit der Schieberstange in Verbindung steht.

Nun ist es offenbar, dafs der Punct *C,* welcher die Nabe der an der Achse steckenden, durch den Kolben in Bewegung gesetzten Kurbel vorstellt, einen *halben Umlauf* macht, während der Dampf den Kolben von einem Ende des Cylinders bis zum andern treibt. Also macht auch die Achse selbst, in dieser Zeit einen *halben Umlauf;* und folglich auch der Punct *m* um den Punct *o.* Mithin treibt die excentrische Scheibe während eines Hubes des Kolbens die Stange *L,* folglich auch die Schieberstange *l,* und mithin den Schieber selbst, aus der einen seiner beiden äufsersten Lagen in die andere.

Dadurch aber öffnet der Schieber dem Dampfe den Zutritt zu der entgegengesetzten Seite des Kolbens: der Kolben bewegt sich also nun zurück und zwingt die Kurbel-Achse, einen fernern *halben Umlauf* zu machen, der den Schieber in seine erste Lage zurück bringt; mithin wird nunmehr der Kolben wieder nach der ersten Richtung fortgetrieben; und so geht die Bewegung immer weiter von Statten.

Die Wirkung der excentrischen Scheibe auf die Schieberstange wird, wie oben bemerkt, zunächst durch den die Scheibe umgebenden Ring *nn* vermittelt, der an dem Ende der Bläuelstange *L* fest ist, und in welchem sich die excentrische Scheibe dreht. Die Berührungsflächen des Ringes und der Scheibe sind polirt, und werden durch Öl schlüpfrig gemacht. So wie bei der Umdrehung der Achse der gröfsere Halbmesser der excentrischen Scheibe von der einen Seite des Achsenmittelpuncts nach der andern gelangt, zieht die Scheibe die mit dem Ringe verbundene Stange hin und her, und theilt also der Schieberstange eine hin- und her gehende Bewegung mit.

Die excentrische Scheibe wirkt also hier ganz so, wie eine gewöhnliche Kurbel. Aber sie verwandelt die umdrehende Bewegung der Kurbel-Achsen in die hin- und her gehende der Schieberstange, während die Kurbeln an der Achse, umgekehrt, die hin- und her gehende Bewegung der Kolben in die umdrehende Bewegung der Achse verwandeln. Die excentrischen Scheiben vertreten die Stelle von Kurbeln, in welche, ohne sie, die Kurbel-Achse ferner würde gekrümmt werden müssen.

Da, nach der Anordnung der Maschine, die Schieberstangen mit der Kurbel-Achse nicht in einer und derselben Ebene liegen, so können die excentrischen Scheiben ihre Bewegung den Schieberstangen nicht direct mittheilen. Dies geschieht vielmehr durch die Kreuzstange (*cross-axle*) *k* mit den beiden Armen *KL'* und *Kl'*. Wenn die excentrische Scheibe sich *herunter*bewegt, so rückt die Schieberstange *l* vor; und umgekehrt; wie es die Figur zeigt. Die Vergleichung der Figuren 9. und 10., welche die Maschine um einen Viertel-Umlauf verschieden vorstellen, wird die Wirkung derselben vollends verdeutlichen.

Bei genauerer Betrachtung der Bewegung des Schiebers Fig. 10. wird man bemerken, daſs, wenn bei dem Übergange des Schiebers aus der einen Lage in die andere, derselbe gerade in der Mitte sich befindet, der Durchgang den Dämpfen nach den Kolben hin auf einen Augenblick gänzlich verschlossen bleibt. Dieses ist der Augenblick, wo der Weg, den der Dampf nimmt, *wechselt;* er correspondirt mit demjenigen, in welchem der Kolben seine Richtung ändert. Er muſs offenbar mit demjenigen zusammentreffen, in welchem, das geringe Voreilen des Schiebers bei Seite gesetzt, der gröſsere oder kleinere Halbmesser der excentrischen Scheibe mit der Kurbel einen rechten Winkel macht. In der That muſs sich der Schieber nothwendig *dann* in der *Mitte* seines Laufs befinden, wenn der Kolben das *Ende* seines Laufs erreicht hat, weil er dann seine Richtung ändern muſs; zu welchem Zweck, unmittelbar darauf, der Schieber dem Dampfe den Weg zu öffnen hat. Man sieht die Nothwendigkeit dieses Zusammentreffens deutlich aus der Figur.

Der besondere Vortheil der in einen rechten Winkel gegen die Kurbel gestellten excentrischen Scheibe ist nun, daſs sie gerade dann ihre volle Wirkung äufsert, wenn die Kurbel in der Richtung der Bläuelstange liegt, oder unwirksam ist: also dann, wenn der Kolben gerade am Ende seines Laufes sich befindet. Denn so ist die excentrische Scheibe im Stande, gerade dann den Schieber auf das schnellste fortzutreiben, wenn es darauf ankommt, dem Dampfe den einen Weg zu verschliefsen und den andern zu öffnen; wie es sein mufs, damit keine Zeit für seine Wirkung verloren gehe.

[„Es ist die Frage, ob es nicht rathsam wäre, wenigstens bei den „fahrenden Dampfmaschinen, den Dampfwagen, die Schiebeventile, statt ver- „mittelst excentrischer Scheiben, *unmittelbar* durch die Kolbenstangen hin „und her treiben zu lassen. Durch die excentrischen Scheiben wird zwar al- „lerdings die Bewegung sanfter gemacht (obgleich doch auch nicht *völlig* con- „tinuirlich, indem man immer noch beim Eingriff in die Kolbenstangen nicht „continuirlich wirkende Hebel zu Hülfe zu nehmen pflegt), indessen wird die „Maschine doch auch durch die excentrischen Scheiben *bedeutend* complicir- „ter, und es ist offenbar gleichsam ein *Umweg,* die hin- und her gehende „Bewegung der Kolben vermittelst der Kurbeln erst in eine drehende und „dann, rückwärts, durch die excentrischen Scheiben, die drehende Bewegung „wieder in eine hin- und her gehende Bewegung zu verwandeln. Es ist „die Frage, ob die practischen Schwierigkeiten der einfacheren Art sich „nicht heben lassen. Wäre das, so würde das Einfachere auch hier of- „fenbar das bessere sein." D. H.]

§. 8.

Von der Auslösung.

Wir haben bis jetzt insbesondere immer nur von *einem* Schieber gesprochen. Da aber *zwei* Cylinder vorhanden sind, so mufs es auch *zwei* Schieber geben. Anderntheils ist leicht zu sehen, dafs, da die Kolben abwechselnd auf die beiden, einen rechten Winkel mit einander einschliefsenden Kurbeln wirken: dafs die Radien der beiden excentrischen Scheiben ebenfalls in einem rechten Winkel gegen einander stehen müssen. Diese Anordnung zeigen Figur 11. und 12., wo man die beiden excentrischen Scheiben in der Ansicht erblickt. Um sie noch mehr auszuzeichnen, sind sie in den Figuren schraffirt.

Die Scheiben müssen durch die Achse herumgedreht werden. Sollte der Wagen blofs in einerlei Richtung, nemlich *nur* vorwärts bewegt werden, so könnten die Scheiben auf der Achse unbeweglich fest sein. Soll dagegen der Wagen zugleich auch rückwärts gehen können, so muſs sich den Scheiben eine verschiedene Lage auf der Achse geben lassen.

Das Scheiben-*Stück* muſs also auf der Achse *beweglich* sein, gleich einer Rolle in einem Kloben; aber zugleich muſs es nach Belieben *befestigt* werden können. Zu diesem Ende haben die Scheiben an den Seiten zwei Löcher oder Augen o, o'; die Achse aber hat zwei Dübel oder Knöpfe (*pins*) r, r', welche Treiber (*drivers*) heiſsen. Die excentrischen Scheiben stecken auf der Achse *zwischen* den beiden Treibern, und es ist nun leicht, sie vermittelst eines Hebels auf der Achse hin- und her zu schieben, bis der eine oder der andere der beiden Treiber in das eine oder das andere Auge eingreift, worauf dann, von diesem Augenblick an, die Scheibe von der Bewegung der Achse mit fortgezogen wird. Sind nun die Treiber so angeordnet, daſs der eine der Bewegung des Wagens *vorwärts*, der andere der Bewegung *rückwärts* entspricht: so läſst sich, bloſs durch Verschiebung des Scheibenstücks auf der Achse, die vorwärts gehende Bewegung in die rückgängige verwandeln; und umgekehrt.

Die Bestimmung der Lage der excentrischen Scheiben für die beiden Arten der Bewegung hat keine Schwierigkeit.

Gesetzt es befinde sich, indem sich der Dampfwagen auf den Schienen vorwärts bewegt, einer der beiden Kolben gerade in der Mitte des Cylinders, während in demselben Augenblicke die Kurbel, auf welche die Stange des Kolbens wirkt, grade senkrecht und *über* der Achse steht, also in der Lage Fig. 3.: so ist klar, daſs, wenn nun der Wagen *vorwärts* gehen soll, der Dampf den Kolben *vorwärts* treiben muſs, weil so der Kolben die Kurbel und die Räder des Wagens in seiner eigenen Richtung fortzieht. Also muſs sich in dem angenommenen Falle dem Dampfe der Weg 1 geöffnet haben, und folglich der Schieber *vorwärts* gezogen worden sein. Es muſs daher, wie aus Fig. 9. zu ersehen, der gröſsere Halbmesser der excentrischen Scheibe *horizontal* und *hinter* der Achse liegen. Und so muſs folglich der Treiber die Scheibe, für die Bewegung *vorwärts*, ergreifen.

Soll dagegen, von dem angenommenen Augenblick an, der Dampfwagen *rückwärts* gehen: so muſs der Dampf zu der entgegengesetzten Seite des Kolbens Zutritt bekommen. Es muſs ihm also der Weg 2 geöffnet, das heiſst: der Schieber muſs *rückwärts* getrieben werden. Folglich muſs dann der gröſsere Halbmesser der excentrischen Scheibe, zwar wieder horizontal, aber *vor* der Achse liegen, und in dieser Lage von dem

Treiber ergriffen werden. Dieses ist die Lage Fig. 12. Wenn die Kurbel rechts, senkrecht über der Achse steht, so befindet sich der Treiber *r*, und das Auge, in welches er eingreift, hinter der Achse, von welcher er in der Figur bedeckt wird. Der gröfsere Halbmesser der excentrischen Scheibe liegt *horizontal,* und *vor* der Achse, was, wie wir sahen, der rückgängigen Bewegung des Wagens entspricht. Der Treiber befindet sich also in der dieser Bewegung entsprechenden Lage, und ergreift, derselben gemäfs, die excentrische Scheibe.

Setzen wir nun gegentheils, die excentrische Scheibe werde nach dem anderen Treiber *r'* hin getrieben: so wird, weil das correspondirende Auge *o'* nicht vor dem Treiber liegt, und sich nun die Scheibe nicht weiter dreht, die Achse einen halben Umgang machen müssen, ehe der Treiber in das Auge *o'* eingreifen kann. Die Kurbel rechts wird also bis *unter* die Achse gelangen, während die excentrische Scheibe noch *vor* der Achse sich befindet; und dieses ist die der vorhergehenden Bewegung entsprechende Lage: denn für die Bewegung vorwärts mufs, wie sich oben zeigte, die Kurbel *über* der Achse und die excentrische Scheibe *hinter* derselben stehen.

Es folgt also nun, dafs die beiden Treiber *r* und *r'* (Fig. 11. und 12.), da sie auf einander senkrecht stehen, nebst den Kurbeln, in den gehörigen Lagen sich befinden, um den Wagen in der einen vorwärts, in der andern rückwärts zu treiben.

Da die beiden Treiber auf der Achse an entgegengesetzten Seiten der excentrischen Scheiben befestigt sind, so ist klar, dafs, wenn man das Scheibenstück vermittelst eines Hebels nach dem einen oder dem andern Treiber hin stöfst, der Dampf unmittelbar den Wagen vor- oder rückwärts bewegen wird, je nachdem dieser oder jener Treiber eingegriffen hat. Der Hebel, vermittelst dessen das Scheibenstück in Bewegung gesetzt wird, ist so eingerichtet, dafs er sich im Bereiche des auf seinem Brette stehenden Maschinenführers befindet.

Aufser dieser Anordnung, vermöge welcher der Führer der Maschine allein und nach Belieben die Schiebeventile zu handhaben vermag, unabhängig von der Bewegung der Achse, sind auch noch die Schäfte oder Bläuelstangen der excentrischen Scheiben nicht unverrückbar mit den Ventilstangen verbunden. Sie greifen in dieselben blofs vermittelst der Einschnitte oder Kerbe (*notch*) *L'* Fig. 13. und 14. ein. Vermittelst eines auf die kleine Stange $m'o$ wirkenden Hebels kann der Maschinenführer den Schaft der excentrischen Scheiben aus dem Einschnitt herausheben, wie Fig. 14. Dann können sich die Schiebeventile ganz frei und ohne Einwirkung der Achse bewegen. Überhaupt also kann man durch die beiden Griffe *P*, *P'* Fig. 1., die mit den Schieberstangen in Verbindung stehen, den Schiebern die ihnen nöthige Bewegung geben. [„Alles dieses „würde auch möglich sein, wenn man, (in so fern es sonst angeht,) die „Kolben, nach der Bemerkung am Ende von §. 7., ohne Vermittelung „der excentrischen Scheiben die Schieber unmittelbar in Bewegung setzen „liefse." D. H.]

§. 9.

Von den Wasser-Pumpen.

Unter dem Dampfwagen befinden sich zwei Pumpen *p* (Fig. 1.), welche bestimmt sind, Wasser in den Kessel zu schaffen. Sie liegen unmittelbar unter den Kolbenstangen und werden durch dieselben in Bewegung gesetzt. Jede Pumpe saugt einen Theil des Wassers aus dem Behälter auf dem Munitionswagen in ihren Stiefel, und treibt darauf dasselbe aus dem Stiefel in den Kessel, auf die gewöhnliche Weise. Da *zwei* Pumpen vorhanden sind, so ist man gegen Unterbrechungen des Wasserzuflusses nach dem Kessel gesichert, für den Fall, daſs etwa die eine Pumpe schadhaft werden sollte.

Die Ventile dieser Pumpen bestehen, sehr sinnreich, aus kleinen metallenen Kugeln, die auf kreisförmigen Lagern ruhen, in welche sie genau passen. Sie wirken *dadurch*, daſs sie in dem Cylinder gleiten, dessen Wände Löcher zum Durchgange des Wassers haben. Fig. 15. stellt ein solches Ventil vor. Das Wasser tritt durch *a* aus dem Innern des Cylinders unter die Kugel; es hebt dieselbe und tritt darauf in den Körper der Pumpe durch die Öffnungen *b*, *b*. Diese Art Ventile versagen nie. Die Pumpen waren früher immerfort in Unordnung, bis Herr Melling von Liverpool zuerst diese Art von Ventilen einführte.

§. 10.

Vom Dampfregulator.

Den Regulator, dessen wir oben gedachten, und vermittelst dessen der Weg für den Dampf aus dem Kessel nach den Cylindern erweitert oder verengt werden kann, stellen Fig. 32. und 33. Taf. X. vor. Er besteht, einfacherweise, aus zwei auf einander gelegten und genau auf einander passenden Scheiben, welche jede eine Öffnung von gleicher Gröfse und Gestalt haben. Die untere Scheibe ist unbeweglich und verschliefst die Röhre, durch welche der Dampf entweicht. Die obere Scheibe dagegen ist beweglich, und kann vermittelst eines Griffes *T*, der aus der Maschine hervorreicht, gedreht werden. Der Zapfen *r* der beweglichen Scheibe geht auch durch die unbewegliche, um die Scheiben auf einander in der richtigen Lage zu halten. In Figur 32. sind die beiden Scheiben durch gegen einander laufende Schraffirungen unterschieden. Man kann nun die obere Scheibe so drehen, dafs ihre Öffnung genau auf die der unteren pafst, wie in Fig. 32., und alsdann ist der Durchgang völlig offen. Dreht man die bewegliche Scheibe weniger herum, etwa nach den punctirten Linien in Fig. 33., so ist der Durchgang nur zum Theil offen; und wenn die Öffnungen gar nicht auf einander treffen, so ist der Durchgang ganz verschlossen. In dem letzten Falle drückt der Dampf die obere Scheibe auf die untere fest.

Man macht den Regulator auch zuweilen auf andere Weise; zum Beispiel in Form eines doppelwegigen Hahns, wenn der Dampf von oben kommt. Aber die vorhin beschriebene Art ist die üblichste.

§. 11.

Von den Gelenken.

In alle Gelenke von einiger Bedeutung wird das Öl ununterbrochen aus einer Schale vermittelst eines Heberdochts geleitet; etwa wie es Fig. 6. Taf. VIII. zeigt. Die Schale hat die Form eines Schüler-Dintenfasses, damit bei der geschwinden Bewegung das Öl nicht verschüttet werde. Im Boden der Schale ist eine kleine Röhre, die in das Gelenk hinein reicht. Der in das Öl der Schale hineintauchende baumwollene Docht saugt fortwährend das Öl aus derselben an und tröpfelt es ununterbrochen in das Gelenk.

§. 12.

Vom Feuerroste (fire grate).

Der Rost auf dem Boden der Esse besteht nicht aus einem Stücke, sondern aus einzelnen Stangen, Fig. 31. Taf. X. Dieselben liegen neben einander auf dem Boden der Esse, und werden dort an ihren Enden getragen. So eingerichtet, können die Stäbe des Rostes bequem *einzeln* erneuert werden, wenn sie verbrannt sind; desgleichen kann man, wenn irgend ein Schaden am Kessel entstanden wäre, in Folge dessen das Wasser unvermuthet aus demselben wegflösse, und so die Maschine in Gefahr geriethe, leicht vermittelst eines gekrümmten Schüreisens (*poker*) die Roststäbe durch einander werfen, und so augenblicklich das Feuer auslöschen, indem man es, sammt den Roststäben, hinaus auf die Strafse fallen läfst. Auf dieselbe Weise wird alle Abende die Feuer-Esse geleert, nachdem die Maschine ihr Tagewerk vollbracht hat.

§. 13.

Uebersicht der verschiedenen Theile der Maschine.

Wir wollen die obige Beschreibung dadurch zu vervollständigen suchen, dafs wir an den Gesammt-Ansichten der Maschine Fig. 1. Taf. VII. und Fig. 2. Taf. VIII. nachweisen, welche Stellen die einzeln beschriebenen Theile einnehmen.

A ist derjenige Theil des Kessels, welcher die Esse enthält.

BB ist der Standort des Führers der Maschine.

C ist der Schornstein.

D, D sind die Cylinder.

E ist das erste Sicherheitsventil, mit Hebel- und Federwage; was weiter unten näher beschrieben werden wird.

E ist das zweite, auf gleiche Weise construirte Sicherheitsventil.

G ist die Glasröhre.

H sind die Probirhähne (*gauge-cocks*).

I ist das Ende der Stange einer excentrischen Scheibe.

J sind die Schienen, welche die Kolbenstangen genau in der horizontalen Richtung halten.

K ist das Kreuz, welches die Bewegung der Stange der excentrischen Scheibe auf diejenige der Schiebeventilstange vermittelst der Arme *KL'* und *Kl'*, die darauf befestigt sind (siehe Fig. 9. und 10.), überträgt.

L' ist der Einschnitt, vermittelst dessen die Stange der excentrischen Scheibe mit dem Kreuze, welches die Stange des Schiebeventils führt, in Verbindung gesetzt wird.

MM sind Stangen, vermittelst welcher der Führer der Maschine die Stangen der excentrischen Scheiben heben und sie aus der Verbindung mit dem Schiebeventil lösen kann. Dieses geschieht durch die mit einander zu einem Knie verbundenen Arme *m* und *m'*. So wie der Maschinist die Stange *MM* anzieht, steigt der Arm *m'* in die Höhe und hebt, vermittelst der kleinen Stange *m′o′*, die Stange der excentrischen Scheibe aus der Verbindung mit dem Arme *KL* heraus.

N ist ein Hebelgriff, vermittelst dessen der Maschinist, zu dem so eben beschriebenen Zwecke, die Stange *MM* anzieht.

P, P sind Griffe, um die Schieber zu bewegen, wenn ihre Verbindung mit den excentrischen Scheiben aufgehoben ist. Diese Griffe wirken auf das Joch *Q* und bewegen die Enden *R, R* desselben. Die Bewegung wird, weiter, vermittelst der Stangen *S, S* auf die Enden *r, r* des Hebels übertragen, welcher die Schieber in Bewegung setzt.

T ist der Griff des Regulators, um den Weg des Dampfs aus dem Kessel nach dem Cylinder zu erweitern, oder zu verengen.

V ist der Raum, in welchem der Dampf zurückgehalten wird, bis er durch die Öffnung des Regulators in die Cylinder zu dringen vermag.

U ist eine mit einem starken eisernen Deckel verschlossene Öffnung im Kessel, so grofs, dafs durch dieselbe ein Mensch, wenn es nöthig, in den Kessel hineinsteigen kann.

X, X sind eiserne Knice (*knees*), vermittelst welcher der Kessel auf dem Gestell des Wagens befestigt ist.

Z, Z sind Druckfedern, welche vermittelst verticaler Stützen in *a, a* auf den Buchsen der Radwellen aufruhen. Die Stützen gehen durch Löcher in den Gestellbalken des Wagens. Das eine Ende der Stütze trägt die Druckfeder, das andere steht auf der Buchse des Rades auf. So tragen also die Räder das gesammte Gewicht der Maschine: oben vermittelst der Druckfedern.

b, b sind Schienen, welche sich über die Buchsen der Radwellen auf und nieder bewegen können, je nachdem die Druckfedern unter dem Gewichte der Maschine mehr oder weniger nachgeben. In der obern Fläche der Buchse ist ein kleiner Ölbehälter ausgehöhlt. In diesem Behälter befindet sich, eben wie in oben erwähnten Ölfäfschen, eine Röhre und ein Heberdocht, der ununterbrochen Öl auf die Achse leitet, nach dem Puncte hin, wo sie sich in der Buchse reibt.

c ist eine biegsame Röhre aus hanfenem Zeuge, eine Feder innerhalb umgebend. Durch dieselbe gelangt das Wasser aus dem Munitionswagen nach der Wasserpumpe, sobald der zugehörige Hahn am Munitionswagen geöffnet wird.

p ist die Wasserpumpe der Maschine. Sie wird fortwährend vermittelst einer Verbindung mit der Kolbenstange des correspondirenden Cylinders in Bewegung gesetzt, schafft aber nur dann Wasser in den Kessel, wenn der Hahn offen ist, der das Wasser aus dem Munitionswagen zuläſst. Der Hahn ist in der Figur nicht angedeutet.

p' bezeichnet den Griff und die Stange des Probierhahns der Pumpe, welcher anzeigt, ob die Pumpe wirklich Wasser aus dem Munitionswagen zieht, oder nicht. Der Hahn öffnet sich nach auſsen, so daſs, wenn er offen ist und die Pumpe zieht, ein kleiner Wasserstrahl hinausdringt, der dann anzeigt, daſs die Pumpe wirkt.

e, e sind die mit Pferdehaaren ausgestopften ledernen Kissen (*pads*), um den Stoſs, den der Dampfwagen geben oder empfangen mag, zu schwächen.

f ist ein Hahn, durch welchen das Wasser, welches zuweilen aus dem Kessel nach dem Cylinder gelangt, durch die Kraft des Dampfes ausgetrieben werden kann.

g ist eine durch einen Schraubenbolzen verschlossene Öffnung in dem äuſsern Gehäuse der Feuer-Esse. Wenn der Bolzen ausgeschraubt ist, so kann man mit einer Stange den Raum zwischen den beiden Gehäusen reinigen, und durch eine Druckpumpe kann mit Kraft Wasser in den Raum getrieben werden, um den etwaigen Bodensatz des Wassers auszuspülen. Eine solche Reinigung geschieht gewöhnlich wöchentlich einmal.

h Fig. 2. ist eine bewegliche Tafel oder Thür vor der Schornstein-Abtheilung des Kessels. Wenn diese Thür geöffnet ist, so sind die Enden der Feuerröhren im Kessel, die Cylinder, die Schiebeventile und die Röhren, welche den Dampf aus dem Kessel nach den Schiebeventilgehäusen und von diesen nach dem Schornstein leiten, sichtbar. Die Thür wird geöffnet, wenn es nöthig ist, die Schiebeventile zu reguliren; wovon weiter unten.

Abschnitt II.

Von den Verhältnissen der Maschinentheile.

§. 14.

Maaſse der Theile, von welchen die Kraft der Maschine abhängt.

Die obige Beschreibung eines Dampfwagens paſst auf die Wagen der Straſse zwischen Liverpool und Manchester. Wir haben mit keinen anderen als diesen Wagen Versuche angestellt. Um aber einen vollständigen Begriff von diesen Maschinen zu geben, müssen wir auch noch die

Maafse insbesondere derjenigen Theile hersetzen, von welchen, wie sich weiterhin zeigen wird, die Kraft der Maschine abhängt.

Man kann die Dampfwagen der Liverpooler Bahn in 5 Classen theilen.

	Durchmesser der Cylinder.		Kolbenhub.		Durchmesser der Räder.		Gewicht der Wagen.	Spannung der Dämpfe auf 1 Quadr.-Zoll.
	Zoll.	Linien.	Zoll.	Linien.	Fufs.	Zoll.	Centner.	Pfund.
1. Classe . .	13	7,5	15	6,5	4	4,4	256,5	51,3
2. Classe . .	11	7,8	15	6,5	4	10,3	256,5	51,3
3. Classe . .	10	8,2	15	6,5	4	10,3	158 bis 177	51,3
4. Classe . .	10	8,2	17	6,5	4	10,3	158 bis 177	51,3

In die 5te Klasse kommen die ältesten Dampfwagen, aus der Zeit der Eröffnung der Bahn. Ihre Cylinder haben 9 Zoll 8,5 Linien im Durchmesser, und darunter. Der Kolbenhub, die Räder und das Gewicht der Maschinen wechseln nach Verhältnifs. Dieselben werden aber jetzt fast gar nicht mehr gebraucht, kaum mehr reparirt, und keiner kam bei unseren Versuchen vor. Wir haben daher auf dieselben keine nähere Rücksicht zu nehmen.

Von den 32 Dampfwagen, welche die Eisenbahn-Unternehmer haben bauen lassen, und von welchen sie noch 30 besitzen, haben

2 Cylinder von 13 Zoll 7,5 Linien im Durchmesser;

4 haben Cylinder von 11 Zoll 7,8 Linien im Durchmesser;

16 haben Cylinder von 10 Zoll 8,2 Linien im Durchmesser, mit 15 Zoll 4,4 Linien Kolbenhub;

2 haben eben solche Cylinder, mit 17 Zoll 6,5 Linien Kolbenhub.

Die 8 übrigen Wagen sind kleiner, und gehören in die oben erwähnte 5te Classe.

In allen Wagen beträgt die Spannung der Dämpfe im Kessel 51,3 Pfund auf den Quadratzoll.

So wie wir von den verschiedenen Wagen sprechen werden, sollen ihre Benennung, ihr Gewicht und ihre Kraft näher angegeben werden.

§. 15.

Von dem Ausdrucke der Kraft eines Dampfwagens.

Es ist gebräuchlich, die Kraft eines Dampfwagens durch die obigen Dimensionen zu bezeichnen. Im Laufe der gegenwärtigen Schrift werden wir sehen, dafs, um die Kraft und die Wirkung eines Dampfwagens unter den verschiedenen Umständen vollständig zu bestimmen, noch zwei andere Elemente in Betracht kommen: nemlich die Reibung der Maschine und die Verdampfungsfähigkeit, oder die erhitzte Fläche des Kessels. Inzwischen geben auch die obigen Elemente schon eine leidliche Vorstellung von einer Maschine.

Was die Gewohnheit bei *feststehenden* Dampfmaschinen betrifft, ihre Kraft nach ihrer Wirkung zu ermessen, und diese mit der *Pferdekraft* zu vergleichen; was schon, wie leicht zu sehen, überall *unzulänglich* ist: so ist dieser Gebrauch auf Dampfwagen völlig *unanwendbar;* und zwar aus folgenden Gründen.

Erstlich hängt die Kraft eines Dampfwagens nicht von derjenigen des Dampfes allein ab, sondern auch von dem Gewichte des Wagens, weil sich danach der Widerstand auf den Schienen und folglich die Gröſse der fortzuziehenden Ladung richtet.

Zweitens muſs die Maschine sich mit verschiedenen Geschwindigkeiten bewegen. Nun muſs sie, auſser der Ladung, auch sich selbst fortbewegen, und ihre eigne Reibung überwinden. Diese Reibung geht also, und zwar als eine *unveränderliche* Gröſse, zunächst von dem Widerstande ab, und ändert daher, je nach der verschiedenen Geschwindigkeit, den für die Ladung übrig bleibenden Nutz-Effect. Hieraus folgt, daſs wir, wenn wir die Kraft der Maschine nach ihrer Wirkung beurtheilen wollten, für jede verschiedene Geschwindigkeit eine andere Kraft finden würden.

Drittens, da sich die Dampfwagen drei- bis viermal so geschwind fortbewegen, als Pferde es im Stande sind: so würde die Vergleichung ihrer Kraft mit der der Pferde etwas ganz Imaginaires sein.

§. 16.

Maaſse der Esse und des Kessels von 12 der besten Dampfwagen der Eisenbahn zwischen Liverpool und Manchester.

Zufolge der obigen Bemerkung, die sich weiter unten näher rechtfertigen wird, ist die Angabe der Kraft eines Dampfwagens ohne diejenige ihrer Verdampfungsfähigkeit, oder der Heitzfläche ihres Kessels, unvollständig. In der That liegt in der Esse und in dem Kessel die wahre Quelle der Kraft einer Maschine. Aus diesen entspringt ihre Wirkung. Die Cylinder und die übrigen Theile übertragen und modificiren die Kraft; aber sie vermögen nichts ohne die Kraft selbst.

Um also die obigen Maaſse der Maschinen zu vervollständigen, müssen wir noch erst die Maaſse der Esse und des Kessels derjenigen Wagen, von welchen wir zu sprechen haben werden, hinzufügen. Weiter unten werden unsere Versuche uns in den Stand setzen, an die Stelle dieser complicirten Angaben die einfachere der Verdampfungsfähigkeit einzuführen.

Die beiden vorzüglichsten von den folgenden Angaben sind diejenigen der Flächen, welche der strahlenden Hitze und der Erwärmung durch Berührung ausgesetzt sind.

Tafel der Maafse der Esse und des Kessels von 12 der besten Dampfwagen auf der Eisenbahn zwischen Liverpool und Manchester.

Name und Nummer der Wagen.		Durchmesser der Cylinder.		Kolbenhub.		Durchmesser des Kessels.		Lage des Kessels und der Röhren.		Zahl der Röhren.	Durchmesser der Röhren.	Fläche der Esse gegen die strahlende Wärme.	Fläche der Röhren gegen die Erwärmung durch Mittheilung.	Fläche des Rostes.	Inhalt der Esse bis zu den untersten Röhren.	Di me d Sch ste
		Zoll.	Lin.	Zoll.	Lin.	Fufs.	Zoll.	Fufs.	Zoll.		Linien.	Quadr.-F.	Quadr.-F.	Quadr.-F.	Cub.-F.	Zoll
Samson	No. 13.	13	7,5	15	6,5	3	4,8	6	9,6	140	18,9	37,9	393,2	7,07	9,24	12
Jupiter	- 14.	10	8,2	15	6,5	2	8	6	3,7	79	18,9	33,9	214,3	5,73	9,49	11
Goliath	- 15.	13	7,5	15	6,5	3	4,8	6	9,6	132	18,9	38,0	383,6	7,07	9,24	12
Vulcan	- 19.	10	8,2	15	6,5	2	11	6	3,7	107	18,9	32,4	290,1	6,13	7,01	13
Fury	- 21.	10	8,2	15	6,5	2	11	6	3,7	107	18,9	31,0	290,1	5,77	7,45	13
Victory	- 22.	10	8,2	15	6,5	2	11	6	6,7	97	18,9	35,5	263,0	5,91	10,05	13
Atlas	- 23.	11	7,8	15	6,5	2	11	7	7,8	65	18,9	53,8	206,0	8,68	12,39	11
Vesta	- 24.	10	9,4	15	6,5	2	8	6	9,6	80	18,9	43,3	242,1	6,66	10,67	11
Liver	- 26.	10	8,2	15	6,5	2	11	6	3,7	97	{70 20,4 {27 16,0	37,4	267,2	7,64	11,37	13
Ajax	- 29.	10	8,2	15	6,5	2	8	6	5,6	63	23,3	30,7	215,5	5,73	7,62	13
Leeds	- 30.	10	8,2	15	6,5	2	11	6	3,7	107	18,9	32,6	290,1	5,84	7,54	13
Firefly	- 31.	10	8,2	17	6,5	2	11	7	3,4	110	18,9	40,4	342,0	6,75	13,03	13

Anm. Die Maschine Samson (No. 13.) ist neu gebaut. An der Fury No. 21. sind die Röhren sehr dünn, und an der Firefly ist die Esse jetzt geändert.

Man wird weiter unten sehen, dafs in Kesseln von solchen Formen und Maafsen die Maschine in der Minute 1 Cubikfufs (Engl.), also in der Secunde etwa 1 Pfund (Engl.) Wasser zu verdampfen vermag, mit einer Spannung des Dampfes von 51,3 Pfund (Preufs.) auf den (Preufs.) Quadratzoll.

Bei Vergleichung der Heitzflächen der verschiedenen Maschinen mufs man die unmittelbar der strahlenden Hitze ausgesetzten Flächen von denen wohl unterscheiden, welche die Hitze blofs, bei ihrem Durchgange von der Esse nach dem Schornstein, durch Mittheilung empfangen. In des Herrn Wood Schrift S. 403 wird eines Versuches des Herrn Robert Stephenson gedacht, nach welchem es scheint, dafs die Wirkungen der Feuerung in den beiden Fällen sich wie 3 zu 1 verhalten. Wir wurden durch Umstände verhindert, den Versuch zu wiederholen.

Der Stephensonsche Versuch wurde mit einem den beschriebenen ähnlichen Kessel angestellt; aber der obere Theil desselben war abgehoben, und der der unmittelbaren Wirkung des Feuers ausgesetzte Theil war von demjenigen abgesondert worden, der die Hitze bloſs durch Mittheilung erhält. Das Wasser wurde zum Sieden gebracht, und, nachdem es eine Zeit lang gekocht hatte, wurde das in jeder Abtheilung verdampfte Wasser gemessen. So fand man, daſs auf jeden Quadratfuſs der strahlenden Wärme ausgesetzter Fläche 3 mal so viel Wasser verdampft worden war, als auf einen Quadratfuſs Fläche, welcher die Hitze durch Mittheilung empfing. Die Thatsache kann in so fern für festgestellt erachtet werden, als von Apparaten die Rede ist, die den oben beschriebenen ähnlich sind.

§. 17.

Von Dampfwagen von anderer Construction.

Die oben beschriebenen Dampfwagen sind die wirksamsten, die bis jetzt gebaut wurden. Alle Wagen der Liverpooler Bahn sind von dieser Art.

Auf andern Eisenbahnen findet man auch noch andere Dampfwagen. Auf der Eisenbahn zwischen Stockton und Darlington wird langsamer gefahren. Wir wollen einen Begriff von den dort üblichen Wagen geben.

Die Unternehmer dieser Bahn besitzen 23 Dampfwagen: von der ältesten bis zur neuesten Form.

In dem einen Wagen strömt das Feuer in einer einzigen Röhre durch den Kessel, welche Röhre als Esse dient und unmittelbar mit dem Schornstein in Verbindung steht. In einigen anderen biegt sich die Feuerröhre durch den ganzen Kessel, und kommt nach dem Schornstein zurück, der sich in diesem Falle nahe an der Einheitzthür befindet. Wieder in anderen theilt sich die Röhre oder der Rauchfang am Ende des Kessels, und kommt als zwei kleinere Röhren zurück. In noch anderen befindet sich das Feuer in einer inneren Röhre, und die Flamme gelangt zum Schornstein in etwa 100 kleinen Röhren, nach der Liverpooler Art. Endlich sind auch drei von den Dampfwagen genau so gebaut, wie die bei Liverpool.

Die Unternehmer der Liverpooler Bahn transportiren sowohl Güter, als Passagiere. Die letzteren werden etwa $2\frac{1}{2}$, die ersteren etwa $1\frac{3}{4}$ Meilen in der Stunde fortgeschafft. Bloſs die Maschinen mit kleinen Röhren dienen zum Transport der Passagiere; die andern können dazu nicht Dampf genug entwickeln. Für eine Geschwindigkeit von $1\frac{3}{4}$ Meilen in der Stunde, und für einen Zug von 24 Wagen, welche, leer auf der Bahn fahrend, gleich sind einer Ladung von etwa 1183 Ctr. auf horizontalen Schienen, sind die Kessel mit zurückgebognen Röhren vortheilhafter befunden worden. Sie erzeugen hinreichend Dampf, und sind wohlfeiler zu bauen und zu erhalten, weil sie einfacher und ganz von Eisen sind, während zu den Röhrenkesseln Kupfer nöthig ist.

Auſser den Kesseln sind auch die übrigen Theile der Maschinen von verschiedener Art. Die Cylinder befinden sich zum Theil auſserhalb und stehen senkrecht. Die Bewegung der Kolben wird nicht vermittelst Kurbeln auf die Achse, sondern vermittelst Stangen, auſserhalb, auf die Räder übertragen, in deren Speichen diese Stangen vermittelst eines Dorns eingreifen. Diese Maschinen haben im Allgemeinen 6 gleich groſse Räder, von 3 Fuſs 10,6 Zoll Durchmesser. Zwei von den Rädern werden unmittelbar durch die Cylinderkolben auf die so eben beschriebene Weise in Bewegung gesetzt; die andern Räder sind an jene beiden durch Stangen gekuppelt, so daſs alle 6 Räder auf die Bahnschienen eingreifen.

Das Gewicht dieser Wagen ist verschieden. Mit Ausnahme der drei, die, wie gesagt, den Liverpooler Maschinen gleich gebaut sind, und die nur etwa 108 Centner wiegen, beträgt das Gewicht der übrigen 197 bis 237 Centner.

Alle diese Maschinen ruhen auf Druckfedern. Bei einigen ältern gedachte man die Federn durch das Wasser im Kessel vertreten zu lassen. Das Wasser sollte, vom Dampfe getrieben, auf kleine bewegliche Kolben drücken; aber, so sinnreich auch die Idee war, zeigte sich doch, daſs die Federkraft in der Ausübung zu veränderlich war, und die Absicht wurde wieder aufgegeben.

Die Verhältnisse der Theile der Dampfwagen auf der Darlingtoner Eisenbahn sind folgende.

Durchmesser der Cylinder	14 Zoll 1 Linie,
Kolbenhub	15 Zoll 6 Linien,
Durchmesser der Räder	3 Fuſs 10,6 Zoll,
Gewicht des Wagens	217 Ctr.,
Spannung des Dampfes, auf den Quadratzoll . .	49,3 Pfund.

Die Spannung der Dämpfe wird noch nach der Festigkeit des Kessels, deren man versichert ist, verändert. Wenn die Tafeln, aus welchen der Kessel zusammengesetzt ist, anfangen, dünn zu werden, so wird der Druck bis auf 37 Pfd. auf den Quadratzoll vermindert. In andern Fällen dagegen steigt die Spannung wohl bis auf 62 Pfd.

Zweites Capitel.

Von der Spannung der Dämpfe in Dampfmaschinen.

Abschnitt I.

Berechnung der Spannung nach Hebel- und Federwage.

§. 18.

Von den Grundsätzen, auf welchen diese Berechnung beruht.

Wenn eine elastische Flüssigkeit in einem Gefäfs eingeschlossen ist, so übt sie auf die Wände des Gefäfses nach allen Seiten hin einen Druck aus, der die Wirkung und das Maafs ihrer ausdehnenden Kraft ist. Ist das Gefäfs schon mit Dampf gefüllt, und es kommt ferner Dampf hinzu, so nimmt die ausdehnende Kraft des Dampfes immer mehr zu; mithin auch der Druck auf die Wände des Gefäfses. Befindet sich nun irgend wo in der Wand des Gefäfses eine Öffnung, von einer beweglichen, mit einem gewissen Gewicht beladenen Klappe bedeckt: so ist klar, dafs die Klappe, sobald der Dampf im Gefäfs auf dieselbe von unten stärker drückt, als die Gewichte von oben, gehoben werden wird. Es wird also dann eine Ausgangs-Öffnung für den Dampf entstehen, und die Spannung des aus der Öffnung strömenden Dampfes wird dem Drucke der Gewichte auf der Klappe gleich sein.

Man mufs indessen nicht übersehen, dafs nicht die Gewichte auf der Klappe allein es sind, was dem Ausströmen des Dampfes sich entgegensetzt. Auch der Druck der Atmosphäre, der auf die Klappe, wie auf jede andere Fläche wirkt, mit welcher er in Berührung kommt, widersetzt sich der Ausströmung. Er beträgt, wie bekannt, 15,086 Pfund auf den Quadratzoll. Es ist also die Summe der Gewichte auf der Klappe und des Drucks der Luft, was das eigentliche Maaſs der Spannung der Dämpfe ausmacht. Die Gewichte *allein* geben bloſs den Überschuſs der Spannung der Dämpfe über die der Luft; welchen Überschuſs man die *wirksame* Spannung der Dämpfe nennt. Also, wenn z. B. ein Ventil 5 Quadratzoll groſs und mit 256,5 Pfund beladen ist, folglich auf jeden Quadratzoll desselben 51,3 Pfund Druck kommen: so beträgt der *wirksame* Druck des Dampfes 51,3 Pfund; welchen Druck man öfters der Bequemlichkeit wegen in Rechnung bringt, obgleich die *wirkliche* Spannung der Dämpfe in dem angenommenen Falle 15,086 Pfund mehr, also 66,386 Pfund auf den Quadratzoll beträgt.

Auf diese Weise miſst man die Spannung der Dämpfe in den Dampfwagen. Da dieselben wenigstens 51,3 Pfd. Dampfspannung auf den Quadratzoll nöthig haben, und das Ventil, um erforderlichen Falls allen Dampf aus dem Kessel zu entlassen, nicht weniger als 2 Zoll 5 Linien im Durchmesser oder 4,72 Quadratzoll Fläche haben muſs: so folgt, daſs, wenn das Ventil unmittelbar durch ein Gewicht angedrückt werden sollte, dasselbe 256,5 Pfd. betragen müſste. Ein solches Gewicht aber würde sich nicht unmittelbar mit der Hand aufheben lassen; was öfters während des Laufs des Wagens nöthig ist, besonders um zu sehen, ob nicht das Ventil sich festgesaugt habe, wodurch es unwirksam geworden sein würde.

Dieserhalb war es nöthig, einen Hebel anzubringen, um das Ventil niederzudrücken. An einem Hebel, der z. B. in dem Verhältniſs von 1 zu 5 getheilt ist, bringen schon 51,3 Pfund den Druck von 256,5 Pfunden hervor, ohne daſs man nöthig hätte, das gröſsere Gewicht selbst in Bewegung zu setzen. Da indessen das an den Hebel angehängte Gewicht bei der schnellen Bewegung des Wagens zu sehr schlottern, und das Ventil immerfort abwechselnd öffnen und schlieſsen würde, so setzte man an die Stelle des Gewichts eine *Feder;* und so werden denn die Ventile jetzt durch Federn angedrückt.

§. 19.

Von den Hebel- und Federwagen.

Man sieht leicht, daſs die Kraft eines Dampfwagens, ohne näher das Maaſs der Spannung der Dämpfe im Kessel zu kennen, sich nicht berechnen läſst, weil diese Spannung die bewegende Kraft der Maschine ist. Wenn man genöthigt wäre, von der durch den Maschinenbauer angegebenen Spannung der Dämpfe auszugehen, so könnten groſse Irrthümer entstehen. Denn, in der Absicht, glauben zu machen, ein Dampfwagen leiste, ohne Erhöhung der Spannung der Dämpfe, mehr als ein anderer, wird zuweilen die Spannung nur auf 50 Pfd. angegeben, während sie in der Wirklichkeit wohl 60 oder 70 Pfund beträgt. Aufserdem wird im Allgemeinen die Berechnung der Dampfspannung so ungenau gemacht, dafs darauf kein Vertrauen zu setzen ist.

Wir waren also genöthigt, diesen Gegenstand näher zu erforschen.

Wir werden nun zuerst die Mittel angeben, die Spannung der Dämpfe durch Wägen und Messen der verschiedenen Theile der Ventil-Vorrichtung zu finden, für den Fall, dafs man keine Mercurialwage haben sollte. Darauf werden wir zeigen, wodurch Rechnungsfehler entstehen können, welche sich nur durch die Mercurialwage entdecken lassen. Endlich werden wir die Unsicherheit auch dieses letzten Instruments nachweisen, und darauf ein anderes statt seiner vorschlagen.

Wir bemerkten, dafs man sich eines Hebels bediene, um ein grofses Gewicht zu ersparen. Es sei S (Fig. 16. Taf. X.) das Ventil auf dem Kessel, und C der Ruhepunct des Hebels BC. Bei A drückt der Hebel vermittelst eines Knopfs auf das Ventil, und bei B ist ein Gewicht angehängt, oder vielmehr: es ist eine Feder angebracht, die der Hebel sos tark zieht, als ein bestimmtes Gewicht thun würde.

Wenn der Durchmesser des Ventils, das Verhältnifs der Hebelsarme, und die in B wirkende Kraft gegeben sind, so ist es leicht, den Druck in A auf den Quadratzoll des Ventils zu finden, oder, umgekehrt, aus dem Druck auf A die Kraft in B. Wenn P die Kraft in B ist, so ist $P.\frac{BC}{AC}$ der Druck in A auf das Ventil; und wenn S die Fläche des Ventils ist, so ist $\frac{P.BC}{S.AC}$ der Druck auf jeden Quadratzoll dieser Fläche.

Die Hebel der Ventile haben sehr verschiedene Verhältnisse. Diejenigen, welche zuerst Herr Edw. Bury zu Liverpool anordnete, sind unstreitig die bessern. Die beiden Hebelsarme verhalten sich hier zu einander, grade wie die Fläche des Ventils zur Einheit. *So* giebt unmittelbar das Gewicht P in B den Druck auf *einen Quadratzoll* des Ventils an. Gesetzt z. B., das Ventil sollte $2\frac{1}{2}$ Zoll im Durchmesser, also ungefähr 5 Quadratzoll Fläche haben: so würde man den beiden Hebelsarmen das Verhältnifs 5 zu 1 geben, so dafs $\frac{AC}{BC} = \frac{1}{5}$ wäre. Das Gewicht P bringt dann in A einen Druck $P.\frac{BC}{AC}=5P$ hervor; welches die gesammte Belastung des Ventils ist. Da nun das Ventil 5 Quadratzoll Fläche hat, so ist der Druck auf jeden Quadratzoll desselben $\frac{5P}{5}$ oder P. Sollte das Ventil 3 Zoll Durchmesser, also etwa 7 Quadratzoll Fläche bekommen, so müſste man den beiden Hebelsarmen das Verhältniſs 7 zu 1 geben.

Wir sagten, daſs man statt eines Gewichts am Ende des Hebels eine *Feder* anzubringen pflege. Dieselbe ist eine *Spiralfeder*, welche, mehr oder weniger zusammengedrückt, einen gröſsern oder geringern Widerstand leistet. Es befindet sich also in B eine *Federwage*, von der Art, wie man sich derselben zum häuslichen Bedarf bedient.

Eine solche Federwage hat eine Stange T (Fig. 16.), die man in der Hand hält, und an welcher eine Platte rs, mit einer langen und engen Öffnung, befestigt ist. Hinter der Platte ist eine cylindrische Röhre, in welcher sich eine Spiralfeder befindet, die sich in L gegen den Boden der Röhre stemmt. Am andern Ende wird die Feder durch ein Querstück mn gepreſst. Am untern Boden der Röhre ist eine Stange P, an welche die zu wägenden Gewichte gehängt werden. Eine Verlängerung des Querstücks mn reicht durch den Schlitz der Platte, und trägt einen Zeiger, welcher, so, wie die Feder mehr oder weniger zusammengedrückt wird, auf und nieder geht. An dem Schlitze ist eine Theilung angeschrieben. Um dieselbe zu machen, werden bestimmte Gewichte von 1 Pfd., 2 Pfd. u. s. w. an P angehängt, und es werden die Puncte, bis zu welchen die Gewichte, indem sie die Feder zusammendrücken, den Zeiger heben, angemerkt. Wenn nun nachher ein zu wägendes Gewicht an P angehängt wird, und dasselbe treibt den Zeiger, z. B. bis zu dem Puncte 10 in die Höhe, so sieht man daraus, daſs das Gewicht 10 Pfd. beträgt. So sind die Federwagen eingerichtet, durch welche man die Spannung der Dämpfe bei den Dampfwagen miſst. Man sieht, daſs sich die Scale der Wage, wenn man sie abnimmt, und bestimmte Gewichte anhängt, leicht verificiren läſst.

Wenn bei der Maschine der Fuſs P der Wage, an welchen sonst die zu wägenden Gewichte gehängt werden würden, auf dem Kessel befestigt ist, die Stange T dagegen, welche man beim Wägen in der Hand halten würde, an dem Arme des Hebels: so geht diese Stange durch ein in den Arm des Hebels gemachtes Loch, und wird von oben auf dem Hebel durch eine Schraube angezogen. Soll nun die Wage einen Druck, z. B. von 10 Pfund anzeigen, so darf man nur die Schraube so lange drehen, bis die Feder den Zeiger bis auf den Punct 10 treibt; und so für jedes andere Gewicht.

Um nun umgekehrt die Spannung der Dämpfe im Kessel zu messen, darf man nur die Schraube so weit lösen, bis der Dampf das Ventil zu heben anfängt. Denn alsdann ist die Spannung des Dampfes mit derjenigen der Feder der Wage im Gleichgewicht, und man sieht den Betrag der Spannung in Pfunden am Zeiger der Wage.

§. 20.

Von den nöthigen Correctionen der Gewichts-Angaben der Federwage.

Auf die so eben beschriebene Weise pflegt man meistens den Druck auf das Dampfventil zu berechnen. Es ist indessen leicht zu sehen, daſs es, rücksichtlich der Art, wie die Federwage auf das Ventil wirkt, um die Spannung des Dampfes im Kessel zu erfahren nicht hinreicht, die Zahl von der Scale abzulesen, und daraus den Druck des andern Hebel-Armes auf die obige Weise zu ermitteln. Zuerst kommt nemlich vielmehr die Wirkung des Gewichtes des Hebels selbst in Betracht; denn ehe der Dampf auf die Feder am Ende des Hebels wirken kann, muſs er erst den Hebel selbst heben. Eben so muſs er auch erst das Gewicht des Ventils heben. Sodann wird, wenn man die Wage beim gewöhnlichen Wägen in der Hand hält, die zu wägende Last an den *Boden* der Wage angehängt. Dann aber trägt die Hand die oberen Theile derselben, nemlich die Stange, nebst der Feder, woran sie befestigt ist; was nicht in Betracht kommt, da es keine Theile der zu wägenden Last sind. Hier hingegen sind die Stange, die Schraube und die Feder ein Theil des an dem Ende des Hebels aufgehängten Gewichts, welches zu dem durch den Index angezeigten Gewichte hinzukommt. Alle diese zusätzlichen Gewichte muſs erst die Feder heben, ehe sie auf das Ventil wirken kann. Jene Gewichte müssen also in Rechnung gebracht werden. Man erfährt daher den Druck auf das Ventil erst, wenn man zu den bei Eichung der Feder angehängten Gewichten den Widerstand des Gewichts des Hebels, und den Druck hinzuthut, welchen das Gewicht der Stange und der Feder am Ende des Hebels hervorbringt.

Erstlich: um die Wirkung des Hebels auf das Ventil zu finden, muſs der Hebel von der Wage abgelöset werden. Es muſs ein Faden um den Dorn A gewunden, oder durch die dortige Öffnung des Hebels gezogen, und dann der Zug des Hebels an dem Faden durch eine andere Federwage gewogen werden. Dieses Gewicht wird den Druck des Hebelgewichts auf das Ventil geben, zu welchem nun noch das Gewicht des Ventils selbst hinzukommt, welches durch gewöhnliches Wägen gefunden wird. Wenn der Hebel, wie gewöhnlich, 3 Fuſs lang und angemessen dick ist, so drückt er auf das Ventil so stark, als ein Gewicht von 27 bis 28 Pfund. Die Scheibe eines Ventils von $2\frac{1}{2}$ Zoll Durchmesser, und $\frac{1}{2}$ Zoll dick, wiegt etwa $\frac{2}{3}$ Pfund. Es vertheilt sich also noch ein Gewicht von etwa $28\frac{1}{2}$ Pfd. auf die Fläche des Ventils; es kommen daher, wenn dieselbe 5 Quadratzoll beträgt, noch etwa $5\frac{1}{2}$ Pfund zusätzlicher Druck auf den Quadratzoll, hinzu. Ist der Hebel bloſs 15 Zoll lang, so drückt er mit $7\frac{1}{2}$ Pfd. auf das Ventil, und es kommen, mit Rücksicht auf das Gewicht der Ventilscheibe selbst, auf den Quadratzoll ihrer Fläche etwa $1\frac{1}{2}$ Pfd. hinzu.

Zweitens. Um das Gewicht der von dem Hebel getragenen Theile der Wage zu erfahren, muſs man dieselbe aus einander nehmen, und die Stange und die Feder besonders wägen. Indessen kann man diese Operation auch ersparen, wenn man die Wage umgekehrt, die Stange nach oben, aufhängt. Der Zeiger wird dann den Unterschied zwischen dem Gewichte der Stange, nebst Feder, und dem Gewichte des übrigen Theils anzeigen. Sucht man darauf das Gewicht der ganzen Wage durch gewöhnliches Wägen, so läſst sich daraus das Gewicht der Feder nebst Stange berechnen. Hat man nemlich für die eigentliche Lage der Wage 0 an den Punct des Zeigers für den Fall gesetzt, wo kein Gewicht angehängt ist, und wo also die Feder bloſs den untern Theil der Wage trägt; und man hängt nun Gewichte an, und merkt für jedes den Stand des Zeigers: so giebt der Zeiger die Spannung der Feder für diese Gewichte an, zusammen mit dem Gewichte des untern Theils der Wage. Kehrt man darauf die Wage um, die Stange nach oben: so wird die Feder von dem Gewichte der Stange und der Feder gezogen. Zeigt jetzt der Index Null, so wiegen die Stange und die Feder eben so viel, wie der untere Theil der Wage. Zeigt derselbe dagegen 2 Pfd., 3 Pfd., so wiegen die Stange und die Feder 2, 3 Pfd. mehr, als der Wage unterer Theil. Gesetzt B sei das Gewicht der ganzen Wage, T das Gewicht der Stange nebst Feder, P' das Gewicht des untern Theils der Wage, und die Wage zeige, umgekehrt, m Pfund, so ist $m = T - P'$. Andererseits ist das Gewicht der Wage gleich dem Gewicht ihrer einzelnen Theile, das heifst, es ist $B = P' + T$. Addirt man die beiden Gleichungen, so findet sich $B + m = 2T$, und folglich $T = \frac{1}{2}(B + m)$.

Wenn der Hebel blofs 15 Zoll lang ist, so wiegt die Wage gewöhnlich 4 Pfd., und zeigt umgewendet $1\frac{1}{2}$ Pfd. Also ist in diesem Falle $T' = \frac{1}{2}(4 + 1\frac{1}{2}) = 2\frac{3}{4}$ Pfd.; welches Gewicht zu demjenigen, so auf das Ende des Hebels wirkt, und welches die Wage anzeigt, hinzugethan werden mufs. Ist der Hebel 3 Fufs lang, so kann die Wage schwächer sein. Sie wiegt dann gewöhnlich nur 2 Pfd., und zeigt umgewendet $1\frac{1}{2}$ Pfd., welches für das Gewicht der Stange und der Feder $T = \frac{1}{2}(2 + 1\frac{1}{2}) = 1\frac{3}{4}$ Pfd. giebt. Addirt man nun diese Gewichte zu denen, welche der Index der Wage anzeigt, und nimmt aufserdem auf die Wirkung des Gewichts des Hebels Rücksicht: so findet sich der wirkliche Druck auf das Ventil; und dieser, durch die Zahl der Quadratzolle seiner Fläche dividirt, giebt den Druck auf einen Quadratzoll des Ventils.

Aus dem Vorhergehenden sieht man, dafs durch Nichtberücksichtigung des Gewichts des Hebels und der Wage für einen langen Hebel ein Irrthum von 7 bis 8 Pfd., und für einen kurzen Hebel eine Differenz von 3 bis 4 Pfd. entstehen kann; was immer beträchtlich genug ist.

Bezeichnet man, zusammengenommen,

Das Gewicht, welches der Index anzeigt, durch P;

Das Gewicht der Stange nebst Feder der Wage durch T;

Die Wirkung des Gewichts des Hebels auf das Ventil durch L;

Das Gewicht des Ventils selbst durch D;

Die Fläche des Ventils, in Quadratzollen, durch S:

so ist, für Fig. 16. Taf. X.,

$$\frac{(P + T)\frac{BC}{AC} + L + D}{S}$$

der Druck auf jeden Quadratzoll des Ventils.

Dafs die hier betrachteten Wirkungen nicht berücksichtigt werden, ist der Grund, warum man so oft an Dampfwagen Federwagen findet, welche, der Voraussetzung nach, für 50 Pfd. Spannung auf den Quadratzoll eingerichtet sind, während der Druck in der That 55 bis 60 Pfd. beträgt. Wir werden bald Gelegenheit zur Anwendnng dieser Auseinandersetzungen finden, die dann dadurch werden noch deutlicher werden.

§. 21.

Von dem Dampfventile.

Die obigen Irrthümer bei der Schätzung der Spannung der Dämpfe sind nicht die einzigen. Es giebt häufig noch andere, die zu berichtigen weniger leicht ist.

Damit das Ventil die Öffnung, welche es bedecken soll, genau verschliefse, ohne sich anzusaugen, mufs es ein wenig conisch oder mit schiefem Rande gemacht werden. Verschliefst nun das Ventil die Öffnung gänzlich, so kann der Dampf offenbar nur auf seine *untere* Fläche drücken. In diesem Fall also bezeichnet S in der obigen Formel die *untere* Fläche des Ventils. Man findet folglich durch die Formel in der That die Spannung der Dämpfe für den Fall, dafs die Ventilöffnung ganz verschlossen ist, oder dafs wenigstens das Ventil nur erst sehr wenig sich gehoben hat. Sobald aber Dampf in gröfserer Menge erzeugt wird, als ihn die Cylinder verbrauchen, und derselbe dann heftig durch die Ventilöffnung entweicht, hebt er das Veutil beträchtlich; und dann drückt er nicht mehr blofs auf die untere Fläche der Klappe, sondern offenbar auf eine gröfsere Fläche, die um so mehr zunimmt, je höher sich das Ventil hebt. Es drücke z. B. der Dampf auf die Fläche cd, Fig. 20. Taf. X., statt auf die Fläche ab, so mufs man für S jene Fläche statt dieser setzen. Aber cd zu messen, um das Heben des Ventils zu berücksichtigen, ist schwer, wenn nicht unmöglich. Die Schwierigkeit der Berechnung wird noch dadurch vergröfsert, dafs der Dampf zwar auf die Fläche ab *senkrecht* drückt, auf die Flächen ca und bd hingegen *schief:* unter einem Winkel, der sich ändert, so wie das Ventil höher steigt.

Die Folge dieser Veränderung der Ventilfläche scheint zwar beim ersten Anblicke nur gering zu sein; aber sie ist in der That nicht unbeträchtlich. Es habe z. B. das Ventil unten $2\frac{1}{2}$ Zoll und oben 3 Zoll Durchmesser, wie es öfters wirklich der Fall ist. Nun habe der Durchmesser des Ventils, dadurch, dafs es von dem Dampfe gehoben wurde, nur um $\frac{1}{8}$ Zoll zugenommen, und betrage jetzt $2\frac{5}{8}$ statt $2\frac{1}{2}$ Zoll: so enthält seine Kreisfläche schon 5,41 statt 4,91 Quadratzoll. Wäre also der gesammte Druck auf das Ventil, von Seiten der Feder, des Hebels und des Gewichtes der Wage und des Ventils selbst, 245 Pfund: so kommen auf den Quadratzoll der Ventilfläche, in dem Falle, wenn dasselbe geschlossen ist,

$\frac{245}{4,91} = 50$ Pfd., und in dem Falle, wenn das Ventil, wie vorhin angenommen, von unten gehoben worden ist, nur $\frac{245}{4,91} = 45,27$ Pfd.; woraus folgt, dafs die Wage für merklich verschiedene Spannungen der Dämpfe nur eins und dasselbe anzeigt. Der Unterschied beträgt schon gegen 5 Pfd., und kann noch gröfser werden, wenn das Ventil sich noch weiter hebt. Die obige Berechnung pafst daher blofs für den Fall, wo das Ventil gänzlich verschlossen, oder doch nur wenig gehoben ist.

Aufserdem mufs auch gewöhnlich noch das Ventil so gemacht werden, wie es Figur 21. zeigt; und dann wird nicht mehr die gröfsere untere Fläche *ab*, sondern die Fläche *cd* gedrückt. Also, wenn der Unterschied von *ab* und *cd* $\frac{1}{8}$ Zoll beträgt, so findet sich schon ein Unterschied von 4 bis 5 Pfd. Spannung auf den Quadratzoll. Man kann nun zwar wirklich *cd* statt *ab* messen, und in Rechnung bringen: aber es bleibt immer noch das Heben des Ventils übrig, dessen Wirkung sich nicht schätzen läfst.

[„Der Text dieses Paragraphs ist, ohne etwas Wesentliches wegzulas-„sen, bei der Übersetzung einigermafsen zusammengezogen worden." D. H.]

Die Quecksilber-Wage, welche wir nunmehr beschreiben wollen, vermindert die Irrthümer: aber sie ist kostbar, und bis jetzt so selten, dafs, aufser bei der Liverpooler Eisenbahn, die Spannung der Dämpfe überall nur noch auf die obige Weise gemessen wird.

Abschnitt II.

Von dem Quecksilber-Spannungsmesser.

§. 22.

Einrichtung und Gebrauch desselben.

Die obigen Berechnungen können in vielen Fällen zureichend sein. Sie sind aber beschwerlich, und nicht ohne Ausmessung und Wägung verschiedener Theile der Maschine, welche Zeit und Mühe erfordern, ausführbar. Auch sind sie blofs dann anwendbar, wenn die Maschine still steht. Ein Werkzeug, welches unmittelbar, und auf den blofsen Anblick, die Spannung der Dämpfe angiebt, wird daher offenbar sehr nützlich sein. Denn es wird in allen Fällen, selbst wenn das Ventil gehoben ist, keine Schwierigkeit weiter übrig lassen, und alle Rechnung ersparen. Es kommt blofs darauf an, auf welche Weise die Maschine der Probe zu unterwerfen sei.

Das hiezu gebräuchlichste Werkzeug ist der Quecksilber-Dampfspannungsmesser. Er beruht auf denselben Grundsätzen, wie der gewöhnliche Barometer. *Mbm* Fig. 18. Taf. X. nemlich ist eine mit Quecksilber gefüllte Röhre. Das Quecksilber darf nicht höher steigen, als bis *M* und *m*. *FG* ist mit Wasser gefüllt. Das Wasser darf nicht höher steigen, als bis zu dem Hahn *E*, welcher bestimmt ist, das etwa durch Niederschlag hinzugekommene überflüssige Wasser abzulassen. *R* ist eine durch einen Hahn verschlossene Öffnung, durch welche Quecksilber und Wasser, wenn sie fehlen, eingegossen werden können. Endlich ist *C* eine angeschraubte Ansatzröhre, deren anderes Ende in den Dampfkessel hineinreicht. Diese Röhre ist biegsam, und gewöhnlich von Zinn. Sie bringt das Werkzeug mit dem Dampfkessel in Verbindung. Sie ist an demselben angeschraubt, und an der Kesselwand durch einen Hahn verschliefsbar.

Wenn nun das Instrument gebraucht werden soll, so giefst man noch so lange Quecksilber in die Öffnung *R*, bis man gewifs ist, dafs es in der Röhre die Puncte *M* und *m* erreicht hat. Hierauf wird die Schraube *M* geöffnet, damit das überflüssige Quecksilber abfliefse. Nun wird die Schraube *M* wieder geschlossen; es wird noch Wasser durch *R* in *FG* gegossen, und das etwa überflüssige durch den Hahn *E* abgelassen. Endlich wird das Instrument mit dem Dampfkessel in Verbindung gesetzt. Der durch *C* eindringende Dampf drückt nun vermöge seiner Spannung auf das Wasser in *FG*, und treibt dasselbe, folglich auch das Quecksilber in *Mb*, so weit hinunter, und mithin dasjenige in dem oben offenen Arme *mb* so weit hinauf, bis das Übergewicht des Quecksilbers mit der Spannung des Dampfes ins Gleichgewicht gekommen ist. Ein Schwimmer auf dem Quecksilber, in *m*, wird von demselben gehoben, und ein mittelst eines über eine Rolle *p* gehenden Fadens an den Schwimmer gehenkter Zeiger *S* fällt zwischen den Röhren so tief, wie das Quecksilber gestiegen ist, und zeigt an einer Scale die verschiedenen Spannungen des Dampfs an. Gesetzt, die Länge des Instrumentes von *M* bis *b* sei 78 Zoll (Engl.), so kann die Röhre *Mb* 156 Zoll hoch Quecksilber fassen; und da nun eine 156 Zoll hohe Quecksilbersäule, von 1 Quadratzoll Querschnitt, etwa 80 Pfd. wiegt, so mifst das Instrument einen Druck von 80 Pfd. auf den Quadratzoll.

Der Behälter *FG* ist 6 Zoll hoch, und hat 8 Zoll im Durchmesser. Das Wasser in demselben hat den Zweck, den Röhrenarm *mb* anzufüllen, so wie das Quecksilber in demselben sinkt. Der Behälter *FG* hat einen viel gröfsern Durchmesser, als die Röhre, und sein Inhalt ist so berechnet, dafs er allenfalls den ganzen Röhrenarm *mb* füllen kann. Dieses ist nothwendig, damit das während der Messung durch den Niederschlag gebildete Wasser nicht in die Röhre gelange. Da dieselbe nur enge ist, z. B. nur $\frac{1}{2}$ Quadratzoll Querschnitt hat, so würde das Wasser in ihr alsbald zu einer beträchtlichen Höhe steigen, und es würde dadurch ein Überschufs an Gegendruck entstehen, der das Resultat unrichtig machen würde. So dagegen vertheilt sich das niedergeschlagene Wasser über den gröfsern Querschnitt des Gefäfses *FG*, von 7 Quadratzollen, und die Druckhöhe, von welcher, wie bekannt, der Druck auf die Einheit der Fläche allein abhängt, verändert sich nur so wenig, dafs die Differenz füglich bei Seite gesetzt werden kann.

Um die Scale zu theilen, mufs man an derselben erst den Nullpunct suchen. Zu dem Ende wird, wie oben beschrieben, Quecksilber und Wasser eingegossen; die beiden Röhrenarme werden mit der Luft in freie Verbindung gesetzt, und darauf wird der Punct, an welchem der Zeiger steht, angemerkt; denn er ist derjenige, welcher dem Fall entspricht, wo der Arm *Mb* nichts weiter als den Druck der Luft zu tragen hat. Enthielten die beiden Arme der gebogenen Röhre nur Quecksilber allein, so würde dasselbe in beiden gleich hoch stehen. So drückt aber die Wassersäule *EM* das Quecksilber in den Arm *Mb* hinunter, und folglich in den Arm *mb* hinauf. Inzwischen kann man auch die Gleichheit der Höhe des Quecksilberstandes in beiden Röhrenarmen dadurch herstellen, dafs man den Schwimmer so schwer macht, dafs er der Wassersäule *EM* das Gleichgewicht hält.

Hierauf mufs, weiter, der andere äufserste Punct der Scale gesucht werden. Gesetzt ω sei der Druck, welcher aufgewogen werden soll, und das Quecksilber steige zu dem Ende bis x. Um dieselbe Höhe mx, um welche das Quecksilber in dem Arme *mb* gestiegen ist, mufs es in dem Arme *Mb* gefallen sein, z. B. bis x_1. Es mufs also $mx = Mx_1$ sein, und der Theil Mx_1 der Röhre *Mb* mufs sich aus dem Behälter *EF* mit Wasser gefüllt haben. Das Quecksilber, welches sich *unter* einer Horizontalen durch x_1 befindet, steht im Gleichgewicht mit sich selbst. Wir haben daher nur die Bedingungen des Gleichgewichts *über* der Horizontalen durch x_1 in in Rechnung zu bringen. Über dieser Horizontalen wirkt in dem einen

Röhrenarme der Druck der Wassersäule $Mx_1 = x$, und die Dampfspannung ω: in dem andern eine Quecksilbersäule von der Höhe $2x$, und der Druck der Atmosphäre. Bezeichnet man

Durch P das Gewicht der Quecksilbersäule;
Durch P_1 das Gewicht der Wassersäule;
Durch ϱ den Druck der Luft und, wie vorhin,
Durch ω die Dampfspannung:

so ist

$$\varrho + P = P_1 + \omega,$$

oder

$$P = P_1 + (\omega - \varrho).$$

$\omega - \varrho$ ist das Übergewicht der Dampfspannung über den Druck der Luft, oder die *wirksame* Spannung des Dampfs, auf welche es bei allen Hochdruckmaschinen ankommt. Die Quecksilbersäule, deren Gewicht wir durch P bezeichneten, hat den Querschnitt der Röhre zur Grundfläche, welche b sein mag, und zur Höhe $2x$. Ihr Volumen ist also $2bx$, und wenn δ die Dichtigkeit des Quecksilbers ist, so ist ihre Masse $2\delta bx$. Ist ferner g die beschleunigende Kraft der Schwere, so ist $2g.\delta bx$ das Gewicht der Säule, d. h. es ist $P = 2g\delta bx$. Der Querschnitt der Wassersäule ist ebenfalls b, ihre Höhe x, also ihr Volumen bx, und wenn die Dichtigkeit des Wassers durch δ_1 bezeichnet wird, ihr Gewicht $P_1 = g\delta_1 bx$. Setzt man die Dichtigkeit des Wassers $= 1$, so ist die des Quecksilbers 13,568; also ist $\delta_1 = \frac{\delta}{13,568}$, und folglich $P_1 = \frac{g\delta bx}{13,586}$. Andrerseits kann der wirksame Druck des Dampfes $\omega - \varrho$ immer durch denjenigen einer Quecksilbersäule ausgedrückt werden, die auf den Querschnitt b eben so stark wirkt, als der Druck des Dampfes. Bezeichnet man

Durch h die Höhe dieser Quecksilbersäule,

so ist

$$\omega - \varrho = g\delta bh.$$

Setzt man diese Werthe von P_1, P und $\omega - \varrho$ in die obige Gleichung für das Gleichgewicht, so erhält man

$$2g\delta bx = \frac{g\delta bx}{13,568} + g\delta bh.$$

und daraus

$$2x = \frac{x}{13,568} + h \quad \text{und} \quad x\left(2 - \frac{1}{13,568}\right) = h,$$

oder

$$x = 0,51913\,h.$$

Die Höhe der Quecksilbersäule, deren Druck dem des Dampfes gleich kommt, ist leicht zu finden. Denn man weiſs, daſs eine Quecksilbersäule von 1 Zoll hoch auf jeden Quadratzoll ihrer Grundfläche mit dem Gewicht von 0,52292 Pfd. drückt. Daraus läſst sich die Höhe jeder andern Säule leicht berechnen. Z. B. die Höhe einer Säule, die den Druck von 70 Pfd. vorstellt, giebt die Proportion:

$$0{,}52292 \text{ Pfd.} : 1 \text{ Zoll} = 70 \text{ Pfd.} : h,$$

woraus $h = 133{,}86$ folgt. Dieses giebt weiter oben in Zollen:

$$x = 0{,}51913 \,.\, 133{,}86 = 69{,}49 \text{ Zoll};$$

das heiſst: das Quecksilber muſs, um einer Spannung des Dampfes von 70 Pfd. auf den Quadratzoll das Gleichgewicht zu halten, 69,49 Zoll über m in die Höhe steigen.

Dieselbe Rechnung paſst für jeden anderen Druck; aber sie ist nicht immer zu wiederholen nöthig. Denn wenn man einmal den Nullpunct, und den dem Maximo des Drucks correspondirenden Punct der Scale gefunden hat, so darf man nur den Abstand der beiden Puncte in gleiche Theile theilen, um die Scale zu graduiren, weil, wie wir gesehen haben, x bloſs von h abhängt, und ihm proportional ist.

[„Diese Rechnung läſst sich auch kürzer, wie folgt, machen."

„Ein Cubikzoll Quecksilber wiegt, nach der obigen Annahme, „0,52292 Pfund. Also ist der Druck *von unten* auf *jeden Quadratzoll* „des Querschnitts der Röhre, in x_1, gleich $2x \,.\, 0{,}52292$ Pfd. Denn das Queck- „silber, welches sich in der Röhre *unter* der Horizontale durch x_1 befindet, „steht mit sich selbst im Gleichgewicht, und es drückt auf den Querschnitt „x_1 nur eine Quecksilbersäule von der Höhe $2x$. Ein Cubikzoll Wasser „wiegt $\frac{0{,}52292}{13{,}568}$ Pfd., nach der obigen Annahme, weil das Quecksilber 13,568 „mal so schwer sein soll, als Wasser. Also ist der Druck auf jeden „Quadratzoll des Querschnittes x_1, *von oben,* in so weit derselbe von dem „Gewichte der Wassersäule über x_1, deren Höhe x ist, herrührt, gleich „$x \,.\, \frac{0{,}52922}{13{,}568}$. Auſser der Wassersäule über x_1 aber drückt auch noch *von* „*oben* auf den Querschnitt x_1 die wirksame Spannung des Dampfes. Be- „zeichnet man dieselbe, für den Quadratzoll in Pfunden ausgedrückt, durch „s: so ist der *gesammte* Druck *von oben* auf jeden Quadratzoll des Quer- „schnitts x_1 gleich $\left(s + x \,.\, \frac{0{,}52922}{13{,}568}\right)$ Pfd. Dieser Druck von *oben* muſs dem

„Drucke von *unten*, welcher $2x.0{,}52292$ Pfd. war, im Stande des Gleich-„gewichts gleich sein. Also muſs sein:

$$2x.0{,}52292 = s + x.\frac{0{,}52292}{13{,}568},$$

„und daraus folgt

$$x\left(2 - \frac{1}{13{,}568}\right)0{,}52292 = s,$$

„und

$$x = 0{,}9927.s,$$

„wo s die *Zahl der Pfunde* der Spannung des Dampfes auf 1 Quadrat-„zoll, und x die *Zahl der Zolle* der Höhe der Quecksilbersäule mx bezeich-„net. In dem Beispiele des Textes ist $s = 70$. Für dieses Beispiel giebt „also der vorige Ausdruck, wenn man darin $s = 70$ setzt, $x = 69{,}49$ Zoll; „wie oben. Man sieht, daſs man, weil 0,9927 der Einheit *sehr* nahe „kommt, ohne merkliche Fehler setzen könnte:

$$x = s,$$

„so daſs also das Quecksilber in der Röhre gerade um so viel *Zolle* steigen „muſs, als die Zahl der *Pfunde* ist, mit welcher der Dampf auf 1 Qua-„dratzoll Fläche drückt. Diese zufällige Übereinstimmung der beiden „Zahlen bei *Preuſsischem* Maaſse, die für *Englisches* Maaſs nicht Statt „findet, ist für die Praxis recht günstig." D. H.]

Wenn einmal die Quecksilberwage geeicht und graduirt ist, so darf man nur, wenn irgend ein Zweifel über die Spannung des Dampfes im Kessel entsteht, das Instrument ansetzen. Dasselbe zeigt dann sogleich die wahre Spannung, das Ventil mag gehoben oder geschlossen sein.

§. 23.

Von der Spannung der Dämpfe in den Kesseln der Dampfwagen, während diese sich fortbewegen.

Wenn man sich der Quecksilberwage bedient, um die Spannung der Dämpfe während eines Versuchs zu messen, so muſs man auf folgenden Umstand Acht haben. Behielte der Dampf, wenn das Ventil einmal regulirt ist, während der ganzen Fahrt *dieselbe* Spannung, so brauchte man dieselbe nur einmal, vor der Abfahrt, zu messen. Nachdem das Ventil für die Spannung, welche man verlangt, gestellt worden, dürfte das Instrument nur angesetzt werden; und nachdem die correspondirende Spannung bestimmt worden, würde dieselbe, in so fern weiter keine Änderung an der Federwage gemacht wird, jeden Augenblick während der ganzen Reise ersehen werden können.

So rechnen Einige, es mag von der Quecksilberwage Gebrauch gemacht worden sein, oder nicht. Wenn sie gefunden haben, daſs der Dampf mit 50 Pfund wirksamen Druck auf den Quadratzoll das Ventil hebt: so betrachten sie diesen Punct als denjenigen, wo der Dampf immer ausströmt, und setzen voraus, daſs derselbe, ohne sonstige Veränderung des Ventils, nie eine stärkere Spannung als 50 Pfund annehme. Versuche haben indessen gezeigt, daſs dieser Schluſs nicht richtig ist.

Man bemerkt bald, wenn man einen Dampfwagen aufmerksam betrachtet, daſs die Spannung des Dampfes im Kessel sehr *veränderlich* ist, wenn gleich das Ventil unveränderlich bleibt. Bewegt sich die Maschine schnell, mit mäſsiger Ladung, und gelangt an einen Abhang der Bahn, so muſs sie sogleich, wie gering auch der Abhang sein mag, eine stärkere Zugkraft entwickeln, weil die Wirkung des Gewichts der gesammten Masse auf der schiefen Ebene den Widerstand verstärkt. Die Wirkung des Abhanges wird um so bemerkbarer sein, je geringer die Zugkraft auf den *horizontalen* Stellen der Bahn war. So erfordert eine Ladung von 2240 Pfd. auf horizontaler Bahn nur etwa 8 Pfd. Zugkraft: auf einem Abhange von 1 auf 100 dagegen schon fast 4 mal so viel, nemlich, zur Überwindung der Wirkung auf der schiefen Ebene noch $\frac{2240}{100} = 22,4$ Pfd. *mehr*. Die Folge der plötzlich nothwendigen Vermehrung der Zugkraft ist aber, daſs der Dampfwagen, so wie er an dem Fuſse des Abhanges anlangt, seine Geschwindigkeit beträchtlich vermindern muſs. Gesetzt, er habe bis dahin 480 Cylinder voll Dampf in der Minute verbraucht, und müsse nun, wegen des vergröſserten Widerstandes auf der Bahn, seine Geschwindigkeit bis auf den dritten Theil ermäſsigen, so wird er fortan nur 160 Cylinder voll Dampf consumiren. Gleichwohl aber erzeugt das durch den Lauf bis dahin heftig erregte Feuer fortwährend noch eben so viel Dampf. Zwar wird dieser Dampf mit gröſserer Spannung consumirt; aber die Erfahrung lehrt, daſs die Erhöhung der Spannung nicht die gröſsere Menge des Dampfes compensirt. Das Ventil muſs also anfangen, eine groſse Menge überflüssigen Dampfes abzuführen, welcher nun, um zu entweichen, das Ventil hebt. Aber das Ventil kann sich nicht heben, ohne die Feder der Wage zu drücken, und folglich ihre Spannung zu verstärken: also kann der Dampf nicht entweichen, ohne Erhöhung seiner eigenen Spannung. In der That hebt die Kraft der Spannung des

Dampfes an der Wage sogleich mehrere Pfund auf den Quadratzoll mehr, je nach der Heftigkeit des Feuers und der Construction der Maschine. Es ist also sehr gefehlt, wenn man annimmt, die wirksame Spannung des Dampfes steige nicht über 50 Pfund, weil sich bei dieser Spannung das Ventil hebt.

Wenn der entweichende Dampf das Ventil auf eine gewisse Höhe hebt, so wird der Zeiger um so stärker an der Scale weichen, je gröfser der Hebel der Wage ist; und um so gröfser wird die Spannung der Feder der Wage werden. Ein langer Hebel wird eine gröfsere Steigerung der Spannung anzeigen, als ein kürzerer.

Wir werden weiter unten sehen, dafs der Dampfwagen *Atlas*, dessen Hebel kurz ist, und dessen Ventil 2 Zoll 5 Linien im Durchmesser hat, vor Hindernissen die Spannung seines Dampfes von 54,4 bis auf 57,5 Pfd. steigert; dagegen die *Fury*, deren Hebel lang ist, und deren Ventil 2 Zoll 11 Linien im Durchmesser hat, unter denselben Umständen, von 54,4 bis auf 63,7 Pfd. Diese Veränderung der Spannung hängt zunächst von der durch Hindernisse der Bahn entstehenden Erhöhung des Widerstandes gegen die Zugkraft, oder von der Verminderung der Geschwindigkeit, und dann von den Abmessungen der Ventile, Hebel und Wagen ab, so wie von der Verdampfungsfähigkeit des Kessels: das heifst, von der Menge des Dampfes, welchen die Maschine entwickelt.

Wegen dieser Steigerung der Spannung der Dämpfe in den Dampfwagen, für den Fall, dafs sie, Hindernisse wegen, ihre Geschwindigkeit mäfsigen müssen, haben diejenigen mit langen Hebeln einen wesentlichen Vorzug vor denen mit kurzen Hebeln, z. B. für das Ersteigen von Abhängen. Der Vortheil wird freilich nur dadurch erreicht, dafs man die Maschine einem stärkern Druck unterwirft, was sich eben sowohl durch Anziehen der Schraube der Federwage erreichen liefse, um, nach Verhältnifs, die Spannung im Kessel zu erhöhen. Aber immer würde diese Veränderung gerade nur den Beweis geben, dafs nun eine gröfsere Kraft wirken müsse, und dafs es also unrichtig ist, anzunehmen, die Spannung des Dampfes übersteige nie 50 Pfund.

Die gedachte Veränderung der Spannung des Dampfes findet nur Statt, wenn sich die Maschine *fortbewegt*, also getrennt von der Quecksilberwage ist. Wenn daher eine Maschine unter gewissen Umständen gewirkt, das heifst, eine bestimmte Ladung gezogen hat, und man hat nun zu wissen nöthig, wie stark dabei die Spannung des Dampfes war: so mufs man während des Versuches die verschiedenen Grade niederschreiben, welche die Wage anzeigte. Hierauf mufs man nach Beendigung des Versuches die Quecksilberwage ansetzen, und das Feuer anschüren lassen, um den Zeiger der Wage durch alle die Grade zu treiben, welche er während der Fahrt angab. Dabei beobachtet man dann die Quecksilberwage, und findet die den verschiedenen Graden der Spannung correspondirende Spannung der Dämpfe. Auf diese Weise sind wir bei unsern Versuchen verfahren. Wir brachten der Reihe nach alle die Dampfwagen, mit welchen wir Versuche anstellten, und die alle mehr oder weniger von einander verschieden waren, unter die Quecksilberwage, und notirten die mit den Theilpuncten der Federwagenscale correspondirenden Grade der Quecksilberwage.

(Die Fortsetzung folgt im nächsten Hefte.)

4.
Nachrichten von der Eisenbahn zwischen St. Petersburg, Zarskoe-Selo und Pawlowsk.

Der Erbauer dieser Eisenbahn ist Herr *Franz Anton Ritter von Gerstner*, bekannt und berühmt durch mehrere Schriften, insbesondere durch das treffliche Handbuch der Mechanik, eines der besten Werke über Maschinen, Eisenbahnen etc., so wie durch den von ihm unternommenen und vollführten Bau der Eisenbahn zwischen Budweis und Linz. Herr von Gerstner hat über die Eisenbahn bei Petersburg, die erste in Rufsland, in einem Memoire, welches den Titel führt:

„Über die Vortheile der Anlage einer Eisenbahn von St. Petersburg „nach Zarskoe-Selo und Pawlowsk, deren Ausführung durch eine „Akziengesellschaft mit Allerhöchstem Privilegium Seiner Kaiserlichen „Majestät Statt findet. Von *Franz Anton Ritter von Gerstner*. „St. Petersburg, gedruckt in der Buchdruckerei von Carl Kray. Ausgegeben zu St. Petersburg am 20. März 1836. *Mit Allerhöchst „eigener Bewilligung Seiner Kaiserlichen Majestät herausgegeben.*",

und welchem Memoire noch andere bei dem Fortgange des Baues nachfolgen werden, interessante Nachrichten mitgetheilt, verbunden mit eingestreuten, nicht minder interessanten Nachrichten von anderen Eisenbahnen. Dieses Memoire wird in St. Petersburg, Moskau und anderen gröfsern Russischen Städten unentgeltlich vertheilt. Bei seiner Durchreise durch Berlin, nach England, hat der Herr Verfasser die Güte gehabt, ein Exemplar desselben dem Herausgeber des gegenwärtigen Journals zu verehren, mit Hinzufügung mündlicher Mittheilungen über den Gegenstand der Schrift, und mit der Erlaubnifs, davon für das Journal Gebrauch zu machen.

Da einestheils die Eisenbahn bei Petersburg nicht allein an sich selbst, sondern auch noch insbesondere deshalb für das deutsche Publicum interessant sein wird, weil auch die Art, wie ihre Ausführung eingeleitet und besorgt wird, gerade diejenige sein dürfte, in welcher auch in Deutschland bei Eisenbahnen, die durch Actiengesellschaften entstehen, am besten und mit der geringsten Gefahr des Mifslingens, zum Ziele zu gelangen sein möchte; und anderntheils die Schrift des Herrn von Gerstner nicht in den Buchhandel gelangt: so glauben wir, dafs es den Lesern dieses Journals angenehm sein werde, in den gegenwärtigen Blättern, durch *Auszüge* aus den Mittheilungen des Herrn von Gerstner, Nachrichten über die Petersburger Bahn zu finden.

Wir werden dem Vortrage des Herrn von Gerstner Schritt um Schritt folgen, und aus seiner Schrift, theils stellenweise *wörtlich*, theils *auszugsweise*, Dasjenige mittheilen, was für den deutschen Leser insbesondere von Interesse sein kann. Alle wörtlich aufgenommenen Stellen der Schrift werden vorn an den Zeilen mit „ „ bezeichnet werden.

Die Bemerkungen, welche der Herausgeber des gegenwärtigen Journals etwa einzuschalten sich erlauben wird, werden, in so fern sie sich nicht schon durch sich selbst vom Texte unterscheiden, in eckige Klammern eingeschlossen und am Schlusse mit D. H. bezeichnet werden.

Sämmtliches fremdes Maafs, Gewicht und Geld wird auf *Preufsisches* reducirt werden; wie es, um unmittelbar und ohne weitere Mühe einen deutlichen und *vollständigen* Begriff von dem in einer technischen Schrift Vorgetragenen zu erhalten, wesentlich nothwendig ist. Gerechnet hat man bei dieser Reduction, nach Eytelwein und Nelkenbrecher:

Den Russischen Fufs dem Englischen gleich; also = 0,971145 Preufsischen Duodecimal-Fufsen.

Den Werschock = 1 Zoll 8,394 Linien Preufsisches Duodecimal-Maafs.

Die Arschine oder Elle = 2,266068 Preufs. Duod.-Fufs.

Die Sasche oder Klafter = 6,798015 Preufs. Duod.-Fufs.

Die Werst = 283,25 Ruthen Preufs.

Das Russische Pfund = 0,873 Pfund Preufs.

Das Russische Pud, oder 40 Russische Pfunde, = 0,3174 Centner Preufs.

Und, nach dem vom Herrn Verfasser bezeichneten Course, den Rubel Assignationen = 8,749 Silbergroschen Preufs.

Das in der Schrift vorkommende *Englische* Maafs, Gewicht und Geld ist so gerechnet, wie hier oben S. 28 angegeben; das *Französische* Maafs, Gewicht und Geld nach seinem bekannten Werthe.

D. H.

Auszug aus der Zuschrift Sr. Erlaucht des Herrn Präsidenten des Kais. Russischen Reichsrathes, Grafen von Novossilzoff, d. d. St. Petersburg den 21. Dezember 1835. (Wörtlich.)

„Allerhöchst Se. kais. Majestät geruhten *dem Franz Anton Ritter* „*von Gerstner die ausschliefsende Bewilligung zu ertheilen, eine Akzien-* „*gesellschaft zur Unternehmung einer Eisenbahn von St. Petersburg* „*nach Zarskoe-Selo und Peterhof zu bilden.* Zu dieser Absicht wurde „demselben gestattet, eine Einladung zum Beitritte zu dieser Gesellschaft „sowohl innerhalb des Reiches, als aufser demselben bekannt zu machen, „und hierin folgende, von Allerhöchst Sr. Majestät hierüber festgesetzte „Bestimmungen aufzunehmen:"

1. „Jedermann, welcher der Unternehmung dieser Eisenbahn bei- „treten will, hat bei der Subskripzion an die, vom Ritter von Gerstner „hiezu bezeichneten Handlungshäuser den 5ten Theil des von ihm sub- „skribirten Kapitales in Baarem einzulegen."

2. „Die Akziengesellschaft ist dann konstituirt, sobald das für den „Bau der Eisenbahn erforderliche Kapital ganz gedeckt, d. h. der 5te „Theil hievon baar eingezahlt und die übrigen 4 Fünftel subskribirt sind. „Bevor diese Ratenzahlung geschehen, und der Rest des Capitals subskri- „birt ist, darf das definitive Privilegium weder im Namen des Ritters von „Gerstner, noch in jenem der Gesellschaft nachgesucht werden."

3. „Der auf solche Art gebildeten Gesellschaft haben Se. Maje- „stät in der Absicht, die Ausführung der Unternehmung möglichst zu un- „terstützen, vorläufig folgende Prerogative und Konzessionen zu verleihen, „und den Ritter von Gerstner zur Einschaltung derselben in dieses Pro- „gramm ausdrücklich zu ermächtigen geruht:"

a) „Der Gesellschaft wird das ausschliefsende Recht zum Baue der Ei- „senbahn von St. Petersburg nach Zarskoe-Selo und Peterhof er- „theilt; nur hat selbe vorerst einen Plan, worin die Richtung der „Bahn ersichtlich ist, vorzulegen, und die Bestättigung desselben von „der Regierung zu erbitten. Während zehn Jahren vom Tage der „Bekanntmachung des Privilegiums darf Niemand anderer eine Eisen- „bahn zwischen den genannten Punkten weder erbauen noch be- „nützen. Nach Ablauf der 10 Jahre bleibt die Eisenbahn fernerhin „noch das Eigenthum der Akziengesellschaft."

b) „Die Ausführung der zwei Eisenbahnen wird ganz so betrachtet, als „wenn es eine unmittelbar von der Regierung gemachte Unternehmung wäre, und der Gesellschaft wird das Recht der Grundeinlösung unter den Bedingungen gestattet, welche in der hier beigefügten Note festgesetzt sind."

c) „Die Gesellschaft ist verpflichtet, sich das nothwendige Eisen für den „Bau der Bahnen in Rufsland zu verschaffen, wenn die Eigenthümer „der russischen Eisenwerke dasselbe in gleicher Qualität und der erforderlichen Form mit einer Zulage von 15% zu jenem Preise liefern wollen, zu welchem die Gesellschaft das Eisen, mit Inbegriff „der Transportkosten bis St. Petersburg, aus England zu beziehen „vermag. Die Akziengesellschaft wird daher in einer öffentlichen „Bekanntmachung den Eigenthümern der russischen Eisenwerke den „Bedarf und die Qualität des Eisens anzeigen, welches sie zur Ausführung der Unternehmung benöthigt. Findet sich kein Eisenwerk „im Reiche, welches die Lieferung mit einem Zuschlage von 15% „gegen die englischen Preise zu übernehmen vermag, so ist die Gesellschaft ermächtigt, das Eisen aus England *zollfrei* zu beziehen, „wobei zu beobachten, 1tens dass nur der für die Ausführung der „beiden, im Privilegium genannten Eisenbahnen, nothwendige Bedarf „an Eisen eingeführt, und bei jedem Transporte die ausdrückliche „Autorisazion des Finanzministeriums ertheilt werde, 2tens, dafs dieses „Eisen in Russland weder verkauft, noch zu irgend einem andern, „der Unternehmung fremdartigen Zwecke verwendet werden darf, „und 3tens, dass für den Fall, als durch einen unvorhergesehenen „Umstand die Eisenbahnen abgebrochen würden, alle von England „bezogenen Eisentheile wieder auf Kosten der Gesellschaft über die „Reichsgränze ausgeführt werden."

d) „Während der Dauer des Privilegiums ist die Unternehmung der Eisenbahnen keiner Steuer, noch Abgabe irgend einer Art unterworfen."

e) „Da die Eisenbahnen den Verkehr auf den Chausséen nicht stören, „und jedermann sich der letztern noch fernerhin nach seinem Belieben bedienen kann, so werden die Unternehmer der Eisenbahnen „*nach ihrem freien Ermessen* die Bedingungen bestimmen, unter welchen selbe von Reisenden und zu Gütertransporten benützt werden dürfen."

4. „Geruhten Se. kais. Majestät Allerhöchst zu befehlen, daſs das „Programm für die Bildung der Akziengesellschaft seinem ganzen Inhalte „und seiner Form nach, vor seinem Drucke erst dem Gouvernement vor„gelegt, und von demselben genehmigt werden solle."

5. „Wenn im Laufe eines Jahres vom Tage der Bekanntmachung „dieses Programmes der 5te Theil des für die Unternehmung erforderli„chen Kapitales nicht eingezahlt, und der Rest nicht subskribirt ist, so „wird die *ausschliessende Berechtigung, welche gegenwärtig dem Ritter „von Gerstner für die Bildung der Gesellschaft ertheilt wurde,* als Null „und nichtig erklärt. Dasselbe tritt hinsichtlich des gesellschaftlichen Privi„legiums ein, wenn die zwei Eisenbahnen, auf welche es sich bezieht, inner„halb zweier Jahre nach Promulgation des Privilegiums nicht beendigt sind."

[Man sieht hieraus, daſs die Bildung der Actiengesellschaft dort nicht von Actionnairs, ohne Unterscheidung, ob sie Techniker sind, oder nicht, sondern von einem *Techniker* ausgeht. Und dieses, oder doch, daſs wenigstens ein Techniker an der Bildung der Gesellschaft Theil nehme, kann dem Gegenstande nur vortheilhaft sein; denn über einen so *rein technischen* Gegenstand, wie eine Eisenbahn, kann offenbar der Techniker besser als der Nicht-Techniker, und in vielen Fällen sogar nur jener *allein* urtheilen, um das Beste desselben zu fördern. Ob eine Bahn überhaupt nothwendig sei, und rentiren werde, spricht sich theils durch die allgemeinen Wünsche des Publicums aus, theils dadurch, ob die Bildner der Actiengesellschaft für ihren Plan und für die von ihnen gewählte Linie solvente Zeichner finden, oder nicht. *Wie* aber, und in welchen Richtungen, im Einzelnen, die Bahn zu bauen sei, kann immer am besten nur der Architekt beurtheilen. Daſs die Unternehmung nicht etwa ungründlich ausfalle, und daſs nicht etwa durch Wieder-Auflösung der Gesellschaft die Besitzer des Grundes und Bodens gefährdet werden mögen: dagegen werden diese durch Entscheidungen und Vorschriften der Regierung, wie die in der obigen Verordnung, geschützt. D. H.]

Vorschrift zur Einlieferung der Grundstücke, welche für die Unternehmung der Eisenbahn benöthigt werden. (Wörtlich.)

1. „Unkultivirte und von Niemanden in Besitz genommene Krons„ländereien, durch welche die Eisenbahn durchgehen sollte, werden *un„entgeldlich* abgetreten, sowohl für die Bahn selbst, als für die hiefür „nothwendigen Anstalten."

2. „Wird die Bahn durch Ländereien geführt, welche sich im Be„sitze von Kronsbauern befinden, so werden solche ebenfalls ohne Bezah„lung abgetreten, und die Krone nimmt es auf sich, den Bauern andere „Ländereien anzuweisen, und sie für den Verlust zu entschädigen, der „ihnen aus einem solchen Tausche erwachsen könnte."

3. „Wenn die Eisenbahn Wohnhäusern oder Wirthschaftsgebäuden „der Kronsbauern begegnet, so ist der Inhaber des Privilegiums verpflich„tet, vor dem Abreissen dieser Gebäude, andere auf dem hiezu angewie„senen Platze auf eigene Kosten für die Bauern aufzuführen."

4. „Wenn die Eisenbahn Grundstücke durchschneidet, welche Pri„vatleuten angehören, sie mögen leer oder bebaut sein, so soll sich der „Inhaber des Privilegiums über die Abtretung dieser Grundstücke mit den „Eigenthümern gütlich ausgleichen; *würden sie sich über den Preis nicht „verständigen, oder wollten die Eigenthümer ihre Grundstücke und Ge„bäude gar nicht abtreten, so wird dieser Gegenstand in der Ordnung „abgehandelt, welche in den Gesetzen über die Abtretung der Privatgü„ter für öffentliche Zwecke vorgeschrieben ist, und die Grundstücke mit „oder ohne Gebäuden werden den Eigenthümern gegen Entschädigung „von Seite des Privilegiumsinhabers nach der gesetzlichen Schätzung „abgenommen. Um die Bauarbeiten nicht zu hemmen, ist es dem Privi„legiumsinhaber erlaubt, zu denselben zu schreiten, ohne die Vollfüh„rung der Schätzung abzuwarten; er muss nur bei der gehörigen Be„hörde eine Summe Geldes niederlegen, die dem Kaufpreise eines ähn„lichen Grundstückes in der Umgegend gleich kommt. Nach Beendi„gung der Schätzung ist er verpflichtet, die ganze Summe, mit Abrech„nung der von ihm niedergelegten, einzuzahlen."*

5. „In Hinsicht der Appanagenländereien werden dieselben Regeln „beobachtet, welche durch dieses Privilegium für Grundstücke der Privat„leute festgesetzt sind."

6. „Es wird dem Inhaber des Privilegiums gestattet, auf eine Aus„dehnung von $56\frac{2}{3}$ Ruthen auf beiden Seiten der Eisenbahn, Magazine, „Wohnhäuser für die bei der Bahn beschäftigten Leute, Stallungen, Wa„genschupfen, Schmieden, Wagnereien, und überhaupt alle Arten Gebäude „aufzuführen, welche eigentlich für die Bahn benöthigt werden, aber für „keinen andern Zweck. Zum Erwerbe der Grundstücke für diese Ge„bäude auf der angegebenen Ausdehnung von $56\frac{2}{3}$ Ruthen sind ihm die-

„selben Rechte zugestanden, als für den Erwerb der Ländereien für die „Eisenbahn selbst."

7. „Abtretungen der Privatgüter für Eisenbahnen mit ihrem Zu-„gehör werden nur während ihres Baues auf jedem Orte gestattet; nach „Herstellung der Bahn aber muſs der Inhaber des Privilegiums die Grund-„stücke, welche ihm ferner nöthig sein könnten, durch Vergleiche mit den „Eigenthümern an sich bringen."

[Die Vorschrift in der mit Cursiv-Lettern gedruckten Stelle ist, wie man es auch wohl in Deutschland einsieht, vollkommen nothwendig, wenn überhaupt irgendwo eine Eisenbahn zu Stande kommen soll. D. H.]

Vorerinnerung. (Auszug.)

Der Herr Verfasser bemerkt, daſs die Eisenbahnen schon von dem Jahre 1680 datiren, wo man sich ihrer im nördlichen England beim Transporte der Steinkohlen zu bedienen anfing. Er schildert es, wie man allmählig bei der Entwicklung der Civilisation und der Ausbreitung des Handels auf diese Straſsenart geführt worden ist, und nennt die Bahnen mit Recht jetzt *ein Werk der Nothwendigkeit, gegen welches gegenwärtig noch zu streiten ganz fruchtlos wäre.*

Der Herr Verfasser schildert weiter die Vortheile, welche das Russische Reich von Eisenbahnen haben könnte, und hält eine Eisenbahn von St. Petersburg nach Moskau, und von da bis an die Wolga, nach Nischny-Nowogorod, welcher Bahn eine zweite von Moskau nach Odessa oder Taganrog gewiſs folgen werde, für ganz nothwendig.

Er hat seit seiner Ankunft in Ruſsland (im August 1834) mehrere Gegenden von Petersburg bis an den Ural bereiset, um statistische Daten zu sammeln. England hat er in den Jahren 1822, 1827 und 1829 und seit 20 Jahren andere Europäische Staaten besucht, und dabei seine Aufmerksamkeit auch auf die Eisenbahnen gerichtet, so daſs ihm unbezweifelt ein gewichtiges Urtheil darüber zusteht.

Im Herbst 1835 hat er mit Bewilligung der Behörden bereits eine Strecke von mehr als 110 Meilen, in der muthmaſslichen Richtung von Petersburg nach Moskau hin, persönlich nivellirt, und noch andere Strecken durch herbeigezogene ausländische Ingenieurs nivelliren lassen. Wenn seine Daten weiter vervollständigt sein werden, wird er darüber nähere Mittheilungen machen. Vorerst wünscht er aber die Nützlichkeit und Ausführbarkeit der Eisenbahnen in Rufsland practisch durch den wirklichen Bau der beiden Bahnen von Petersburg über Zarskoe-Selo nach Pawlowsk und nach Peterhof darzuthun.

Die Vorarbeiten für die Bahn nach Zarskoe-Selo und Pawlowsk seien vollendet; der Bau könne jede Stunde beginnen, und, falls keine Hemmungen eintreten, bis zum October 1836 beendigt werden; die Actiengesellschaft für diesen Bau werde also gebildet. Für die Bahn nach Peterhof solle das Gleiche (im Herbste 1836) geschehen, sobald die Detailplane dazu vollendet sein würden. An diesen Bahnen werde dann das Publicum die Richtigkeit der Behauptung des Herrn Verfassers *sehen* können. Er hoffe dadurch, und durch seine 1½ jährige Mühe und Beharrlichkeit für die Eisenbahnen in Rufsland, so wie durch seine vieljährige Erfahrung, das Zutrauen für das riesenhafte Werk einer an 150 Meilen langen Bahn von Petersburg nach Nischny-Nowgorod zu gewinnen; zunächst aber hoffe er, volles Zutrauen für die kleine Bahn nach Zarskoe-Selo zu finden. Der Herr Verfasser fügt mit Recht hinzu: „Nichts Grofses in der Welt kann „ohne *Vertrauen* gelingen. Vertrauen ist die Basis des Gedeihens der „ganzen menschlichen Gesellschaft." In der That eine wichtige, leider! nur zu oft vernachlässigte Wahrheit! Das *Mifstrauen,* und seine unfehlbaren Folgen, sind gewifs ein bei weitem gröfseres Übel, als dasjenige sein kann, welches der Mifsbrauch des Vertrauens etwa zur Folge haben könnte. Freilich würde, in einer Zeit des Mifstrauens, auf einmal hervortretendes blindes Vertrauen übel fahren; aber selbst bis auf das äufserste vereinzelte und sich isolirende Interessen werden immer noch besser berathen sich finden, wenn sie sich dem Vertrauen *zuwenden,* als wenn sie in der Bahn des Mifstrauens, die nur zum gänzlichen Verderben führen kann, weiter fortschreiten.

Der Herr Verfasser geht nach seiner obigen Bemerkung über das Vertrauen zu den Worten über: „*Wer also nicht ein volles Zutrauen* „*in meine Vorschläge und Arbeiten setzt, den bitte ich vor allem an-* „*dern, der Akziengesellschaft, welche ich bilde, ja nicht beizutreten.*" Und man kann dreist sagen, dafs diese Worte ganz dem wahren Interesse der Actionnairs sowohl, als des Publicums, gemäfs sind.

Der Herr Verfasser theilt nun in der hier beginnenden Abhandlung zuerst einige Nachrichten von Eisenbahnen in andern Ländern mit, und handelt dann die Bahn von Petersburg nach Zarskoe-Selo und Pawlowsk ab. Auch die Nachrichten über fremde Eisenbahnen sind an sich und in ihrer Nebeneinanderstellung so interessant, dafs wir glauben, uns nicht enthalten zu dürfen, sie auszugsweise, in gedrängter Kürze, hier mitzutheilen.

Ausgeführte, oder im Bau begriffene Eisenbahnen im Auslande. (Auszug.)

Sämmtliche in der Schrift vorkommenden Zahlen, bemerkt der Herr Verfasser, *gründen sich auf officiellen, durch den Druck bekannt gemachten Angaben.*

1. *Eisenbahnen in England.* Die älteste, dem allgemeinen Verkehr von Reisenden und Waaren eröffnete, gröfsere Eisenbahn ist diejenige zwischen *Stockton und Darlington.* Sie wurde 1822 begonnen, und am 4ten October 1825 wurde ein Theil derselben eröffnet. Vor der Existenz der Bahn fuhren zwischen den beiden Städten wöchentlich nur zwei, wenig besetzte Postkutschen; auf der Bahn beträgt der Verkehr an 50 bis 60000 Reisende jährlich, und der Gütertransport hat in gleichem Verhältnifs zugenommen. Anfangs hatte die Bahn *nur ein* Geleise; bald aber waren zwei nöthig. Die Actien gelten jetzt 298 Procent. Der Herr Verfasser verweiset wegen der nähern Beschreibung dieser und anderer Bahnen auf sein Handbuch der Mechanik, welches in der That recht sehr empfohlen werden kann. Nachdem die erste Auflage dieses Buchs, von 2000 Exemplaren, vergriffen war, ist, wie der Herr Verfasser berichtet, eine zweite Auflage davon veranstaltet worden.

Die Eisenbahn zwischen *Liverpool und Manchester* wurde im Jahre 1826 erbaut, und hat bekannntlich vortreffliche Erfolge gehabt, obgleich zwischen den beiden Städten schon zwei gute Wasser- und eine gute Landstrafse existirten. Die Bahn ist $6\frac{1}{4}$ Meilen lang, und hat *zwei* Geleise. Sie läuft, um den Umweg um Liverpool zu vermeiden, in drei Tunnels, mit mehreren Eingängen, unter der Stadt fort. Sie durchschneidet bis 70 Fufs tiefe Thäler, und geht über 10 bis 35 Fufs tiefe Moräste, von zum Theil $\frac{1}{2}$ Meile lang. An andern Stellen sind Felsen bis 70 Fufs tief durchbrochen worden. Die Baukosten waren auf $2\frac{2}{3}$ Millionen Thaler berechnet, haben sich aber, zum Theil auch wegen Erweiterung der Anlage, bis zum 31sten Dezember 1835, bis auf 7 967 711 Rthlr. 10 Sgr. erhöht. Gleichwohl trug die Bahn schon früher 9, jetzt trägt sie 10 Procent Dividende, und die Actien gelten 195 Procent. Der Verkehr auf der Bahn besteht jährlich in mehr als 500 000 Reisenden, $4\frac{1}{4}$ Millionen Ctr. Waaren, 2- bis 300 000 Stück lebendigem Vieh und mehr als 2 Millionen Ctr. Steinkohlen. Vor der Existenz der Bahn betrug der Personenverkehr nur den dritten Theil des gegenwärtigen. Auf der Chaussée brauchte man zu der Fahrt 4 Stunden: auf der Bahn sind nur $1\frac{1}{2}$ Stunden Zeit nöthig, und die Reisekosten betragen nur die Hälfte der sonstigen. Die Waaren brauchten früher auf den Canälen zur Überfahrt 2 bis 3 Tage Zeit, ja zuweilen einige Wochen: jetzt nur 2 Stunden. Sie werden ebenfalls mit Dampf, meistens *in der Nacht*, transportirt. Auf Bahnkarrn werden auch Equipagen von Reisenden fortgeschafft. Am 8ten Mai 1834 wurden in 2 Stunden ein Regiment Soldaten von Manchester nach Liverpool geschafft. Vor drei Jahren wurde die Wette gewonnen: einen Ballen rohe Baumwolle von Liverpool nach Manchester zu bringen, die Baumwolle dort zu reinigen, zu spinnen, zu weben, zu färben, und nach Verlauf von 24 Stunden als fertigen Zitz wieder nach Liverpool zu schaffen. Der Dampfwagen machte bei dieser Gelegenheit die Überfahrt von $6\frac{1}{4}$ Meilen in 1 Stunde.

Der grofse Erfolg der Liverpooler Bahn hat bald die Projecte zu mehreren neuen Bahnen hervorgerufen.

Die Bahn von *London nach Birmingham* wird neben drei wohlunterhaltenen Canälen gebaut werden. Sie wird $23\frac{3}{4}$ Meilen lang sein, und es werden darin 11 Tunnels vorkommen. Es sind zu dieser Bahn $16\frac{2}{3}$ Millionen Thaler subscribirt worden. Auf die Actien sind 45 Procent eingezahlt worden, welche 97 Procent gelten.

Die Bahn von *Birmingham nach Warrington*, (*Grand-junction-railway*), wird ungefähr eben so lang werden und gegen 7 Millionen Thaler kosten. Eingezahlt sind auf die Actien 30 Procent, welche 55 Procent gelten.

Die Bahn von *London nach Southampton* wird $16\frac{1}{4}$ Meilen lang werden und $6\frac{2}{3}$ Millionen Thaler kosten. Eingezahlt sind darauf 10 Procent, welche, weil man auf keinen grofsen Verkehr rechnet, für $7\frac{1}{2}$ Procent verkauft werden. Gleichwohl wird thätig fortgebaut. Nach Vollendung dieser Bahn, und derjenigen zwischen Paris und Havre, wird man, 12 Stunden auf die Fahrt der Dampfschiffe von Southampton bis Havre gerechnet, in 24 Stunden von London nach Paris (auf diesem Wege etwa 56 Meilen weit) gelangen können.

Die Bahn von *London nach Deptford und Greenwich*, mit der Dampfschiffahrt auf der Themse concurrirend, wird, von der neuen London-Brücke an, in ihrer ganzen Länge, 1602 Ruthen lang, auf beinahe 1000 gewölbten Bogen ruhen, von welchen an $\frac{2}{3}$ schon fertig gebaut sind. Der Rest soll in einigen Monaten vollendet werden. Etwa 100 Bogen bleiben zum Durchgange für den dort sehr bewohnten Theil von London offen; die übrigen 900 werden zu Gewölben und Magazinen eingerichtet und vermiethet werden. Die Kosten sind auf $2\frac{2}{3}$ Millionen Thaler, in Actien von 133 Rthlr. 10 Sgr., angeschlagen. Die Actien gelten jetzt $152\frac{1}{2}$ Procent.

Vollendet ist die Bahn zwischen *Dublin und dem Hafen Kingstown.* Sie ist am 17. December 1834 eröffnet und schon im ersten Vierteljahre, bis zum 17. März 1835, (also im Winter), von 177 117 Personen befahren worden, *ohne dafs sich dabei auch nur ein einziger Unfall ereignet hätte.* Innerhalb des ersten Jahres nach der Eröffnung der Bahn hat die Zahl der Passanten, aufser denen, die für das ganze Jahr abonnirt hatten, 1 Million und 61 618 betragen. Man hat bemerkt, dafs in dieser Richtung nur wenige Menschen mehr zu Fufs gehen, weil der Verlust an Zeit und Erwerb, zusammen mit der Abnutzung der Kleider und Schuhe, mehr beträgt, als die Reisekosten auf der Bahn.

Zu den *verunglückten* Eisenbahnen in England gehört vorzüglich der *Cromford and High-Peak-railway,* etwa 7 Meilen lang. Diese Bahn steigt von dem Cromford-Canal 966 Fufs hoch hinauf, und fällt nach dem Peak-forest-Canal wieder 720 Fufs hoch hinunter. Sie ist aus 10, beinahe horizontalen Strecken und eben so vielen Rampen zusammengesetzt. Von den Rampen ist die eine 259 Fufs hoch, und hat 1 auf $7\frac{1}{2}$ Abhang. Herr v. Gerstner ist von den Directoren der Unternehmung im Jahre 1827 um ein Gutachten über das Werk ersucht worden, und hat sich *gegen* den Entwurf erklärt und das Mifslingen vorausgesagt; was auch eingetroffen ist, indem die Actien jetzt fast gar keinen Werth haben. Die Kosten von mehr als 1 Million Thaler sind also verloren. [Man sieht an diesem Beispiele recht deutlich, wieviel auf das *Terrain* bei Eisenbahnen und auf die Angemessenheit des technischen Entwurfs ankommt; auch dafs man nicht glauben müsse, es lasse sich überall hin, ohne auf die Beschaffenheit des Terrains zu sehen, eine rentirende Eisenbahn bauen, sobald nur einiger Verkehr vorhanden ist. Viel gröfser noch wie in England würde, einerseits wegen der meistens geringeren Frequenz, andrerseits wegen der noch viel geringeren Bekanntschaft des Publicums mit den Eisenbahnen, die Gefahr des Mifslingens in Deutschland sein, wenn man nicht gehörig alle Umstände berücksichtigen und den Techniker nur zu einer Nebenperson machen, und ihn etwa nur so zuziehen wollte, wie einen Werkmeister bei dem Bau eines Hauses. D. H.]

Die Zahl der Bills auf Eisenbahnen hat in England in den Jahren 1828 bis 1834 der Reihe nach 10, 9, 8, 7, 8, 11, 14, im Jahre 1835 noch mehr betragen, und im Jahre 1836 sind sogar 58 Bills erbeten worden, zu einem Anlage-Capital von zusammen 188 Millionen Thaler, und einer Länge der Bahnen von mehreren hundert Meilen. Die Kosten der jetzt in England *in der Ausführung begriffenen* Eisenbahnen sind auf 60 Millionen Thaler angeschlagen, und mit denen der projectirten zusammen auf 333 Millionen Thaler.

2. *Eisenbahnen in Frankreich.*

Aufser mehreren kleinen Bahnen giebt es bis jetzt in Frankreich nur die drei gröfsern, mit einander in Verbindung stehenden Bahnen

Von St. Etienne nach der Loire	5 651	Ruthen lang;
Von St. Etienne nach Lyon	15 400	- - - ;
Von Andrezieux nach Roanne	18 055	- - - ;
Zusammen	39 106	Ruthen

oder etwa $19\frac{1}{2}$ Meile lang.

Die Bahn von St. Etienne nach Lyon hat fast durchweg *doppelte* Geleise, und 10 Tunnels. Im Jahre 1829, als man $2\frac{2}{3}$ Millionen Thaler zu den Kosten, in Actien zu $1333\frac{1}{3}$ Rthlr., subscribirt hatte, ist der Herr Verfasser um ein Gutachten über das Werk ersucht worden. Er hat die ausgeführten Arbeiten für sehr unvollkommen erkannt, und eine Ausgabe von 4 Millionen Thaler, und mehr, vorausgesagt. Am 31. October 1835 haben die Kosten schon 3 935 861 Rthlr. betragen, die durch 2200 Actien und durch zwei Anleihen gedeckt worden sind. Die Anzahl der Reisenden hat vom 31. October 1834 bis 31. October 1835, 190 377 betragen; die Fracht, meistens Steinkohlen, 8 663 580 Ctr.; die Brutto-Einnahme 686 571 Rthlr.; die Ausgabe die ungeheure Summe von 494 638 Rthlr. Damals sind alle Dividenden-Zahlungen suspendirt worden, um die Arbeiten, welche, obgleich die Bahn schon 1826 begonnen worden war, immer noch fehlten, zu beendigen. Herr v. Gerstner bemerkt hier, es lasse sich an diesem

Beispiel, und demjenigen der Cromfordbahn in England, sehen, „wie sehr „positive, gründliche Kenntnisse für die Bearbeitung des Bauprojectes und „für die Bauführung jeder Eisenbahn erfordert werden."

Im Bau begriffen sind in Frankreich: die Eisenbahn von Epinal nach dem Canal von Bourgogne, 7433 Ruth. lang, und die Bahn von Paris nach St. Germain. Zu der Bahn von Paris nach Lille hat sich eine Gesellschaft mit dem Capital von $6\frac{2}{3}$ Millionen Thaler gebildet. Zu der von Alais über Nismes nach Beaucaire, 18586 Ruthen lang, sind Vorbereitungen getroffen. Zu den Bahnen von Paris nach Tours und nach Orleans läſst die Regierung Entwürfe machen; und auch auf die Ausführung einer Bahn von Paris nach Straſsburg hofft man.

Zu der $44\frac{1}{2}$ Meilen langen Bahn von Paris nach Havre und Dieppe will die Regierung zu dem Anlage-Capital von 16 Millionen Thalern den 5ten Theil beitragen, und verlangt die Zinsen und Dividenden erst dann, wenn die Actionnairs mehr als 5 Procent Dividende erhalten werden.

Die Erwartung des Gesetzes über die Zollfreiheit für Schienen aus England, deren Herr v. G. hier gedenkt, ist, wie bekannt, nicht erfüllt worden.

(Der Schluſs im nächsten Hefte.)

Im Verlage von G. Reimer in Berlin sind folgende Werke erschienen:

Eytelwein, F. A., über die Anlage und Einrichtung der Salz-Magazine in den verschiedenen Provinzen des Preufsischen Staats. Mit 9 Zeichnungen. $1\frac{1}{4}$ Rthlr.

— Anleitung zur Ermittelung der Dauer und Unterhaltungskosten der Gebäude und zur Bestimmung der Bau-Ablösungs-Capitalien und jährlichen Renten. Zum Gebrauche für Baumeister, Kameralisten, Oeconomie-Commissarien etc. $\frac{7}{12}$ Rthlr.

Eytelwein, J. A., practische Anleitung zur Wasserbaukunst. 4 Hefte, mit 47 Kupfertafeln. $13\frac{1}{3}$ Rthlr.

— Bemerkungen über den Stofsheber. Mit 3 Kupf. $1\frac{2}{3}$ Rthlr.

— practische Anleitung zur Construction der Faschinenwerke. Mit 8 Kupf. $2\frac{2}{3}$ Rthlr.

— Handbuch der Hydrostatik. Mit vorzüglicher Rücksicht auf ihre Anwendung in der Architectur. Mit 6 Kupf. $1\frac{7}{12}$ Rthlr.

— Handbuch der Perspective. 2 Thle. Mit 18 Kupf. $5\frac{1}{3}$ Rthlr.

— Handbuch der Statik fester Körper. Mit vorzüglicher Rücksicht auf ihre Anwendung in der Architectur. 3 Bände mit 22 Kupfertafeln. 2te Aufl. $7\frac{1}{2}$ Thlr.

Forstner, A. v., Lehrbuch der theoretischen Mechanik oder der Gleichgewichts- und Bewegungslehre fester, tropfbarer und luftförmiger Körper, so weit diese Lehren durch die Elementarmathematik vorgetragen werden können, mit Hinweisungen auf die practische Mechanik und auf die weitere Ausführung der Mechanik durch die höhere Mathematik. In 2 Bänden. 1ster Band enthaltend: Die Einleitung in die Mechanik, die allgemeine Statik, die Geostatik, Hydrostatik und Aërostatik. Mit 3 Kupfertafeln. $2\frac{1}{3}$ Rthlr. 2ter Band enthaltend: Die allgemeinen dynamischen Lehren, die Geodynamik, Hydrodynamik und Aërodynamik. $3\frac{2}{3}$ Rthlr.

Hülfsbuch beim Zeichnen architectonischer, artistischer und technischer Verzierungen, entworfen von den Malern **Rosendahl** und **Asmus**. 1stes bis 3tes Heft, jedes von 5 Blättern. à $\frac{5}{6}$ Rthlr.

Lauber, L. M., Versuch einer rein wissenschaftlichen Darstellung der Mathematik durch strenge Begründung derselben in ihren Prinzipien und Elementen. Erster Theil. Die allgemeinen Prinzipien der Gröfsenlehre nebst den Elementen der Zahlenlehre. $\frac{2}{3}$ Rthlr. Zweiter Theil. Die Elemente der Geometrie. $1\frac{1}{3}$ Rthlr.

Zahn, W., Ornamente aller klassischen Kunst-Epochen, nach den Originalen in ihren eigenthümlichen Farben dargestellt. 1stes, 2tes, 3tes und 4tes Heft. à $2\frac{1}{2}$ Rthlr.

Poisson, S. D., Lehrbuch der Mechanik. Nach der 2ten sehr vermehrten Ausgabe übersetzt von **M. A. Stern**. 2 Thle. Mit Kupf. 6 Rthlr.

Wutzke, J. C., Bemerkungen über die Besitznahme Preufsens, welche von den Wasserwegen ausgegangen ist; über die Entstehung der Schlösser und Burgen, deren Zweck, Bauart und ihre jetzige Beschaffenheit. $\frac{7}{12}$ Rthlr.

Inhaltsverzeichniſs des ersten Hefts zehnten Bandes.

Berlin, gedruckt bei G. Reimer.

Journal

für

die Baukunst.

In zwanglosen Heften.

Herausgegeben

von

Dr. A. L. Crelle,

Königlich-Preufsischem Geheimen-Ober-Baurathe, Mitgliede der Königlichen Akademie der Wissenschaften zu Berlin, Correspondenten der Kaiserlichen Akademie der Wissenschaften zu St. Petersburg und der Königlichen Akademieen der Wissenschaften zu Neapel und Brüssel, Ehrenmitgliede der Hamburger Gesellschaft zur Verbreitung der mathematischen Wissenschaften.

Zehnter Band.

Zweites Heft.

Mit zwei Figurentafeln (Taf. XI. u. XII.).

Berlin,

bei G. Reimer.

1836.

5.

Nachrichten von der Eisenbahn zwischen St. Petersburg, Zarskoe-Selo und Pawlowsk.

(Schlufs der Abhandlung No. 4. im vorigen Heft.)

---

3. *Eisenbahnen in Belgien.* Über die Bahn von Antwerpen nach Cölln zu, deren der Herr Verfasser hier gedenkt, hat das gegenwärtige Journal schon ausführliche Nachrichten gegeben.

Zu der Actienzeichnung auf die projectirte Bahn von Hoch- nach Nieder-Flenu ist, öffentlichen Nachrichten zufolge, der Zudrang so grofs gewesen, dafs am 22. Dezember 1835 schon 180 Millionen Thaler gezeichnet und 18 Millionen Thaler davon, theils in baarem Gelde, theils in andern Actien, *eingezahlt* gewesen sind, obgleich nur 800 Actien (zu welcher Summe wird nicht gesagt) auszugeben waren; wobei aber in den öffentlichen Nachrichten vielleicht irgend ein Druckfehler Statt findet.

4. *Eisenbahnen in Deutschland.* Die erste gröfsere öffentliche Eisenbahn in Deutschland ist die von *Budweis* in Böhmen nach *Linz* in Ober-Österreich. Dieselbe ist vom Herrn v. Gerstner unternommen worden, nachdem der Kaiser Franz I. von Österreich ihm dazu *ein auf seine Person ausgestelltes Privilegium* am 7. September 1824 ertheilt gehabt. Sie ist $16\frac{3}{4}$ Meilen lang, und hat 1 102 881 Rthlr. gekostet. Der höchste Punct der Bahn liegt 1045 Fufs hoch über der Moldau und 1464 Fufs über der Donau. Die ersten $8\frac{1}{2}$ Meilen hat der Verfasser in den Jahren 1824 bis 1828 erbaut; die ganze Bahn ist am 1sten August 1832 eröffnet worden.

Man hatte bei dieser Bahn zunächst auf den Transport des Salzes von Linz nach den Regierungsmagazinen von Budweis gerechnet gehabt, so wie er seit Jahrhunderten Statt gefunden. Auch war dieser Salztransport, von etwa 400 000 Ctr. jährlich, den Bahn-Unternehmern im Jahre

1828 auf 6 Jahre für nur 5 Procent weniger, als die Kosten desselben auf der Chaussée, überlassen worden; was auch schon in den ersten Jahren für die halb fertige Bahn eine Verzinsung des Anlage-Capitals von $6\frac{1}{3}$ Procent jährlich eingebracht hatte. Hierauf aber ist der Handel mit Salz frei gegeben worden, und dadurch hat der Salztransport bis auf die Hälfte abgenommen.

Sodann hatte die Bahn den Zweck gehabt, die Verbindung der Moldau mit der Donau herzustellen, um die Güter, wenn sie stromauf, statt wie jetzt nur bis Prag, bis Budweis transportirt würden, nach Linz zu schaffen. Die dazu nöthige vorherige Regulirung der Schiffahrt von der sächsischen Grenze bis Prag, und von da bis Budweis, ist aber verzögert worden, und man hat die dazu berechneten Kosten, von etwa 250 000 Rthlr., vom Jahre 1835 ab noch auf 10 Jahre vertheilt, so dafs erst im Jahre 1845 die Bahn von dem Güter-Transport nach Linz Vortheil wird ziehen können.

Dieser beiden Umstände wegen ist also der Verkehr auf der Bahn bis jetzt nur gering. In den 34 Monaten vom 1. März 1833 bis 31. Decbr. 1835 hat der Fracht-Transport im Durchschnitt jährlich 463 321 Ctr. betragen, und im Jahre 1834 haben nur 2379, im Jahre 1835, 3887 Reisende die Bahn befahren. Der reine Ertrag von diesem Transport hat etwa 5 Procent Zinsen des Anlage-Capitals gegeben.

Die Actiengesellschaft der Budweisser Bahn hat ein Privilegium zur Verlängerung der Bahn von Linz, längs dem schiffbaren Traunflusse, bis *Gmunden* erhalten. Diese Verlängerung ist 1835 bis Lambach ausgeführt worden, und wird 1836 beendigt werden. Die ganze Bahn wird dann, von Budweis bis Gmunden, 26 Meilen lang sein.

Eine andere Bahn ist von *Wien* bis *Tarnow* in Gallizien, an 88 Meilen lang, für den Transport von Getreide, Salz und Rindvieh nach Wien, unternommen worden. Sie soll im Frühling 1836 begonnen werden, und die Regierung überläfst zu den Arbeiten der Gesellschaft 30 000 Mann Truppen.

Die Eisenbahn zwischen *Leipzig* und *Dresden*, bei welcher man auf 45 000 Reisende und 400 000 Ctr. Waaren-Transport rechnet, hat so grofse Theilnahme gefunden, dafs $1\frac{1}{2}$ Millionen Thaler dazu binnen wenigen Stunden subscribirt worden sind. Die Regierung hat den Unternehmern, aufser mehreren bedeutenden Gewährungen, auch das Ausgeben von einer halben Million Thaler Cassenscheinen bewilligt.

Die Eisenbahn zwischen *Fürth* und *Nürnberg*, 3084 Ruthen lang, ist am 8ten Decbr. 1835 eröffnet worden. Schon in den ersten 53 Tagen haben, ungeachtet des vielen Schnees, 45 327 Reisende die Bahn befahren, während die Bevölkerung der beiden Städte nur 51 000 Menschen beträgt. Die Actien sind in Folge dessen bis zu 210 Procent gestiegen. (Jetzt, im Mai 1836, sollen sie schon 300 Procent gelten.)

Der Herr Verfasser gedenkt noch kürzlich der projectirten Eisenbahn zwischen *Elberfeld* und *Düsseldorf*, und von *Cölln* nach der belgischen Grenze, und spricht die Hoffnung aus, dafs Deutschland und Frankreich, gleich England, mit einem Eisenbahnnetze überspannt werden dürften. Die Erfüllung dieser Hoffnung scheint aber wohl noch etwas fern zu liegen.

Der projectirten Eisenbahn zwischen *Berlin* und *Potsdam* hat der Herr Verfasser nicht erwähnen *können*, weil die Urheber derselben, zu welchen der Herausgeber dieses Journals gehört, darüber nicht vor der Zeit öffentlich sprechen mochten. Jetzt haben sie Anlafs, es zu thun, und der Herausgeber dieses Journals wird in den nächsten Heften desselben Nachrichten von diesem Unternehmen geben und es insbesondere technisch, für Architekten, ausführlich abhandeln.

5. *Eisenbahnen in Nord-Amerika.* Dieses Land ist das wahre Vaterland der Eisenbahnen. Schon im Jahre 1833 waren 46 verschiedene Eisenbahnen beendigt und 137 projectirt und zum Theil im Bau begriffen.

Die längste Eisenbahn, bis jetzt auf der Erde, befindet sich in South-Carolina zwischen *Charlestown* und *Hamburgh.* Sie ist $28\frac{1}{2}$ Meile lang, wurde 1830 begonnen und 1833 vollendet.

Eine andere, noch längere Bahn, bei *Baltimore*, über Fredericktown und Washington, bis Pittsburg am Ohio, wird an 70 Meilen lang werden. Sie ist 1828 begonnen; aber die Fortsetzung ist wegen eines Streites mit der Chesapeack- und Ohio-Canal-Compagnie lange Zeit unterbrochen worden. Inzwischen sind am 1sten December 1834, $17\frac{1}{2}$ Meilen eröffnet worden, die etwa $4\frac{1}{2}$ Millionen Thaler gekostet haben. In wenigen Jahren hofft man den Rest zu vollenden. Dann soll die Bahn noch von *Angusta* bis zum *Tenessee*-Flusse, 48 Meilen lang, fortgesetzt werden, und es wird dann eine zusammenhangende Linie von 119 Meilen lang existiren.

Der Congrefs hat die Einfuhr von Schienen zu Eisenbahnen *gänzlich vom Zolle befreit.* In Folge dessen sind in England mehr als 4 Millionen Ctr. Schienen bestellt worden, wovon ein grofser Theil nach Amerika geht.

Nach dem statistischen Werke von Pitkin betrug die Länge der in Amerika theils vollendeten, theils der Beendigung ganz nahe gekommenen Eisenbahnen am 1sten Januar 1835 zusammen schon an 340 Pr. Meilen, deren Kosten sich auf etwa 48 Millionen Thaler belaufen haben. Hiervon kommen auf den Staat Pensylvanien allein 89 Meilen, und über 11 Millionen Thaler Kosten. Die Kosten der Canäle und Eisenbahnen, welche in den Vereinigten Staaten von 1817 bis 1834 theils ganz ausgeführt, theils der Beendigung nahe waren, haben sich auf etwa 145 Millionen Thaler belaufen; und daneben haben die Staaten in dieser kurzen Zeit 180 Millionen Thaler von ihrer Nationalschuld abgezahlt.

Der Herr Verfasser bemerkt hier, dafs die nemlichen Vortheile, welche Eisenbahnen den weit ausgedehnten Nordamerikanischen Staaten gewähren, auch dem nicht minder ausgedehnten Russischen Lande zu Theil werden könnten. Es sei in dieser Beziehung wichtig, dafs keine Zeit verloren, und dafs zunächst die Bahn von Petersburg nach Zarskoe-Selo vollendet werde, um im nächsten Winter schon die Frage wegen des climatischen Einflusses, so weit es durch die kleine Bahn möglich, beantwortet zu sehen. Die Bahn nach Peterhof müsse zum Peterhof-Feste, am 1sten Juli 1838, vollendet sein. Dann könne die 84 Meilen lange Bahn nach Moskau begonnen und innerhalb 6 Jahren vollendet werden.

Beschreibung der Eisenbahn von St. Petersburg nach Zarskoe-Selo und Pawlowsk. (Wörtlich.)

„Für diese Bahn habe ich persönlich das Nivellement mit allem De-
„tail vorgenommen. Nach meinem hierauf gegründeten Vorschlage fängt
„die Eisenbahn am linken Ufer der Fontanka, 96 Ruthen von der Abu-
„chow-Brücke auf einem, zwischen den Wedenskoy-Kanal und der Fon-
„tanka gelegenen Platze an. Dieser Platz ist 27 Ruthen lang und 21 Ru-
„then breit; seine Einlösung unterliegt keiner Schwierigkeit, weil nur ein

„Badehaus darauf errichtet ist. Vor der Hand genügt dieser Platz zum „Vereinigungs- und Abfahrtsorte der Reisenden; wenn aber später der „Verkehr zunimmt, und die Eisenbahn nach Peterhof gebaut wird, dann „lohnt es, einen gröſsern Platz auszumitteln. Da die Erweiterung der Stadt „St. Petersburg bis an die bereits im Baue stehende Ligofka-Triumpf- „pforte beschlossen ist, so beginnt unsere Eisenbahn beinahe im Mittel- „punkte dieser erweiterten Stadt, und hat hiedurch vor andern Bahnen, „die gewöhnlich auſserhalb der Städte, wie z. B. jene in Brüssel und „Lyon, beginnen, einen bedeutenden Vorzug."

„Von der genannten Stazion an der Fontanka geht die Eisenbahn „im Niveau der Straſse entlängs dem Wedenskoy-Kanale bis an den „Stadtumfangskanal fort, und bedarf daher keiner Grundeinlösung. Die „Legung der Bahn in den Horizont der Straſse unterliegt eben so wenig „einem Anstande, als dies in Liverpool, in Stockton und anderen engli- „schen Städten der Fall war. In Budweis habe ich die Eisenbahn mitten „durch drei Straſsen bis zu den Salzmagazinen geführt; in Linz ist die „Bahn durch die Stadt und noch über die groſse Donau-Brücke geführt, „wo Tag und Nacht ein lebhafter Verkehr Statt findet. Dieselbe Anlage „der Bahn kann also auch hier keinem Anstande unterliegen. Nur ist „bei der nacherigen Benützung der Bahn zu beobachten, daſs die Eisen- „bahnwagen nicht allzuschnell durch die Stadt fahren dürfen, um keine „Unglücke zu verursachen."

„Von der zu erbauenden Brücke über den Umfangskanal geht die „Bahn nach einer sanften Krümmung von beiläufig 96 Ruthen Länge in „einer vollkommen geraden, auf den Apollo-Tempel im Parke zu Paw- „lowsk zulaufenden Linie von 6798 Ruthen Länge, bis zu einem, von Sr. „k. Hoheit dem Groſsfürsten Michael Pawlowitsch bestimmten Punkte in „der Nähe der Orangerie im Parke."

„In Hinsicht der Steigung befinden sich in dieser Linie auſser der „Brücke über den Ligofka-Kanal noch zwei fixe Punkte, nämlich die „Moskauer Chaussée, welche ebenfalls im Niveau übersetzt wird, und das „Ende der Bahn im Parke von Pawlowsk. Diese Puncte und der Zweck, „eine jede Abgrabung wegen den Schneeverwehungen zu vermeiden, be- „stimmen die Steigungen:"

	Länge. Ruthen.	Steigung in Faden. Fuſs.	Verhältniſs der Steigung zur Länge.
„Vom Ufer der Fontanka bis zur Brücke über „den Ligofka-Kanal	657	15,6	1 auf 504
„Vom Ligofka-Kanal bis zur Moskauer Chaussée	2895	25,8	1 auf 1345
„Von der Moskauer Chaussée bis unterhalb Zars-„koe-Selo	2679	40,2	1 auf 800
„Von Zarskoe-Selo bis in die Nähe des Apollo-„Tempels im Parke von Pawlowsk . . .	864	2,7	1 auf 4375
Zusammen .	7095	84,3	Mittlere Steigung 1 auf 1028

„Vergleicht man hiermit das Profil der Chaussée von der Abu-„chow-Brücke bis zum Parkthore von Pawlowsk, so findet man, daſs „dieselbe um 566 Ruthen länger als die Eisenbahn sei; es kommen auf „der Chaussée bei Pulkowo an zwei Orten Steigungen von 1 auf 20 vor, „während die gröſste Steigung der Bahn 1 auf 504, also 25 mal geringer „ist. Die Chaussée steigt bei Pulkowo auf 170 Fuſs Höhe und fällt bei „der Brücke in Kusmino wieder auf 95 Fuſs herab; sodann steigt die „Chaussée in Zarskoe-Selo bis auf 204 Fuſs Höhe, und fällt bis zum Park-„thore von Pawlowsk wieder auf 88 Fuſs herab; man hat also zuerst „74 und dann 113 Fuſs vertikale Höhe umsonst erstiegen; die Eisenbahn „dagegen verliert nirgends eine erstiegene Höhe. Hieraus folgt, daſs schon „der Bau einer gewöhnlichen Chaussée in der von mir vorgeschlagenen „Linie einen auſserordentlichen Vortheil für die Zugkraft gewähren würde; „um wie viel mehr muſs dieſs bei der Eisenbahn eintreten. Fürwahr, „die sehr unbedeutende mittlere Steigung der Bahn von 1 auf 1028 und „die auf 6798 Ruthen fortlaufende ganz gerade Richtung macht die ganze „Anlage zu einer der vollkommensten, die noch je ausgeführt wurden."

„Es unterliegt daher keinem Anstande, daſs die Fahrt von der Abu-„chow-Brücke bis Zarskoe-Selo mit Anwendung der Dampfkraft binnen „35 Minuten, und bis Pawlowsk binnen 40 Minuten zurückgelegt werde; „der Dampfwagen wird nämlich jede Fahrt ohne Aufenthalt machen, da „er bei der kleinen Bahnsteigung, ohne Wasser am Wege einzunehmen, „bis Zarskoe-Selo und Pawlowsk gelangen kann."

„Über diese Bahnlinie ist zwar zu bemerken, daſs selbe 146 Ru-„then von dem untern Ende der Stadt Zarskoe-Selo entfernt bleibt. Da

„aber Zarskoe-Selo auf einem Bergabhange liegt, dessen Höhe bei dem „kais. Schlosse 204 Fuſs beträgt, so kann eine Eisenbahn in keinem Falle „durch die Stadt selbst geführt werden; wenn man sich ihr aber nur um „45 Ruthen mehr genähert hätte, als es bei der angetragenen Linie der „Fall ist, so wäre die Bahn in eine 15 Fuſs tiefe und 283 Ruthen lange „Abgrabung gefallen, deren Verwehung mit Schnee im Winter gar sehr „zu befürchten gewesen wäre. Die gegenwärtige Bahnlinie läuft dagegen „in ihrer ganzen Länge auf einem Damme, dessen mittlere Höhe $9\frac{1}{4}$ Fuſs „beträgt; sie wird also, wenn überdies die Dampfkraft zum Schneereini-„gen verwendet wird, gewiſs während des ganzen Winters fahrbar blei-„ben. Was aber die Bequemlichkeit der Einwohner von Zarskoe-Selo, „oder jener, welche den dortigen Park besuchen, betrifft, so sollen die „Reisenden mit Omnibus von der Bahn aus in die Stadt geführt werden, „und es wird wahrscheinlich, wenn es das Interesse des Publikums er-„heischt, später noch eine Nebenbahn entlängs dem Boulevard von Zars-„koe-Selo angelegt, damit jedermann nach seiner Bequemlichkeit an ei-„nem beliebigen Orte aussteigen kann."

„Hinsichtlich der Grundeinlösung ist zu bemerken, daſs innerhalb „der Stadt auſser dem Stationsplatze an der Fontanka, in der Linie bis „zum Umfangskanale kein Grund mehr einzulösen kommt; zwischen dem „Umfangskanal und der Ligofka durchschneidet die Bahn in einer Länge „von 374 Ruthen die Gemüse-Gärten von sieben Privaten, die eingelöset „werden müssen; zwischen der Ligofka und dem Ende der Bahn im Parke „von Pawlowsk auf 6566 Ruthen Länge, ist aber beinahe bloſs Krons- „und Appanagen-Eigenthum; das erste erhält die Gesellschaft laut Privile-„gium unentgeldlich; die Einlösung auf den Appanagen-Besitzungen wird „gewiſs keinem Anstande unterliegen. Da überdieſs in der ganzen Bahn-„linie nirgends ein Gebäude abgebrochen wird, so läſst sich füglich be-„haupten, daſs wohl noch nie eine Eisenbahn von einer groſsen Stadt aus „angelegt wurde, welche hinsichtlich der Grundeinlösung so wenig Schwie-„rigkeiten darboth."

„Hierin liegt auch die Ursache, warum ich erst die Bahn nach „Zarskoe-Selo zu beendigen, und später jene nach Peterhof zu erbauen „gedenke; bei der letztern hat man nämlich viele Privatbesitzungen zu „durchschneiden, und wahrscheinlich mehrere Landhäuser abzubrechen. „Dies würde gegenwärtig mancher Schwierigkeit unterliegen, welche aber

„dann beseitigt wird, wenn die Eigenthümer durch den Erfolg der Bahn „von Zarskoe-Selo den bedeutenden Nutzen kennen lernen, welcher ih- „nen durch die neue Anlage zu Theil wird. Auch in England wider- „setzten sich anfangs die Grundeigenthümer gegen den Bau der Eisenbah- „nen; itzt sind sie die gröſsten Beförderer dieser Unternehmungen, und „biethen alles auf, um die Bahnen durch ihre Besitzungen geführt zu „sehen."

„In der angegebenen Hauptlinie der Eisenbahn wird die Grund- „einlösung durchaus für eine doppelte Bahn Statt finden, wovon die eine „zur Hinfahrt, die andere zur Rückfahrt bestimmt ist. Für die erste An- „lage dieser Eisenbahn genügt es jedoch, wenn selbe, so wie jene zwi- „schen Brüssel und Mecheln, bloſs einfach, oder mit einem Geleise ange- „legt wird; man kann dann im Sommer alle 2 Stunden, also um 8, 10, „12, 2, 4, 6, 8 und 10 Uhr, oder 8 mal des Tages von St. Petersburg ab- „fahren, während die Abfahrt von Zarskoe-Selo ebenfalls 8 mal täglich, „nämlich um 7, 9, 11, 1, 3, 5, 7 und 9 Uhr, oder auch noch einmal später „eingeleitet wird. Steigt der Verkehr so sehr, daſs ein Geleise nicht aus- „langt, so unterliegt die Zubauung eines zweiten keiner Schwierigkeit."

„Auſser der Hauptbahn, welche nur den untern Theil des Ortes „Zarskoe-Selo berührt, wird, wie schon gesagt, wahrscheinlich eine Ne- „benbahn um Zarskoe-Selo herum angelegt, damit jedermann an dem „Puncte aussteigen kann, wo es ihm am meisten konvenirt. Die Rich- „tung dieser Nebenbahn muſs bloſs nach dem Bedürfnisse des Publikums „ausgemittelt werden; ihre Bestimmung wird sich erst durch eine spätere „Erhebung an Ort und Stelle ergeben. Vor der Hand nehme ich daher „nur den Bau der Hauptbahn mit 7095 Ruthen Länge und von 4 Aus- „weicheplätzen mit 283 Ruthen Länge an, so daſs nach meinem Projecte „eine einfache Bahn von 7506 Ruthen, oder 3¾ Meilen Länge herzustel- „len kommt."

Baukosten der Eisenbahn von St. Petersburg bis Zarskoe-Selo und Pawlowsk. (Wörtlich.)

„Die Baukosten einer jeden Eisenbahn hängen lediglich: 1tens von „der Beschaffenheit des Terrains, durch welches die Eisenbahn geführt „werden soll, und 2tens von jenen Arbeits- und Materialpreisen ab, welche

„in der Nähe der Bahnlinie für ausgeführte Bauobjekte gezahlt wurden. „Die Kosten einer Eisenbahn darnach zu berechnen, daſs man die Baukosten der Bahn von Manchester nach Liverpool hiebei zu Grunde legt, „und eine Proporzion nach der Werstzahl macht, wie dieſs in einem unlängst über diesen Gegenstand in St. Petersburg erschienenen Mémoire „der Fall ist, würde in England mit dem treffenden Namen „nonsense" „(Unsinn) bezeichnet werden."

„Der folgende Überschlag gründet sich lediglich auf die Resultate „meines Nivellements, und auf möglichst verlässige Auskünfte über die „Kosten ähnlicher Arbeiten in der Gegend, wo der Bau geführt wird. „Die Auslagen der ganzen Unternehmung zerfallen in folgende Posten:

1. „Grundeinlösung. Diese wird in der, von der Krone ge„nehmigten Bahnlinie nach dem Allerhöchsten Ukas vom 7. Juni 1833 vor„genommen; hierin sind die Grundsätze über die Abtretung des Privatei„genthums für einen öffentlichen Zweck festgestellt. Wie schon gesagt „wurde, ist für die Bahn von der Fontanka bis Pawlowsk zuerst der „Platz zwischen der Fontanka und dem Wedenskoy-Kanal, dann sieben „Gemüsegärten in einer Länge von 312 Ruthen bis zur Ligofka einzulösen. „Der gröſste Theil der folgenden Bahn fällt auf Kronsland, welches un„entgeldlich abgetreten wird, dann auf Appanagen-Land, und zwar in „Waldungen, Hutweiden und unkultivirten Boden, dessen Ankauf keine „bedeutenden Auslagen verursachen kann; endlich durchschneidet die Bahn „in einer kleinen Strecke das Land der deutschen Kolonisten, welches „gerade dort auch nur einen unbedeutenden Werth hat. Nach allen über „den Werth der Ländereien bei St. Petersburg eingezogenen Erkundigun„gen, glaube ich für die ganze Grundeinlösung nicht mehr anschlagen zu „dürfen, als . . . . 87 480 Rthlr.

2. „Vorarbeiten, nämlich Errichtung zweier hohen Thürme an „dem Ligofkakanal und an dem Ende der Bahn im Parke von Pawlowsk, zum „Abstecken der geraden, 6798 Ruthen langen, meist durch Waldungen ge„henden Bahnlinie; Aufstellung der andern Signale in dieser Linie; Aus„hebung eines Grabens zur Bezeichnung der Mittellinie der ganzen Bahn, „Durchhauen der Waldungen und Abräumen der Bäume auf die Seite, Her„stellung von Wegen durch die sumpfigen Strecken und von Nothbrük„ken über die Wässer zum Behufe der Materialzufuhr, Errichtung zeitwei-

„liger hölzerner Wohnhütten für das Aufsichtspersonale, Beischaffung der „Latten, Nägel und Schnüre zum Profiliren, und andere Auslagen die„ser Art . . . . 8748 Rthlr.

3. „Dammbau. Die obere Breite des Eisenbahndammes beträgt „$14\frac{1}{6}$ Fuſs, die Böschung $1:1\frac{1}{2}$. Die Bahn muſs, um dem Verwehen mit „Schnee möglichst wenig ausgesetzt zu sein, in dem gröſsten Theile ihrer „Länge auf einem Damme geführt werden, dessen mittlere Höhe ich zwi„schen dem Ligofka-Kanal und dem Moskauer Chaussée-Durchschnitte „mit $9\frac{3}{4}$ Fuſs, von da aber bis zum Anfange des Parkes von Pawlowsk „mit $8\frac{3}{4}$ Fuſs angenommen habe. Die ganze Dammarbeit beträgt, der „hierüber gemachten Detailberechnung zufolge 154 894 Scht. R. Sämmtliche „zu dieser Dammherstellung erforderliche Erde wird zur Seite, jedoch „höchstens bis zu $3\frac{1}{2}$ Fuſs Tiefe ausgehoben, und hiebei die Arbeit so ge„leitet, daſs auf den Abfluſs des Wassers überall möglichst Rücksicht ge„nommen wird. Dieſs muſs vorzüglich deshalb geschehen, damit auf „den Grundflächen der später zu beiden Seiten der Bahn erbauten Land„häuser nirgends das Wasser stehen bleibe, sondern überall, so weit es „das Gefälle der Gegend zuläſst, einen gehörigen Abfluſs finde. Da nun „der mittlere Querschnitt des Dammes 292 Quadratfuſs beträgt, so wird die „Erde im Durchschnitte nicht über $5\frac{2}{3}$ Ruthen weit von der Seite zugeführt „werden. Nach den hiesigen Arbeitspreisen kann man, wenn die Mittel „zur Erzielung wohlfeiler Preise, wovon später gesprochen wird, ange„wendet werden, den Preis einer Schachtruthe zu etwa 16 Sgr. annehmen; „es betragen sonach die Kosten der ganzen Erdarbeit . . 82 810 Rthlr.

[Der Damm wird wahrscheinlich nur *im Durchschnitte* die angegebene Höhe erhalten; denn sonst müſste das Terrain ungewöhnlich eben sein. Die Breite der Krone, von $14\frac{1}{6}$ Fuſs ($2\frac{1}{2}$ Faden), ist wohl nur für *eine* Bahn berechnet; denn für *zwei* würde sie nicht zureichen. Man will also den Damm erst späterhin breiter machen. Herr von Gerstner ist, zufolge seiner mündlichen Äuſserung, wie Brunton und andere englische Ingenieurs, und wie der Herausgeber dieses Journals, der Meinung, daſs man die Spuren der Eisenbahnwagen bis jetzt *zu schmal* macht, und daſs es wahrscheinlich in der Folge besser werde befunden werden, ihnen eine bedeutend gröſsere *Breite* zu geben; vielleicht bis zu 6 F., und darüber. D. H.]

4. „Brücken. Auf der Chaussée von St. Petersburg bis Paw„lowsk kommen deren 24 vor, wovon die Hälfte gewölbt, oder mit ge-

„mauerten Widerlagen, die andere Hälfte aber blofs von Holz hergestellt „ist. Wollte man bei der Eisenbahn durchaus steinerne Brücken erbauen, „so würde diefs eine Zeit von zwei Jahren erfordern, und man müfste „diese Brücken schon itzt in der Breite, welche zwei Bahnen benöthigen, „anlegen; die Kosten dieser Objekte wären also sehr bedeutend. Aus „beiden Gründen sollen daher die Brücken aufserhalb der Stadt ganz von „Holz hergestellt werden; nur jene über den Umfangskanal, welche we„gen der Schiffahrt eine Spannweite von 61 Fufs haben mufs, erfordert „gemauerte Widerlagen. Im Jahre 1835 wurde eine solche Brücke über „den Umfangskanal mit gemauerten Widerlagen und hölzernen Bogen am „Peterhofer Wege hergestellt, welche laut der hierüber geführten Baurech„nung 27837 Rthlr. kostete; ich nehme daher für unsere Brücke diese „Summe an. Aufser der Stadt, wo die Bahn dieselben Wässer, wie die „Chaussée übersetzt, haben wir 23 hölzerne Brücken, meist nur von 7 bis „14 Fufs Spannweite. Die Baukosten einer solchen Brücke, nämlich das „Material sammt Zufuhr, die ganze Herstellung und Betheerung kann mit „etwa 437 Rthlr. angenommen werden; es beträgt also der Bau aller „24 Brücken . . . . 37 908 Rthlr.

5. „Hölzerne Querbalken. Bei allen Bahnen werden die „Schienen in der ersten Zeit, wo die Dämme noch nicht die gehörige „Festigkeit erlangt haben, auf hölzerne Querbalken festgemacht. Sind „diese in mehreren Jahren verfault, so können sie entweder wieder durch „andere hölzerne Balken erneuert werden, wie dieses bei den meisten „Amerikanischen Bahnen der Fall ist, oder man kann die Schienen auf „Würfeln von Quadersteinen befestigen. Bei unserer Bahn sollen anfangs „durchaus hölzerne Querbalken in der Entfernung von 3 zu 3 Fufs Engl. „oder 2 Fufs 10 Zoll 11 Linien Preufs. verwendet werden. Ein Stück „Fichtenholz von 12 Zoll Durchmesser und 10 Fufs Länge, auf zwei ent„gegengesetzten Seiten zugehauen, die beiden andern Seiten abgerundet, „sodann von allen 4 Seiten zweimal getheert, kostet sammt Transport „1 Rthlr. 5 Sgr., folglich 30 917 Stück . . . . 36070 Rthlr.

6. „Faschinen. Die meisten Veränderungen des Erdreichs zur „Zeit des Aufthauens im Frühjahre entstehen daraus, weil die in der Erde „enthaltene Feuchtigkeit vor Beginn des Frostes nicht gehörig abgeführt „wird; thaut nun die Erde auf, so dehnt sie sich an der Oberfläche aus. „Die Schienen einer Eisenbahn würden sonach in jedem Frühjahre wäh-

„rend 8 oder 14 Tagen mehr oder minder aus ihrer Lage gebracht und „müfsten jedesmal wieder gerichtet werden. Das einfachste und am mindesten kostspielige Mittel dagegen ist die Einlegung von Faschinen unterhalb der Erdoberfläche, quer über die Dammbreite. Solcher Faschinen sollen wenigstens eine von 1 Fuſs Durchmesser und 17 Fuſs Länge „zwischen zwei Querhölzern, wo aber der Boden lehmig ist, sollen zwei „und selbst drei solcher Faschinen über einander eingelegt werden. Ich „nehme auf eine Ruthe etwa 5 Faschinen, folglich 39 750 Stück an. Eine „Faschine von 17 Fuſs Länge und 1 Fuſs Durchmesser kostet sammt Zufuhr $8\frac{3}{4}$ Sgr., folglich sämmtliche Faschinen . . . . . . 11 591 Rthlr.

[Wenn aber die Faschinen anfangen, zu verfaulen, wird der Damm sich sehr senken. Doch ist allerdings eine Senkung, und also auch vielleicht eine Umlegung der Schienen, fast immer unvermeidlich. D. H.]

7. „Steinunterlage und Beschotterung. Um das Regenwasser von der Dammoberfläche und vorzüglich von den Querhölzern „möglichst abzuführen, werden unter und um ein jedes Querholz Steine „und Schotter gelegt; dann wird zwischen den Schienen für den Weg „4 Zoll hoch beschottert. Auf der Chaussée zwischen St. Petersburg und „Zarskoe-Selo wird 1 Schachtruthe Stein mit $7\frac{1}{3}$ Rthlr., und 1 Schachtruthe zerschlagener Stein, in Stücken von 1 bis $1\frac{1}{4}$ Kubikzoll, mit $11\frac{2}{3}$ „Rthlr. bezahlt. Der hohe Preis dieses Materials fordert die möglichste „Ersparung desselben; ich nehme daher für die laufende Ruthe nur 55 „Kubikfuſs, also im Ganzen 2891 Schachtruthen an. Hievon werden 2182 „Schachtruthen als Stein zu $7\frac{1}{3}$ Rthlr., die übrigen 709 Schachtruthen „als Schotter zu $11\frac{2}{3}$ Rthlr. an die Bahn geliefert. Diese 2891 Schachtruthen Steine müssen nun auf den Erddamm geführt, vertheilt, und in „die Erde festgestampft werden, wofür ich 1 Rthlr. 6 Sgr. für die Schachtruthe annehme, thut . . . . 27 760 Rthlr.

8. „Bahnschienen. Von den Schienen der neuern, für den Gebrauch der Dampfwagen bestimmten Bahnen wiegt der Fuſs 19,94 Pfund. „Es sind also zur laufenden Ruthe einfache Bahn 438,56 Pfund Schienen „nöthig. Nach dem Antrage, welchen Starfords Davies und Comp. in Bristol am 1. October 1835 machten, wird der Centner Bahnschienen frei „am Bord im Hafen von Newport für 2 Rthlr. $26\frac{1}{4}$ Sgr. (8 Pf. St. 10 Sh. „für die Tonne) geliefert. Der Frachtlohn von Newport bis St. Petersburg „beträgt 5 bis 10 Sgr. für den Centner. Seit dem October 1835 ist das Eisen

„in England, öffentlichen Berichten zufolge, um 20 Sgr. der Ctr. (2 Pf. St. „für die Tonne) gestiegen. Wir müssen also jetzt den Preis zu 3 Rthlr. „$16\frac{1}{2}$ Sgr. ($10\frac{1}{2}$ Pf. St. für die Tonne) für den Ctr. gewalztes Eisen anneh-„men. Hiezu der Mittelpreis der Fracht von $7\frac{1}{2}$ Sgr. gerechnet, thut 3 Rthlr. „24 Sgr. für den Ctr. gewalzter Schienen in Petersburg, also für 29419 Ctr. „Schienen, die zu 7379 Ruthen ($26\frac{1}{2}$ Werst) Bahn nöthig sind, 111792 Rthlr." Hier scheint im Original ein Rechnungsfehler zu sein. Es sind ausgeworfen 425675 Rubel Ass. oder . . . . 124 141 Rthlr.

[Der Preis der Schienen ist übrigens jetzt in England neuerdings gestiegen. D. H.]

9. „**Gufseisenlager**, zu 21,3 Pfd. das Stück, thut 12013 Ctr. „Gufseisen zu 61833 Schienen-Stühlen. Der Preis des Gufseisen war in „Newport, im October v. J. 2 Rthlr. 6 Sgr., jetzt 2 Rthlr. $26\frac{1}{4}$ Sgr. für den „Ctr., wozu $7\frac{1}{2}$ Sgr. Fracht kommen. Es sind also nöthig für 12013 Ctr. „Eisen zu 3 Rthlr. $3\frac{3}{4}$ Sgr. . . . . 37 501 Rthlr.

10. „**Zungen und Mittelstücke** bei den Ausweicheplätzen, „theils von Schmied- theils von Gufseisen; Eisentheile für die Drehschei-„ben und die Wegübersetzungen; dann schmiedeiserne Nägel für sämmt-„liche Schienen, alles zusammen an 317 Ctr. zu 6 Rthlr. 13 Sgr. im „Durchschnitte. 2 041 Rthlr.

11. „**Frachtlohn.** Für 44921 Ctr. Schienen und Lager, und „zwar Ausschiffungskosten im Hafen von St. Petersburg, dann Frachtlohn „vom Hafen bis auf die Bauplätze, zu $13\frac{3}{4}$ Sgr. . . . . 20 637 Rthlr.

12. „**Legen der Bahn**, nämlich Stampfen des Erdreichs an der „Dammoberfläche, Legen der Querhölzer, Befestigen der gufseisernen La-„ger und der Schienen, genaues Abwägen und Richten der Schienen, sammt „Beischaffung der hölzernen Nägel, zu 47,1 Sgr. für die laufende Ruthe. „Nach dem ersten Winter müssen die gesenkten Dämme wieder erhöht, „folglich die Bahn gehoben und wieder neu gerichtet werden, welches „23,6 Sgr. beträgt; nach dem zweiten Winter mufs dieselbe Arbeit, jedoch „nicht mehr so bedeutend, wieder vorgenommen werden; es wird also „blofs 11,8 Sgr. für die Ruthe angeschlagen; bei der spätern Benutzung „der Bahn kommt diese Verbesserung nicht mehr als besondere Auslage „vor. Das sämmtliche Legen, Richten, Heben und wieder Neurichten der „Bahn beträgt also zusammen 2 Rthlr. 22,4 Sgr. für die Ruthe, folglich für „7379 Ruthen . . . . 20287 Rthlr.

13. „Wegübersetzungen oder Überfahrten an jenen Stellen, wo „die Eisenbahn von Kommunikazionswegen durchkreuzt wird; jede Über- „setzung ohne den Schienen zu 116 Rthlr. 20 Sgr., folglich für 10 Orte, „die vorkommen dürften . . . . 1166 Rthlr.

14. Drehscheiben, nämlich Herstellung des Fundamentes und „der übrigen Theile, jedoch ohne Schienen; für jede Drehscheibe zu „154 Rthlr. 20 Sgr., folglich für 6 Drehscheiben . . . . 875 Rthlr.

[Diese Kosten der Drehscheiben möchten wohl zu geringe angeschlagen sein. D. H.]

15. „Gebäude. Auf der Moskauer Chaussée sind die Kasernen, „worin die Chaussée-Soldaten wohnen, beinahe 1 Meile von einander „entfernt. Bei der Eisenbahn, wo die Aufsicht wegen der Schneeräumung „weit gröfser sein mufs, sollen die Kasernen nur 566 Ruthen von einander „entfernt seyn, eine jede soll für die Bewohnung von 10 bis 15 Arbeitern „eingerichtet und mit einem geräumigen Zimmer zum Versammlungsorte der „Reisenden versehen seyn. Diefs letztere ist nothwendig, um dem Publikum „die Gelegenheit zu geben, nicht blofs an beiden Endpunkten, sondern „auch an 11 andern, an der Bahn liegenden Punkten abfahren zu kön- „nen. Eine solche Kaserne nach der Art der bei der Chaussée bestehen- „den, nämlich von Holz auf gemauertem, $2\frac{1}{4}$ Fufs hohem Fundamente, „inwendig stukaturt, nebst erforderlichen Nebengebäuden, nämlich Zeug- „haus, Badstube, Keller, Brunnen, Zaun etc. wird nicht über 3000 Rthlr., „folglich 11 Kasernen zusammen etwa 32000 Rthlr. kosten. Ferner wird „sowohl in St. Petersburg als in Zarskoe-Selo ein Gebäude mit einer „Wohnung für den Beamten, einer Kanzlei, geräumigem Versammlungs- „zimmer der Reisenden, Wohnung für 10 bis 15 Arbeiter, mit Stallungen „und Wagenschupfen, sammt Pumpengebäuden für die Dampfwagen er- „richtet, deren jedes mit 8750 Rthlr., also beide zu 17500 Rthlr. ange- „schlagen werden. Sämmtliche zum Betriebe der Bahn nothwendigen „Gebäude betragen also etwa 50 000 Rthlr. Aufserdem werden zur Un- „terkunft des Publikums, welches die Parkanlagen von Pawlowsk besucht, „mehrere Gebäude im Parke errichtet, wovon später umständlicher ge- „sprochen werden wird. Der Betrag für den Bau und die Einrichtung „dieser Gebäude erscheint hier vorläufig mit 58000, folglich der Aufwand „für sämmtliche Gebäude mit . . . . . 107 892 Rthlr.

16. „**Fundus instructus.** Wir werden später die Umstände „kennen lernen, aus welchen sich auf eine Annahme von wenigstens „300 000 Reisenden jährlich schliefsen läfst. Diefs giebt im Durchschnitte „täglich 822 Reisende, welche die Fahrt von St. Petersburg nach Zarskoe-Selo oder Pawlowsk und wieder zurück machen. Wollte man an„nehmen, dafs diese Reisenden auf einmal, oder zu einer Zeit abgehen, so „würde diefs 55 Diligencen erfordern, deren jede 15 Reisende enthält; hie„zu gehören bei dem vortheilhaften Profil unserer Bahn blofs 4 Dampf„wagen. Nimmt man an, dafs alle Reisenden nur während zwei Zeiten „des Tages abfahren, so werden 28 Diligencen und 2 Dampfwagen be„nöthigt. Weil jedoch vorzüglich an den Sonntagen weit mehr Personen, „als in der Woche fahren, so nehme ich zur vollen Sicherheit 5 Dampf„wagen und so viel Diligencen an, um zu gleicher Zeit eintausend Per„sonen und nebstbei noch zehn Equipagen solcher Personen befördern zu „können, die in ihren eigenen Wagen fahren wollen. Wir haben sonach:

„8 Diligencen der elegantesten Gattung, eine jede für 15 „Personen à 1750 Rthlr.	14 000 Rthlr.
„8 Diligencen von solcher Elegance wie die in St. Pe„tersburg gebräuchlichen; eine jede für 20 Personen „à $1312\frac{1}{2}$ Rthlr.	10 500 —
„30 ordinäre offene Stuhlwagen zu 24 Personen (Chars „à bancs) à $437\frac{1}{2}$ Rthlr.	13 125 —
„10 Bahnwagengestelle zum Transporte von eben so viel „Equipagen à 146 Rthlr.	1 460 —
„15 Güterwagen zum Transporte von Provisionen, Waaren, „lebenden Thieren etc. à 175 Rthlr.	2 620 —
„5 Dampfwagen, sämmtlich in England gebaut, sammt „Fracht bis St. Petersburg und Aufstellungskosten da„selbst à 8000 Rthlr.	40 000 —
„1 Brückenwage (pont à bascule) sammt Mauerwerk und „Holz zu ihrer Aufstellung	1 166 —
„2 Kraniche zum Auf- und Abladen, sammt Mauerwerk „zu ihrer Aufstellung	1 458 —
	84 319 Rthlr.

17. „**Schmiede** zur Reparatur der Dampf- und andern Wagen, „sammt Einrichtung derselben . . . . 8 750 Rthlr.

18. „Sämmtliche Regie- und Administrazions-Kosten, dann di-„verse Auslagen der ganzen Unternehmung, wovon später umständlich ge-„sprochen werden wird, ... 174 824 Rthlr.

Total-Summe . . 874 800 Rthlr.

„Mit dieser Summe (3 Millonen Rubel) wird man reichlich auslan-„gen, nachdem alle Preise so angenommen wurden, daſs sich in den mei-„sten Posten Ersparungen machen lassen. Es versteht sich aber von selbst, „daſs für den Fall, als das Eisen in England noch mehr steigt, oder wenn „die Akziengesellschaft eine Verlängerung der Bahn, z. B. entlängs dem „Boulevard von Zarskoe-Selo beschlieſsen sollte, oder auch wenn die „Anzahl der Reisenden so zunimmt, daſs neue Gebäude für ihre Unter-„kunft angelegt, oder der Fundus instructus vermehrt werden muſs, so-„dann auch ein neues Kapital erfordert werden wird. Dieſs ist jedoch of-„fenbar nur als ein vortheilhaftes Ereigniſs für die Unternehmung anzuse-„hen, denn nun werden auch die Erträgnisse derselben in einem bedeu-„tend gröſsern Verhältnisse steigen, als es in diesem Mémoire berechnet „ist. Um in dieser Hinsicht für jedes Ereigniſs gedeckt zu seyn, erscheint „es, nach dem in solchen Fällen in England üblichen Verfahren auch hier „räthlich, ein Kapital z. B. von 145 800 Rthlr. ($\frac{1}{2}$ Mill. Rubel) als Reserve-„fond noch disponibel zu haben; dieses Kapital wird aber nur nach „Maaſsgabe des eintretenden Bedürfnisses verwendet."

„Aus diesem Überschlage und dem Vorangeführten ersieht man „nun meinen ganzen Plan für die Ausführung der Unternehmung. Es „handelte sich hierbei um einen soliden Bau und eine möglichst schnelle „Ausführung desselben. Deſshalb sollen die stärksten Schienen angewen-„det werden, die bisher noch bei einer Eisenbahn in England gebraucht „wurden. Da aber die steinernen Brücken zwei volle Jahre Zeit benö-„thigen würden, so sollen selbe, mit Ausnahme jener über den Umfangs-„kanal, von Holz hergestellt werden. Mit der Zeit kann man diese Brük-„ken von Stein bauen. Da man sodann die Baumaterialien auf der Bahn „zuführt, so wird der Bau viel wohlfeiler zu stehen kommen, als es itzt „der Fall wäre, wo man die Baumaterialien gröſstentheils auf durchge-„hauenen Waldwegen oder in sumpfigen Strecken zuführen müſste."

„Die Grundeinlösung wird für zwei Bahnen vorgenommen, der „Bau aber inzwischen bloſs mit einem Geleise ausgeführt; steigt der Ver-

„kehr sehr bedeutend, so kann, wie es bei der Darlington Bahn und andern „englischen Bahnen der Fall war, ein zweites Geleise zugebaut werden."

[Die Eisenbahn von Petersburg nach Zarskoe-Selo ist beinahe genau so lang, wie die projectirte Bahn zwischen Berlin und Potsdam. Die *Bauart* beider Bahnen ist ebenfalls ungefähr gleich angenommen; auch die Summe der vorausberechneten Kosten kommt ziemlich überein, wenn man von den Regiekosten der Petersburger Bahn etwa 150 000 Rthlr. abzieht, um welche Summe ungefähr die Regiekosten bei der Potsdammer Bahn geringer angeschlagen sind. D. H.]

Zeit der Beendigung des Baues der Eisenbahn von St. Petersburg nach Zarskoe-Selo und Pawlowsk. (Auszug.)

Das Anlage-Capital von 3 Millionen Rubel ist schon vor Erscheinung dieser Abhandlung subscribirt gewesen, und folglich die Gesellschaft, nach der von der Regierung gestellten Bedingung, schon als constituirt anzusehn. Der Herr Verfasser reiset jetzt nach England, um Schienen auszuwählen, und Ingenieurs und Werkmeister zu engagiren. Während dessen werden die Arbeiten unter der Aufsicht östreichischer Ingenieurs angefangen. Der Herr Verfasser erklärt, daſs die Eisenbahn von St. Petersburg bis Zarskoe-Selo am 1. October 1836 werde eröffnet werden können, unter der Bedingung, daſs er Ende Februar nach England abreisen könne, [er kam erst im April durch Berlin. D. H.]; daſs der Bau in dem gröſseren Theile der Länge am 1. Mai und auf den Rest der Länge am 15. Juli d. J. begonnen werden könne; daſs die Hälfte der Schienen und Schienenstühle Anfangs Juni und die zweite Hälfte Ende August in Petersburg abgeliefert werde; daſs die Erdarbeiten so contrahirt werden, daſs sie im August beendigt werden, die übrigen Arbeiten und Lieferungen aber in den gehörigen Terminen erfolgen, und daſs endlich kein ungewöhnlich nasser Sommer eintrete, was aber bei Petersburg selten der Fall sei. Könne der Herr Verfasser erst am 20. März abreisen, so sei die Eröffnung der Bahn in diesem Jahre unmöglich. Die Abreise hänge von der Ausfertigung des Privilegiums ab. Die Verlängerung bis Pawlowsk werde etwa ½ Jahr später vollendet werden. Die künftige Erhöhung der Dämme werde übrigens die Benutzung der Bahn im ersten Frühlinge um 2, im zweiten um 1 Woche unterbrechen.

Benutzungsart der Bahn und Dauer der Fahrt auf derselben. (Wörtlich.)

„Die englischen Eisenbahnen werden durchaus in der Art benützt, „dafs die Akziengesellschaften mit eigenen Diligencen, Frachtwagen, Dampf-„wagen oder Pferden den Transport der Reisenden oder Waaren überneh-„men, und hiefür bestimmte Gebühren von dem Publikum erheben. Die „hiesige Akziengesellschaft wird sonach, wie es unter No. 16. im Über-„schlage angeführt ist, so viel Personen- und Güterwagen, dann Dampfwa-„gen ankaufen, als der vollkommene Betrieb der Bahn erfordert. Wie wir „später sehen werden, ist diese Bahn vorzüglich für Reisende bestimmt; „es mufs also, so oft es nur immer lohnt, d. h. so oft mehr als 40 Pas-„sagiere zu einer Zeit vorhanden sind, ein Dampfwagen in Bewegung „gesetzt werden. Ist die Anzahl der Reisenden geringer, so werden „Pferde gebraucht, wie es noch bis zur Stunde für den Transport aller „Reisenden auf der Darlingtoner Bahn und auf vielen andern englischen und „amerikanischen Bahnen der Fall ist. Auf der Eisenbahn zwischen Nürn-„berg und Fürth gehen die Dampfwagen täglich nur zweimal hin und her, „während die Diligencen, mit Pferden gezogen, den Weg täglich 6 bis 8 „mal hin und her zurücklegen. Auf der Lyoner Eisenbahn werden die „meisten Reisenden mit Pferden befördert."

„Nach der Bekanntmachung, welche ich bereits zur Belehrung der „engl. Maschinenfabrikanten in den Times, dem Leeds Mercury und dem „Railway Magazine veranstaltete, mufs jeder Dampfwagen den Weg von „der Fontanka bis zum Ende der Bahn im Parke von Pawlowsk von „$25\frac{1}{2}$ Werst oder 17 engl. Meilen Länge in höchstens 40 Minuten zurück-„legen, und hiebei 150 bis 200 Passagiere in mehren Diligencen vertheilt, „führen; der Dampfwagen darf während einer Fahrt kein frisches Was-„ser einehmen. Da Zarskoe-Selo der Bahn nach nur 22 Werst entfernt „ist, so entfallen 35 Minuten auf einer Fahrt dahin."

„Hiebei ist aber vorausgesetzt, dafs innerhalb der Stadt, dann bei „dem Übersetzen der Moskauer Chaussée und der andern Wege keine be-„sondere Hemmung eintritt, wäre diefs der Fall, z. B. wenn Truppen „auf einem solchen Wege quer über die Bahn passiren, so wird natür-„lich die Fahrt nach Zarskoe-Selo länger als 35, jene nach Pawlowsk „länger als 40 Minuten dauern. Bei jedem Durchschnitte der Bahn mit

„Strafsen sind übrigens Wächter aufgestellt, welche das Aviso für die „Wagenzüge auf der Eisenbahn geben, und so einem jeden Unglücke „vorbeugen."

„Wollte man die hiesige Bahn nach Art jener von London nach „Greenwich innerhalb der Stadt St. Petersburg auf gemauerte Bogen le„gen, dann über die Moskauer Chaussée und die andern Querwege Brük„ken bauen, so dafs der ganze andere Verkehr unterhalb der Eisenbahn „durchginge, so könnte man auch die Bahn mit jeder Geschwindigkeit „ohne irgend einem Aufenthalte befahren. Es unterliegt keinem Zweifel, „dafs man auf einer solchen, durchaus 20 bis 25 Fufs über dem Terrain „erhöhten Bahn binnen 25 Minuten von der Fontanka nach Zarskoe-Selo „und in höchstens 30 Minuten in den Park von Pawlowsk gelangen könnte; „aber welche ungeheure Auslagen würde dieser Bau verursachen! — Mit „einer solchen kolossalen Unternehmung darf, meiner Meinung nach, die „Einführung der Eisenbahnen in Rufsland nicht beginnen; ich hoffe, das „hiesige Publikum wird zufrieden seyn, wenn man vorerst in 35 und selbst „in 40 Minuten um den dritten Theil der bisherigen Kosten nach Zarskoe„Selo fahren kann. Steigt später die Anzahl der Reisenden, wie bei der „Bahn zwischen Dublin und Kingstown auf jährlich 1 061 618, so kann „man immer noch ein zweites Geleise zubauen und die ganze Bahn über „die Strafsen der Residenz und das ganze von ihr durchschnittene Ter„rain erhöhen."

„Sind zur Zeit einer Abfahrt nur wenige Reisende vorhanden, so „werden, wie schon gesagt wurde, gute Pferde gebraucht, die dann eine „Stunde bis Zarskoe-Selo benöthigen. Die Waaren oder andere Gegen„stände, welche auf der Bahn zu verführen kommen, gehen in einem „Zuge mit den Reisenden. Wer in seinem eigenen Wagen fahren will, „der entrichtet auch hiefür einen bestimmten billigen Betrag, und man „führt den Wagen sammt Reisenden auf einem besondern Eisenbahngestelle, „wie man die Reisewagen im Winter auf Schlitten transportirt."

„Um Reisende nicht blofs an beiden Endpunkten, sondern auch an „andern Punkten der Bahn aufnehmen zu können, werden, wie schon „gesagt wurde, von 566 zu 566 Ruthen an der Bahn Gebäude errichtet, „in deren jedem sich ein Zimmer zum Versammlungsorte der Reisenden „befindet. Die Einrichtung ist nun folgende: Jene Reisenden, welche „von einem Endpunkte der Bahn zum andern fahren, machen mit dem

„Dampfwagen ohne Aufenthalt die ganze Reise. Unmittelbar dahinter geht „eine Diligence, die durch ein gutes Pferd gezogen wird, um alle Reisen-„den am Wege aufzunehmen, oder wie die Engländer sagen: „to clear „the way." Die Conducteurs aller Wagen haben Uhren, welche mit den „Uhren auf den Eisenbahn-Comptoirs ganz gleich gehen, mit einem am „Comptoir aufbewahrten Schlüssel geschlossen, und daselbst alle 8 Tage „aufgezogen werden. Der Conducteur der Diligence, welcher ein Pferd „vorgespannt ist, kann nun beurtheilen, ob er vor dem Abgange des „nächsten Zuges in der Stazion am Ende der Bahn anlangt oder nicht; „ist die Zeit zu weit vorgerückt, so bleibt er in einem Ausweicheplatze „stehen, und setzt erst dann die Fahrt fort, bis der Dampfwagenzug vor-„beipassirt; auch wird man auf unserer Bahn von einem Ausweicheplatze „zum andern sehen können. Auf solche Art kann es geschehen, dafs „die Reisenden, welche nicht von einem Endpunkte der Bahn abgehen, „eine Stunde, oder $\frac{5}{4}$ Stunden Zeit benöthigen; allein sie gewinnen immer „noch gegen die bisherige Beförderungsart die Hälfte an der Zeit, und „mehr als die Hälfte an den Kosten. Würde die Eisenbahn mit zwei Ge-„leisen angelegt, so wäre, wie sich von selbst versteht, kein solcher Auf-„enthalt zu befürchten, denn nun würden die mit Pferden gezogenen Di-„ligencen, welche dem Dampfwagen folgen, die ganze Fahrt ohne Unter-„brechung machen können."

[Von den Abgangspunct in Petersburg bis Zarskoe-Selo beträgt die Entfernung nach den obigen Angaben noch etwas über drei Meilen. Diese Strecke mit Pferden in 1 Stunde zurückzulegen, möchte wohl, selbst mit russischen Pferden, schwer werden. Gegen das Scheuen der Pferde vor den Dampfwagen wird man besondere Vorkehrungen treffen müssen. D. H.]

Frachttarif auf Eisenbahnen im Auslande. (Auszug.)

In England und Frankreich wird auf den Eisenbahnen an Personenfracht in der Regel nur halb so viel bezahlt, als in den Diligencen auf Chausséen; die Zeitdauer der Reise beträgt nur den dritten Theil; die Fahrt auf der Eisenbahn ist aber bequemer und angenehmer als auf der Chaussée, und verursacht den Reisenden keine Ermüdung.

Auf der Chaussée zwischen Liverpool und Manchester, etwa $6\frac{1}{2}$ Meile lang, bezahlt man für einen Platz *in* den Diligencen 3 Rthlr. 10 Sgr. und auf der Aufsenseite derselben 1 Rthlr. 20 Sgr. Auf der Eisenbahn kostet der Platz innerhalb nur 1 Rthlr. 20 Sgr. und aufserhalb 1 Rthlr. 5 Sgr. Auf der Chaussée sind zur Fahrt 4 Stunden, auf der Eisenbahn nur $1\frac{1}{2}$ Stunden Zeit nöthig. In Folge dessen ist die Zahl der Reisenden auf das Dreifache gestiegen.

Auf der Eisenbahn zwischen Lyon und St. Etienne, etwa $7\frac{3}{4}$ Meilen lang, kostet der Platz im Coupé der Berlinen 1 Rthlr. 26 Sgr., im Innern des Wagens 1 Rthlr. 18 Sgr., auf den Wagen 2ter Classe 1 Rthlr. 10 Sgr. und auf den Chars à bancs 1 Rthlr. 2 Sgr.

Auf der Eisenbahn zwischen Brüssel und Mecheln, etwa 3 Meilen lang, kostet der Platz in den Berlinen 20 Sgr. in den Diligencen 12 Sgr., in den Chars à bancs 8 Sgr. und in den Waggons 4 Sgr.

Nur die Liverpooler Bahn reicht bis in den Mittelpunct von Liverpool; die andern Bahnen nur bis *an* die Städte, und die Passagiere müssen sich besonderer Fuhrwerke bedienen, um weiter zu kommen.

Frachttarif auf der Eisenbahn von St. Petersburg nach Zarskoe-Selo und Pawlowsk. (Auszug.)

Auf der Chaussée kostet jetzt ein Platz in den Diligencen, von der Abuchow-Brücke zu Petersburg bis Zarskoe-Selo, etwa 1 Rthlr. ($3\frac{1}{2}$ Rubel), hin, und eben so viel zurück. Hiernach, und nach einem Mittel der Transportkosten auf den Eisenbahnen in England, Frankreich und Belgien, so wie mit der Rücksicht, dafs die Preise der Dinge in England wohl doppelt so hoch sind, als in Rufsland, schlägt der Herr Verfasser für die Petersburger Bahn folgenden Tarif vor.

	Nach Zarskoe-Selo.			Nach Pawlowsk.		
	Rthlr.	Sgr.	Pf.	Rthlr.	Sgr.	Pf.
Für einen Platz in den elegantesten Wagen .	—	21	9	—	26	3
Für einen Platz in ordinairen Diligencen . .	—	15	9	—	18	4
Für einen Platz in ganz ordinairen, offenen Stuhlwagen, für die untere Classe bestimmt,	—	7	—	—	8	9
Für einen Centner Waaren, Möbel, Getreide, Salz etc.	—	1	8	—	1	11
Für ein Pferd zu transportiren	—	21	10	—	26	3
Für einen Wagen voll Kühe, Schweine etc. .	1	13	9	1	22	6
Für ein Schaf, ein Kalb	—	—	$10\frac{1}{2}$	—	—	$12\frac{1}{2}$
Für einen Reisewagen, Phaëton, Kalesche etc., dessen Eigenthümer mitfahren, nebst der Bezahlung nach dem Gewichte, noch für die Person	—	6	8	—	8	4

Nach diesem Tarife würde z. B. eine Familie, die von Petersburg nach Zarskoe-Selo, mit 48 Ctr. Möbel und einer leeren Calesche von etwa 8 Ctr. an Gewicht, übersiedelt, im Ganzen dafür etwa 3 Rthlr. 6 Sgr. zu bezahlen haben. Befinden sich in der Calesche 4 Personen und ein Bediente, so kommen noch 1 Rthlr. 11 Sgr. hinzu, und wenn auch die beiden Pferde, um sie zu schonen, auf der Eisenbahn transportirt werden sollen, noch 1 Rthlr $13\frac{3}{4}$ Sgr.

Wer mit einem Bedienten, im eigenen, $6\frac{1}{3}$ Ctr. schweren Wagen nach Pawlowsk oder von dort zurückfährt, hat 1 Rthlr $6\frac{3}{4}$ Sgr. zu bezahlen. Für den weitern Transport eigener Wagen durch die Stadt, gegen billige Preise, werden die Eisenbahn-Unternehmer sorgen.

Jemandem, der von Zarskoe-Selo nach Petersburg auf den Heumarkt fährt, dort 70 Pfd. Victualien einkauft, und damit zurückfährt, kostet die Reise 15 Sgr. und $2\frac{1}{3}$ Stunden Zeit.

Verkehr von Reisenden auf den Eisenbahnen im Auslande.
(Auszug.)

Zwischen Stockton, mit 5000, und Darlington, mit 6000 Einwohnern, wo bei der Eisenbahn auf gar keinen Personenverkehr gerechnet war, passirten im Jahr 1833, 43 084 und im Jahre 1834, 63 851 Personen. Es kamen also auf jeden Einwohner der beiden Städte im Durchschnitte *jährlich 3 Hin- und 3 Rückfahrten.*

Zwischen Manchester, mit 165 000, und Liverpool, mit 150 000 Einwohnern, wo die Passage auf der Chaussée jährlich in 165 000 Personen bestand, war der Verkehr auf der Eisenbahn folgender:

Jahr.	Reisende.	Waaren.	Steinkohlen.	Die Brutto-Revenue betrug: von den Reisenden.		von den Waaren.		von den Steinkohlen.		Zusammen.	
		Ctr.	Ctr.	Rthlr.	Sgr.	Rthlr.	Sgr.	Rthlr.	Sgr.	Rthlr.	Sgr.
1832	356 915	3 142 681	1 367 821	554 433	25	449 702	6	33 256	28	1 037 392	19
1833	386 492	3 837 687	1 606 573	658 774	21	528 397	21	34 867	22	1 222 040	3
1834	458 153	4 003 629	1 904 810	740 421	12	548 576	—	42 230	$22\frac{1}{2}$	1 331 228	$4\frac{1}{2}$
1835	503 928	4 253 123	2 072 959	802 234	5	600 045	20	47 260	—	1 449 539	25
								Jährliche Brutto-Einnahme im Durchschnitt . .		1 260 049	$12\frac{1}{2}$

Die Zahl der Reisenden und das Gewicht der Waaren und Steinkohlen beruht für die Jahre 1832, 3 und 4 auf directen Angaben. Für das Jahr

1835 fehlen dergleichen, und die Zahlen sind nach der Einnahme *berechnet.* Zwischen diesen beiden Städten kommt also auf jeden Einwohner *jährlich beinahe 1 Hin- und 1 Rückreise.*

Zwischen Dublin, von 230 000, und Kingstown, von 1500 Einwohnern, passirten im ersten Jahre, aufser denen, welche abonnirt hatten, 1 061 618 Personen. Hier kommen folglich auf jeden Einwohner *jährlich mehr als 2 Hin- und 2 Rückreisen.*

Die Eisenbahn zwischen Edinburgh und den Kohlenwerken bei Dalkeit, etwa 2 Meilen lang, die aufserhalb Edinburg anfängt und einen Tunnel von 140 Ruthen lang passirt, und für welche auf gar keine Reisenden gerechnet war, befuhren, blofs zum Vergnügen, im Jahre 1834 253 200 Personen. Hier kommt also auf jeden Einwohner jährlich 1 Hin- und 1 Rückreise.

Die Eisenbahn zwischen Glasgow und Garnkirk, blofs für den Steinkohlentransport bestimmt, wurde im Jahre 1832 von 62 000 und im Jahre 1834 von 117 700 Reisenden befahren.

Zwischen Lyon, mit 150 000, und St. Etienne, mit 10 000 Einwohnern, wo ebenfalls auf gar keinen Personenverkehr gerechnet war, passirten vom 1. November 1833 bis 31. October 1834, 171 468, und vom 1. November 1834 bis 31. October 1835, 100 377 Reisenden, und dies, ungeachtet die Strafse 10, im Sommer ungemein kühle unterirdische Stellen hat, auch schon bedeutende Unglücksfälle vorgekommen sind, weil die Wagen, meistens von ihrem eigenen Gewichte getrieben, mit ungeheurer Schnelligkeit hinabrollen. Wäre die Bahn besser gebaut, bemerkt der Herr Verfasser, so würde die Zahl der Reisenden, gewifs 2 bis 3 mal so grofs sein.

Die über den Verkehr auf der Eisenbahn zwischen Brüssel und Mecheln hier folgenden Nachrichten sind aus derselben Quelle geschöpft, wie diejenigen, welche das gegenwärtige Journal im vorigen Hefte mitgetheilt hat, und stimmen deshalb auch genau damit überein. Der Herr Verfasser bemerkt noch, dafs im Durchschnitt die Frequenz auf dieser Eisenbahn an Sonntagen täglich 2796 und an Wochentagen täglich 1698 Personen betragen hat. Auf der Chaussée betrug früher die Frequenz jährlich etwa 75 000 Personen: auf der Eisenbahn wird sie zu mindestens 400 000 Personen jährlich anzuschlagen sein, so dafs auf jeden Einwohner der beiden Städte *jährlich 2 Hin- und 2 Rückfahrten kommen.*

Zwischen Nürnberg, von 38 000, und Fürth, von 13 000 Einwohnern, war die Zahl der Passanten durchschnittlich jeden Sonntag 1204, und jeden Wochentag 742, zusammen 45 327 in 53 Tagen, vom 8. Decbr. 1835 an. Rechnet man hiernach, obgleich im Sommer die Frequenz stärker sein wird, jährlich nur 300 000 Personen, so kommen im Durchschnitt auf jeden Einwohner *jährlich 3 Hin- und 3 Rückfahrten.*

Hieraus schliefst der Herr Verfasser, dafs man *mindestens* werde annehmen dürfen, es komme *auf jeden Einwohner zweier durch eine Eisenbahn verbundener Städte jährlich 1 Hin- und 1 Rückfahrt auf der Bahn.*

[Dieser Satz möchte indessen doch immer nur für kürzere Bahnstrecken, die von einer *grofsen* Stadt ausgehen, gelten; und dann kommt es auch darauf an, ob nicht schon das Fuhrwerk auf der Chaussée *sehr* wohlfeil ist, wie z. B. zwischen Berlin und Potsdam, wo man schon so wohlfeil führt, dafs die Fuhrkosten auf der Eisenbahn, wegen der grofsen Anlage-Kosten derselben, nicht *viel* geringer gestellt werden können, so dafs der Vorzug der Eisenbahn vor der Chaussée insbesondere nur mehr in der Schnelligkeit der Fahrt und in der gröfsern Bequemlichkeit derselben bestehen wird. D. H.]

Der Herr Verfasser bemerkt ferner noch, dafs die Frequenz auf einer Eisenbahn, der Erfahrung nach, keinesweges, nachdem die Neugier befriedigt worden, abnehme, indem, umgekehrt, die Gegner der Bahn, oder die, welche anfangs den Dampfwagen fürchteten, allmählig von ihren Vorurtheilen zurückkommen. Auf allen Bahnen habe die Zahl der Passanten stets zugenommen. Auf der Bahn von Brüssel nach Mecheln habe die Zahl der Passagiere, von 18 zu 18 Tagen, steigend: 29 577, 32 529, 38 148 und 46 399 betragen. Diese Bahn sei übrigens *nur* von Personen, und zwar vorzüglich zum Vergnügen und zur Erholung befahren worden, wovon der Beweis schon darin liege, dafs Sonntags die Frequenz viel stärker sei, als an Wochentagen. [Was bei *längerem* Gebrauche der Bahnen erfolgen werde, wenn sie erst abgängig werden und längere Unterbrechungen wegen Hauptreparaturen, oder auch wohl hie und da Unglücksfälle vorkommen, läfst sich nun freilich noch nicht voraussehen, da die ältesten Bahnen erst wenige Jahre zählen. Nur die Erfahrung allein kann es zeigen. D. H.]

Bedürfnifs einer Eisenbahn nach Zarskoe-Selo und Pawlowsk für die Einwohner von St. Petersburg. (Auszug.)

Wegen der niedrigen und sumpfigen Lage von St. Petersburg, am Ausflusse der Newa in den Finnischen Meerbusen; wegen der daher rührenden öfteren Überschwemmungen, und der Schwierigkeit, den Rinnsteinen Abzug zu geben; wegen des übeln Geruchs, den die Ausräumung der unterirdischen Canäle im Sommer hervorbringt; wegen der Unreinigkeit der die Stadt durchschneidenden Schiffahrts-Canäle; wegen der unbeständigen Witterung, der Nebel und der Kürze des Sommers ist es in Petersburg, mehr wie in vielen andern grofsen Städten, für die Gesundheit und das Wohlsein der Bewohner ein besonderes, dringendes Bedürfnifs, den Sommer möglichst auf dem Lande zuzubringen.

Man nimmt jetzt meistens seine Zuflucht zu einem Aufenthalt auf den nahe gelegenen Inseln in der Newa, die, obgleich sie kaum 4 bis 10 F. über der Oberfläche des Wassers hervorragen, jeder bedeutenden Überschwemmung ausgesetzt und mit Nebeln bedeckt sind, und deshalb nur im Juni, Juli und August benutzt werden können, dennoch im Sommer dicht bewohnt sind. An höher liegenden, gesunden Orten, wie Strelna, Peterhof, Zarskoe-Selo und Pawlowsk ist jetzt der Aufenthalt wegen der Entfernung für Viele gar zu kostbar, und für Geschäftsleute unbenutzbar. Familien, mit Kindern, können dort nicht wohnen, weil der Unterricht, der in Petersburg theuer ist, und 2 bis 4 Rthlr. für die Stunde kostet, gar zu kostbar wird, indem dem Lehrer die Reise bis 5 Stunden Zeit wegnimmt. Die Chausséen nach den entfernten Orten sind aufserdem im Sommer in Staubwolken gehüllt, und es gewährt also die Fahrt auf denselben keine Erholung.

So sind jetzt den Meisten die schöne und gesunde Lage von Zarskoe-Selo und die schönen Kaiserlichen Gärten in Pawlowsk fast unbenutzbar. Die Fahrt von beinahe 4 Meilen, auf der bergigen Strafse, erfordert $2\frac{1}{2}$ bis 3 Stunden Zeit, und ein dreispänniger Wagen für 2 Personen kostet auf den Tag 8 bis 10 Rthlr.; dort angelangt, findet man kaum ein Gasthaus zum Unterkommen.

Die Eisenbahn wird nun diese Orte *benutzbar* machen, und sie der Stadt Petersburg gleichsam so nahe rücken, als es jetzt die ungesunden Newa-Inseln sind. Anstatt für 5, 7 und mehrere Thaler in eigenen

Wagen, und für 2 Rthlr. in den Diligencen, und anstatt in 2 bis 3 Stunden Zeit, wird man auf der Eisenbahn, fast ohne Staub, für den dritten Theil der Kosten und in 35 bis 40 Minuten, von Petersburg nach Zarskoe-Selo gelangen und die dortige gesunde Luft geniefsen können. Zarskoe-Selo liegt über 200 F., Pawlowsk mehr denn 100 F. hoch über der Newa. Die Witterung ist dort besser, die Nebel sind seltener, und man kann an diesen Orten bis Ende October, und selbst bis Mitte November verweilen.

Viele werden dort sich ansiedeln, so wie längs der Strafse selbst; denn sie werden nun ohne unerschwingliche Kosten dort *wohnen* können. Geschäftsleute, die bis 3 oder 4 Uhr in der Residenz bleiben müssen, werden noch des Abends nach dem ländlichen Aufenthalte gelangen, oder Spazierfahrten dahin machen können. Familien werden ihren Kindern den nöthigen Unterricht verschaffen können; denn die Überkunft wird auf der Eisenbahn bis Zarskoe-Selo und Pawlowsk nicht mehr Zeit und Geld kosten, als nach den jetzigen, nahe gelegenen, ungesunden Aufenthalts-Orten an der Newa. Selbst Diejenigen, welche jetzt in der Stadt, im Newsky-Prospect und an dem Flusse spazieren gehen, werden es in Zarskoe-Selo und Pawlowsk thun können, weil sie sich in wenigen Minuten dorthin zu versetzen vermögen. Auch im Winter noch wird man dorthin Ausflüge machen. Der beabsichtigte, gut eingerichtete Eisenbahn-Gasthof wird den Ankömmlingen eine erwünschte Aufnahme darbieten.

Unter den beschriebenen örtlichen Verhältnissen ist also die Eisenbahn nach Zarskoe-Selo und Pawlowsk für die Gesundheit der Bewohner von Petersburg ein wahres *Bedürfnifs,* und für ihr Wohlsein ein sehr bedeutendes Beförderungsmittel.

Wahrscheinlicher Verkehr auf der Eisenbahn von St. Petersburg nach Zarskoe-Selo und Pawlowsk. Bruttorevenue der Unternehmung. (Auszug.)

St. Petersburg wurde im Jahre 1703 gegründet. Es hatte im Jahre 1725, 75000 Einwohner; im Jahre 1775, 185000; im Jahre 1825, 433000, und im Jahre 1835, 450000 Einwohner. Es frägt sich, wie viele von diesen die Eisenbahn befahren werden.

Es sind auf Anordnung der Behörden an 5 Puncten der Moskauer Chaussée die dieselben befahrenden Wagen und Pferde in den verschiedenen Monaten des Jahres 1834 gezählt worden. Es hat sich folgende Frequenz ergeben:

	Bei Srednaja-Rogatka, bei der Caserne No. 2.		Beim Eingange in Nowgorod, bei der Caserne No. 28.	
	Wagen.	Pferde.	Wagen.	Pferde.
Reisewagen	20285	71698	2793	12261
Kaleschen, Britschken etc. .	65359	162285	4836	15637
Fourgons	10557	35816	436	1559
Postwagen oder Postschlitten .	23879	12261	7749	18056
Zusammen . .	120080	282060	15814	47513

Der Herr Verfasser bringt nur die 85644 Wagen und Kaleschen, welche bei Srednaja-Rogatka passiren, in Rechnung, zieht davon für zwei abgehende Chausséen die Zahl von 7629 Wagen und Kaleschen, welche bei Nowgorod passiren, zweimal ab, und erhält so 70 386 Wagen, mit 178 187 Pferden, für die Passage nach Zarskoe-Selo und Pawlowsk. Er rechnet auf jedes Pferd nur eine Person, und findet also 178 187 Personen für die jährliche Frequenz, welche scheinbar grofse Zahl sich auch daraus erklärt, dafs in Zarskoe-Selo und Pawlowsk 5 Regimenter, mit 300 Officieren, stationirt sind, worunter 2 Muster-Regimenter, deren Officiere alle 1 oder 2 Jahre wechseln. Die Frequenz ist, der Zählung zufolge, im Sommer und im Winter bei Nowgorod fast gleich stark; dagegen nach Zarskoe-Selo und Pawlowsk, als nach Vergnügungs-Orten, im Sommer stärker als im Winter.

Die *gegenwärtige* Frequenz giebt aber unter den oben beschriebenen Umständen keinen directen Maafsstab ab; denn die Eisenbahn wird nicht mehr blofs das jetzige Bedürfnifs befriedigen, sondern insbesondere das Vergnügen und Wohlsein der Bewohner der Residenz befördern.

Die Gasthäuser am Ende der Bahn sollen gröfser und schöner eingerichtet werden, als die Gasthöfe der Residenz. Es sollen zwei besondere Höfe gebaut werden, für die unteren, und für die oberen Classen, und sie sollen 1000 und mehr Menschen fassen können. Es sollen Wirthstafeln daselbst eröffnet werden, für Diejenigen, welche nur einige Stunden in Zarskoe-Selo sich erholen und ihr Mittagsmahl daselbst einnehmen wollen. Es sollen Säle für Bälle und Concerte vorhanden sein. Die Gebäude sollen, nach der landesüblichen Bauart, auf steinernen Fundamenten, von Holz erbaut und so ebenfalls schon am 1. October 1836 vollendet werden. In der Nähe der Gasthöfe sollen Ringel-Spiele, im Winter Eisberge u. s. w. errichtet werden. Der schöne Park von Pawlowsk, den Sr. Kaiserliche Hoheit der Grofsfürst Michael Pawlowitsch auf 350 Ruthen Länge zu durchschneiden gestattet hat, wird dazu und zu einem Tivoli oder Vauxhall treffliche Gelegenheit darbieten. In dem Überschlage sind zu diesen Einrichtungen 58 000 Rthlr. ausgesetzt.

So, zur Beförderung des Vergnügens der Bewohner der Residenz eingerichtet, würde man, nach dem, was die Erfahrung bei andern grofsen Städten ergeben hat, wohl rechnen können, dafs auf jeden der 460 000 Einwohner von Petersburg, Zarskoe-Selo und Pawlowsk im Durchschnitte jährlich wenigstens eine Hin- und eine Rückfahrt kommen werden, und dafs also 920 000 Personen die Eisenbahn passiren werden. Der Herr Verfasser zieht aber von der Einwohnerzahl 160 000 Soldaten und Bauern ab, und rechnet nur auf den Ertrag von 300 000 Passagieren hin, und auf eben so viele zurück, und zwar wie folgt:

	Für die Hin- und die Rückfahrt.	Thut an Ertrag.
In den elegantesten Wagen:		
15 000 Menschen nach Zarskoe-Selo, zu 1 Rthlr.	13¾ Sgr.	21 875 Rthlr.
15 000 Menschen nach Pawlowsk . - 1 -	22½ -	26 250 -
In den Diligencen:		
60 000 Menschen nach Zarskoe-Selo, zu 1 -	1½ -	63 000 -
60 000 Menschen nach Pawlowsk . - 1 -	6¼ -	73 500 -
In den ordinairen Wagen:		
75 000 Menschen nach Zarskoe-Selo, zu - -	13⅓ -	33 333⅓ -
75 000 Menschen nach Pawlowsk . - - - -	16⅔ -	41 666⅔ -
Zusammen 300 000 Menschen, welche zahlen . .		259 625 Rthlr.

Im Durchschnitt der *beiden ersten* Arten Wagen betragen die Fahrkosten für die Hin- und Rückreise einer Person 1 Rthlr. 6 Sgr. 11 Pf., und im Durchschnitt *aller drei* Arten von Wagen 25 Sgr. 11 Pf.

Aufser dieser Einnahme werden sich aber noch andere ergeben. Die Gasthöfe werden etwa 8 750 Rthlr. (30 000 Rubel) Pacht bezahlen können, was, auf 300 000 Menschen vertheilt, nur etwa 10 Spf. für jeden beträgt.

Sodann werden nicht unbedeutende Frachttransporte auf der Eisenbahn Statt finden, namentlich an Proviant und sonstigen Bedürfnissen für die

5 Regimenter Truppen und ihre Officiere, und Fahrten für den Hof und für die Einwohner von Zarskoe-Selo und Pawlowsk, die Vieles von ihrem Bedarf in der Residenz zu kaufen pflegen. Diese Frachten haben bisher etwa 190 000 Ctr. jährlich und etwa 11 000 Ctr. Salz betragen, und die Frachtkosten 43 bis 58 000 Rthlr. Der Herr Verfasser rechnet dafür nur 23 225 Rthlr.

Zusammen also dürfte die Brutto-Einnahme auf der Eisenbahn jährlich betragen:

An Fahrkosten von 300 000 Menschen	259 625 Rthlr.
An Pacht von den Gasthöfen	8 750 —
An Frachtfuhrlohn	24 225 —
Summa	291 600 Rthlr.
	(1 Million Rubel.)

Verhältnifs der Brutto-Einnahme zur Netto-Revenue auf Eisenbahnen im Auslande. (Auszug.)

Der Herr Verfasser macht zuerst darauf aufmerksam, dafs bei den meisten Eisenbahnprojecten die Transportkosten und die andern Ausgaben gewöhnlich zu gering angeschlagen werden. Man solle ja nicht wie folgt schliefsen: da ein Pferd auf einer horizontalen Eisenbahn 12 bis 15 mal so viel Last fortzieht, als auf einer gewöhnlichen Strafse, so werden auch die Transportkosten in eben dem Verhältnifs geringer sein, und das reine Einkommen wird also hienach wenigstens drei Viertheile der Brutto-Einnahme betragen. [Der Grund davon, dafs es nicht so ist, liegt hauptsächlich darin, dafs die Zugkraft nur auf *horizontalen* Bahnen *sehr* viel geringer ist, als auf Chausséen, keinesweges aber auf Bahnen, die, wie es fast immer der Fall ist, Gefälle haben, wären dieselben auch nur sehr gering. Sodann aber darin, dafs die Erhaltungskosten, eben wie die zu verzinsenden Baukosten, von Eisenbahnen bei weitem höher sind, als von Chausséen. Der Vorzug der Eisenbahnen vor Chausséen besteht *mehr* darin, dafs sich darauf Passagiere, und wenn man will auch Frachten, durch Dampfwagen mit einer Geschwindigkeit fortschaffen lassen, die auf Chausséen nicht erreichbar ist; was denn aber meistens nicht *viel* weniger *Geld* kostet, als die langsamere Fahrt, so dafs die Ersparung mehr in *Zeit* als in *Geld* besteht. Allerdings kann eine Eisenbahn, auch wenn sie mit Pferden befahren wird, noch Ersparungen und Erleichterungen des Transports gewähren, die *bedeutend* sind; aber man darf nicht schliefsen, dafs diese Ersparungen zu den gewöhnlichen Kosten in eben dem Verhältnisse stehen werden, wie die Ersparung an Zugkraft auf *horizontalen* Bahnen zu der Zugkraft auf Chausséen. D. H.]

Anstatt nun ungewisse Berechnungen der Kosten der Transportkraft auf Eisenbahnen im Einzelnen anzustellen, begründet der Hr. Verfasser, seinen Grundsätzen getreu, die ferneren Resultate auf *Erfahrungen im Grofsen*, und zwar an den drei Eisenbahnen von Liverpool, Lyon und Budweis, welche detaillirte Ausgabe-Rechnungen ablegen. Er theilt folgende Original-Angaben mit, bei welchen die Ausgaben in 4 Theile getheilt sind, nämlich:

A. Transportkosten.
B. Erhaltungskosten des Bauwerks.
C. Verwaltungskosten.
D. Überschüsse der Einnahmen über die Ausgaben.

Von dem Betrage jedes Theiles dieser Ausgaben ist das Verhältnifs zu der Brutto-Einnahme in Procenten beigefügt.

I. *Eisenbahn zwischen Manchester und Liverpool.*

	Im Jahre 1832.		Im Jahre 1833.		Im Jahre 1834.		Im Jahre 1835.		Zusammen.		Procente der Brutto-Einnahme.
A. Transportkosten.	Rthlr.	Sgr.	Rthlr.	Sgr.	Rthlr.	Sgr.	Rthlr.	Sgr.	Rthlr.	Sgr.	
1. Ausgaben beim Passagierwesen	60 994	28	86 492	28	103 218	9	122 565	20	373 271	25	39,6
2. Beim Waarenverkehr .	99 958	22	114 717	18	119 230	19	124 988	5	458 895	4	
3. Kosten der Kutschen .	8 747	10	8 751	3	9 029	10	9 216	—	35 743	23	
4. Kosten der Frachtwagen	13 143	24	17 410	19	30 212	15	37 499	4	98 266	2	
5. Fuhrlohn für Materialien	27 767	15	38 225	23	42 507	16	51 765	3	160 265	27	
6. Kosten der Bewegkraft	154 861	28	191 208	8	226 710	4	214 292	18	787 072	28	
7. Rechnung des Maschinisten	6 469	20	5 073	17	4 700	—	4 700	—	20 943	7	
8. Auslagen für Steinkohlen	357	7	1 352	8	1 767	17	2 745	23	6 222	25	
9. Ausgaben für stehende Dampfmaschinen u. Tunnels	12 697	24	14 449	23	13 085	21	15 624	20	55 857	28	
B. Erhaltungskosten des Bauwerks.											
10. Erhaltungskosten der Eisenbahn	94 728	7	87 601	9	115 428	22	91 022	3	388 780	11	8,2
11. Ausbesserung d. Mauern und Einfriedigungen			6 409	5	9 043	17	9 491	8	24 943	10	

	Im Jahre 1832. Rthlr. Sgr.	Im Jahre 1833. Rthlr. Sgr.	Im Jahre 1834. Rthlr. Sgr.	Im Jahre 1835. Rthlr. Sgr.	Zusammen. Rthlr. Sgr.	Procente der Brutto-Einnahme.
C. Verwaltungskosten.						
12. Kosten der Direction	4025 —	3766 —	3941 —	3878 —	15610 —	
13. Rabatte beim Transport von Reisenden und Waaren . . .	5005 18	9585 —	6250 14	23365 17	44206 19	
14. Bureaukosten . . .	10258 11	9781 1	11761 4	12128 16	43928 2	
15. Polizeikosten . . .	15062 3	13150 21	13667 14	15398 22	57279 —	
16. Gerichtskosten . .	787 27	2001 8	1333 10	3000 —	7122 14	
17. Miethszinse . . .	20575 18	8035 13	3982 9	2897 8	35490 19	
18. Taxen und Armensteuern	30624 9	35337 6	30057 23	36758 3	132777 21	7,0
19. Schlechte Schulden .	3170 16	3675 6	2451 18	3864 22	13163 1	
20. Verschiedene kleine Ausgaben	941 —	1259 11	778 10	634 13	3613 4	
D. Überschüsse.						
21. Zinsen für Anleihen	70150 5	70052 21	81812 24	106230 22	328246 12	45,2
22. Dividende für 5312500 Thaler Anlage-Capital . .	397064 27	493703 4	500254 9	557473 10	1948495 20	
Summe der Brutto-Einnahme . .	1037392 29	1222040 3	1331224 24	1449539 25	5040197 21	100

Man sieht aus dieser Tabelle auch, dafs die meisten Posten mit dem Verkehr zugleich zunehmen. Die Miethszinsen z. B. nahmen dagegen ab, weil Anfangs mehrere Locale gemiethet waren, die hernach eigens erbaut wurden.

II. *Eisenbahn zwischen Lyon und St. Etienne.*

	Im Jahre 1834. Rthlr. Sgr.	Im Jahre 1835. Rthlr. Sgr.	Zusammen. Rthlr. Sgr.	Procente der Brutto-Einnahme.
A. Transportkosten.				
1. Bewegkraft	159355 17	225386 22	384742 9	
2. Zugkraft für den Personentransport .	41382 24	35484 23	76867 17	
3. Erhaltungskosten des Materials . .	22350 11	79572 17	101922 28	48,0
4. Desgleichen der Personenwagen . .	3670 9	2735 2	6405 11	
5. Den Conducteurs	2771 13	2529 11	5300 24	
6. Für Omnibus von Lyon	4854 4	2679 14	7533 18	
B. Erhaltungskosten des Bauwerks.				
7. Erhaltungskosten der Bahn	50173 15	97475 6	147648 21	12,5
8. Desgl der Brücke de la Mulatière .	1254 7	3217 20	4471 27	

C. Verwaltungskosten.	Im Jahre 1834. Rthlr.	Sgr.	Im Jahre 1835. Rthlr.	Sgr.	Zusammen. Rthlr.	Sgr.	Procente der Brutto-Einnahme.
9. Allgemeine Administrationskosten . .	24 906	4	22 970	22	47 876	26	
10. Bei dem Personentransport	2 539	19	2 760	—	5 299	19	
11. Verschiedene Auslagen	1 623	9	3 610	12	5 233	21	7,5
12. Desgl. bei dem Personentransport .	1 297	23	1 465	5	2 762	28	
13. Indirecte Auflagen	14 290	9	13 205	4	27 495	13	
14. Zinsen, Disconto, Miethe	797	5	1 545	15	2 342	20	
D. Ueberschüsse.							
15. Netto-Gewinn der Actionnaire. . .	196 634	29	191 933	23	388 568	22	32,0
Summa	527 901	16	686 571	17	1 214 473	3	100

III. *Eisenbahn zwischen Budweis und Linz.*

A. Transportkosten.	Vom 1. März bis 31. Decbr. 1833. Rthlr.	Sgr.	Im Jahre 1834. Rthlr.	Sgr.	Im Jahre 1835. Rthlr.	Sgr.	Zusammen. Rthlr.	Sgr.	Procente der Brutto-Einnahme.
1. Zahlung an den Transportpächter für den Transport von Salz, Waaren etc. . . .	30 802	23	40 517	7	52 315	6	123 634	6	
2. Für das Auf- und Abladen der Güter	1 591	9	2 134	14	2 196	13	5 922	6	
3. Schreibgelder der Spediteurs etc.	1 131	24	1 337	27	1 759	12	4 229	3	
4. Beleuchtung, Mauth und Manipulationskosten . . .	545	16	489	18	801	20	1 836	24	47,8
5. Kosten bei dem Personen-Transport	1 523	2	2 232	1	3 197	21	6 952	24	
6. Erhaltungskosten der Eisenbahnwagen			1 523	2	2 232	1	3 197	21	
7. Anschaffung von Rädern, Achsen, Lagern etc. für dieselben			683	7	1 956	9	2 639	16	

B. Erhaltungskosten des Bauwerks.	Vom 1. März bis 31. Decbr. 1833. Rthlr.	Sgr.	Im Jahre 1834. Rthlr.	Sgr.	Im Jahre 1835. Rthlr.	Sgr.	Zusammen. Rthlr.	Sgr.	Procente der Brutto-Einnahme.
8. Lohn der Strafsenwärter und Wächter	4475	23	5473	28	5460	8	15409	29	
9. Erhaltung der Gräben, Dämme und Böschungen . .	793	18	780	21	997	14	2571	23	
10. Reparatur der Brücken, Canäle, Futter- und Geländermauern	958	9	819	19	659	11	2437	9	
11. Reparaturen an der Holzbahn, und Ankauf neuer Hölzer etc.	1247	17	2711	7	8184	2	12142	26	
12. Reparaturen an der Schienenbahn, Kosten der eisernen Nägel	1080	—	1772	1	2073	—	4925	1	13,2
13. Unterlagen und Bekiesung der Bahn	471	28	590	17	403	28	1466	13	
14. Reparaturen an Gebäuden, Assecuranzen etc. . . .	270	27	750	17	539	4	1560	18	
15. Kosten der Wegräumung des Schnees	36	26	371	23	453	19	862	8	
C. Verwaltungskosten.									
16. Besoldungen	4495	10	4022	20	3655	23	12173	23	
17. Verschiedene Kosten, Pauschzahlungen, Briefporto, Miethe, Druckkosten etc.	1461	29	1767	20	1795	2	5024	21	
18. Verschiedene Kosten von Grund und Boden, von Steuern, Taxen	482	17	. . . .		209	20	692	7	6,1
19. Aufserordentliche Ausgaben	274	3	205	9	576	4	1055	16	
D. Ueberschüsse.									
20. Kosten neuer, stärkerer Schienen	2602	15	3565	17	1474	19	7642	21	
21. Kosten neuer Baue und neuer Wege	1444	17	3822	7	6370	13	11637	7	32,9
22. Baarer Gewinn der Unternehmer	22440	—	26744	23	34323	5	83507	28	
Summa	78130	15	102439	8	131731	14	312301	7	100

Der Herr Verfasser giebt, ehe er die Resultate der vorigen Tabellen näher erwägt, folgende

Zusammenstellung des Verkehrs von Passagieren und Gütern auf den Eisenbahnen von Liverpool, Lyon und Budweis.

Im Jahre 1834.	Bahn von Liverpool.	Bahn von Lyon.	Bahn von Budweis.
Passagiere . . .	*458 153*	*171 468*	*2 379*
Waaren . . .	4 003 629 Ctr.	6 419 987 Ctr.	151 729 Ctr.
Steinkohlen .	1 904 298 -		- - - -
Salz			288 739 -
Holz			57 671 -
Zusammen . .	5 907 927 Ctr.	6 419 987 Ctr.	498 139 Ctr.
Im Jahre 1835.			
Passagiere . . .	*503 928*	*190 377*	*3 887*
Waaren . . .	4 253 122 Ctr.	8 404 972 Ctr.	190 295 Ctr.
Steinkohlen . .	2 072 960 -		- - - -
Salz			313 120 -
Holz			45 167 -
Zusammen . .	6 326 082 Ctr.	8 404 972 Ctr.	548 582 Ctr.

Aus diesen Tabellen folgt, wie der Herr Verfasser berechnet, dafs sich der Personenverkehr auf den Bahnen von Liverpool, Lyon und Budweis im Durchschnitt wie die Zahlen 154,58 und 1 verhält; der Güterverkehr im Durchschnitt wie die Zahlen 12,14 und 1.

Ferner ist über die drei Bahnen Folgendes zu bemerken.

Die Liverpooler Bahn hat in dem Tunnel unter der Stadt Liverpool auf 478 Ruthen lang einen Abhang von 1 auf 48, auf welchen die Wagen durch stehende Dampfmaschinen mittelst Seile hinaufgezogen werden. Sodann folgt eine Strecke von 641 Ruthen lang mit einem Steigen von 1 auf 96, und weiterhin noch eine ähnliche Strecke mit gleichem Steigen. In der übrigen Linie betragen die Abhänge nicht über 1 auf 880. Die Halbmesser der Krümmen sind nicht kleiner als 528 Ruthen.

Die Lyoner Bahn hat durchweg starke Gefälle, und auf 5104 Ruthen lang einen Abhang von 1 auf 74, wo also die Wagen gebremset werden müssen, und schon viele Unglücksfälle vorgekommen sind. Der kleinste Halbmesser der Krümmen beträgt nur 26 Ruthen.

Auf der Budweisser Bahn wird auf $8\frac{1}{4}$ Meile lang, so weit sie von Herrn von Gerstner erbaut ist, nirgends eine erstiegene Höhe verloren. Das Maximum der Steigung ist 1 auf 120, und der kleinste Krümmungshalbmesser hat 50 Ruthen Länge. Weiterhin aber geht die Bahn auf und nieder, und auf 2400 Ruthen lang hat sie die bedeutende Steigung von 1 auf 46, auch an mehreren Orten Krümmungs-Halbmesser von nur $7\frac{1}{2}$ Ruthen lang. Die Folge davon ist gewesen, dafs die Fracht auf die gesammte Länge bis Linz, von nur 17 Meilen, 5 mal so viel kostet, als auf die ersten $8\frac{1}{4}$ Meilen. Auf die letztern wird für den Centner hin etwa 4 Sgr. und zurück 8 Sgr., hingegen auf die ganze Länge von Budweis nach Linz 22,56, und von Linz nach Budweis 41,04 Sgr. bezahlt. Man sieht daraus wieder, wieviel auf eine richtige Tracirung und Anordnung der Bahn ankommt.

Die Bahnen von Liverpool und Lyon haben steinerne Brücken und massive, gewalzte Schienen; die Budweiser Bahn hat nur Schienen von 2 Zoll breit und $\frac{1}{3}$ Zoll dick, welche von hölzernen Balken getragen werden.

Die *Transportkosten* betragen auf der Liverpooler Bahn nur etwa 40 Procent der Brutto-Einnahme, auf der Lyoner und Budweisser Bahn dagegen 48 Procent. Da nun auf der Lyoner Bahn die Lasten meistens von selbst hinabrollen, während die Budweisser Bahn ein Gebirge zu übersteigen hat, dessen Gipfel an 1000 Fufs hoch über dem einen, und an 1500 Fufs hoch über dem andern Endpuncte liegt: so zeigt sich die üble Anordnung der Lyoner Bahn auch aus den hohen Transportkosten auf derselben. Der Unterschied von 8 Procent zwischen der Liverpooler und der Budweisser Bahn rührt, aufser von dem zu übersteigenden Gebirge, davon her, dafs letztere Bahn schwächere Schienen hat, *auf welchen ein Pferd weit weniger zieht, als auf massiven Schienen.* [Ein Grund mehr gegen die hölzernen, plattirten Schienen, die, auf die Erhaltungskosten gesehen, auch meistens *theurer* sind, als die massiven. D. H.] In Summa schliefst der Herr Verfasser, dafs die zu der Brutto-Einnahme offenbar in einem constanten Verhältnifs stehenden

Transportkosten auf 40 Procent der Brutto-Einnahme im Durchschnitt anzuschlagen sein dürften. [Wenn nemlich die Transportkraft an sich selbst, z. B. die Steinkohlen, oder das Pferdefutter, an dem einen Orte theurer sind, als an dem andern: so müssen natürlich auch die Transport-*preise* im Verhältnifs erhöht werden, so dafs wohl allerdings auf ein einigermaſsen *constantes* Verhältniſs der Transportkraſt zur Brutto-Einnahme dürſte gerechnet werden können. D. H.]

Die *Erhaltungskosten* der Bauwerke betragen bei den drei Bahnen resp. $8\frac{1}{3}$, $12\frac{1}{2}$ und $13\frac{1}{5}$ Procent der Brutto-Einnahme. Daſs die Erhaltungs-Kosten bei der Budweisser Bahn bedeutend höher sind, rührt von den hölzernen, nur plattirten Schienen her. Der Herr Verfasser sagt, daſs, wenn man massive Schienen genommen hätte, die Erhaltungskosten nur $9\frac{2}{5}$ Procent der Brutto-Einnahme betragen haben würden. [Diese Verminderung entspricht einem Capitale, welches bedeutend höher ist, als das, was die hölzernen Schienen bei der ersten Anlage gegen die massiven weniger kosten. D. H.]

Es ist indessen angemessener, die Erhaltungskosten, statt mit der Brutto-Einnahme, mit dem Anlage-Capitale zu vergleichen. Dasselbe beträgt:

bei der Liverpooler Bahn	7 967 708 Rthlr.
bei der Lyoner Bahn	3 935 861 —
bei der Budweisser Bahn	1 102 881 —

Hiemit die obigen Angaben der Erhaltungskosten verglichen, ergiebt sich, daſs diese Kosten bei den drei Bahnen resp. 1,3; 1,9 und 1,3 Procent ausmachen. Bei der Budweisser Bahn würden sie sogar, wenn man massive Schienen genommen hätte, nur 0,94 Procent betragen. Auf der Budweisser Bahn giebt es 122 gemauerte und gewölbte Canäle, von 6 bis 24 F. weit, 75 hölzerne Brücken mit gemauerten Widerlagen von 6 bis 50 F. hoch und 12 bis 70 F. Spannung, eine hölzerne Brücke durch den Krumauer Teich von 1200 F. lang, und eine 120 Fuſs lange Brücke über den Malsch-Fluſs; ferner noch 157 kleine Brücken und Canäle; in der Verlängerung bis Linz kommen ebenfalls einige 100 Brücken vor. Und die Erhaltung aller dieser Brücken kostete in 34 Monaten nur 2437 Rthlr. 9 Sgr., oder jährlich 855 Rthlr 6 Sgr. [Allerdings erfordern Brücken in Eisenbahnen, besonders hölzerne, weniger Erhaltungskosten als in Chausséen, weil der *Belag* der Brücken nicht zerſahren wird. Aber den eigentlichen Maaſsstab für die Erhaltungskosten der Brücken giebt wohl erst eine *längere* Zeit, in welche Hauptreparaturen und Erneuerungsbaue fallen. D. H.] Die Erhaltungskosten der Eisenbahnen sind also in der That unerwartet geringe, und der Herr Verfasser meint, daſs nach jenen Erfahrungen für eine gehörig gebaute Eisenbahn sammt allen Gebäuden *die jährlichen Erhaltungskosten auf* $1\frac{1}{2}$ *Procent des Anlage-Capitals* anzuschlagen sein dürften. [Es dürfte aber doch wohl erst eine längere Zeit, in welche auch Erneuerungen der Schienen etc. fallen, den Maßstab ergeben. D. H.]

Die Verwaltungskosten betragen bei den *drei* Bahnen resp. 7, 7½ und 6 Procent der Brutto-Einnahme. Da bei der Liverpooler Bahn unter den Verwaltungskosten bedeutende Steuern und Taxen einbegriffen sind, so nimmt der Herr Verfasser an, daß bei einer Eisenbahn die nothwendig einen aliquoten Theil der Brutto-Einnahme ausmachenden

Verwaltungskosten auf 6 Procent der Brutto-Einnahme

angeschlagen werden können.

Zieht man die Kosten der Transporte, der Erhaltung und der Verwaltung von der Brutto-Einnahme ab, so ergiebt sich für den *reinen Gewinn* bei den drei Bahnen resp. 45⅕, 32 und 33 Procent der Brutto-Einnahme. Bei der Budweisser Bahn würde, sagt der Herr Verfasser, die reine Revenue, *wenn man massive statt hölzerner Schienen gelegt hätte, 37 Procent betragen haben.* Die geringe Revenue der Lyoner Bahn rührt von ihrer mangelhaften Anordnung her.

Die Dividende beträgt bei der Liverpooler Bahn deshalb bis 9½ Procent, weil ungefähr der dritte Theil des Anlage-Capitals *geliehen* ist, und nur mit 3¾ Procent verzinset wird. Müßte der reine Gewinn auf das *ganze* Anlage-Capital vertheilt werden, so würde die Dividende nur etwa 7 Procent betragen. Die Darlehen werden nicht abgetragen, sondern bleiben als fortwährende Schuld stehen. [Dieses kann nur allenfalls für die Gläubiger, nie aber für die Schuldner gut sein. Um ein Capital in 50 Jahren zu amortisiren, ist eine Erhöhung der Zinsen von nur etwa ⅔ Procent nöthig; und es ist doch offenbar, zumal für eine Gesellschaft, die nicht stirbt, besser, 50 Jahre lang z. B. 5⅔ statt 5 Procent Zinsen zu zahlen, um nach 50 Jahren *gar keine* Zinsen weiter zu entrichten zu haben, als 5 Procent für *immer* zu übernehmen. Die Nicht-Amortisation eines Capitals kann nur entweder von den Gläubigern geboten sein, oder sie beruht, wenn sie von den Schuldnern beschlossen wird, auf das falsche und unwürdig zu nennende Princip, nicht für die Nachkommen, sondern nur für sich allein sorgen zu wollen. D. H.]

Bei der Budweisser Bahn beträgt der reine Gewinn 5 Procent des Anlage-Capitals, von welchem ebenfalls mehr als die Hälfte, aber zu lästigen Bedingungen, geliehen worden ist. Da diese Bahn nur den 154sten

Theil des Personenverkehrs der Liverpooler Bahn hat, und doch gleichwohl 5 Procent Zinsen trägt, so giebt sie den Beweis, dafs auch in gebirgigen Gegenden Eisenbahnen, mit Sachkenntnifs und Thätigkeit angeordnet, möglich sind.

Vergleichung des Gewinnes von einer Eisenbahn aus der Beförderung von Reisenden, mit dem Gewinn aus dem Transport von Gütern. (Auszug.)

Auf der Liverpooler Bahn betrug in den 4 Jahren 1832, 3, 4, und 5:

	Für den Personen-Transport, Rthlr.	Sgr.	Für den Güter-Transport. Rthlr.	Sgr.
Die Brutto-Einnahme	2 755 864	3	2 284 333	18
Die Ausgaben betrugen nach der obigen Tabelle S. 126 für pos. 1. und 3. .	409 015	18	- - -	- -
Für pos. 2., 4. und 5.			717 427	3
Für pos. 13.	4 372	29	39 833	20
Werden die übrigen Ausgaben von 1 592 806 Rthlr. 8 Sgr. nach Verhältnifs der Brutto-Einnahme vertheilt, so erhält man	870 909	19	721 896	19
Summe der Ausgabe . . .	1 284 298	6	1 479 157	12
Es ergiebt sich also an Nettorevenue .	1 471 565	27	805 176	6

oder 53,4 Procent der Brutto-Einnahme für den Personenverkehr, und 35,2 Procent der Brutto-Einnahme für den Güterverkehr.

Auf der *Lyoner* Eisenbahn läfst sich die Vertheilung nur für die Zeit vom 1. November 1834 bis 31. December 1835 machen, weil die Ausgaben im Jahre 1834 nicht genau nach dem Personen- und dem Güter-Transport geschieden sind. Es beträgt hier:

	Für den Personen-Transport. Rthlr.	Sgr.	Für den Güter-Transport. Rthlr.	Sgr.
Die Haupt-Brutto-Einnahme	131 296	5	515 381	14
Wird die übrige Brutto-Einnahme von 39 893 Rthlr. 28 Sgr. nach dem Verhältnisse der Haupt-Einnahme vertheilt, so erhält man	8 099	24	31 794	4
Gesammte Brutto-Einnahme .	139 395	29	547 175	18

	Für den Personen-Transport. Rthlr.	Sgr.	Für den Güter-Transport. Rthlr.	Sgr.
Die Ausgaben betragen nach der Tabelle S. 127 pos. 2., 4., 5., 6., 10., 12. und 13.	60 858	29	- -	- -
pos. 1., 3., 9. und 11.			331 540	13
Werden die übrigen Ausgaben von 102 238 Rthlr. 12 Sgr. nach Verhältniſs der gesammten Brutto-Einnahme vertheilt, so ergiebt sich noch	20 757	20	81 480	22
Summe der Ausgaben . .	81 616	19	413 021	5
Es ergiebt sich also eine Netto-Einnahme von	57 779	10	134 154	13

oder 41,4 Procent der Brutto-Einnahme für den Personenverkehr, und 24,5 Procent der Brutto-Einnahme für den Güterverkehr.

Auf der Lyoner Bahn betrug also der Nettogewinn von Reisenden 12 Procent, und von Gütern 10,7 Procent weniger als auf der Liverpooler Bahn; welches, sagt der Herr Verfasser, von der weniger guten Bauart der Lyoner Bahn herrührt.

Die Zusammenstellung der obigen Resultate giebt Folgendes.

	Zahl der transportirten		Nettorevenue							Verhältniſs der Nettorevenue von einem Reisenden zu demjenigen von 1 Ctr. Gütern.
	Personen.	Centner Güter.	von den Reisenden.		von den Gütern.		von einem Reisenden.		von einem Centner Güter.	
			Rthlr.	Sgr.	Rthlr.	Sgr.	Sgr.	Spf.	Spf.	
Auf der Liverpooler Bahn 1832, 3, 4, 5	1705518	22188963	1471545	27	805176	3	25	10	12,6	$24\frac{1}{2}$ zu 1
Auf der Lyoner Bahn 1835	190377	8400731	57779	5	134154	14	9	1,44	5,44	20 zu 1
										Mittleres Verhältniſs. 22 zu 1.

Es wird also, nach diesen Erfahrungen im Groſsen, auf Eisenbahnen der *reine Gewinn von 1 Reisenden so groſs sein als von 22 Ctr. Gütern*, und zwar nicht sowohl von Gütern, die im Verhältniſs zu ihrem Gewichte geringen Werth haben, wie Steinkohlen, sondern überhaupt von allerhand Gütern; denn auf der Liverpooler Bahn bestand noch nicht ein Drittheil der gesammten Transportmasse aus Steinkohlen; die übrigen, mehr als zwei Drittheile aus Baumwolle, Twisten, Manufactur- und anderen Waaren.

Hieraus schlieſst nun der Herr Verfasser, daſs Eisenbahnen besonders da gut rentiren werden, wo der Personenverkehr lebhaft ist, und dafs da, wo nur Güter von geringem Werthe zu transportiren sind, deren Frachtkosten nicht viel betragen dürfen, schon ein sehr bedeutendes Frachtquantum nothwendig sei, um die Eisenbahn zu erhalten. In Nord-Amerika erkläre sich das Gedeihen der Eisenbahnen insbesondere daraus, dafs z. B. in Pensylvanien und New-York die Reiselust so grofs sei, dafs jede Familie von einigem Wohlstande mehrere Wochen des Jahres auf Reisen zubringe. [Hiebei ist offenbar eine Rückwirkung. Die Eisenbahnen *erzeugen* auch die Reiselust. Auch läfst sich hieran die Bemerkung fügen, dafs Eisenbahn-Unternehmer in vielen Fällen wohl thun werden, die Fahrpreise für Personen so gering *als nur möglich* zu stellen; denn wenn die Preise z. B. auf die Hälfte herabgesetzt werden, so ist meistens mit Sicherheit anzunehmen, dafs die Zahl der Passanten nicht etwa blofs auf das Doppelte, sondern *noch mehr* zunehmen, und dafs also der Gewinn, ungeachtet der Herabsetzung, steigen werde. D. H.]

Auf der Liverpooler Bahn würden, wenn kein Personen-Verkehr Statt gefunden hätte, an 3 mal so viel Güter haben transportirt worden sein müssen, um denselben Gewinn zu erzielen.

Aus dem Verhältnisse von 22 zu 1 schliefst der Herr Verfasser ferner, dafs die 300 000 Reisenden, auf welche man für die Eisenbahn bei Petersburg rechnet, etwa so viel eintragen werden, als $6\frac{3}{5}$ Millionen Ctr. Güter hin und eben so viel zurück.

Netto-Revenue auf der Eisenbahn zwischen St. Petersburg nach Zarskoe-Selo und Pawlowsk. (Auszug.)

Nach dem Verhältnisse der Netto- zur Brutto-Revenue auf der Liverpooler Bahn gerechnet, nemlich von 53,4 Procent bei Reisenden und 35,2 Procent bei Gütern, ergiebt sich aus der oben S. 125 gefundenen Brutto-Einnahme für die Petersburger Bahn folgende Netto-Revenue.

Von 300 000 Reisenden 259 565 Rthlr. Brutto-Einnahme, thut zu 53,4 Procent	138 608 Rthlr.
Von 23 283 Rthlr. Brutto-Einnahme für den Gütertransport, zu 35,2 Procent	8 197 —
Pacht für die Gasthöfe, nach Abzug von 6 Procent des Anlage-Capitals für Reparaturen, 8740 Rthlr.	5 248 —
Summa der jährlichen reinen Revenue . .	152 053 Rthlr.

Bei der Liverpooler Bahn kommen bedeutende Ausgaben für stehende Dampfmaschinen und Tunnels, für Rabatte beim Transporte, für Steuern und Armentaxen, für schlechte Schulden etc. vor, die zusammen gegen 5 Procent der Brutto-Einnahme ausmachen. Dergleichen Ausgaben werden bei der Petersburger Bahn nicht Statt finden; dagegen wird die Wegschaffung des Schnees mehr kosten. Dieselbe wird auf die Weise geschehen, dafs vor dem Dampfwagen ein Apparat, nach Art einer Pflugschaar, angebracht wird, der den Schnee nach beiden Seiten hinausschiebt. Da ein Dampfwagen über 3000 Ctr. fortzieht, so wird, sagt der Herr Verfasser, derselbe ohne Zweifel auch die Kraft haben, den Schnee abzuräumen; auch wird auf dem hohen Damme der Schnee zum Theil schon vom Winde fortgeweht werden. Der Schnee sei, sagt der Herr Verfasser, in Rufsland nicht so bedeutend, als man glauben möchte; denn die Witterung sei dort eher trocken, als nafs. Nach sorgfältigen Beobachtungen habe die Höhe des gesammten, im Jahre 1833 gefallenen Regens, Hagels und Schnees, auf Wasser reducirt, nur 8,533 Zoll und im Jahre 1834 nur 12,035 Zoll betragen. Man könne also im Durchschnitt höchstens 12 Zoll annehmen. Die Höhe des Schnees allein betrage, auf Wasser reducirt, nur etwa 4 Zoll. Man finde den Schnee vor Abgang des Winters selten höher als etwa $1\frac{1}{2}$ F. gelagert, und wenn nun diese Schneemasse auch in einer Nacht fiele, würde der Dampfwagen den Schnee doch wohl fortzuschieben vermögen; wenn er auch stellenweise höher liege, so komme es doch immer nur auf den *Durchschnitt* der Höhe an. [Ob der Dampfwagen den Schnee fortzuschieben vermögen werde, mufs doch wohl erst die Erfahrung lehren; denn wenn gleich der Wagen 3000 Ctr. fortzieht, so geschieht dies doch nur auf der *Eisenbahn*, und der Dampfwagen braucht und besitzt dazu nur höchstens 15 Ctr. Zugkraft. Ob sich nun der Schnee vor dem Wagen, der sich immer mit bedeutender Geschwindigkeit fortbewegt, nicht so hoch aufhäufen werde, dafs der Wagen, auf den befrorenen Schienen sich bewegend, ihn nicht fortzuschaffen vermag, kann nur die Erfahrung ergeben. Ein Anderes ist es, wenn vor die Schnee-Pflugschaar Pferde gespannt werden. Diese werden ohne Zweifel den Schnee fortzuschaffen vermögen, weil man hier die Kraft nach Belieben verstärken und die Geschwindigkeit vermindern kann. D. H.]

Um inzwischen jedem Einwurfe zu begegnen, nimmt der Herr Verfasser an, der Schnee solle *blofs durch Menschen* fortgeschafft werden.

Ein Arbeiter solle den 17 Fuſs breiten Damm 9 Ruthen lang vom Schnee frei zu erhalten vermögen. Alsdann sind auf der Petersburger Bahn 800 Arbeiter nöthig. Ein Arbeiter bei der Schneeschaufelung werde auf der Moskauer Chaussée mit $4\frac{1}{2}$ bis $5\frac{1}{4}$ Sgr. bezahlt. Es sollen aber $8\frac{3}{4}$ Sgr. Tagelohn gerechnet werden. Im Jahre 1833 habe es 63 und 1834, 67 Schneetage gegeben. Nehme man im Durchschnitt 65 Schneetage an, so betrage dieses eine Ausgabe von 15 163 Rthlr. jährlich, für Schneeschaufelung, oder etwa 5 Procent der Brutto-Einnahme, folglich gerade so viel, als auf der Liverpooler Bahn die dortigen ungewöhnlichen, hier nicht vorkommenden Ausgaben. Es blieben also immer die obigen reinen Revenuen von 152 053 Rthlr., oder von 17,19 Procent des Anlage-Capitals.

Hiebei sei noch zu berücksichtigen, daſs die Liverpooler Bahn, nach deren Ergebnissen die Netto-Revenuen für die Petersburger Bahn berechnet worden, für den Transport viel weniger günstig sei als diese. Denn die Abhänge der Petersburger Bahn seien $10\frac{1}{2}$ mal geringer, als die in dem Tunnel bei Liverpool, und sie laufe 6798 Ruthen lang in einer einzigen, schnurgraden Linie fort, während die Liverpooler Bahn mehrere Krümmen habe. Da man jedoch meinen könnte, daſs in England solche Unternehmungen, aus vielen anderen Gründen, besser gedeihen, so solle auch noch nach den Ergebnissen bei der *Lyoner* Bahn der Netto-Ertrag berechnet werden. Dieses gebe Folgendes:

Von 300 000 Reisenden 259 565 Rthlr. Brutto-Einnahme, thut, zu 41,4 Procent, ...	107 460 Rthlr.
Von 23 283 Rthlr. Sgr. Brutto-Einnahme vom Gütertransport, zu 24,5 Procent, thut	5 705 —
Pacht für die Gasthöfe, wie oben	5 249 —
Thut an jährlichem reinen Einkommen	118 414 Rthlr.

oder 13,1 Procent des Anlage-Capitals. Bei der Lyoner Bahn sind unter den Ausgaben 3 Procent des Brutto-Ertrags für Omnibus mitbegriffen, welche hier nicht Statt finden, wodurch aber die Kosten der Schneewegschaffung hier gedeckt werden. Sollte auch der ganze *Reserve*-Fonds von 145 800 Rthlr., auf welchen bei dem Kosten-Überschlage, oben S. 112, gerechnet ist, noch aufgehen, so bleibe immer noch 11,6 Procent reiner Ertrag übrig.

Der Herr Verfasser sagt, er sei von diesem Resultate so fest überzeugt, daſs er sich erbieten würde, die Ausgaben bei der Bahn für 58 Procent der Brutto-Einnahme von Passagieren, und für 75 Procent derjenigen von Gütern, *in Pacht* zu übernehmen, und also zu einer Nettozahlung von 42 Procent für Reisende, und 25 Procent für Güter, sich zu verpflichten. Eine *Verpachtung* sei indessen bei dieser ersten Bahn in Rufsland nicht rathsam, weil es für das Publicum wichtig sei, über Einnahme und Ausgabe detaillirte Rechnung gelegt zu bekommen, und durch den ersten Versuch einen näheren Maafsstab für ähnliche weitere Unternehmungen zu erhalten.

Dafs übrigens wirklich wenigstens 300 000 Personen die Bahn hin und zurück befahren werden, sei, in Folge der Erfahrungen an andern Orten, gar nicht zu bezweifeln. Nehme aber die Zahl der Passanten noch zu, so werde der Ertrag *sehr* bedeutend sein.

Der Herr Verfasser berechnet nun auch noch, wieviel Personen die Bahn befahren müssen, wenn *blofs 5 Procent* des Anlage-Capitals aufkommen sollen. Der Ertrag von 5249 Rthlr. Pacht für die Gasthöfe sei gar nicht zu bezweifeln; eben so wenig der reine Gewinn von 5705 Rthlr. beim Transport von Gütern. Nun betrage die amtlich ermittelte Zahl der *jetzigen* Passanten jährlich 89 093. Befahren nun auch nur eben so viele Personen die Eisenbahn, und bezahlt jeder 13 Sgr. 2½ Pf. für die Hinfahrt, und eben so viel für die Rückfahrt, so ergebe sich daraus, zu 42 Procent des Brutto-Ertrages gerechnet, eine Netto-Revenue von 32 952 Rthlr., und aus den 3 Posten zusammen ein reiner Ertrag von 43 906 Rthlr., welcher 5 Procent des Anlage-Capitals ausmache. Es dürfen also auf der Eisenbahn nur eben so viele Personen fahren, wie jetzt auf der Chaussée, so ergebe sich schon ein Zinsfufs des Anlage-Capitals von 5 Procent. Dafs aber die Zahl der Passanten nicht gröfser sein sollte, lasse sich gar nicht erwarten, weil es völlig unwahrscheinlich sei, dafs Petersburg von allen den andern grofsen Städten, bei welchen Eisenbahnen gebaut worden sind, eine Ausnahme machen werde. [Bei Berlin würde diese letzte Rechnung nicht Stand halten, weil das Personenfuhrgeld schon auf der Chaussée *sehr* gering ist. D. H.]

Verhältnifs der Ingenieurs im Auslande bei der Unternehmung von Eisenbahnen, und des Herrn von Gerstner zu der Actiengesellschaft der Petersburger Bahn. (Wörtlich.)

„Ich will hier wieder zuerst das im Auslande beobachtete Verfahren „anführen. Bei allen von Akziengesellschaften in England unternommenen „Bauten von Kanälen, Eisenbahnen, Brücken etc. verfassen die Ingenieurs „die Pläne und Überschläge, die Direkzionen der Gesellschaften machen „alle Kontrakte über Ankäufe und Arbeiten und leisten alle Zahlungen. „Die Ingenieurs führen die Aufsicht bei dem Baue, und sind für weiter „gar nichts verantwortlich. Es giebt wenig Bauten daselbst, wo nicht ei„nige sogenannte „mistakes" vorfallen, die dann immer die Gesellschaft „zahlen mufs. In England ist es bekannt, dafs bei dem Projekte der Ei„senbahn zwischen Manchester und Liverpool zuerst ein Fehler von 40 F. „im Nivellement gemacht wurde, und wie man diefs im Ausschusse des „Parlaments entdeckte, sämmtliche Pläne wieder neu bearbeitet werden „mufsten; es ist bekannt, dafs bei der Absteckung des Tunnels unterhalb „der Stadt Liverpool 7 Schächte abgesenkt wurden, deren Verbindung dann „eine gerade Linie bilden sollte, dafs man jedoch in Zeiten noch eine Ab„weichung der Mittellinie der Schächte von 13 Fufs entdeckte, und dafs „dann die ganze Arbeit von vorne angefangen werden mufste; es ist be„kannt, dafs die Eisenbahnbrücke bei Darlington, welche aus einem gro„fsen von Quadern aufgeführten Bogen bestand, plötzlich in einer Nacht „einen Faden tief herabsank, indem der Rost um eben so viel nachgab, — „und doch wurden diese Bauten gerade von den ersten Ingenieurs daselbst „ausgeführt. Jederman, welcher so wie ich die englischen Eisenbahnen zu „Fufse abging, und mehrere derselben in ihrer ganzen Länge nivellirte, wird „keinen solchen Bau gefunden haben, wo nicht mehrere sehr wesentliche „Fehler Statt hatten, die dann immer, und ohne Widerrede auf Kosten „der Akziengesellschaften verbessert wurden. In England sieht man solche „Fälle als natürliche Ereignisse bei jeder grofsen Unternehmung an, und „Niemand fordert dort von einem Ingenieur mehr, als dafs derselbe nach „seinem besten Wissen den Bau führe." — [Die Geschichte der Eisenbahn bei Liverpool lehrt, dafs die vom Herrn Verfasser gedachten ansehnlichen „mistakes" eigentlich ihren letzten Grund darin hatten, dafs *Nichttechniker* anfangs die Ingenieurs *wählten.* Als jene endlich durch ihren eigenen Schaden gezwungen wurden, *wirklich* tüchtige und erfahrene Ingenieurs herbeizurufen, hörten die Mistakes auf. D. H.]

„Die Ingenieurs erhalten entweder Tagegelder, und zwar die ersten „Ingenieurs täglich 66 Rthlr. 20 Sgr., und aufserdem die Vergütung aller „Reisekosten, oder einen Jahrgehalt, der bei den bessern Ingenieurs wie „Stephenson bei dem Baue der Manchester Bahn, und Hartley bei dem „Baue der Docks in Liverpool, jährlich 10 000 Rthlr. betragen hat, und „wo noch *aufserdem* alle Auslagen etc. bezahlt wurden; endlich haben „diese Ingenieurs immer noch die Freiheit, sich zu gleicher Zeit mit an„dern Bauten zu beschäftigen.

„Dasselbe Verhältnifs findet bei den Unternehmungen in Frankreich „Statt; auch hier sind die Ingenieurs für die Beschädigungen an den Bau„ten, für die nachherigen Reparazionskosten und dergleichen nie verant„wortlich. In den Statuten der Lyoner Eisenbahn wird §. 13. gesagt, „dafs den Gebrüdern Seguin und Eduard Biot die ausschliefsliche und allei„nige Leitung des ganzen Baues mit der einzigen Verpflichtung übertra„gen werde, dafs wenigstens einer derselben immer bei dem Baue zugegen „sey; aufserdem machten diese Ingenieurs alle Kontrakte und Zahlungen „für die Unternehmung, wofür ihnen immer eine Million Franken zur „Disposizion gestellt wurde, die später zu verrechnen kam. Für die Soli„dität des Baues, für die Auslagen der spätern Bahn-Unterhaltung oder „für den Erfolg der Unternehmung sind die Ingenieurs nicht verpflichtet; „sie erhalten aber nach §. 23 und §. 83 für die Bearbeitung des Projek„tes und die Bauführung, statt einem Gehalte, einen bedeutenden Antheil „an dem Gewinne der Unternehmung. Von dem reinen jährlichen Er„trägnisse werden nämlich zuerst 4 Procent Zinsen den Akzionairs ge„zahlt, und von der Hälfte des Restes werden 85 Procent den Gebrüdern „Seguin und Eduard Biot für alle kommende Zeiten verabfolgt. Trägt „also die Unternehmung 1 100 000 Fr. oder 10 Procent Gewinn von dem „ganzen, mit 11 Mill. Franken eingezahlten Akzienkapitale, so erhalten „zuerst die Akzionairs 4 Procent Zinsen (440 000 Fr.) und von der übrig „bleibenden Hälfte oder von 330 000 Fr. werden 85 Procent also 280 500 Fr. „(oder 74 800 Rthlr.) jährlich für alle kommenden Zeiten den Ingenieurs be„zahlt. Wahrlich eine ungeheure Entschädigung einerseits, und anderseits „keine Verpflichtung." [Allerdings eine *ungeheure* Entschädigung. Aber eine *Verpflichtung* für die Reparaturkosten, oder gar für den Erfolg des

Werkes, kann nur ein *Entrepreneur* des ganzen Werkes übernehmen. Niemand *kann* sich für etwas *verpflichten*, worüber Andere disponiren, oder auch nur mit-disponiren. D. H.]

„Bei der österr. Eisenbahn*) wurden mir für die Bearbeitung des „Projectes und einige Auslagen zuerst 20 000 Rthlr. (30 000 fl. Conv. „Münze) im Baaren verabfolgt, während dem Baue Diäten von täglich „5 Rthlr 10 Sgr., dann die Vergütung der Reisekosten und andern Aus- „lagen, endlich nach Beendigung des Baues 66 666 Rthlr. 20 Sgr. (100 000 fl.) „in Akzien zugesichert. Die Ausfolgerung der Akzien war nur an die „Bedingnifs geknüpft, dafs der Bau nach den vorgelegten Plänen ausge- „führt werde, und dafs auf der hergestellten Bahn ein Pferd im Mittel „zwischen bergauf und bergab, 10 mal so viel als auf der horizontalen „Chaussée zu führen im Stande sei. Bei Abschlufs des Vertrages mit der „Akziengesellschaft (am 20. März 1825) konnte ich keine andern Verpflich- „tungen eingehen, weil diefs in solchen Fällen in England nicht üblich ist, „überdiefs aber der Bau der Eisenbahnen zu jener Zeit noch in seiner „Kindheit begriffen war."

„Gegenwärtig stellen sich die Verhältnisse anders. Die Auslage „von einigen Millionen Rubel bei dem Baue der österr. Bahn, die Berei- „sung der englischen Bahnen im Jahre 1827 und 1829, die Bereisung „der Bahnen in Frankreich und überhaupt die Zeit von 11 thätig verlebten „Jahren hat mir so viel Kenntnisse und Erfahrung verschafft, dafs ich mich „bei dem Projekte und bei der Ausführung des Baues irgend einer Eisen- „bahn gegenwärtig wohl mit jedem Ingenieur, er gehöre welcher Nazion „immer an, zu messen vermag; ich kann daher auch den Erfolg jeder „Unternehmung durch meine persönliche Verwendung wohl mehr sicher „stellen, als es bei andern Ingenieurs der Fall ist." [Diese Äufserung des Herrn Verfassers über sich selbst könnte vielleicht, wenn man nicht genau Selbstgefühl und Selbstliebe unterscheidet, auffallen. Allein, z. B. der Herausgeber dieses Journals, der über Eisenbahnen viel nachgedacht und gearbeitet hat, würde, nach den Schriften und Leistungen des Herrn v. Gerstner, über ihn, als Eisenbahn-Ingenieur, nur gerade eben so urtheilen können, wie dieser über sich selbst. Herr von Gerstner möge diese Bemerkung nicht

*) „Siehe Sammlung der Aktenstücke in Betreff der Ausführung der k. k. priviligirten „ersten österr. Eisenbahn zwischen der Moldau und der Donau. Wien bei Tendler, 1827."

mifsdeuten. Der Herausgeber kann sie offenbar nur aus *Ueberzeugung* machen; denn zur Schmeichelei, wenn sie überhaupt ihm sonst nicht fremd wäre, hat er nicht die entfernteste Veranlassung. D. H.]

„Da mir von Sr. Majestät dem Kaiser die ausschliefsende Bewilli-„gung ertheilt wurde, die Akziengesellschaft nach meinem Ermessen im „In- oder Auslande zu bilden, so mufs mir auch, als erstem Unterneh-„mer von Eisenbahnen in Rufsland vor allem andern daran liegen, solche „Verhältnisse zwischen mir und der Akziengesellschaft aufzustellen, um „die Eisenbahn ohne Hemmungen zu Stande zu bringen. Jede von Pri-„vaten ausgeführte Unternehmung beruht im Allgemeinen auf dem per-„sönlichen Vertrauen, welches man gegen jene hegt, die an der Spitze „solcher Unternehmungen stehen; ich habe daher bereits Seite 7 in der „Vorerinnerung gesagt: *„Wer nicht ein volles Zutrauen in meine Vor-„schläge nnd Arbeiten setzt, den bitte ich vor allem andern, der Ak-„ziengesellschaft, welche ich bilde, ja nicht beizutreten."* — [Wenn es hiebei bleibt, so ist kein Zweifel, dafs die Petersburger Bahn gut gelingen werde. D. H.] „Das für die Ausführung der Unternehmung unerläfsliche „Zutrauen mufs sich dahin ausdehnen, dafs zwischen der Akziengesell-„schaft und mir folgende Bedingungen Statt finden:

1. „Mir wird die ganze Bauführung einzig und allein, so wie die „Auswahl sämmtlicher zur Bauführung erforderlichen Ingenieurs, Gehül-„fen und anderer Personen in der Art überlassen, dafs die Akziengesell-„schaft oder ihre Direkzion mit keinem Ingenieur, weder über den Bau-„plan, noch über die Details der Ausführung verhandelt oder ihn kon-sultirt." [Ist unzweifelhaft ganz unbedingt nothwendig, billig, und der Unternehmung nur heilsam. D. H.] „Blofs 8 Tage vor Eröffnung der „Bahn läfst die Direkzion durch irgend eine von ihr erwählte verlässige „Person sämmtliche hergestellte Arbeiten ihrem kub. Inhalte nach abmes-„sen, um sich von der Richtigkeit meiner Abmessungen und jener des „übrigen Personale zu überzeugen."

2. „Da ich bei dem Baue dieser Eisenbahn keine Einkäufe eigen-„mächtig machen, keine Kontrakte für den Bau eingehen, und eben so „wenig irgend eine Bauarbeit oder Lieferung für Rechnung der Gesell-„schaft bezahlen will, um nie zu irgend einer Verantwortung hinsichtlich „der Geldgebahrung gezogen werden zu können," [Eben so unbedingt

nothwendig, billig und recht. D. H.] „so werden die *andern Direkto-* „*ren* der Gesellschaft, sonach ohne mir, entweder selbst oder in ihrem „Namen durch einen hiezu aufgestellten Bevollmächtigten alle Einkäufe „machen, alle Kontrakte abschliefsen und alle Zahlungen pünktlich lei- „sten. Die Bedingnisse, betreffend die Qualität und Quantität der Liefe- „rung, so wie die Art der Arbeit werden von mir für jeden Kontrakt „angegeben. Zur Erzielung wohlfeiler Preise sollen die Arbeiten, so oft „es nur immer möglich ist, auf dem Bauplatze, wo die Arbeit zu gesche- „hen hat, unter öffentlicher Konkurrenz an den Mindestfordernden über- „lassen werden; auch sollen die Arbeiten nicht in grofsen Massen an ein- „zelne Pächter übergeben, sondern so oft es thunlich ist, in mehrere Theile „abgetheilt werden. Jede Woche ohne Ausnahme soll am Samstage die „kontraktmäfsige Bezahlung der ausgeführten Arbeiten und zwar immer „nur an dem betreffenden Bauplatze, in Gegenwart von mir oder der In- „genieurs, dann der Arbeitsleute durch den gesellschaftlichen Bevollmäch- „tigten vorgenommen werden." [Die Licitation kann sich wohl nicht auf alle Arbeiten erstrecken, was auch nicht gemeint zu sein scheint. Z. B. bei Dampfwagen, Bahnfuhrwerken und dergleichen kann kaum irgend eine Concurrenz Statt finden. D. H.]

3. „Da alle Zahlungen nur auf Anweisungen über kontraktmäfsig „verrichtete Arbeiten, die von mir oder den Ingenieurs ausgestellt wer- „den, geschehen dürfen, so wird hiemit bedungen, dafs jeder Schaden, „welcher der Gesellschaft durch eine unrichtige Abmessung widerfährt, „von mir an die gesellschaftliche Kasse vergütet werden mufs. Zu die- „sem Behufe wird, wie oben bemerkt, acht Tage vor Eröffnung der Bahn „eine Abmessung aller Arbeiten durch die andern Direktoren veranstaltet, „und die Rechnungen revidirt und abgeschlossen, worauf dann meine Ver- „antwortlichkeit in Hinsicht aller Zahlungsanweisungen aufhört."

4. „Alle Gegenstände ohne Ausnahme, welche Eigenthum der Ge- „sellschaft sind, und vom Beginn des Baues bis zum Tage der Eröffnung „der Bahn von wem immer entwendet werden, sind auf meine Kosten „neu anzuschaffen, demnach also bei der vorerwähnten Abrechnung der „frühere Anschaffungsbetrag von meiner Remunerazion ohne weiteres ab- „zuziehen." [Dieses ist eine Art von Entreprise, welche in Deutschland wohl weder nöthig noch zweckmäfsig sein möchte. Sie hat wahrschein- lich örtliche Ursachen. D. H.]

„Um nun die Remuneration auszumitteln, welche mir für die Über-„nahme so großer Verpflichtungen aus der gesellschaftlichen Kasse zu „verabfolgen kommt, will ich vorerst wieder die Statt gehabten Auslagen „für die Bauführung bei der österr. Bahn anführen. Laut dem im Fe-„bruar 1830 bekannt gemachten österr. Direkzionsberichte betrugen diese „Auslagen:

„Pauschale an Herrn v. Gerstner für die Vor-„arbeiten	20 000	Rthlr.	—	Sgr.
„Dessen Diäten und Reiseauslagen	17 631	-	10	-
„Besoldungen der Ingenieurs und ihrer Gehülfen	23 648	-	—	-
„Reisen der Ingenieurs	2 978	-	10	-
„Kosten der Bauaufsicht, der Bahnbewachung und „Bahnunterhaltung während dem Baue	25 461	-	20	-
„Druckarbeiten, Vertheilung der Lizitationsan-„kündigungen, Zeitungen etc.	3 522	-	—	-
„Zusammen	93 241	Rthlr.	10	Sgr.

„Da die Auslagen für den Bau zu jener Zeit 606 503 Rthlr. 20 Sgr. „betrugen, so zeigt sich, daß sich die Kosten der Bauführung auf $15\frac{1}{3}$ Pro-„cent der Gesammtauslage beliefen. Hiezu kommt nun noch die für die „Ausführung des Baues im Vertrage zugesicherte Remunerazion in Akzien „(Seite 142)."

„Zu Ende des ganzen Baues der österr. Bahn wurde von der Di-„rekzion kein solcher detaillirter Rechnungsauszug mehr bekannt gemacht; „dasselbe betrifft leider auch alle andern Eisenbahn-Unternehmungen, und „bei den wenigen, wo eine Rechnung bekannt gemacht wurde, findet sich „nirgends eine genaue Ausscheidung der Ingenieurs-Auslagen."

„Über die im russischen Reiche bestehenden Land- und Wasser-„verbindungen hat der Kammerherr Staatsrath Baron Wittenheim im Jahre „1833 das umständlichste Werk bekannt gemacht, was noch je über das „russische Bauwesen erschien. Diesem Werke ist das Gutachten einer, „von dem Herzoge Alexander von Würtemberg wegen Durchsicht die-„ses Werkes eigends niedergesetzten Kommission vorgedruckt, worin aus-„drücklich gesagt wird, daß alle Materialien für dieses Werk dem Herrn „Verfasser aus der Generaldirekzion der Wasserkommunikazionen mitge-„theilt worden sind. In diesem Werke wird nun Seite 16. wörtlich ge-

„sagt: „„Nach dem Berichte des Generaldirektors Prinzen Georg von „„Oldenburg war im Jahre 1808 das Gesammtbudget also gestaltet:""

„„1) Zur Besoldung der Beamten und Unterhaltung sämmtlicher Be„„hörden 2 800 031 Rub. 84 Kop. Bco., 2) für die etatmäſsigen Bauten „„und Arbeiten, sowohl an den Land- als auch den Wasserstraſsen 5 626 493 „„Rub. B. — Im Jahre 1829 sind zu ersterem Zwecke 2 943 305 Rub. „„und für letztern Zweck 5 379 800 Rub. angewiesen worden. Auſser„„dem sind aber aus verschiedenen andern Fonds noch zu einzelnen Bau„„ten besondere Summen jährlich assignirt worden, z. B. für das Jahr „„1830 für den Windaukanal 1 600 000 Rub., für die Arbeiten zur Ver„„bindung der Moskwa und Wolga 539 922 Rub.""

„Man ersieht daraus, daſs die Regiekosten im Jahre 1808 von der „im Ganzen verwendeten Summe pr. 8 426 524 Rub. 84 Kop. gerade 33¼ „Procent und im Jahre 1829 von der im Ganzen verwendeten Summa „pr. 8 323 105 Rub. gerade 35⅓ Procent betrugen. Die Regiekosten bei „dem Baue des Windau- oder Moskwa-Kanales sind unter den hiefür ver„wendeten Summen besonders begriffen. So groſs als hier die mit circa „35 Procent berechneten Regieauslagen erscheinen, so lassen sie sich doch „aus der ungeheuren Ausdehnung des Reiches erklären; überdieſs sind auch „hierunter die Kosten für die Lehranstalten begriffen, woraus die Officiere „der Land- und Wasserkommunikazionen austreten, dann die Kosten der „Wächter, welche an den Flüssen, z. B. der Wolga, zur Sicherung der „Schiffahrt aufgestellt sind."

„Bei dem gegenwärtigen Baue der Eisenbahn müssen, wie ich schon „früher bemerkte, nothwendig mehrere, in diesem Bauzweige erfahrene „Individuen in England engagirt werden, welches bekanntlich groſse Ko„sten verursacht. Der Bau selbst ist in seiner Art hier ganz neu, und „fordert bei seiner Ausführung ein zahlreiches, gut besoldetes Personale, „um eine gute dauerhafte Arbeit zu liefern. Ich begründe auf diese Un„ternehmung meinen Kredit in Ruſsland; ich werde daher auch gewiſs „alles anwenden, um einen guten Bau herzustellen. Hiezu müssen mir „aber nothwendig die Mittel von der Akziengesellschaft gegeben werden. „Ich fordre inzwischen bloſs die Hälfte der Regiekosten der kais. russi„schen Staatsbauten, nämlich 17½ Procent des für die Unternehmung im „Ganzen verwendeten Kapitals. Dieſs soll zu folgenden Zwecken und „in folgenden Terminen gezahlt werden:

„*Erstens.* 4 Procent als Entschädigung für meine bisherigen Auslagen „und jene für die Ingenieurs, dann für alle Vorarbeiten, für die Kosten des in „natürlicher Gröfse in Liverpool erbauten Stückes Eisenbahn sammt Wagen, „welches von dort nach St. Petersburg gebracht und hier zur unentgeldlichen „Besichtigung des Publikums aufgestellt wurde; für die Kosten dieses in „12 000 Exempl. und 3 Sprachen gedruckten Mémoire, für die Kosten „der unentgeldlichen Vertheilung desselben im ganzen russischen Reiche, „endlich für die Reise nach England und die Kosten bei der Aufnahme „und Übersiedelung der für den Bau der Eisenbahn erforderlichen Perso-„nen hierher. Diese 4 Procent kommen mir sobald die Gesellschaft con-„stituirt ist, auszuzahlen."

„*Zweitens.* 10 Procent des Unternehmungskapitals für die ganze „Bauführung unter den oben Seite 60 angeführten Verantwortungen in „monatlichen Beträgen nach dem Vorrücken der Arbeiten ausgezahlt. Diefs „ist sonach der Pauschalbetrag, wovon ich sämmtliche Ingenieurs, Bau-„aufseher und Wächter an der Bahn vom Beginn des Baues bis zum Tage „der Eröffnung der Bahn in ihrer ganzen Länge zu besolden habe, mit „dem Bemerken, dafs die Kosten der Bewachung jeder einzelnen Bahn-„strecke mir nur bis zu dem Tage obliegen, wo diese Strecke für Rech-„nung der Gesellschaft von dem Publikum benutzt wird. Von dem obi-„gen Pauschale habe ich ferner alle für die Ingenieurs erforderlichen Instru-„mente (die aber Eigenthum der letztern bleiben) beizuschaffen, ferner „das Briefporto, die Reisekosten des zur Bauführung verwendeten Perso-„nale und alle andern diversen Auslagen, welche die Leitung des Baues „und die Bewachung des gesellschaftlichen Eigenthumes vom Beginne des „Baues bis zum Tage der Eröffnung der Bahn betreffen, zu berichtigen; „endlich habe ich davon die Kosten der Herausgabe und der Vertheilung „im Reiche eines Berichtes während dem Baue, und eines zweiten ausführ-„lichen Berichtes nach beendigtem Baue, ein jeder in 7000 Exempl. russisch, „3000 Exempl. deutsch und 2000 französisch zu tragen. Da mir übrigens „die Zeit fehlt, die Erbauung des Eisenbahngasthofes und der andern Ge-„bäude im Parke von Pawlowsk im Detail zu überwachen, so wird dieser „Bau einem verlässigen Architekten übertragen werden; es sind mir sonach „blofs von diesem Bauobjekte die erwähnten 10 Procent nicht auszufolgern."

„*Drittens.* $3\frac{1}{2}$ Procent des ganzen für die Unternehmung verwen-„deten Kapitales sind mir nach Abzug jener Beträge, welche nach Seite 143

„den Ingenieurs oder mir zur Last fallen, am Tage nach der Eröff-„nung der Bahn bis Zarskoe-Selo auszubezahlen. Ich bin aber verpflich-„tet, von diesem Betrage die Herausgabe und die unentgeldliche Verthei-„lung eines Berichtes innerhalb des Reiches zu besorgen, welcher in den „ersten 3 Jahren der Bahnbenützung jährlich in 12000 Exempl. über den „Fortgang der Unternehmung von mir erstattet, und auf meine Kosten im „ganzen Russischen Reiche zur Belehrung des hiesigen Publikums ver-„breitet werden soll."

„Aus der Vergleichung der gegenwärtig von mir angesprochenen „Entschädigung mit den Regiekosten und meiner Entschädigung bei dem „Bau der im Jahre 1825 begonnenen Eisenbahn in Oesterreich ergiebt „sich, dafs das von mir aufgestellte Verhältnifs für die hiesige Gesellschaft „weit vortheilhafter sey. Nebst meiner seit 11 Jahren viel gröfser gewor-„denen Erfahrung biethe ich der Gesellschaft Verpflichtungen an, wie sie „sonst bei Bauten nicht vorzukommen pflegen: ich werde persönlich den „Bau in allen seinen Theilen überwachen, und werde gewifs im Laufe des „Jahres 1836 die Bahn in ihrer ganzen Länge von $3\frac{3}{4}$ Meilen wenigstens „60 mal zu Fufs abgehen, um allen Arbeiten nachzusehen; es wird fer-„ner fortwährend ein im Baue der Eisenbahnen erfahrener engl. Ingenieur „und mehrere englische Werkmeister zugegen sein; diese letztern Indivi-„duen brauchen Dollmetscher, die der engl. und russischen Sprache kun-„dig sind, und die Kosten der ohnehin sehr theuern Engländer wieder „erhöhen; es müssen aufserdem mehrere andere der russischen Sprache „kundige Ingenieurs angestellt werden, damit es nirgends an Aufsicht fehle, „und damit der mit so aufserordentlicher Schnelligkeit betriebene Bau „auch die gehörige Solidität habe."

„Der belgische Minister de Theux erklärte am 4. August 1835 in „der Repräsentantenkammer, die Ausführung des Baues der Eisenbahn zwi-„schen Brüssel und Mecheln von 3 Meilen Länge innerhalb des kurzen „Zeitraumes von 12 Monaten sei eine erstaunungswürdige Sache, und es „sei defshalb nicht möglich gewesen, eine strenge Wirthschaft zu beobach-„ten. Dort waren nur 41900 Sch. R. Erdarbeit herzustellen, hier beträgt „die Arbeit mehr als 3 mal so viel; dort sind eine Menge geschickter Ar-„beiter zu haben, hier müssen theuere Werkmeister erst von England auf-„genommen werden; dort konnte man während 12 Monaten ununterbro-„chen arbeiten, hier ist nur die kurze Zeit von 5 Monaten vom 1. Mai

„bis zum letzten September für die Ausführung der Hauptbahn bis Zarskoe-Selo von 3 Meilen Länge vorhanden; hier muſs also ein überaus „zahlreiches Personale angestellt werden; allein da die ganze Bahn mit „allem Zugehör erst im Jahre 1837 beendigt werden kann, so muſs ein „groſser Theil dieses Personale $1\frac{1}{2}$ Jahre lang beibehalten werden. Wer „immer das Angeführte reiflich überlegt, wird es kaum begreiflich finden, „daſs ich so groſse Verpflichtungen bloſs um die Hälfte der Regiekosten der „kais. russischen Staatsbauten zu übernehmen im Stande sey; ich kann also „auch mit voller Beruhigung dieſs als Bedingniſs für den Beitritt eines je„den Akzionärs zu der von mir gebildeteten Gesellschaft aufstellen." —

„Im Überschlage Post No. 18. sind sämmtliche Regie- und Admi„nistrationskosten, dann diverse Auslagen der ganzen Unternehmung mit „174 824 Rthlr. oder mit beiläufig 20 Procent des Unternehmungskapitales „angeschlagen. Da die Bauführung mit sämmtlichen hiezu gehörigen Ausla„gen die vorangeführten $17\frac{1}{2}$ Procent des Baukapitals kostet, so bleibt noch „eine Summe von 21 761 Rthlr. disponibel. Hievon bestreiten die andern „Direktoren der Unternehmung die Kosten des Druckes der Akzien und „der verschiedenen die Direkzion betreffenden Papiere, die Miethe eines „Lokale als Direkzionskanzelei, die Besoldung eines gesellschaftlichen Be„vollmächtigten, eines Kassiers und andere Auslagen dieser Art. Wollte „man selbst alle diese Auslagen zu den Kosten der Administrazion rech„nen, welche dann sammt der Bauführung 20 Prozent des Unternehmungs„kapitales betragen würden, so ergiebt sich noch immer ein Unterschied „von 15 Procent im Vergleiche mit den in Seite 146 angeführten Admini„strazionsauslagen in Ruſsland. Da dieser Unterschied zu Gunsten der „Gesellschaft fällt, so kann wohl jeder Akzionär der Unternehmung ganz „zufrieden seyn, zumahl wenn er bedenkt, daſs dieſs die erste von Pri„vaten ausgeführte Unternehmung dieser Art in Ruſsland ist."

[Wir haben diesen Artikel aus dem Mémoire des Herrn von Gerstner wörtlich hergesetzt, als authentische Nachricht, wie und in welchem Maaſse in *England, Frankreich, Oestreich* und *Ruſsland*, also über den gröſsten Theil der civilisirten Erde, ziemlich einstimmig, die Leistungen geeigneter Ingenieurs bei neuen technischen Unternehmungen taxirt und remunerirt werden.

Bei der projectirten Eisenbahn zwischen Berlin und Potsdam sind die gesammten Regie-Kosten, das heiſst: die Kosten der zum Project und zur Ausführung nöthigen Messungen und Nivellements, der Verfertigung des vorläufigen und des definitiven speciellen Bau-Planes, der Direction der Ausführung des Baues, der Ober- und Unter-Aufsicht auf dieselbe, der Syndicats-Geschäfte bei der Erwerbung des Grundes und Bodens und bei den übrigen Verhandlungen, der Reisen etc., mit *Einschluſs* des eigentlichen *Honorars* für die Urheber der Bahn, in Actien, als Entgelt ihres Risicos, als billigen Antheil am Gewinn, und als Belohnung dafür, daſs sie das Werk in's Leben riefen: für alles dieses zusammen, etwa zu 4 Procent des Anlage-Capitals angenommen worden, wovon etwa $1\frac{1}{2}$ Procent dem technischen Miturheber und Dirigenten des Baues zufallen werden. Alle Billigdenkenden haben diese Remuneration auch angemessen, und Viele haben sie gering gefunden, erwägend, daſs man sich z. B. an der Börse für ein Anleihe-Geschäft und dergleichen, zu welchem viel weniger Studium und Arbeit gehört, 2, 3 bis 5 Procent berechnet, und daſs, während die Actionnairs auf gute Zinsen ihrer Capitalien, oder auf guten Gewinn aus dem Verkaufe der Actien rechnen, Diejenigen, welche durch ihre Arbeiten und technischen Einsichten ihnen das Werk herstellen, und ihnen also die erwarteten Vortheile zuführen, billigerweise nicht allein ohne eine einigermaſsen verhältniſsmäſsige Belohnung bleiben dürfen. D. H.]

Schluſs-Betrachtung. Blick in die Zukunft.

Der Herr Verfasser recapitulirt hier nochmals die Vortheile, welche sich zunächst von der Eisenbahn zwischen Petersburg, Zarskoe-Selo und Pawlowsk, sowohl für die Actionnairs, als für die Bewohner dieser Städte, mit Grund erwarten lassen; so wie diejenigen, welche überhaupt für Ruſsland von Eisenbahnen, die für dasselbe, seiner groſsen Ausdehnung wegen, eben so wichtig sind, wie, in dem ähnlichen Falle, für Nord-Amerika, zu hoffen sein dürften, und spricht gute Wünsche für das Gedeihen derselben aus.

Anhang. (Wörtlich.)

„Dieses vorstehende Mémoire wurde im Jänner 1836 geschrieben „und am 31. Jänner l. J. dem Comité des hohen Reichsrathes, welches „Se. Majestät der Kaiser zur Untersuchung der von mir überreichten Vor-

„schläge in Betreff der Einführung der Eisenbahnen im russischen Reiche „ernannt hatte, zur Prüfung vorgelegt. Am 3. Februar 1836 wurde dem „Herrn Präsidenten des Reichsrathes, welcher zugleich Präsident dieses „Comité war, eine von dem Herrn Oberzeremonienmeister Grafen Alexis „Bobrinsky, Herrn Benedikt Cramer, Kommerzrath und Kaufmann erster „Gilde, Herrn J. K. Plitt, Consul der freien Stadt Frankfurt und Kauf„mann erster Gilde, dann von dem Herausgeber dieses Mémoire unterfer„tigte Erklärung überreicht, worin dieselben um Ertheilung des Privile„giums bathen."

„Hierauf erfolgte unter dem 12. Febr. d. J. ein Decret seiner Er„laucht des Herrn Grafen Toll, Generaladjudanten Sr. Majestät und ober„sten Chef aller Land- und Wasserverbindungen im russischen Reiche, „worin den vorgenannten vier Stiftern der Eisenbahn von St. Petersburg „nach Zarskoe-Selo und Pawlowsk im Namen Sr. kais. Majestät das „Privilegium für den Bau dieser Bahn zugesichert wird. Die Konzessio„nen dieses Privilegiums gründen sich im Allgemeinen auf den Inhalt des „Schreibens Seiner Erlaucht des Herrn Reichsraths-Präsidenten dd° 21. De„zember 1835, welches Seite 86 im Auszuge mitgetheilt ist; es wurden „jedoch bei den spätern Verhandlungen noch einige Begünstigungen, wo„durch die Ausführung der Unternehmung erleichtert, und ihr Gelingen „gesichert wird, hinzugefügt.

„Unter diesen Begünstigungen ist die wichtigste, dafs die projek„tirte und Seite 100 etc. beschriebene Bahnlinie in ihrer ganzen Länge „genehmigt wird. Diese Linie geht nämlich über das Wolkowo-Pole, „wo die Gebäude der kongrevischen Raketenfabrik stehen, und wo die „Artillerie beinahe täglich im Sommer und Winter Versuche anstellt. „Laut Zuschrift dd° 6. März 1836 des Herrn Generalmajors Fürsten Dol„goruky, Chef des Stabes Sr. kaiserl. Hoheit des Herrn General Feld„zeugmeisters geruhten Se. Majestät der Kaiser zu befehlen, dafs die Ra„ketenfabrik und die Batterie auf einen andern Platz übertragen werde, „die Akziengesellschaft aber die Kosten dieser Übersetzung zu bestreiten „habe. Diese Allerhöchste Gnade Sr. Majestät gewährt der Unterneh„nehmung den äufserst wichtigen Vortheil, dafs die genehmigte Bahnlinie „als die vorzüglichste Linie einer Eisenbahn angesehen werden kann, die „noch je irgendwo angelegt wurde; die Auslagen welche die Gesellschaft „zu bestreiten hat, verschwinden im Vergleiche zu den hiedurch gewon-

„nenen Vortheilen, und dürften meiner persönlichen Meinung nach, nicht „14 580 Rthlr. übersteigen."

„Eine zweite eben so wichtige Konzession hat die Unternehmung „der höchsten Gnade Sr. kais. Hoheit des Grofsfürsten Michael Pawlo„witsch zu verdanken. Se. kais. Hoheit geruhten nämlich am 18. Febr. „l. J. die im Parke abgesteckte Bahnlinie zu besichtigen und sie zu ge„nehmigen. Höchstdieselben geruhten ferner zu bewilligen, dafs im Parke „einige Gebäude zur Unterkunft und zum Vergnügen des Publikums von „der Akziengesellschaft errichtet werden, und dafs ein Preis für den be„sten Entwurf zu diesen Gebäuden von den Unternehmern der Eisenbahn „ausgesetzt werde. Demnach erschien am 16. März l. J. die Bekannt„machung in den St. Petersburger Zeitungen, worin die Herrn Architek„ten eingeladen werden, Entwürfe für diese Gebäude, deren Baukosten „vorläufig auf 58 320 Rthlr. bemessen sind, einzusenden, mit dem Bedeu„ten, dafs für jenen Plan, welcher von Sr. kais. Hoheit genehmigt, und „dessen Bau unter der Leitung des Architekten ausgeführt wird, eine Re„muneration von 5832 Rthlr. (20 000 Rub. Bc. Ass.) verabfolgt werde."

„In der St. Petersburger Zeitung vom 14. März l. J. erschien be„reits die Anzeige wegen Abhaltung der Lizitation für die Herstellung der „Erdarbeit, der Brücken, dann die Lieferung der Querbalken und Faschi„nen. Die andern Arbeiten sollen später kontrahirt werden."

„Somit ist denn diese Akziengesellschaft ins Leben getreten, das „ganze erforderliche Kapital unterzeichnet, und die Stifter derselben wer„den gewifs alles anwenden, um diesen Bau so auszuführen, dafs er dem „Zwecke, den Bewohnern der Residenz zum Nutzen und Vergnügen zu „gereichen, und zugleich den Beweis zu liefern, dafs Eisenbahnen in Rufs„land zweckmäfsig und nothwendig sind, vollkommen entspreche."

„St. Petersburg den 18. März 1836."

6.
Über Wasserläuterung.

Die Läuterung des Wassers ist etwas sehr Wichtiges für Städte und Orte, welche entweder gutes Quellwasser, selbst zum Trinken, nicht in hinreichender Menge besitzen, wie z. B. Paris, oder welche noch Flufswasser zum häuslichen Bedarf zu Hülfe nehmen müssen, was selten ganz lauter, und öfters, zumal wenn das durch die Stadt fliefsende Gewässer nicht bedeutend ist, oder kein starkes Gefälle hat, gar sehr verunreinigt zu sein pflegt, wie z. B. zu Berlin. In solchen Fällen ist die Läuterung des Wassers etwas für das Wohlsein und die Gesundheit der Einwohner sehr Bedeutendes: denn das Wasser ist ja eines der unentbehrlichsten und schätzbarsten Erhaltungs-, Genufs- und selbst Heilungsmittel.

In Paris ist die Läuterung des Seinewassers ganz besonders wichtig und nothwendig, weil dieses Wasser dort fast allein das Bedürfnifs der Bewohner befriedigen mufs. Daher hat man auch dort insbesondere diesen Gegenstand näher berücksichtigen müssen, und hat denn in Folge dessen auch gute Erfahrungen darüber, und zwar im Grofsen, worauf es ankommt, gesammelt. Ein Aufsatz aus dem Nachlasse des Herrn Genieys, weil. Ingenieurs der Brücken und Wege, welchen die *Annales des ponts et chaussées* von 1835 mittheilen, enthält interessante, darauf Bezug habende Notizen. Da nun die Läuterung des Wassers, wie gesagt, auch anderwärts häufig sehr nothwendig und wohlthätig sein kann: so hat der Herausgeber des gegenwärtigen Journals es für angemessen und nützlich erachtet, den genannten Aufsatz in dasselbe aufzunehmen. Die Maafse, Gewichte und Geld sind auf Preufsische reducirt worden. Auch wird der Gegenstand in diesem Journale ferner berücksichtigt werden.

I. Allgemeine Bemerkungen.

1. Das Wasser kann durch fremde, entweder darin schwimmende, also beigemengte Theile, oder durch darin aufgelösete, beigemischte organische Theile verunreinigt sein.

Im ersten Fall geschieht die Läuterung entweder bloſs durch den Niederschlag des ruhig stehenden Wassers, oder durch Absonderung der fremden Theile vermittelst Reagentien, oder auch vermittelst Durchseihung durch verschiedene poröse Körper.

Im zweiten Falle läutert man das Wasser ebenfalls vermittelst der Durchseihung, aber durch andere Körper, besonders durch Kohle.

2. *Läuterung durch Niederschlag.* Das einfachste Läuterungsverfahren ist, das Wasser in groſsen Behältern so lange stehen zu lassen, bis die darin schwimmenden Theile zu Boden gesunken sind. Dieses Verfahren ist das gewöhnliche; aber es hat mehrere Übelstände.

Der Niederschlag nemlich erfordert häufig viel Zeit, und das Verfahren daher sehr groſse und kostbare Behälter.

Sodann nimmt das Wasser während des Stillstandes, wenn die beigemengten Theile organischer Art sind, leicht den verderbten Zustand stehender Gewässer an. Die beigemengten Theile durchlaufen während der Ruhe leicht die verschiedenen Zustände der Zersetzung, und das Wasser verdirbt dadurch mehr oder weniger, und verliert besonders einen Theil seines Sauerstoffgases, welchen die Zersetzung der Stoffe wegnimmt. In der That erhält man durch dieses Verfahren selten hinreichend klares Wasser, selbst wenn das Wasser lange, und viel länger still gestanden hat, als es in Fällen, wo das Bedürfniſs die Herbeischaffung desselben in Menge erfordert, zuläſslich ist.

3. *Läuterung durch Reagentien, und besonders durch Alaun.* Man hat durch verschiedene Mittel die Absonderung der beigemengten Theile zu beschleunigen gesucht. In einigen Läuterungs-Anstalten zu Paris hat man sich der Salze bedient, welche vermöge einer zwiefachen Zersetzung mit den im Wasser enthaltenen Salzen andere bilden, die hinreichend specifisch schwer sind, um schnell niederzusinken, und die dann die übrigen beigemengten Theile mit sich fortführen. Aber dieses Mittel darf nur mit Vorsicht angewendet werden, weil die Menge und Art der läuternden Sätze fast beständig nach der Menge und Art der dem Wasser beigemischten Salze verändert werden muſs. Es läſst sich nur eine Art

namhaft machen, wie man auf solche Weise in mehreren Fabriken und in einigen Krankenhäusern das Seinewasser reinigt, zu der Zeit wo sich dasselbe, so, wie es die städtischen Wasserhebungsmaschinen schöpfen, nicht unmittelbar benutzen läfst, nemlich zu Zeiten der Anschwellung des Flusses, wo derselbe viele schlammige Theile mit sich führt. Man bedient sich dabei des Alauns (*alun*), oder der schwefelsauren Thonerde (*sulfate acide d'alumine*) oder Potasche, oder des Ammoniaks. Dieses Salz sondert sehr kräftig die dem Wasser beigemengten Theile ab. Die Art dieser Wirkung ist noch nicht hinreichend erklärt worden. Die Erfahrung aber lehrt, dafs 1 Pfd. Alaun etwa 300 Cubikfufs sehr trübes Wasser in kurzer Zeit recht klar macht. Man sieht, dafs die geringe Menge des zugesetzten Salzes nicht gegenseits etwa schädliche Wirkungen hervorbringen kann. Aber das Läuterungsmittel ist nicht allgemein in Gebrauch gekommen. Vielmehr ist das Durchseihen des Wassers, welches alle Vortheile jener Läuterungsmethode gewährt, ohne ihre Nachtheile zu haben, dasjenige Verfahren, dessen man sich jetzt allgemein bedient.

4. *Seihen durch die Poren gewisser Körper.* Dieses Seihen ist das nemliche, dessen sich die Natur bei den Quellen bedient. Man hatte bemerkt, dafs gewisse kalkige Steine so porös sind, dafs sie das Wasser leicht durchfliefsen lassen, und dabei seine fremden Bestandtheile zurückhalten. So geben dieselben ein natürliches Filtrum ab.

Surrogate von dergleichen kalkigen Steinen sind Sand und runde Kiesel von verschiedener Gröfse. Die im Wasser schwimmenden fremden Theile bleiben beim Durchflufs daran hängen, und das durchgeflossene Wasser ist ziemlich klar.

Auch feine Schwämme leisten einen ähnlichen Dienst, wenn man das Wasser langsam durch sie hindurch fliefsen läfst.

Wenn die absondernde Kraft des Filtrums durch die Anhäufung der hängen gebliebenen fremden Theile abgenommen hat, mufs das Filtrum durch aufeinander folgende Waschungen wieder gereinigt werden. Wegen der Schwierigkeit dieser Operation hat ein Filtrum aus Sand vor den Schwämmen und porösen Steinen den Vorzug.

Dieses Läuterungsverfahren läfst sich übrigens auch leicht mit der Benutzung einer oder mehrerer zugesetzten Lagen zerstofsener Kohle verbinden; was sehr wesentlich ist, da die Kohle das Mittel gewährt, die zersetzten organischen Theile aus dem Wasser abzusondern.

5. *Seihen durch Kohlen.* Sowohl die thierische als die vegetabilische Kohle besitzt die Eigenschaft, die Gase zu verschlucken, auf die im Wasser zersetzten organischen Theile zu wirken, und daraus nicht allein die darin schwimmenden fremden, dasselbe trübenden Theile abzusondern, sondern auch dem verdorbensten Wasser seinen übeln Geruch und Geschmack zu nehmen.

Loowitz in Petersburg schrieb zuerst, im Anfange dieses Jahrhunderts, einen Aufsatz über die Benutzung der Kohle als Reinigungs- und Läuterungsmittel für eine Menge von Substanzen. Berthollet deutete mehrere dieser Anwendungen an: z. B. das Verkohlen der Fässer von innen, um das Wasser für lange Seereisen zu erhalten. James Smith, Cuchet und Denis Montfort beschäftigten sich weiter mit den Mitteln, das Wasser zu läutern. In Gegenwart einer aus Mitgliedern des Instituts zusammengesetzten Commission seiheten sie gänzlich verdorbenes und widriges Wasser durch ein Filtrum von Kohlen. Es wurde völlig klar und trinkbar. Bloſs, wenn es wieder eine Zeitlang gestanden hatte, nahm es seine üble Beschaffenheit wieder an, die aber durch ein abermaliges Seihen wieder gehoben werden konnte. Dieses Ergebniſs zeigt, daſs die Kohle, selbst im Übermaaſs angewendet, doch nicht alle im Wasser zersetzten organischen Theile aus demselben zu scheiden vermag, sondern nur diejenigen, welche erst einen gewissen Grad der Zersetzuung erreicht haben. Die Erfinder nahmen ein Patent auf ihr Verfahren, und benutzten es für das in Paris zu vertheilende Wasser. Man findet über die Eigenschaften und Anwendungen der Kohle alle zu verlangende Auskunft in der englischen Übersetzung des Aufsatzes von Loowitz in Crells Annalen der Chemie; in einer Abhandlung von Th. v. Saussure in den *Annales de chimie XXXII.*, und in den interessanten Abhandlungen von Bussy und Payen in dem *Journal de pharmacie VIII.*

II. Thatsachen und Erfahrungen.

Wir wollen nunmehr verschiedene Vorrichtungen beschreiben, welche zur Läuterung des Wassers vorgeschlagen und gebraucht worden sind. Wir werden mit Läuterungen im Kleinen anfangen, und dann zu gröſseren übergehen. Was wir vortragen, ist ein Auszug aus dem *Dictionnaire technologique.*

6. Die Läuterungsgefäfse werden aus Holz, Stein oder gebranntem Thone gemacht. Ihre äufsere Form ist cylindrisch, oder conisch; nach Belieben mit vierseitiger oder kreisförmiger Bodenfläche. Man kann gewöhnliche Fässer dazu nehmen. Man stellt das Gefäfs auf einen hölzernen, etwa 1 Fufs hohen Dreifufs, um das Wasser bequem unten auffangen zu können.

4 bis 5 Zoll hoch über dem Boden befindet sich eine erste Scheidung von Metall oder Sandstein, mit einer Menge kleiner Löcher durchbohrt, wie ein Durchschlag. Die Scheidung ist an den Wänden des Gefäfses dicht befestigt. Vermittelst eines Hahnes am Boden kann das zwischen der Seihetafel und dem Boden sich sammelnde Wasser abgelassen werden. Eine kleine Röhre von 5 bis 6 Linien im Durchmesser erstreckt sich von dem untern Raume bis nach oben, um die Luft ab- oder zuzulassen, wenn der untere Raum mit Wasser sich füllt, oder wenn dasselbe daraus abfliefsen soll.

Auf die erste Seihetafel legt man ein wollenes Tuch, oder eine Lage zerstofsenen Sandsteins, von etwa 2 Zoll dick. Hierauf folgt eine andere, einen Fufs, oder, je nach der Höhe des Gefäfses, mehr oder weniger dicke Lage von grobzerstofsener Holzkohle, mit wohlgewaschenem, fein gestofsenem Sandsteinpulver gemengt. In Ermangelung des Sandsteines kann man feinen Flufssand nehmen. Diese Lage mufs stark zusammengedrückt werden, damit das Wasser, welches sie durchzieht, möglichst lange mit der Kohle in Berührung bleibe. Auf die zweite Lage kommt eine dritte, von Sand oder zerstofsenem Sandsteine, etwa 2 Zoll dick, und dann wird das Ganze mit einem Deckel belegt, der genau in das Gefäfs pafst, und der nach der Mitte hin mit 3 oder 4 Löchern von 1 Zoll im Durchmesser durchbohrt ist.

In jedes dieser Löcher wird ein Stöpsel von Sandstein, von der Form eines Pilzes, gesteckt, dessen hohler Stiel mehrere kleine Löcher hat. Der Kopf jedes Stöpsels wird mit einem Schwamm umhüllt.

Indem das Wasser durch diese Schwämme zieht, die von Zeit zu Zeit ausgewaschen werden müssen, setzen sich schon daran von den im Wasser schwimmenden fremden Theilen ab.

Eine kleine bleierne Röhre [besser wohl eine eiserne oder irdene Röhre, D. H.], ähnlich der oben gedachten, reicht von dem Deckel bis oben aus dem Gefäſse hinaus, um die Luft aus den Seihelagen abzulassen, so wie das Wasser in dieselben eindringt.

Diese Anordnung kann je nach den verschiedenen Zwecken modificirt werden. Man kann durch innere Scheidungen das Wasser zwingen, nachdem es durchseihend hinabgestiegen ist, durch andere Seihelagen wieder aufwärts zu steigen. Oder man kann es geradezu bis nach unten gelangen lassen. Darauf kann man es durch andere Seihelagen wieder aufwärts steigen machen, und dann vermittelst eines Hahns in der Mitte des Gefäſses ablassen, wie die folgende nähere Beschreibung zeigen wird.

7. *Seiher zum häuslichen Gebrauch.* Fig. I. Taf. XI. ist die Ansicht eines Seihers aus Sandstein, auf seinem Dreifuſse stehend, mit einem Deckel bedeckt. Das obere Ende der einen Luftröhre zeigt sich bei *a*. Die beiden Röhren reichen bis in das Innere des Gefäſses hinab: die eine bis unter den Deckel *b*, die andere bis in den untern Raum *g*. Die Figur ist so gezeichnet, als fehlte ein Theil der vorderen Seite der Wand, um das Innere des Gefäſses sichtbar zu machen. *b* ist der an den Wänden des Gefäſses gelöthete metallene Deckel, der in der Mitte den pilzförmigen, mit einem Schwamme bedeckten Stöpsel trägt. *d* ist eine umgekehrte, den Trichter *e* bedeckende Glocke. Die Röhre des Trichters führt das Wasser in den unteren Raum *g*. *f* ist der Hahn, vermittelst dessen das Wasser aus dem untern Raume *g* abgezapft wird.

Eig. 2. zeigt die über den Trichter gedeckte Glocke im Grundriſs.

Fig. 3. ist der Grundriſs des metallenen Deckels *b*. Derselbe hat rundum einen vorstehenden Rand, um das Loth aufzunehmen, und in der Mitte eine kreisförmige Öffnung für den hohlen Stiel des pilzförmigen Stöpsels *c*; desgleichen an der Seite einen kleinen Ausschnitt zum Durchgange der Luftröhre *a*.

8. *Seihefaſs.* Fig. 4. ist der senkrechte Durchschnitt eines solchen Fasses. Es ist aus eichenem Holze gemacht und mit eisernen Bändern beschlagen. Es hat zwei Henkel und unten einen Hahn. *a a* ist der erste Boden von Holz, mit 4 Pilzen b^1, b^2, b^3, b^4, auf welche das zu läuternde Wasser gegossen wird.

Fig. 5. ist der Grundriſs des ersten Bodens mit den 4 Pilzen b^1, b^2, b^3, b^4.

c c Fig. 4. ist der zweite Boden, mit Löchern durchbohrt.

d^1 und d^2 sind zwei Lagen von gestoſsenem Sandstein: die eine unmittelbar unter dem oberen, die andere unmittelbar über dem unteren Boden. Zwischen diesen beiden Lagen befindet sich eine Lage *e* von zerstoſsener Kohle, mit feinem Sande gemengt.

Fig. 6. zeigt im Groſsen einen pilzförmigen Stöpsel, sowohl innen mit Schwamm ausgefuttert, als auſsen damit bedeckt. Der untere Theil des Stöpsels *f* paſst in die Öffnung des Bodens *a a* Fig. 4.

8. *Tragbarer Seihe-Apparat.* Fig. 7. ist der verticale Durchschnitt des hölzernen, conischen Gefäſses. Es ist mit eisernen Bändern beschlagen, hat zwei Henkel, einen Deckel, und wird, wie das Seihegefäſs Fig. 1., auf einen hölzernen Dreifuſs gestellt. Der Seiher selbst befindet sich am Boden des Gefäſses und ist ganz von Sandsteinpulver umgeben, worauf ein nicht befestigter Deckel *a a* liegt. Das Wasser begiebt sich von oben, indem es zugleich den untern Raum *b* füllt, in den Raum *f*, steigt von da nach *c* in die Höhe, bis zu den in der Scheidewand *g* befindlichen Löchern; es gelangt weiter durch die Löcher des Doppel-Bodens *h* in den Raum *d*, und wird aus diesem vermittelst des Hahnes *e* abgezapft. Auf diesem seinen Wege wird es vollständig geläutert.

Fig. 8. ist der Grundriſs des tragbaren Seihers. Derselbe ist von Blech, und hat die Gestalt einer Trommel. Der obere Deckel des Seihers ist in der Figur abgehoben, um die Wand *g* (Fig. 7.) zu zeigen, welche den Seiher in zwei Theile theilt, nebst den Löchern im Boden *f* und in dem Doppel-Boden *h*.

Fig. 9. ist die Ansicht des unteren Bodens *f* der Trommel. Der Raum *c* ist mit läuternden Stoffen gefüllt, und *d* ist der Behälter für das geläuterte Wasser.

Fig. 10. zeigt die Ansicht der Scheidewand *g* des Seihers. Man sieht in der oberen Hälfte der Wand eine Reihe Löcher, durch welche das Wasser aus dem Raume *c* in den Raum *e* gelangt, von wo es sich durch die punctirte Wand *h* in den Raum *d* begiebt, der zwischen der Wand *h* und dem Boden liegt.

9. *Seihe-Apparate für Seereisen.* Die Form und Anordnung der Seihe-Apparate für die Marine ist sehr verschieden. Fig. 11. bis 14. geben eine Vorstellung von einem solchen Apparat. Derselbe ist so eingerichtet, daſs die Bewegung des Schiffes die Filtration des Wassers weder

hindern noch verzögern kann. Die äufsere Gestalt des Apparates ist fast der des Seihers Fig. 4. gleich.

Fig. 11. ist der senkrechte Durchschnitt des Gefäfses. Man sieht oben in *a* einen See-Eimer (*seau de clapotage*), welcher das Gefäfs gänzlich verschliefst, und dessen Boden durchlöchert ist. Dieser in Fig. 12. vorgestellte Eimer hat zwei Henkel; er ist bestimmt, das Wasser zu verhindern, herauszuspritzen, wenn das Schiff in heftige Bewegung geräth.

Das Seihen erfolgt hier beim Aufsteigen des Wassers. Das zuerst in den Eimer gegossene Wasser füllt den Raum *b*, und darauf den untern Raum *e*, vermittelst der Verbindungsröhre *d*. Um sich nun wieder auf seine Höhe zu erheben, steigt es durch die durchlöcherten Böden e^1, e^2 und durch die Lagen *f*, *g*, *h* in den Raum *k*, aus welchem es vermittelst des Hebers *i* abgezapft wird.

ll ist eine kleine bleierne Luftröhre, welche aus dem Raume *k* bis oben hinausreicht.

m ist der untere Ablafs-Hahn, welcher geöffnet wird, wenn das Gefäfs gewaschen werden soll.

Fig. 13. zeigt den Boden des See-Eimers, und

Fig. 14. einen der durchlöcherten Böden e^1, e^2 des Gefäfses.

10. *Wasserläuterungs-Anstalt am Quai der Cölestiner zu Paris.* Diese Wasserläuterungs-Anstalt ist 1806, nach Ablauf des Patents der Herrn Smith, Cuchet und Montfort, angelegt worden. Herr Happey, der sie gegründet hat, ist auch ihr Eigenthümer, und er kann eine sehr grofse Menge geläuterten Wassers liefern. Das Wasser wird für den nämlichen Preis verkauft, welchen die Wasserträger nehmen: $9\frac{3}{5}$ Spf. (2 Sous) für die Tracht (*voie*). Wir wollen eine Idee von diesem wichtigen Etablissement geben.

Beim Eintritt in den Hof gewahrt man zunächst sehr grofse, hölzerne Gefäfse: von 15 Fufs im Durchmesser und 12 F. hoch, also von mehr als 2200 Cubikfufs Inhalt.

In diese Gefäfse wird das Wasser aus der Seine durch 3 Satz Pumpen geschöpft, welche ein Rofswerk in Bewegung setzt. Das Wasser wird aus der Mitte des Flusses genommen, und von daher 25 Ruthen weit geleitet. Es setzt zuerst in den Gefäfsen den Schlamm ab, welchen es enthält.

Um den Vorgang dieser vorbereitenden Operation näher einzusehen, muſs man sich die Gefäſse erst leer vorstellen. Das Gefäſs No. 1. wird gefüllt; darauf No. 2., und darauf No. 3. Nachdem No. 3. voll ist, hebt man das Wasser aus No. 1. auf die Seiher, von welchen sogleich die Rede sein wird. Nachdem No. 1. leer ist, kommt das Wasser aus No. 2. an die Reihe u. s. w. Während dessen wird No. 1. von Neuem gefüllt, nachdem der Schlamm, der sich zu Boden gesenkt hatte, aus den Gefäſsen fortgeschafft worden ist. Auf diese Weise ist beständig ein Gefäſs von Wasser voll, und das Wasser setzt sich darin, während dasjenige aus einem andern Gefäſs auf die Seiher gebracht wird, und ein Drittes das Wasser aus dem Flusse erhält. Ein Gefäſs kann in 3 Stunden gefüllt werden.

Der wichtigere und interessantere Theil dieses Etablissements ist der Seihesaal. Er liegt in dem oberen Stockwerke des Hauses, und alles Wasser wird aus den vorher beschriebenen Kufen in dieses Stockwerk gehoben, um dort weiter geläutert zu werden. Das nämliche Roſswerk, welches die drei Satz Pumpen bewegt, die das Wasser aus dem Flusse schöpfen, setzt drei andere Satz Pumpen in Bewegung, die das Wasser aus den Kufen in den Seihesaal schaffen.

Dieser Saal ist 90 F. lang und 33 F. breit. Der cascadenförmige Seiher, in welchen das Wasser durch eine lange Röhre gelangt, steht der Eingangsthür gegenüber. Das Wasser flieſst absatzweise in drei tiefer liegende Behälter hinab, und aus dem überlaufenden letzten Behälter in Canäle, welche rund um den Saal laufen, so wie in andere in der Mitte. Die Canäle sind durch bleierne Röhren mit einander verbunden, so, daſs das Wasser den Saal um- und seine Mitte durchflieſst. Aus diesen Canälen gelangt es in die Seiher, und nachdem es dieselben passirt ist, begiebt es sich in zwei sehr groſse Kufen, ähnlich denen im Hofe. Aus diesen Kufen empfangen es die Wasserführer, welche es in die Stadt transportiren.

Die Seiher sind prismatische, mit Blei gefütterte Gefäſse. Jeder Seiher empfängt das Wasser aus vier oder fünf Röhren. Die Seiher sind nämlich so eingerichtet, wie die oben beschriebenen von Smith und Cuchet. Sie haben einen durchlöcherten Doppelboden, auf welchem eine Schicht Kies liegt, von 1 Zoll dick. Auf dieser Schicht liegt eine starke Schicht Kohlen, mit feinem Sande gemengt, und diese bedeckt wieder eine 1 bis 2 Zoll dicke Schicht Kies.

Einige meinen, dafs es, da das Wasser bei dem Durchflusse durch die Kohlenschicht einen Theil der Luft absetze, die es enthält, nothwendig sei, es einer Art von Umrühren (*batillage*) zu unterwerfen, um ihm diesen, zu seiner Zuträglichkeit nothwendigen Bestandtheil wieder zu verschaffen. Sie setzen dabei voraus, dafs die Kohle fortwährend wirksam sei. Erwägt man indessen, dafs in den beiden Wasserläuterungs-Anstalten der Stadt die Kohlen nicht häufig erneuert werden, so sieht man leicht, dafs das Umrühren füglich unterbleiben darf.

Das Wasser fliefst zunächst in bleierne Gefäfse, von der Form umgelegter Flaschen, die an den Canälen befestigt sind. An jedem dieser Gefäfse befindet sich ein Schwamm, welcher einen grofsen Theil des vom Wasser fortgeschwemmten Sandes auffängt. Diese Schwämme werden alle 2 oder 3 Stunden gewechselt, und sorgfältig gewaschen. Ein Arbeiter ist fortwährend mit dieser Operation beschäftigt (*Dict. techn. tome IX. Paris* 1826).

Zu der Zeit, wo wir diese Anstalt besichtigten, befanden sich darin 34 Gefäfse von 10 Fufs 4 Zoll lang und 2 Fufs 1½ Zoll breit, welche also zusammen 722 Quadratfufs Filtrirfläche hatten. Man läuterte täglich 1000 Trachten Wasser, etwa 7438 Cubikfufs enthaltend; was in 24 Stunden etwa 10½ Cubikfufs, also 756 Cubikzoll in der Stunde, und 12⅗ Cubikzoll in der Minute auf den Quadratfufs ausmacht.

11. *Wasserläuterungs-Anstalt zur Rothen-Kugel in Paris.* Dieselbe ist auf die nemliche Weise eingerichtet, wie die vorige, und läutert das ihr, zum Theil aus der Seine, zum Theil aus dem Ourcq-Canal zukommende Wasser, nach Belieben, theils einzeln, theils gemischt. Diese Anstalt hat 72 Seiher, von 3 Fufs 1¼ Zoll lang und 1 Fufs 6½ Zoll breit, also von 347 Quadratfufs Seihefläche. Sie liefert täglich 4 bis 500 Trachten Wasser.

Einige nachträgliche Bemerkungen über diese letzte Anstalt, aus dem Jahre 1833, sind folgende. Eine Treppe hoch befinden sich 9 sehr grofse hölzerne Kufen, mit kreisförmiger oder elliptischer Bodenfläche, zusammen 3234 Cubikfufs Raum enthaltend. Alle diese Kufen stehen mit einander in Verbindung. Zwei Treppen hoch wird das Ourcq-Wasser geläutert. Es sind dazu 74 steinerne Seiher, von 323 Cubikfufs Inhalt, sehr zweckmäfsig aufgestellt. Sie stehen nämlich sämmtlich mit einander in Verbindug, wodurch das Überlaufen der Gefäfse verhindert wird. Man kann indessen nach Belieben einen oder mehrere Seiher von den übrigen absondern, um sie zu reinigen. Aus diesen Gefäſsen flieſst das geläuterte Wasser, in bleiernen Rinnen, nach den Kufen eine Treppe hoch. Bei der Läuterung zieht sich das Wasser durch 5 Schichten. Die oberste und die unterste dieser Schichten bestehen aus feinem Kiese; die zweite und vierte aus gesiebtem Sandsteinpulver; alle vier sind, jede 2 Zoll dick. Die mittelste Schicht ist 3 bis 6 Zoll dick, je nachdem das Wasser mit weniger oder mehr vegetabilischen und animalischen Theilen verunreinigt ist. Diese Schicht besteht aus gesiebtem Kohlenpulver. Zu den nöthigen Arbeiten, Reinigung der Seiher, Wäsche der Läuterungsmittel etc. sind zwei Leute und ein Aufseher angestellt.

12. *Wasserläuterungs-Anstalt in Gros-Caillou.* In dieser Anstalt wird Seine-Wasser vollkommen gereinigt. Die Anstalt ist diejenige der Herren Planche, Boullay, Bouclet, Cadet und Pelletier für die Bereitung künstlicher mineralischer Wasser. Sie liegt in der Nähe der durch Dampfkraft getriebenen Wasserhebungsmaschine von Gros-Caillou. Das aus der Seine gehobene Wasser wird direct vermittelst eiserner Röhren in die Anstalt geleitet. [Diese eisernen Röhren sind auch wohl jedenfalls besser als die bleiernen, und es ist schwerlich gut, daſs in den andern Anstalten das Wasser so viel mit Blei in Berührung kommt. D. H.]

Zwei groſse, im Innern der Anstalt aufgestellte hölzerne Kufen nehmen das zum Dienste der Maschine bestimmte Wasser auf.

Man hat den Druck des Wassers aus dem an 62 F. hoch über dem Boden liegenden Behälter der Dampfmaschine benutzt, um das Wasser von unten in den ersten Behälter zu treiben.

Hier erfolgt die erste Läuterung des Wassers vermittelst einer Schicht Sand und Kohlen, die auf einer etwas über dem Boden erhöhten Scheidung liegt. Das Wasser begiebt sich weiter in den zweiten Behälter, vermittelst eines Hebers, der so angeordnet ist, daſs das Wasser, stets steigend, ein zweites Filtrum passiren muſs.

Zwei Röhren von Zink, mit Hähnen, vertheilen darauf das Wasser, welches noch ein drittes Filtrum in der Nähe der Maschine passirt. Dieser dritten Läuterung wird nur das Wasser unterworfen, welches zur Verfertigung der gesäuerten Wässer bestimmt ist. Es wird durch die dritte Läuterung vollkommen klar.

13. *Filtrum mit doppeltem Umlauf.* Herr Zeni, Ingenieur zu Brest, hat ein solches Filtrum für die Marine vorgeschlagen, und Versuche damit haben Resultate ergeben, welche vortheilhafter als die der gewöhnlichen Läuterungen sind.

abcd Fig. 15. sind zwei concentrische Fässer. Nur das eine *ab* hat einen festen Boden; das andere *ab* hat unten einige Ausschnitte in den Dauben. *D* ist eine Schicht feinen Fluſssandes. Die Schicht *C* besteht, stark zusammengepreſst, halb aus feinem Sande, und halb aus Kohlen. Die Schicht *B* ist zusammengepreſster feiner Fluſssand, und die Schicht *A* besteht aus grobem Fluſssande. *F*, *F* enthält geschlagenen, feinen, und *E*, *E* groben Fluſssand. Die mit Kohlen gemengte Sandschicht ist nicht dicker als die übrigen. Seit man auf den Schiffen blecherner Gefäſse sich bedient, hat man immer sehr gesundes Wasser am Bord; es enthält bloſs mehr Bodensatz von Eisenoxyd. Es würde daher schon bloſs die Läuterung desselben vermittelst einer Sandschicht hinreichend sein. Man kann aber, wenn bei längerer Reise neues Wasser eingenommen werden muſs, auf weniger gesundes Wasser treffen, besonders in einem waldigen Lande, während der Regenzeit. Für diese Fälle also muſs auch ein Kohlenfiltrum vorhanden sein. Da nun aber dieses Kohlenfiltrum nicht fortwährend zu wirken bestimmt sein würde, so hat Herr Zeni weniger Kohlen für zureichend erachtet. Es ist auſserdem rathsam, derselben nur mäſsig sich zu bedienen, weil sie das Wasser ein wenig desoxydiren. Erheischen besondere Umstände ein wirksameres Filtrum, so darf man, um dem Wasser die Farbe zu benehmen, nur animalische Kohle hinzuthun.

Das Wasser wird auf den durchlöcherten Boden *ee* geschüttet. Man füllt das Gefäſs bis oben, und das Wasser dringt nun durch die verschiedenen Schichten, bis es zuletzt durch diejenige zwischen den beiden Fässern zum Hahne *g* gelangt. Oben ist die Vorrichtung mit einer Platte bedeckt, welche, wie der Deckel einer Tabacksdose, das äuſsere Gefäſs umschlieſst, und aus zwei hölzernen oder eisernen concentrischen Ringen besteht. Der Raum zwischen beiden Gefäſsen wird mit Leinwand überdeckt. Diese Decke hat den doppelten Zweck, das mit Oxyd geschwängerte Wasser von dem geläuterten abzuhalten, welches sich zwischen den beiden Gefäſsen befindet, das geläuterte aber zu hindern, bei den Schwankungen des Schiffes über den Rand des Gefäſses zu treten. Ein platter Deckel bedeckt das Ganze.

Durch diese gesammte Anordnung erlangt man nun, daſs das Wasser beim Emporsteigen noch alle diejenigen schweren kleinen Theile absetzt, welche der Läuterung entgangen sein könnten; daſs das Wasser überhaupt mehr geläutert wird, weil es einen zwiefachen Weg durch Seiheschichten zu durchlaufen hat; und daſs das Filtrum, ohne auseinander genommen werden zu dürfen, bloſs durch einen, dem gewöhnlichen entgegengesetzten Wasserstrom sich reinigen läſst. Das zu läuternde Wasser nemlich bahnt sich bei der Läuterung einen Weg durch die Seiher, und setzt an denselben seine fremden Theilchen ab, welche ihm aber zuletzt den Weg versperren. Gieſst man nun klares Wasser, umgekehrt, in den Zwischenraum zwischen den beiden Fässern, so räumt solches die Wege des zu läuternden Wassers wieder auf, indem es die abgesetzten fremden Theile nach der Schicht groben Sandes hintreibt, die im inneren Gefäſse die übrigen bedeckt. Diesen groben Sand rührt man dann zugleich stark auf, und schafft das schmutzige Wasser vermittelst eines Schöpfgefäſses, oder eines zu dem Ende angebrachten Hebers, fort. Eine halbe Tonne (*deux barriques*) Wasser ist hinreichend, um das Filtrum zu reinigen und zum Dienste wieder herzustellen. Bei der Reinigung wird der Raum zwischen den beiden Gefäſsen beständig recht voll erhalten, weil dadurch die Pressung des Wassers so stark als möglich gemacht und also dasselbe stark durch die Seiheschichten getrieben wird, und dann so die fremden Theile aus denselben mit sich fortreiſst. Das zur Auswaschung angewendete Wasser läſst man sich setzen und vorsichtig über den Bodensatz ablaufen, um es noch nutzbar zu machen.

Man sieht, daſs diese Art Seiher immerfort am Bord zu wirken vermag, während die gewöhnlichen Seiher von den Zink und Flanellsieben, so wie diese sich allmählig verstopfen, abhängig sind.

Man hat sich auch kleiner Seiher von Blech, welches dann angestrichen sein muſs, oder auch von Holz, oder gebranntem Thone, zum Wasserbedarf der Officiere bedient. Da diese Seiher nur geringere Quantitäten Wasser zu liefern haben, so können die Seihesubstanzen feiner sein, und fester zusammengeschlagen werden. Da aber wegen der geringen Höhe der Gefäſse der Weg, welchen das Wasser zu durchlaufen hat, kleiner ist, so hat man die Seiher so eingerichtet, daſs das Wasser, in mehreren in einander gesetzten Gefäſsen, öfter auf- und absteigen muſs, ehe es zu dem Abfluſshahne gelangt. Diese kleinen Seiher haben die nemlichen

Vortheile, wie die grofsen; liefern eben so klares Wasser, wie die Filtrirsteine; und haben vor diesen den Vorzug, dafs sie Kohlen enthalten.

III. Betrachtungen über die Läuterung des zum allgemeinen Gebrauche bestimmten Wassers.

Aus dem Obigen ergiebt sich, dafs die Läuterung des Wassers bis jetzt nur zum häuslichen Gebrauch benutzt worden ist, und dafs es noch an Erfahrungen, sowohl über die Zeit fehlt, innerhalb welcher sich die Seiheschichten verstopfen, als über die vortheilhafteste Art der Erneuerung derselben; ferner über das Ergebnifs der Läuterung, im Verhältnifs zu der Zahl, Dicke und Art der Seiheschichten, und über den Grad der Reinheit des geläuterten Wassers, je nach der gröfsern oder geringern Geschwindigkeit, mit welchen es die Seiheschichten durchfliefst.

Die Kraft der vegetabilischen Kohle, Gase und organische Theile zu verschlucken, ist sehr beschränkt, und ihre Dauer hängt von der Reinheit des Wassers ab. Eben so verhält es sich mit der Anziehungskraft der Oberfläche des Sandes und der andern Seihestoffe, so dafs sich im Allgemeinen die Zeit bis zu der Verstopfung der Seiher noch nicht bestimmen läfst.

Wenn z. B. das Seinewasser sehr schlammig ist, so mufs in der Läuterungs-Anstalt am Quai der Cölestiner täglich, und selbst zweimal des Tages, die obere Kiesschicht gewaschen werden. Da das Seinewasser fast gar keine organischen Theile zersetzt enthält, so gelangt der Schlamm selten bis zur Kohle, sondern setzt sich schon an dem Sande ab.

Da, wo man Seine- und Ourcq-Wasser sich setzen läfst, zeigt sich, dafs der Bodensatz nach der verschiedenen Art des Wassers verschieden ist. Wenn die Seine fluthet, so sind die dem Wasser beigemischten Theile in Menge vorhanden, und leicht, und wenig anhängend; beim gewöhnlichen Wasserstande dagegen sind wenige Theile beigemischt, aber sie sind dann zähe und fest verbunden.

Es ist nicht hinreichend, durch Versuche die Zeit ermittelt zu haben, welche ein Seiher seine reinigende Kraft behält; man mufs auch die Schichten so anordnen, dafs sie sich leicht und bequem erneuern lassen. Es wäre selbst gut, wenn man die Schichten einzeln, so oft als nöthig, erneuern könnte, ohne die andern zu berühren. Da aber zu diesem Zwecke eine zu große Seihefläche nöthig sein würde, so würde man sich begnügen müssen, so viel Schichten zu haben, als Tage bis zur Verstopfung vergehen, und noch eine darüber. Verstopfen sich z. B. die Schichten täglich, so müßte man zwei Schichten haben: erfolgt die Verstopfung nach 2 Tagen, 3, nach 3 Tagen, 4 u. s. w. Im ersten Falle also müßte die Seihefläche doppelt so groß sein, als überhaupt für das Bedürfniß nöthig ist; im zweiten Fall wäre nur die Hälfte, im dritten Fall ein Drittheil mehr nöthig. Wahrscheinlich werden, wenn das Wasser am trübsten ist, die Schichten alle drei Tage erneuert werden müssen, so daß also 4 Schichten nöthig sein würden, um drei beständig im Dienste zu haben; also ein Drittheil mehr Seihefläche, als fortwährend wirksam ist.

Bei den meisten oben beschriebenen Seihern muß man der Reihe nach die Schichten abheben, um eine Schicht zu erneuern, weil sie über einander liegen, und kann also, wenn die Wirksamkeit des Seihers abzunehmen anfängt, nicht wissen, welche Schicht verstopft ist. Bei dem Seiher des Herrn **Zeni**, mit doppeltem Umlauf, findet dieser Übelstand nicht Statt. Das Waschen der Schichten geschieht dort unmittelbar durch einen entgegengesetzten Wasserstrom. Aber es scheint noch zu wünschen, daß durch Erfahrung die Wirksamkeit dieser Waschung näher ermittelt werde; denn es scheint uns kaum möglich, daß diese Waschung den Sand ganz von den an seine Oberfläche abgesetzten Theilchen sollte zu reinigen vermögen.

Die Wirkung der Läuterung hängt von der schwächern oder stärkern Trübniß des zu läuternden Wassers, von der Zusammensetzung des Seihers und von dem Drucke des Wassers ab, der sich nach der Höhe des Wasserstandes im Seiher, über dem Ausflußhahn, richtet. Wir hatten darüber einige Versuche in dem Etablissement zur Rothen-Kugel zu machen angefangen. Die Umstände erlaubten uns nicht, sie fortzusetzen; wir wollen indessen von den Versuchen einige Nachricht geben, weil sie dienen kann, anzuzeigen, was noch zu thun sei.

Der Seiher bestand in einem Gefäße aus Sandstein, von 3 Fuß 9 Zoll lang, 1 Fuß 7 Zoll breit, und 2 Fuß $1\frac{1}{2}$ Zoll hoch. Der Raum unter dem 9 Linien dicken hölzernen, durchlöcherten Doppelboden, in welchem Raume sich das geläuterte Wasser sammelte, und aus welchem es mittelst eines Hahns abgelassen wurde, war $2\frac{1}{2}$ Zoll hoch.

Der Seiheschichten waren sechs, und sie waren zusammen 14 Zoll dick. Die unterste Schicht bestand aus grobem Sand und Kies; die zweite aus weniger grobem Sande; die dritte aus zerstoſsenem Sandstein; die vierte aus zerstoſsener Kohle; die fünfte wieder aus zerstoſsenem Sandstein; die sechste, oberste, aus grobem Sande. Der Druck der Schichten verhielt sich wie die Zahlen 4, 3, 3, 3, 2 und 2.

Das Wasser gelangte in den Seiher durch einen Hahn, ähnlich dem Hahne am Boden.

Nachdem die Schichten recht horizontal geebnet und eingedrückt worden waren, damit so wenig Zwischenräume als möglich blieben, füllte man den Seiher ganz mit Wasser, damit das herabflieſsende Wasser auf die ganze Fläche des Seihers wirke. Der Ausfluſs durch die Hähne wurde so regulirt, daſs der Seiher beständig voll blieb, also die Seiheschichten beständig mit Wasser bedeckt waren.

Bei den ersten Versuchen wurde das Wasser gemessen, welches geläutert werden konnte, wenn der untere Hahn alles Wasser abzuführen vermochte. Die Öffnung des Hahns war kreisförmig, und hatte $8\frac{1}{4}$ Linien im Durchmesser. Das Wasser füllte diese Öffnung beim Ausflusse nicht gänzlich aus, und es konnte Luft eindringen; was den Ausfluſs modificirte. Die Versuche ergaben Folgendes.

Tag des Versuchs.	Dauer des Ausflusses.	An Wasser wurden geläutert			Anmerkungen.
		überhaupt.	in der Minute.	in der Minute auf den Quadratfuſs Fläche.	
	Minuten.	Cubikzoll.	Cubikzoll.	Cubikzoll.	
Den 25. October 1828	42	14866	354	60	Das Wasser stand $9\frac{5}{8}$ Linien hoch über den Seiheschichten, und $17\frac{1}{4}$ Zoll hoch über der untern Ausfluſs-Öffnung.
- 26. - - -	20	4751	237	41	
- 27. - - -	20	4136	201	35	
- 29. - - -	20	3633	182	31	
- 30. - - -	20	3633	182	31	

Man sieht, daſs die Menge des geläuterten Wassers in dem Maaſse abnahm, wie das Filtrum sich verstopfte. Da das zu läuternde Wasser wenig trübe war, so kann man die Ergebnisse als Maxima ansehen, welche nur selten werden erreicht werden; und im Durchschnitt mehrerer Jahre dürfte sich auf nicht viel mehr als etwa 9,175 Cubikfuſs geläutertes Wasser für den Quadratfuſs Seihefläche, in 24 Stunden, rechnen lassen.

Besonders kam noch in Betracht der Verlust an Druck, welcher beim Durchgange des Wassers durch die Seiheschichten entstand, das heiſst auf den Unterschied zwischen der wirklichen Druckhöhe und derjenigen, die der Ausflufsgeschwindigkeit entsprach. Dieser Unterschied kann leicht vermittelst einer zurückgebogenen, in den Boden des Gefäfses gesteckten Röhre gefunden werden. Die Höhe, auf welche das Wasser in dieser Röhre emporsteigt, zeigt die Höhe des Drucks auf den Boden, also diejenige an, unter welcher das gereinigte Wasser ausfliefst. Der Unterschied zwischen dieser Höhe und derjenigen des Wassers im Seiher ist die Druckhöhe, welche beim Durchseihen verloren geht.

Man mufs dabei nicht übersehen, dafs die Resultate der Versuche nur dann zuverlässig sein können, wenn man in Einschnitten des Seihers Röhren von 5 bis 6 Linien im Durchmesser anbringt, welche von oben bis in den Raum zwischen dem Boden des Seihers und dem durchlöcherten Boden reichen, der die Seiheschichten trägt, damit die Luft entweichen und zutreten könne, so wie der untere Raum sich füllt, oder leert.

Die Ausflufsöffnung war bei unsern Versuchen conisch; und um die Öffnung genau, mit Rücksicht auf die Zusammenziehung des ausfliefsenden Strahls, zu messen, füllten wir die Seihegefäfse mit Wasser, ehe die Seiheschichten eingelegt wurden. Unter einer Druckhöhe von 21,6 Zoll flossen 5868 Cubikzoll Wasser in 25 Minuten aus, also 3,91 Cubikzoll in der Secunde.

[Hier folgen nun im Original Berechnungen durch Formeln, um zu finden, welcher Theil der vorhandenen Druckhöhe beim Filtriren auf den Durchflufs durch die Seiheschichten verloren gehe, und welche Fläche der Seiheschichten für ein bestimmtes Quantum zu läuternden Wassers nöthig sein dürfte. Die Details dieser Berechnungen können, da letztere offenbar sehr unsicher sind, der Kürze wegen, hier füglich wegbleiben. Die Resultate, welche der Herr Verfasser aus seiner Rechnung findet, sind, dafs der Verlust an Druckhöhe durch das Filtriren bei den Versuchen ein, bis fast zwei Drittheile der vorhandenen Druckhöhe betrug, und dafs, nach der obigen Annahme gerechnet, nemlich, dafs mit einem Quadratfufs Seihefläche in 24 Stunden etwa 9,175 Cubikfufs Wasser geläutert werden können, in den Zeiten, wo das Seinewasser sehr schlammig ist, und angenommen, dafs stets ein Viertel der Seiher wegen der Wechselung und Reinigung unthätig bleiben mufs, etwa 500 Quadratruthen Seihefläche (wahrscheinlich doch für die ganze Stadt Paris) nothwendig sein würden. D. H.]

7.

Nachricht von einem Versuche des Herrn Brunel in London, Brücken ohne Gerüst zu wölben.

Der Gegenstand dieser von dem Architekten Herrn Rohault in den *Annales des ponts et chaussées* im Januar 1835 mitgetheilten Nachricht ist so interessant, daſs dessen Notiz in den gegenwärtigen Blättern wohl eine Stelle finden darf. Wir geben sie wörtlich. Das in Klammern [ ] ohne weitern Beisatz Eingeschlossene ist aus den Figuren des Originals in den Text aufgenommen.

Die gegenwärtige Notiz hat den Zweck, eine Beschreibung des Versuchs einer Brücken-Construction zu geben, welche Herr Brunel in London ausgeführt hat, und von welcher viel gesprochen worden ist. Wir haben Gelegenheit gehabt, dieses Product des Nachdenkens unsers (Frankreichs) berühmten Landsmannes an Ort und Stelle zu zeichnen, und aus seinem Munde die ergänzende Beschreibung dessen zu erhalten, was daran von auſsen nicht sichtbar war. Wir können also die Zuverlässigkeit der Beschreibung der Details, welche wir hier mittheilen, verbürgen.

Fig. 16., 17., 18. und 19. Taf. XI. zeigen diese Construction, welche Herr Brunel unter dem Namen eines Versuchs, ausgeführt hat. Sie besteht aus zwei halben Brückenbogen, welche von Ziegeln, in englischem Wassermörtel, sogenanntem Parkerschen Cement, aufgemauert worden sind. [Fig. 16. ist die Ansicht der beiden Bogen, Fig. 17. der Grundriſs derselben, Fig. 18. eine perspectivische Ansicht, und Fig. 19. ein Durchschnitt durch die Mitte eines Bogens.] Die Dicke des Pfeilers beträgt 4 Fuſs 1¾ Zoll Pr. Die beiden Bogen stehen auf dem Pfeiler im Gleichgewicht, wie die beiden Arme eines Krahnes auf seiner Spindel. Die Spannung des einen Bogens [nemlich die Weite auf welche der Bogen vom Pfeiler an ausgekragt ist, D. H.] beträgt 47 Fuſs 9 Zoll, die des andern 35 Fuſs 8 Zoll. Das Gleichgewicht der beiden Bogenhälften ist durch ein an die kleinere Hälfte angehängtes Gewicht von 2328 Ctr. Guſseisen-Blöcke hergestellt. Die Breite dieses Brückenfragments ist 2 Fuſs 2¾ Zoll, und man ist bei dieser geringen Breite, die übrigens hinreichend war, um die beabsichtigte Constructions-Art zu zeigen, nur der Kostensparung wegen stehen geblieben. [Man sieht aus den Maaſsen, daſs man nicht etwa ein bloſses Modell gemacht, sondern daſs die Probe schon eine ganz ansehnliche Gröſse bekommen hat. D. H.]

[In Fig. 16. ist *ef* die halbe Spannung der Bogen der Waterloo-Brücke, *ac* diejenige der Bogen der Londoner Brücke, und *bd* die halbe Spannung der Brücke in der Straſse St. Pêres.]

Die Brückenbogen haben, wie es die Figuren zeigen, zuerst unten eine, einen Ziegel hohe, eigentliche Wölbung erhalten, und auf diese sind die Ziegelschichten horizontal gelegt worden, welche dann zugleich auch die Bande und die Krönung bilden. Um das Mauerwerk fester zu einer Masse zu verbinden, hat Hr. Brunel je auf zwei Schichten der platten Ziegel, und je 8¾ Zoll von einander, 3 eiserne Schienen von 3 Fuſs 5¾ Zoll lang, beinahe eine Linie dick, und höchstens 2 Linien breit, einlegen lassen. Er glaubt, daſs man statt dieser Eisen auch Schienen aus andern zähen Stoffen, wie dünne Splitter von biegsamem Holze, und selbst Hanfhede (*filasse*) würde nehmen können, wie es vermuthlich bei einigen der groſsen Bierkufen in London geschehen ist. [Wie es scheint, liegen die Schienen horizontal, je in der zweiten horizontalen Fuge der Schichten, und nach der Länge der Bogen. Die Beschreibung ist leider nicht ganz deutlich. Die Stelle heiſst im Original wie folgt. *Pour relier plus solidement cette maçonnerie et n'en faire qu'une seule masse, Mr. Brunel a fait placer, de deux rangs en deux rangs des briques à plat, trois bandelettes en fer de* 1^m^,30 *de longueur et de* 0^m^,002 *d'épaisseur sur* 0^m^,04 *au plus de largeur et à 23 centimètres d'intervalles. etc.* D. H.]

Die beiden Versuchbogen sind, ohne anderer Gerüste oder Unterstützungen sich zu bedienen, als zweier nach der Krümmung der Bogen zugeschnittener Bohlen *CD* und *EF* Fig. 18., von 8 Fuſs 11 Zoll lang, welche an ihrem Ende eine 19 Zoll lange Verschalung *H* von Brettern trugen, aufgemauert worden. Die Bohlen *CD* und *EF* sind mit einander durch Querstücke *G*, *G* verbunden und mittelst zweier Hölzer *L*, *L* mit dem untern, vorspringenden Bogen verbunden worden.

Nachdem der Pfeiler in der Mitte aufgemauert war, haben zwei auf dem Pfeiler stehende Arbeiter zu beiden Seiten Ziegel zu dem untern

Gewölbbogen, durch Cement verbunden, ausgelegt. Nachdem man damit weit genug vorgeschritten, hat man das beschriebene theilweise Gerüst angelegt, und der Arbeiter, auf dem von ihm verfertigten, ihm zum Gerüst dienenden Bogen stehend, hat vor sich, auf die vorspringende Schalung *H* Ziegel zur Fortsetzung des Bogens gelegt. So wie auf diese Weise die Schalung mit Ziegeln belegt war, hat der Maurer jedesmal das hölzerne Gerüst vorgerückt, und so die Wölbung fortgesetzt, während zugleich andere Arbeiter, hinter ihm, die horizontalen Schichten zur Übermauerung gelegt und dadurch das Gewölbe vervollständigt haben.

Es ist immer zu beiden Seiten des Pfeilers gleichmäſsig gearbeitet worden; man hat sich von den Pfeilern in gleichem Maaſse entfernt, um beständig das Gleichgewicht des nach beiden Seiten zugleich vorrückenden Mauerwerks zu bewahren.

Nachdem man an das Ende des kleineren Halbbogens angelangt war, welcher örtlicher Umstände nicht weiter fortgesetzt werden konnte, hat man an das Ende dieses Boges die Gewichte gehängt, um das Gleichgewicht mit dem andern, weiter auskragenden Halbbogen herzustellen.

Herr Brunel ist der Meinung, daſs man, wenn man auf diese Weise eine Brücke bauen wolle, zuerst einen schmalen Bogen, von der Breite dieses Modells, die ganze Ausdehnung der Brücke entlang, spannen müsse. Dieser schmale Bogen würde dann gleichsam zum Gerüst und zur Stütze des übrigen Bogens dienen. Man könne dann die Ziegel nach der Seite auslegen, auf dieselbe Weise, wie es der Länge nach geschehen, und so könne man allmählig den schmalen Brückensteg bis auf die der eigentlichen Brücke bestimmte Breite erweitern.

Er meint, daſs man auf solche Weise die Waterloo-, die Londoner- und die Chester-Brücke, letztere von 191 Fuſs Bogenspannung, hätte bauen können; und daſs sich selbst Bogen von 290 Fuſs, und von noch gröſseren Spannungen, so ausführen lassen würden.

Diese Bauart, ohne Gerüste und Unterstützung beim Wölben, würde in der That die Schiffahrt nicht unterbrechen, und, auf die Dauer gerechnet, eine groſse Kosten-Ersparniſs gewähren. Eine Menge antiker Bauwerke, bloſs aus Ziegeln, beweiset die Dauer von dergleichen Mauerwerk.

Solche Brücken würden auch mit groſsem Vortheile die eisernen Brücken ersetzen, welche man baut, um mit den mindesten Kosten einen bestimmten Raum zu überspannen, die aber, weder rücksichtlich der Dauer, noch als Monumente betrachtet, den Brücken von Ziegeln gleich kommen.

Herr Brunel schlägt vor, die Ziegel mit römischem Cemente zu betünchen. Wir sind indessen der Meinung, dafs es, statt auf diese Weise die Constructionsart zu verstecken, um glauben zu machen, die Brücke sei aus einem einzigen Stücke Stein verfertigt, besser sei, einem Bauwerke seinen ihm eigenthümlichen Character nicht zu nehmen, sondern, auch hier, die Brückenbogen von Ziegeln und Cement die Materialien offen zeigen zu lassen, aus welchen das eben so einfache als kühne Werk entstanden ist.

[Unleugbar ist wohl diese Art, Brücken zu bauen, ungemein gewagt; und wenn nicht der Versuch, der gegenwärtigen Beschreibung zufolge, schon in ziemlich grofsem Maafsstabe wirklich gelungen wäre, so möchte man im voraus wohl schwerlich an die Möglichkeit des Gelingens glauben. Herrn Brunel, der auch den Tunnel in London, unter die Themse hindurch, gewagt hat, scheint es vorbehalten gewesen zu sein, auch dieses Wagstück zu bestehen. Gegenseits ist aber auch nicht zu leugnen, dafs es sich mit dem Wagnifs bei dieser Bauart gleichsam nur umgekehrt verhält, wie bei Ketten- und Draht-Brücken. Das Wagnifs bei der Brunelschen Bauart findet nur beim Bau selbst Statt, so lange, bis der Bogen, oder auch nur der erste schmale Steg, vollendet worden: ist erst der Bogen geschlossen, so ist die Haltbarkeit sicher. Den Ketten- und Draht-Brücken dagegen, von welchen der Bau selbst keine Gefahr hat, bleibt das Wagnifs und die Gefahr, so lange sie da sind, und nimmt mit der Zeit zu. Jeder Fehler im Eisen, dergleichen auch mit der Zeit, z. B. durch starken Frost, entstehen können, kann Anlafs und Ursach zum Einbruch der Brücke werden. So also dürfte, vergleichungsweise, die Brunelsche Construction, wenn sie anders auch für gröfsere Spannungen noch ausführbar sich zeigen sollte, wenigstens vor den Ketten- und Draht-Brücken, da, wo Höhe genug für die Wölbung vorhanden ist, immer noch den Vorzug haben. Übrigens würde sich die Gefahr bei der Ausführung Brunelscher Brücken durch ein festes Gerüst, wenigstens unter dem ersten schmalen Steg, jedenfalls entfernen lassen. D. H.]

8.
Reynolds neue Eisenbahnschienen.

Diese in dem Junihefte 1836 des Londoner Railway-Magazine von ihrem Erfinder beschriebenen Eisenbahnschienen scheinen dem Herausgeber des gegenwärtigen Journals so ungemein interessant, und, wenn anders noch mehrere und längere Erfahrungen, als sie schon für sich haben, ihre Dienlichkeit und Dauer bestätigen, eine so bedeutende Vervollkommnung der Eisenbahnen zu gewähren, dafs der Herausgeber sich beeilt, die Beschreibung der neuen Schienen, so wie ihr Erfinder sie giebt, wörtlich übersetzt, mit den zugehörigen Abbildungen, den Lesern des gegenwärtigen Journals mitzutheilen. Maafs, Gewicht und Geld sind, wie in den gegenwärtigen Blättern üblich, auf Preufsische reducirt worden.

Schreiben des Herrn Reynolds an den Herausgeber des Londoner Railway-Magazine, Herrn J. Herapath.

Mein Herr.

Da die Zweckmäfsigkeit der neuen Bauart von Eisenbahnen, auf welche ich kürzlich ein Patent erlangt habe, durch Versuche auf der Eisenbahn zwischen **Liverpool** und **Manchester** bestätigt worden ist, so wünsche ich, dafs diese Bauart, weiter als bis hier geschehen, zur Kenntnifs und Erwägung Derer, welche sie interessiren kann, gebracht werde. Dieses würde besonders gut durch das Railway-Magazine geschehen, wenn Sie, mein Herr, die Güte haben wollten, die nachfolgende Notiz darüber in Ihre Blätter aufzunehmen.

Ich will zuerst das Princip und die Art der Construction beschreiben, und darauf die Vortheile nachweisen, welche nach meiner Meinung die neue Bauart gewähren dürfte.

Die Absicht bei meiner Bauart ist: durch gufseiserne Träger eine continuirliche, und in allen ihren Puncten gleich fest unterstützte Bahn zu bilden, die in ihrer ganzen Länge auf und in dem Boden ruht, und für welche die Träger so fest mit einander verbunden sind, daſs sie, weder in den Stöſsen, noch zwischen denselben sich biegen können. Die Schienen sind entweder mit den Trägern verbunden gegossen, und machen also einen Theil davon aus, oder sie bestehen aus besonderen, auf den Trägern befestigten Stangen von gewalztem oder gegossenem Eisen.

Die Figuren 1., 2., 3. und 4. Taf. XII. sind Grundrisse und Durchschnitte einzelner Theile verbundener Träger und Schienen, von der Art, wie sie auf der Eisenbahn zwischen Liverpool und Manchester gelegt worden sind. Fig. 1. zeigt in *a*, *a*, wie das dünnere Ende eines Trägers auf dem erweiterten Ende oder dem Sattel des anstoſsenden Trägers ruht. Dazwischen befindet sich Loth (*solder*), oder eine andere Ausfüllung (*packing*). Fig. 4. zeigt, wie die Enden zusammenstoſsender Träger vermittelst Schraubenbolzen mit einander verbunden sind. Die auf solche Weise verbundenen Träger bilden ein völlig festes Continuum, dessen Theilen keine einzelne Bewegung gestattet ist, auſser derjenigen, welche wegen der Ausdehnung und Zusammenziehung des Eisens Statt findet, und welcher dadurch Raum gegeben wird, daſs die Bolzenlöcher einen etwas gröſsern Durchmesser haben, als die Bolzen. Die Ausdehnung und Zusammenziehung des Eisens ist indessen hier etwas geringer, als bei den gewöhnlichen Schienen, weil die Träger unmittelbar auf und in dem Erdboden liegen, und also mehr die durchschnittliche Temperatur des Bodens bewahren.

In Fig. 3. sind *c*, *c* die für die Ausfüllung rund um die Röhre gelassenen Räume. Die Ausfüllung umgiebt dieselbe und wird an jede vermittelst eines besonderen Ringes (*band*) befestigt. Die Träger werden $8\frac{3}{4}$ bis $11\frac{1}{2}$ Fuſs (9 bis 12 Fuſs Engl.) lang gegossen, und wiegen nahe an 50 Pfund der laufende Fuſs (der Yard 150 Pfd. Engl.). Die Erfahrung hat indessen gezeigt, daſs sie auch schon von beträchtlich geringerem Gewicht zureichende Stärke und Festigkeit haben würden.

Fig. 7. ist der Durchschnitt guſseiserner Träger, oder Rinnen, worin hölzerne Schwellen liegen, auf welche Schienen von gewalztem Eisen befestigt sind. Diese Träger werden auf dieselbe Weise, wie Fig. 1. es zeigt, vermittelst Bolzen mit einander verbunden. Sie wiegen etwa 33 Pfd. und die gewalzten Schienen etwa $13\frac{1}{4}$ Pfd. der laufende Fuſs. An Holz ist etwa $\frac{1}{9}$ Cubikfuſs auf den laufenden Fuſs erforderlich.

Fig. 8. zeigt eine andere Art der Verbindung von guſseisernen mit hölzernen Trägern und mit gewalzten Schienen. Diese Träger wiegen etwa

$23\frac{1}{4}$ und die gewalzten Schienen etwa $9\frac{1}{4}$ Pfund der laufende Fufs. [Wie die letztern auf das Holz befestigt werden sollen, ist nicht angegeben. D. H.]

Fig. 9. stellt eine andere Art ganz gufseiserner Träger und Schienen vor. Sie wiegen nur etwa 28 Pfund der laufende Fufs. Da hier keine regelmäfsige Röhre beabsichtigt wird, so braucht das Herz nach dem Gufs nicht herausgezogen zu werden, und kann deshalb blofs aus Stücken getrockneten Lehms von angemessener Länge bestehen, wodurch die Erhöhung der Kosten, welche der hohle Gufs verursacht, vermindert wird. [Diese Art dürfte auch wohl deshalb besser sein, als die Fig. 1., weil die Träger durch die Verlängerung nach unten wenigstens einigermafsen in den Steinschlag befestigt werden. Die Verbindung der einzelnen Träger mit einander ist hier nicht angegeben. D. H.]

Fig. 6. macht vorstellig, wie sich die Ausgrabung und der Steinschlag durch das Wegbleiben der Schienentragsteine vermindert.

[Wir wollen hier sogleich noch diejenigen zusätzlichen Erläuterungen einschalten, welche im Original den Figuren beigeschrieben sind.

Bei Fig. 1. steht: Grundrifs der Enden zweier zusammenstofsender Schienen, nach einem Viertheil der wirklichen Gröfse.

Bei Fig. 2. Querdurchschnitt einer Schiene zwischen zwei Stöfsen.

Bei Fig. 3. Längendurchschnitt eines Stofses.

Bei Fig. 4. Querdurchschnitt eines Stofses, an der Stelle der Schraubenbolzen.

Bei Fig. 5. Grundrifs einer 9 Fufs langen Schiene, im zwölften Theile der wirklichen Gröfse.

Bei Fig. 6. Vorstellung des Einschnittes und des Steinschlages für die Träger, in Vergleichung mit denjenigen für Schienentragesteine. *AB* Boden des Steinschlages für die gegenwärtigen Träger. *CD* Boden gewöhnlicher Schienentragesteine. *EF* Boden des Steinschlages bei der Eisenbahn zwischen London und Birmingham. *GH* desgleichen bei der Grand-Junction-Eisenbahn, im Zwölftel der wirklichen Gröfse.

Bei Fig. 7. Querdurchschnitt eines Trägers mit hölzerner Schwelle und gewalzter Schiene.

Bei Fig. 8. Veränderung von Fig. 7.

Bei Fig. 9. Veränderung von Fig. 2.

In Fig. 7., 8., 9. bezeichnet *W* gewalztes, *C* gegossenes Eisen, *T* Holz und *G* Steinschlag.

Auch mit diesen zusätzlichen Erläuterungen sind zwar Zeichnungen und Beschreibung noch nicht ganz deutlich, besonders nicht rücksichtlich dessen, was die Verbindung der Träger mit einander betrifft: indessen ist das Gegebene doch hinreichend, um in der Hauptsache einen Begriff von dem Gegenstande zu gewähren. D. H.]

Die mechanischen Vorzüge der neuen Constructionsart vor der gewöhnlichen werden sich am besten zeigen, wenn man die Übelstände der gewöhnlichen Art durchgeht, wie folgt.

Erstlich. Bei den gewöhnlichen Schienen wechseln starre und fest unterstützte Stellen mit biegsamen Strecken ab. Die Folge davon ist, dafs die auf den Schienen entlang rollenden Fuhrwerke immerfort hinauf und hinab getrieben werden, und dies 5 bis 600 Mal in der Minute; was eine ununterbrochene Reihe von fortwährenden Stöfsen verursacht.

Zweitens. Da die Unterstützungen von einander unabhängig sind, so ist es unmöglich, sie auf einer und derselben Höhe zu erhalten. Es werden stets Unterschiede in der Festigkeit des Bodens Statt finden; auch werden dergleichen Unterschiede durch diejenige Verschiedenheit der Festigkeit entstehen, bis zu welcher die Arbeiter den Steinschlag gebracht haben. Kleine Abweichungen der Schienen heben aber schon die absolute Gleichheit des Drucks und des Stofses auf die Tragesteine auf. So wie nun ein Tragestein, sei es auch noch so wenig, tiefer eingedrückt worden ist, als seine Nachbaren, mufs eines von beiden erfolgen: entweder die Schiene bleibt hinuntergebogen stehen, oder sie löset sich, wieder aufschnellend, aus dem Schienenstuhl los, zieht den Schienenstuhl vom Stein ab, oder hebt den Stein selbst mit in die Höhe.

Drittens. Die Schienen und Schienenstühle bilden eine Reihe von Hebeln und Stützpuncten, deren Wirkung und Gegenwirkung mit einer dauernden Standfestigkeit unverträglich ist. Und je fester die Steine stehen: je heftiger wird die Wirkung auf das Eisenwerk sein, welches sie tragen.

Allen diesen Übelständen ist es obendrein eigen, dafs sie fortschreitend sich vergröfsern müssen. Und hievon rühren denn auch die grofsen Kosten her, welche die Erhaltung der Bahn und der Fuhrwerke erfordert. Sie finden bei der neuen Constructionsart nicht Statt. Sind hier die Träger oder Schienen zusammengeschraubt, so können sie ihre Lage gegen einander nicht mehr ändern. Es kann also auf diese Weise unter allen Umständen eine dauernd feste und ganz gleiche Bahn erlangt werden, ausgenommen etwa, wenn der Boden längs aus nachgäbe; was aber auch jede andere Eisenbahn zerstört. Um denjenigen Senkungen zu folgen, die etwa aus dem Setzen des Dammes und dergleichen entstehen, haben übrigens die verbundenen Träger noch immer Biegsamkeit genug.

Um den Boden für die Schienen zu bilden, und ihm überall gleiche Festigkeit zu geben, muſs derselbe gewalzt und gestampft werden. Alle Theile der Träger werden dann gleich kräftig getragen werden, weil die Steine, oder der Macadamsche Steinschlag, der ganzen Länge nach, unter der Ramme oder der Walze gleiche Festigkeit erlangen. Die Festigkeit der Unterstützung, welche auf diese Weise den Trägern verschafft wird, ist viel gröſser, als es beim ersten Anblick scheinen möchte. Denn wenn die Träger auf den Steinen gleich stark, vertical und horizontal gedrückt werden, so steht die mittlere Richtung des Drucks auf ihren Seiten perpendiculair, und folglich nimmt dann die Breite des den Druck tragenden Bodens im Verhältniſs der Tiefe unter den Trägern zu. Jeder horizontale Druck der Wagenräder auf die Schienen ist aber mit einem viel stärkern senkrechten Druck verbunden: also neigt sich die mittlere Richtung des Drucks mehr gegen das Loth als gegen das Perpendikel auf die Seiten der Träger; und folglich setzt der Boden, da die Träger eine continuirliche Stange bilden, auch einen viel gröſsern Widerstand nach der Seite entgegen, als ihn einzelne Schienentragesteine zu gewähren vermögen.

Wenn man erwägen will, daſs auf einer gewöhnlichen Chaussée etwa 10 Ctr., die ein einzelnes Wagenrad trägt, auf drei oder vier Quadratzoll Grundfläche wirken: so wird man es klar finden, daſs hier die Träger durch mehrere hundert Quadratzoll Fläche, von der nemlichen Festigkeit, wie die der Fläche der Chaussée, gewiſs mehr als hinlänglich stark werden unterstüzt werden. [Auch findet noch der Unterschied Statt, daſs das Rad auf der Chaussée, welches von den wenigen Quadratzollen Fläche getragen werden muſs, in Bewegung ist, und also die Fläche stöſst und schlägt, während gegentheils hier die Träger still liegen, und die viel gröſsere Fläche bloſs gedrückt wird. D. H.] Es läſst sich also denken, daſs Träger von der Form Fig. 8. und 9. eine vollkommen stabile Eisenbahn geben werden; was auch sehr bald die Erfahrung bestätigen wird.

Der Herr Prof. Barlow hat in seinem zweiten Bericht an die Gesellschaft der Eisenbahn zwischen London und Birmingham gezeigt, dafs die Einbiegung der Eisenschienen wesentlich den Widerstand der Fuhrwerke gegen die Zugkraft vergröfsert. Diese Vermehrung der Zugkraft findet nicht Statt auf Schienenträgern, welche nicht nachgeben. Auch sind diese Träger viel gröfsere Lasten zu tragen vermögend, als Schienen, die nur von Stelle zu Stelle unterstützt sind. Es werden sich also die Kessel der Dampfwagen gröfser machen lassen, und es wird sich eine gröfsere Quantität Dampf erzeugen lassen, ohne jene grofse Verstärkung der Hitze, die bei kleinen Kesseln unvermeidlich ist.

Man hat eingewendet, dafs gufseiserne Schienen viel schneller abgenutzt werden, als gewalzte. Dieser Einwand kann, glaube ich, nur auf Räder und Schienen von weichem Gufs (*soft iron*) bezogen werden. Der harte, zweite Gufs (*hard or „bright forge"*) ist stärker, zugleich wohlfeiler, und weniger dem Abreiben unterworfen, als selbst gewalztes Eisen. Ich beziehe mich in diesem Punct auf die Abhandlung in No. 2. des Railway-Magazine pag. 61. (welche, fügt der Herausgeber des R. M. hinzu, von einem sehr unterrichteten und practisch erfahrenen Manne herrührt).

Ich habe nun auch auf den Kostenpunct bei der neuen Constructionsart aufmerksam zu machen. Da es dabei auf Vergleichungen ankommt, so kann ich hier nur im Allgemeinen darüber sprechen, bereite mich aber vor, Folgendes auch im Detail nachzuweisen.

Erstlich. An Ausgrabung würden, z. B. bei der Eisenbahn zwischen London und Birmingham, im Durchschnitt 12000 Schachtruthen, und an Steinschlag etwa 4000 Schachtruthen auf die Meile gespart werden. Anderwärts mehr oder weniger, nach Verhältnifs der Einschnitte. Fig. 6. macht die Ersparung anschaulich. Der Ausgrabung der Dammkrone mufs die Tiefe der Seitenbanketts entsprechen.

Zweitens. An den Kosten der Materialien und des Legens der Schienen kann die Ersparung 3 bis 30 Tausend Thaler auf die Meile betragen, je nachdem diese oder jene von den beschriebenen Constructionsarten befolgt wird, und dieselbe mit dieser oder jener gewöhnlichen Art zu vergleichen ist. Durch ein Verfahren, welches sich hier nicht näher angeben läfst, werden unsere Träger oder Schienen bei weitem leichter und schneller sich legen lassen, als Schienen auf Tragesteinen.

Die Ersparung an den Erhaltungskosten der Bahn kann freilich erst die Erfahrung ergeben. Aber wegen der grofsen, passiven Stabilität der Construction ist schwer einzusehen, wie andere Beschädigungen entstehen sollten, als durch Nachgeben und Setzen des Bodens; und in diesem Falle können die Schienen blofs durch Einstampfen von neuen Steinen unter und gegen die Träger, ohne dieselben auseinander zu nehmen, wieder gehoben werden; oder es kann durch dazu eingerichtete, zusammenpressende, von Pferden oder von Maschinen gezogene Walzen geschehen; wovon die Kosten gering sind, im Vergleich mit denen, welche das Ausgraben des Bodens rund um die Schienentragesteine, und das Eintreiben von Steinen horizontal unter die Steine, wo es nöthig ist, verursacht. Legt man hölzerne Träger, so kann ihnen durch Kochen in Theer oder Terpentin, oder durch Herrn Kyans Verfahren, mehrere Dauer gegeben werden.

Viertens. An den Erhaltungskosten der Dampfwagen und Bahnfuhrwerke wird im Verhältnifs der Vervollkommnung der Bahn ebenfalls gespart werden.

Im December des vorigen Jahres sind einige Schienen von der Art Fig. 1. in der Hauptbahn der Strafse zwischen Liverpool und Manchester gelegt worden. Sie sind bis jetzt vollkommen fest, grade und horizontal geblieben, ohne irgend eine Nachbesserung. Dieser Versuch wurde zwar für die Haltbarkeit der Constructionsart auf festem Boden als entscheidend anerkannt; aber es wurde von einigen Directoren noch in Frage gestellt, ob die Schienen auch wohl auf unfestem Grunde haltbar sein möchten, und sie verlangten, dafs einige derselben auch auf den Katzensumpf gelegt werden möchten, welches dann die stärkste Probe sein würde, die man machen könne. (Der Herr Herausgeber des R. M. bemerkt hiezu. „Wir sind mit den Herren Directoren einverstanden, dafs dies ein *experimentum crucis* sein wird, und der Erfolg wird so deutlich zu Jedem sprechen, dafs Niemand mehr wird widersprechen wollen. Nach dem was wir von den Modellen und dem Übrigen gesehen haben, glauben wir, dafs unser sinnreicher Herr Correspondent wenig zu befürchten hat.") Es wurden, also vor 6 Wochen etwa 11 Ruthen lang von unsern Schienen auf eine der weichsten Stellen des Sumpfes gelegt. Der Versuch hat gänzlich meiner Erwartung entsprochen. Die Schienen fahren fort, sich vollkommen fest und horizontal zu beweisen, und haben, seit sie gelegt worden sind, nicht der geringsten Ausbesserung oder Nachhülfe bedurft. Ihre Stabilität contrastirt gar sehr gegen die anstofsenden gewalzten, auf den hölzernen Trägern liegenden Schienen. In der That: wenn man die Steifigkeit der

Träger und ihre Unbeugsamkeit, auch in den Stöfsen, erwägt, so sieht man offenbar, dafs sie entweder, auf der Oberfläche des Sumpfes, der Beugung in eine wellenförmige oder gezahnte Linie durch die Wirkung der Dampfwagen und Wagenzüge widerstehen, oder dafs sie, falls die darauf drückenden Lasten ihnen solche Wellen oder Zahnungen zu geben vermögen sollten, wie sie die Schienenbahn auf dem Sumpfe hat, in kurze Stücke zerbrechen müssen.

Ich will noch erwähnen, dafs die hier beschriebenen Constructionsarten auch Mittel gewähren dürften, die Wagenzüge zu verhindern, von den Schienen herunter zu rollen; welche Mittel unter allen Umständen anwendbar sein würden. Da ich indessen schon so viel Raum in Ihren Blättern in Anspruch genommen habe, so will ich diesen Gegenstand erst ein andermal weiter verfolgen.

Modelle der Schienen und Träger sind bei meinen Geschäftsführern, den Herren Rowland und Young, White Lion Court, Cornhill zu sehen.

Mit der Versicherung, dafs ich über das, worin ich mich etwa getäuscht haben sollte, Berichtigungen und Belehrungen dankbar annehmen werde, bin ich

Ihr

gehorsamster

J. Reynolds.

White Lion Court, Cornhill.
London, im Mai 1836.

[Die oben im Text beschriebene Erfahrung auf der Liverpooler Bahn läfst zwar keinen Zweifel übrig, dafs die hier beschriebenen Schienen wirklich hinreichende Stabilität haben. Ohne jene Erfahrung würde es noch scheinen, dafs die Schienen, ohne alle Befestigung an oder in den Boden, durch das blofse Aufliegen ihrer Seitenflächen auf die zerschlagenen Steine, nicht fest genug liegen könnten, und dafs sie durch den, öfters recht starken Seitendruck müfsten umgekantet werden. Was ihnen vorzüglich das feste Lager giebt, ist wohl, dafs sie fortlaufende, sehr lange, feste Stangen bilden, die allerdings nicht, selbst nicht durch einen sehr starken Seitendruck, umgeworfen werden können. Es fragt sich nun nur noch, ob nicht der Umstand, dafs die Räume oben auf den Trägern, an den Seiten der eigentlichen Schienen, bald mit Erde und Koth sich füllen werden, dessen Wegschaffung dann wenigstens lästig, so wie die Aufsicht darauf mifslich sein würde, wesentliche Nachtheile habe; desgleichen, ob nicht das Eindringen des Wassers, und selbst von Steinchen und Koth zwischen die Seiten der Träger und den Steinschlag, auf welchem jene ruhen, und welches ohne Zweifel erfolgen wird, da die Träger doch gewifs durch die Wagen mehr oder weniger gerüttelt werden, schädlich sein werde. Auch fragt es sich, wie das Regenwasser und die Nässe von Schnee und Eis vom Damme, unter die Schienen hindurch, ohne Nachtheile für die Festigkeit der Fundamentirung vollständig abzuleiten sei. Lassen sich alle hieraus folgenden Bedenken heben, so scheint es fast unzweifelhaft, dafs die hier beschriebene Art von Eisenbahnen, besonders dann, wenn man sonst die eigentlichen Schienen, worauf die Wagenräder rollen, nicht von gewalztem, sondern von gegossenem Eisen machen will, vor der sonst gewöhnlichen Art, in Rücksicht der Festigkeit und Dauer, und auch der Wohlfeilheit, wirklich bedeutende Vorzüge habe. D. H.]

9.

Practische Abhandlung über Dampfwagen auf Eisenbahnen.

(Vom Herrn Chev. *F. M. G. de Pambour.*)

(Fortsetzung von No. 3. des vorigen Hefts.)

§. 24.

Versuche über die Spannung der Dämpfe in Dampfwagen.

Da diese Versuche zur Erläuterung der obigen Bemerkungen gereichen, und die Wirkung der Ventile näher zeigen, auch den weiter unten folgenden Rechnungen über Dampfwagen zur Grundlage dienen, so geben wir von denselben folgende nähere Nachricht.

I. *Der Atlas.* Das Ventil hat 2 Zoll 5 Linien im Durchmesser, oben 2 Zoll 7,8 Linien. Es ist, nach Fig. 22., in seiner halben Dicke conisch. Die Hebel haben das Verhältnifs 1 zu 5. Ein zweites Sicherheits-Verhältnifs ist vorhanden, aber so stark gespannt, dafs es bei keinem Versuche sich hob.

Die Maschine wurde am 15. Juli, 31. Juli und 6. August 1834 unter die Quecksilberwage gebracht und gab folgende correspondirende Resultate.

Spannung auf den Quadratzoll.

No. I.		No. II.		No. III.	
Nach der Federwage.	Nach der Quecksilberwage.	Nach der Federwage	Nach der Quecksilberwage.	Nach der Federwage.	Nach der Quecksilberwage.
0 Pfd.	4,16 Pfd.	20,78 Pfd.	25,39 Pfd.	52,59 Pfd.	55,41 Pfd.
10,26 -	15,65 -	21,03 -	25,91 -	52,85 -	55,93 -
11,28 -	15,90 -	22,60 -	26,42 -	53,10 -	56,44 -
20,52 -	26,16 -	23,60 -	26,93 -	53,36 -	56,44 -
20,78 -	26,42 -	24,37 -	27,70 -	53,87 -	56,95 -
21,29 -	26,93 -	25,65 -	28,99 -		
23,08 -	28,22 -	30,79 -	34,38 -		
		31,05 -	35,41 -		
		31,30 -	35,92 -		
		33,87 -	38,49 -		
		34,12 -	39,00 -		

Bei den Versuchen No. I. wurde die Spannung an der Federwage in dem Moment angemerkt, ehe noch das Ventil sich hob, oder doch, nachdem es so wenig als möglich sich gehoben hatte, also noch keinen Dampf ausströmen liefs. Zu diesem Ende wurde die Maschine unter die Wage gebracht, nachdem sie ihr Tagewerk vollendet hatte, zu der Zeit, wo das Feuer schnell abnahm, also auch der Druck, und allmälig das Blasen des Ventils, bis dieses gänzlich aufhörte. So wie der Druck, den die Quecksilberwage zeigte, abnahm, wurde die Schraube der Wage gelüftet, um auch noch die geringeren Spannungen messen zu können.

Der der Null an der Wage entsprechende Grad konnte nicht gemessen werden. Die Wage zeigte schon ein wenig unter Null, als der Zeiger auf 4,16 Pfund stand.

Die Versuche No. II. wurden mit der Maschine zu der Zeit angestellt, wo, nachdem die Schraube der Wage gelüftet worden war, die Dampfspannung nur noch 20,5 Pfd. auf den Quadratzoll betrug. Das Feuer wurde darauf angeschürt und die Schraube allmälig angezogen. Dadurch wurden die angezeigten Grade hervorgebracht, und es wurden die correspondirenden Grade der Quecksilberwage notirt. Bei den Versuchen No. I. blieb das Ventil ungehoben. Bei dem No. II. dagegen nahm der Druck des Dampfes so schnell zu, dafs er fortwährend das Ventil hob, so dafs alle Grade für ein blasendes Ventil zu verstehen sind. Indessen wurde diese Schraube immer in dem Maafse beim Zunehmen der Spannung angezogen, dafs die Ausströmung des Dampfes nie beträchtlich war, und nicht über 1 bis 2 Pfund Druck an der Federwage betragen konnte.

Bei den Versuchen No. III. war die Maschine in ihrem gewöhnlichen Wirkungszustande. Die Federwage zeigte nemlich 51,3 Pfund Druck, so wie das Ventil, durch einen Druck mit der Hand auf den Hebel, geschlossen war, und hob sich, so wie der Dampf ausströmte und die Kraft zum Heben des Ventils hatte. Wenn man die Schraube nicht in dem Verhältnifs anzog, wie der Druck zunahm, wurde das Ventil höher gehoben, als in irgend einem der vorigen Fälle.

Man sieht, dafs bei den Versuchen No. I. der Druck durch die Quecksilberwage etwa um 5 Pfund höher angezeigt wurde, als durch die Federwage; bei den Versuchen No. II. etwa nur um 4 Pfund; und bei den Versuchen No. III. etwa um 3 Pfund.

Diese Unterschiede erklären sich nun leicht aus den obigen Bemerkungen.

Der Wagehebel drückte nemlich durch sein Gewicht auf das Ventil mit 7,26 Pfund; die Ventilscheibe wog 0,63 Pfund; was zusammen 7,89 Pfund Druck auf das Ventil giebt. Das Gewicht der Stange und der Feder der Wage betrug 2,66 Pfd., was für das Verhältnifs der Hebelsarme, von 1 zu 5, noch eine Wirkung von 13,3 Pfd. auf das Ventil giebt, so dafs also der gesammte Druck auf das Ventil von Seiten der Wage $7{,}89 + 13{,}3 = 21{,}19$ Pfd. betrug. Nun betrug die Fläche des Ventils 4,63 Quadratzoll: also kommt für den Druck auf den Quadratzoll Ventilfläche $\frac{21{,}19}{4{,}63} = 4{,}58$ Pfund, so dafs der Druck auf das Ventil 4 bis 5 Pfund mehr beträgt, als die Federwage angiebt.

Hiebei ist angenommen, dafs sich das Ventil nicht hob, so dafs also, wie oben geschehen, die untere Fläche desselben in Rechnung gebracht werden mufste. So wie nun aber das Ventil gehoben wird, wird seine Fläche gröfser, und es erklärt sich daraus, warum durch ein mäfsiges Blasen des Ventils der Unterschied der Angaben der beiden Wagen von 5 auf 4 Pfund, und bei starkem Blasen, bis auf 3 Pfund sich verminderte. Macht man z. B. die Rechnung für das Gewicht von 50,32 Pfund, welches die Federwage anzeigte, so erhält man $(50{,}32 + 2{,}66) . 5 = 264{,}9$ Pfund für die Wirkung des an das Ende des Hebels angehängten Gewichts, mit Einschlufs desjenigen der Stange und der Feder der Wage. Dazu 7,89 Pfd. Druck des Hebel- und Ventilgewichts: thut zusammen 272,79 Pfund Druck auf das Ventil. Dieses durch 4,63 Quadratzoll Fläche des Ventils dividirt, giebt 58,92 Pfund Druck auf den Quadratzoll. In der Wirklichkeit war der Druck auf den Quadratzoll, der Quecksilberwage zufolge, nur 56,44 Pfd. Also mufste die Fläche des gehobenen Ventils von 4,63 auf 4,84 Quadratzoll, mithin sein Durchmesser von 2,43 auf 2,47 Zoll zugenommen haben. So war also eine Zunahme des Ventil-Durchmessers von 0,04 Zoll hinlänglich gewesen, um schon eine Differenz von etwa 25 Pfund hervorzubringen. Die Wirkung des Blasens des Ventils ist daher, wie man sieht, bedeutend. Sie kann lediglich durch die Quecksilberwage, und auf keine Weise an den Maschinentheilen gemessen werden.

II. *Die Vesta.* Der Durchmesser des Ventils ist 2,43 Zoll. Das Verhältnifs der Arme des 2,91 Fufs langen Hebels ist 1 zu 12. Ein zweites Ventil, von gleichem Durchmesser wie das erste, hat einen Hebel von 1,46 Fuſs lang, dessen Arme in dem Verhältniſs 1 zu 6 sind. Es zeigt 48,4 Pfund Druck an der Wäge, und läſst, zugleich mit dem ersten Ventile, den Dampf ausströmen, ist aber so schwer zu bewegen, daſs 5 Pfund mehr Druck an der Quecksilberwage es noch nicht heben. Die Maschine wurde am 28. Juli und 5. August 1834 unter die Quecksilberwage gebracht, auf dieselbe Weise wie der *Atlas,* und die Resultate waren folgende.

No. I.		No. II.	
Angabe der Federwage.	Spannung auf den Quadratzoll, nach der Quecksilberwage.	Angabe der Federwage.	Spannung auf den Quadratzoll, nach der Quecksilberwage.
8,32 Pfd.	24,62 Pfd.	19,36 Pfd.	Das Ventil hob sich.
8,71 -	25,14 -	20,33 -	51,31 Pfd.
9,19 -	26,68 -	20,57 -	52,34 -
9,68 -	27,70 -	20,81 -	53,36 -
9,91 -	28,73 -	21,30 -	54,64 -
10,15 -	29,76 -	21,54 -	55,41 -
10,39 -	30,79 -	21,78 -	56,44 -
11,61 -	32,33 -		
11,85 -	32,84 -		
12,09 -	33,87 -		
12,33 -	34,89 -		
12,82 -	35,92 -		
13,06 -	36,95 -		
13,30 -	37,97 -		
13,54 -	39,00 -		

Bei den Versuchen No. I. wurde die Schraube der Wage allmälig so angezogen, daſs das Ventil möglichst ungehoben erhalten wurde, und wenig blies.

Bei den Versuchen No. II. wurde die Quecksilberwage angesetzt, als die Maschine sich in ihrem gewöhnlichen Wirkungszustande befand, die Federwage 20,5 zeigte, und der Hebel angedrückt wurde, um das Ventil zu schlieſsen. Die beobachteten Grade sind diejenigen, bei welchen das Ventil anfing, sich zu heben, nemlich bei 20,5.

Da die Arme des Ventilhebels dieser Maschine sich wie 1 zu 12 verhalten, so bringt ein Gewicht am Ende des Hebels einen 12 mal so groſsen Druck auf das Ventil hervor. Die Fläche des Ventils ist 4,63 Quadratzoll. Multiplicirt man daher die Angaben der Federwage mit 12, und dividirt die Producte durch 4,63, so findet man den Druck, den die Federwage angiebt, auf den Quadratzoll. Diese Berechnung ist in der Regel ausreichend.

Vergleicht man die Resultate mit den Angaben der Quecksilberwage in den Versuchen No. I., so findet sich, dafs sie immer 3 bis 4 Pfund weniger geben; was also von der Wirkung des Gewichts der Theile der Wage herrühren mufs.

Der Druck des Hebelgewichts auf das Ventil ist 14,53 Pfund. Die Ventilklappe wiegt 0,59 Pfund. Die Wage ist hier nicht in der sonst gewöhnlichen Lage, sondern umgekehrt angebracht, nemlich so, dafs der Hebel, anstatt der Stange der Wage, blofs ihren Fufs trägt. Derselbe wiegt 0,24 Pfund, und wirkt also auf das Ventil mit $12.0{,}24 = 2{,}88$ Pfund Kraft. Der gesammte Druck auf das Ventil ist daher $14{,}53 + 0{,}59 + 2{,}88 = 18$ Pfund. Dieser Druck, durch die Fläche des Ventils dividirt, giebt 3,9 Pfund für den Quadratzoll; welches die Rechnung für den Fall, dafs das Ventil nicht gehoben wird, bestätigt.

In dem Falle des gehobenen Ventils, bei den Versuchen No. II., zeigt sich, dafs der wirkliche Druck geringer ist, als er mit einem für 4 bis 5 Pfund liegen bleibenden Ventil sein würde. Die Differenz kann nur durch die Quecksilberwage gefunden werden. Berechnete man in diesem Falle die Spannung auf dieselbe Weise, wie, wenn das Ventil nicht gehoben wird, d. h.: dividirte man den gesammten Druck mit 4,63 Quadratzoll Fläche des Ventils, so würde man etwa 4 Pfund zu viel finden. Hier trifft es sich also, dafs, wenn das Ventil beträchtlich gehoben wird, die das Blasen desselben betreffenden Reductionen zuletzt die Zulage, welche für das Gewicht des Hebels, der Ventilklappe und der Stange der Wage gemacht werden mufs, compensiren.

Diese Beispiele zeigen, wie unrichtig Berechnungen der Kraft oder der Wirkung von Maschinen sein können, wenn man die wirkliche Spannung der Dämpfe nicht manometrisch gemessen hat. Gleichwohl findet man, wie schon bemerkt, nur erst allein auf der Liverpooler Bahn eine Quecksilberwage.

III. Die *Firefly*. Das Ventil hat unten 2,43 Zoll, oben 2,91 Zoll im Durchmesser. Die Hebelsarme verhalten sich wie 1 zu 12, und sind 2,91 und 34,96 Zoll lang. Diese Maschine gab am 24. August 1834 Folgendes:

Angabe der Federwage.		Spannung auf den Quadratzoll, nach der Quecksilberwage.
16,45 Pfd.	Das Ventil hob sich.	
16,45 -	. . . .	51,31 Pfd.
19,36 -	. . . .	52,34 -

Die Zulage zu dem, was die Federwage gab, ist 8,22 Pfund auf den Quadratzoll, für Hebel, Ventil und Wage; und wenn das Ventil gehoben ist, so mag die Differenz 6,10 Pfund betragen, weil dies Ventil ziemlich conisch ist.

IV. Der *Leeds*. Das Ventil hat 2,91 Zoll unten und 3,03 Zoll oben im Durchmesser. Die Hebelsarme verhalten sich wie 1 zu 12, und sind 2,91 und 34,96 Zoll lang. Das zweite Ventil ist so stark angeschraubt, daſs es bei keinem Versuche sich hob. Die Maschine gab am 28. Juli und am 6. August 1834 Folgendes:

	Angabe der Federwage.		Spannung auf den Quadratzoll, nach der Quecksilberwage.
No. I.	27,10 Pfd.	Das Ventil hob sich.	
	28,55 -	. . . .	51,31 Pfd.
	28,80 -	. . . .	52,34 -
	29,04 -	. . . .	52,85 -
	29,51 -	. . . .	53,36 -
	30,00 -	. . . .	54,39 -
No. II.	30,00 Pfd.	Das Ventil hob sich.	
	31,00 -	. . . .	55,41 -
	31,94 -	. . . .	56,44 -
	32,91 -	. . . .	57,47 -
	34,85 -	. . . .	59,01 -
No. III.	31,00 Pfd.	Das Ventil hob sich.	
	32,91 -	. . . .	61,58 Pfd.

V. Der *Vulcan*. Das Ventil und die Hebelsarme sind ganz denen der vorigen Maschine gleich. Das zweite Ventil ist zwar verschieden, aber auch so fest geschraubt, daſs es bei keinem Versuche sich hob. Die Maschine gab am 28. Juli 1834 Folgendes:

Angabe der Federwage.		Spannung auf den Quadratzoll, nach der Quecksilberwage.
30,00 Pfd.	Das Ventil hob sich.	
33,88 -	. . . .	58,98 Pfd.

VI. Die *Fury*. Mit beiden Ventilen und den Hebeln verhält es sich ganz so wie bei dem *Vulcan*. Die Maschine gab am 6. August und am 24. und 25. Juli 1834 Folgendes:

	Angabe der Federwage.		Spannung auf den Quadratzoll, nach der Quecksilberwage.
No. I.	29,01 Pfd.	Das Ventil hob sich.	
	32,43 -	. . . .	57,98 Pfd.
	32,67 -	. . . . . .	59 01 -
	33,91 -	. . . .	59,52 -
	34,85 -	. . . .	64,14 -
No. II.	30,98 Pfd.	Das Ventil hob sich.	
	34,85 -	. . . .	68,76 -

Bei den ersten Versuchen mit dem *Leeds* blies das Ventil, von 27,10 an, bis 29,01 Pfund an der Federwage. Bei der zweiten Reihe Versuche mit der nemlichen Maschine geschah dies von 29,01 bis 34,85 Pfund; was beträchtlich ist. Bei der dritten Reihe Versuche nur von 30,98 bis 33,91 Pfund. Bei der dritten Reihe war also die Reduction wegen der Schräge des Ventils am kleinsten.

Der Versuch mit dem *Vulcan* geschah während der gewöhnlichen Arbeit der Maschine.

Bei den Versuchen mit der *Fury* fanden sich zwei verschiedene Reductionen wegen der Schräge des Ventils; wie bei dem *Leeds.*

Für die Wirkung des Gewichtes der Hebel und der Stange der Wage sind zu der Spannung auf den Quadratzoll bei diesen 3 Maschinen 7,18 Pfund zu addiren. Aber einerseits hat das Blasen des Ventils, andrerseits der Umstand, daſs der Boden des Ventils nicht ganz umschlossen ist, die angegebene Reduction zur Folge, und es erklärt sich daraus die scheinbare Unregelmäſsigkeit der Resultate.

Abschnitt II.

Von einer neuen Federwage und einem Manometer.

§. 25.

Vorschlag zu einer Veränderung der gewöhnlichen Ventile.

Aus dem Obigen erhellet, wie schwierig es ist, durch eine Federwage von der gewöhnlichen Einrichtung die wirksame Spannung der Dämpfe in einem Dampfwagen auszumitteln; und daſs sich doch immer noch unrichtige Resultate ergeben können, wenn man keine Quecksilberwage zur Hand hat.

Diese Schwierigkeiten lassen sich durch eine Veränderung der gewöhnlichen Einrichtung des Ventils heben, zu welcher der Verfasser bei seinem Aufenthalt in Liverpool, im Jahre 1834, einem der Directoren der dortigen Eisenbahn eine Zeichnung zurückgelassen hat.

Der Ruhepunct des Hebels mufs, wie in Fig. 17. Taf. X., zwischen das Ventil und die Federwage gelegt werden, und diese mufs, wie beim gewöhnlichen Wägen, an ihrer Stange aufgehenkt werden. Der lange Arm mufs ferner mit dem kurzen und dem Gewichte des Ventils ins Gleichgewicht gebracht werden, was sich leicht machen läfst, nemlich entweder durch Verstärkung des kurzen Armes, oder durch eine, unter dem Ventil angebrachte verhältnifsmäfsige Masse von Metall. Endlich müssen sich die Hebelsarme wie die Zahl der Quadratzolle in der Fläche des Ventils zur Einheit verhalten, und das Ventil mufs genau passen.

Wenn man diese einfache Anordnung macht, so giebt die Zahl an der Wage unmittelbar, und ohne alle Rechnung, die wirksame Spannung der Dämpfe im Kessel an. Denn die Federwage befindet sich dann in ihrer natürlichen Lage, und das Gewicht ihres Fufses P ist schon in Rechnung gebracht, so dafs deshalb keine besondere Zurechnung Statt findet; die Hebelsarme aber sind mit einander im Gleichgewicht, so dafs auch für sie keine weitere Zurechnung nöthig ist. Endlich giebt die Wage unmittelbar den Druck auf einen Quadratzoll der Fläche des Ventils an, weil sich die Hebelsarme wie diese ganze Fläche zu 1 verhalten.

So also erspart die Einrichtung alle Rechnung, und die Wage zeigt unmittelbar die Spannung der Dämpfe auf 1 Quadratzoll. Die Einrichtung erfüllt also die Bedingung, die Grenze der Spannung anzugeben, das heifst: wenn man z. B. diese Grenze auf 50 Pfd. bestimmt hat, so ist man, ohne alle Rechnung, sicher, dafs das Ventil gehoben wird, wenn die Spannung des Dampfes diese Grenze erreicht. In der Regel ist dies auch Alles, was bei dem Gebrauch einer Eisenbahn verlangt wird, wo die Unternehmer, wie billig, wünschen, dafs die Maschine für einen bestimmten Druck regulirt sei.

[Diese von dem Herrn Verfasser vorgeschlagene Einrichtung ist offenbar so einfach, und liegt so nahe, dafs man schwer begreift, warum es anders hat gemacht werden mögen. D. H.]

Für andere Ausmittelungen der verschiedenen Umstände bei der Bewegung der Maschinen mufs aber immer noch die Wirkung des Blasens der Ventile berücksichtigt werden; und dazu wäre immer noch die Quecksilberwage nöthig. Wir wollen indessen jetzt ein Werkzeug vorschlagen, welches tragbar ist, und die Quecksilberwage, so wie auch die oben beschriebene Einrichtung, erspart.

§. 26.

Ein neuer, tragbarer Manometer, zur Ersparung des Quecksilber-Spannungsmessers.

Wir haben oben bemerkt, daſs, wenn man die Spannung zu wissen verlangt, mit welcher eine Maschine unter gewissen Umständen gearbeitet hat, die Maschine unter die Quecksilberwage gebracht werden muſs, um diejenige Spannung zu erfahren, die mit den verschiedenen Graden der Federwagescale correspondirt, welche während der Wirkung beobachtet wurden.

Dieses ist an sich unbequem; und auſserdem muſs bei der Messung erst Alles wieder in denselben Zustand gebracht werden, worin es sich bei der Wirkung der Maschine befand. Denn zum Beispiel ein auf 32 Pfund, als Hebepunct, fixirtes Ventil, welches unter 36 Pfund Druck bläset, kann einen Druck von 67 Pfund repräsentiren, während das nemliche Ventil, wenn sein Hebepunct 31 Pfund ist, mit dem nemlichen 36sten Grade bloſs einem Drucke von 62 Pfund entsprechen kann. Das zweite Ventil muſs also während der Wirkung der Maschine beobachtet worden sein und auf denselben Punct gestellt werden. Denn wenn es gelüftet würde, so würde es eine gewisse Quantität Dampf entweichen lassen, welche sonst nothwendig hätte durch das erste entströmen müssen, und dann den Druck vergröſsert haben würde. Endlich haben auch die Führer der Dampfwagen ein Interesse daran, die wahre Spannung des Dampfes zu verheelen, aus Furcht, sie ermäſsigen zu müssen. Sie mögen nicht gern die Geschwindigkeit der Bewegung vermindern, um nicht längere Zeit unterwegs zu bleiben. Sie lösen also nicht allein unvermerkt das zweite Ventil, und heben von Zeit zu Zeit den Hebel, um die Wirkung der Schräge des Ventils zu verstärken, mit welcher Wirkung sie sehr wohl bekannt sind, sondern schieben auch zuweilen eine Metalltafel unter den Dorn, der auf das Ventil drückt, um eine Täuschung bei der Angabe der Federwage hervorzubringen.

Die Vorbereitungen, um durch die Quecksilberwage die Spannung des Dampfes zu finden, machen aber diese Untersuchung beschwerlicher, als sie beim ersten Anblick zu sein scheint. Auch ist zu bemerken, daſs der Dampf auf seinem Wege vom Kessel bis zu dem Instrumente sich abkühlt. Er hat auf diesem Wege gewöhnlich eine metallene Röhre von

8 bis 10 Fufs lang und ½ Zoll im Durchmesser zu durchlaufen, und langt also bei der Quecksilberwage mit einer Spannung an, die offenbar geringer ist, als diejenige im Kessel.

Alle diese Schwierigkeiten kommen daher, dafs die Quecksilberwage nicht an der Maschine befestigt **bleiben** kann. Wäre das, so könnte man die Spannung der Dämpfe während der Wirkung der Maschine unmittelbar an der Wage ablesen, und es wäre kein späterer Versuch mehr nöthig.

Wir glauben nun, dafs dieses Instrument mit Nutzen durch folgendes andere sich ersetzen läfst.

Die Maschine bekommt die gewöhnlichen zwei Sicherheitsventile. *R* Fig. 19. Taf. X. ist ein an den Kessel befestigter Hahn, um den Dampf, wenn es nöthig ist, abzulassen. Oben hat die äufsere Fläche des Hahns ein Schraubengewinde, um das Instrument anschrauben zu können. Über dem Hahn zeigt sich in der Figur das Instrument. Die Röhre *AE* hat unten, aufserhalb, ein Schraubengewinde, wie der Hahn oben, und wird an diesen durch die Schraubenmutter *E*, wie es die Figur zeigt, für die Dauer des Versuchs fest angeschraubt. Hierauf öffnet man den Hahn, um den Dampf in die Röhre *AE* einzulassen.

A ist ein Ventil von 1 Quadratzoll grofs, oder von einer andern Fläche, die man beim Messen der Dampfspannung zur Einheit annehmen will. So wie dieses Ventil durch den Dampf in die Höhe getrieben wird, drückt es auf den Hebel *AC*, dessen anderes Ende *P* durch die Feder einer gewöhnlichen Federwage gehalten wird. Die beiden Arme des Hebels sind gleich lang, und ihr Gewicht, mit Einschlufs desjenigen der Ventilscheibe, ist um den Ruhepunct im Gleichgewicht. In *S* wird das Werkzeug auf den Kessel angeschraubt.

Nachdem das Instrument an den Kessel angesetzt und der Hahn geöffnet worden ist, drückt nun der Dampf von unten gegen das Ventil und den Hebel; und vermöge der beschriebenen Anordnung giebt die Federwage unmittelbar die Spannung auf 1 Quadratzoll an. Denn bei der Wage ist, ihrer Stellung wegen, für das Gewicht der Stange oder des Fufses nichts zuzusetzen; und auch wegen des Gewichts des Hebels ist keine Correction nöthig, weil er sich im Gleichgewicht befindet. Da aber nun die zwei andern gewöhnlichen Ventile des Kessels den überschüssigen Dampf ausströmen lassen, so darf das Ventil *A* niemals blasen. Die

Schraube kann also so weit angezogen werden, bis die Wage gerade mit der Spannung des Dampfes das Gleichgewicht hält; und kein Blasen des Ventils macht mehr das Resultat zweifelhaft oder unrichtig.

Da vermittelst dieses Werkzeugs der wirkliche Druck des Dampfes sehr bequem gefunden wird, und ohne nachheriges zweites Experiment: da ferner die Resultate genau sind, indem der Dampf keine lange Röhre nach dem Instrumente hin zu durchströmen hat: da das Instrument an dem Kessel befestigt bleiben, auch, wenn man will, von einem zum andern Kessel gebracht werden kann, und da es endlich, im Vergleich gegen die theure Quecksilberwage, sehr wohlfeil ist: so sind wir der Meinung, daſs dieses Manometer von wesentlichem Nutzen sein könne. Wir hätten mit Hülfe desselben alle Schwierigkeiten bei unsern Versuchen vermeiden können. Auch kann es dienen, nicht bloſs bei Dampfwagen, sondern auch bei allen andern Dampfmaschinen, von hohem oder niedrigem Druck, die Spannung des Dampfes zu messen.

Die Prüfung des Instrumentes geschieht nur einmal, für immer. Man miſst das Ventil einzeln aus; man sieht zu, ob der Hebel um seinen Ruhepunct im Gleichgewicht ist, hebt die Wage ab, und hängt bestimmte Gewichte an, um zu sehen, wie die Scale stimmt.

[Der Endpunct *A* des Hebels *AC* kann sich nicht nach unten bewegen; denn daran hindert ihn das Ventil. Er soll sich aber auch nicht nach oben bewegen; denn das Ventil soll niemals blasen. Er muſs also stets in derselben Lage bleiben, und folglich muſs, so wie man bemerkt, daſs die Spannung des Dampfes anfängt, das Ventil zu heben, die Schraube *B* angezogen werden; und umgekehrt: wenn die Spannung des Dampfes nachläſst, muſs die Schraube so lange gelöset werden, bis der Dampf das Ventil in Bewegung zu setzen beginnt. Es ist also hier nicht, wie beim gewöhnlichen Wägen mit der Federwage, die zu messende Kraft, welche den Zeiger an der Scale in Bewegung setzt, sondern die Schraube *B*. Das Instrument zeigt daher nicht von selbst an der Scale die Spannung des Dampfes, sondern man erfährt sie nur durch Handhabung der Schraube *B*. Es wird also zu den Versuchen viel Aufmerksamkeit und auch Übung nöthig sein. Doch leistet in der That das Instrument, was es soll, nemlich: auch den auf das Blasen der Ventile kommenden Theil der Spannung des Dampfes zu messen.

Die Quecksilberwage dürfte übrigens schon wegen des Niederschlages der Dämpfe auf der Oberfläche des Wassers in der Wage, und vollends, wenn die Wage erst durch eine lange Röhre an den Kessel angesetzt werden mufs, immer ein nur wenig zuverlässiges Werkzeug sein. Sie wird also um so mehr mit Vortheil durch das einfache Werkzeug des Herrn v. Pambour ersetzt werden. D. H.]

§. 27

Vergleichende Tafel für die verschiedenen Arten der Angabe der Dampfspannung.

Um den Inhalt des gegenwärtigen Abschnittes zu vervollständigen und dem Leser die Vergleichung der verschiedenen Arten, die Spannung des Dampfes auszudrücken, welche weiter unten benutzt werden müssen, zu erleichtern, fügen wir hier eine Tafel der verschiedenen Ausdrücke der Dampfspannung bei. Wir haben sie von halben zu halben Atmosphären berechnet; die dazwischen fallenden Beträge werden sich aber leicht einschalten lassen.

Spannung des Dampfes im Ganzen.				Überschufs der Dampfspannung über die der Luft; oder wirksame Spannung.			
In Atmosphären.	Höhe der Quecksilbersäule von eben dem Druck, in Zollen.	Druck auf den Quadratzoll. Pfunde.	Druck auf den Quadratfufs. Pfunde.	In Atmosphären.	Höhe der Quecksilbersäule von eben dem Druck, in Zollen.	Druck auf den Quadratzoll. Pfunde.	Druck auf den Quadratfufs. Pfunde.
1	29,13	15,086	2172,7	-	- -	- -	- -
1½	43,70	22,578	3258,5	½	14,56	7,543	1086,4
2	58,27	30,174	4345,3	1	29,13	15,086	2172,7
2½	72,83	37,666	5431,1	1½	43,70	22,578	3258,5
3	87,40	45,259	6516,9	2	58,27	30,174	4345,3
3½	101,96	52,751	7603,8	2½	72,83	37,666	5431,1
4	116,54	60,346	8689,6	3	87,40	45,259	6516,9
4½	131,10	67,838	9776,4	3½	101,96	52,751	7603,8
5	145,67	75,431	10862,3	4	116,54	60,346	8689,6
5½	160,23	82,924	11948,1	4½	131,10	67,838	9776,4
6	174,81	90,519	13034,9	5	145,67	75,431	10862,3

Drittes Capitel.

Über die Reibung der Bahnfuhrwerke.

---

§. 28.

Dafs ferner Versuche über diesen Gegenstand nothwendig sind.

Aus der Beschreibung, welche wir von einem Dampfwagen gegeben haben, sieht man, dafs der Dampf durch seine Wirkung auf die Kolben der Cylinder den Rädern eine drehende Bewegung mittheilt, welche die Maschine forttreibt, in so fern der Wagenzug, der ihr folgt, mit seiner Reibung auf den Schienen nicht einen Widerstand entgegensetzt, der gröfser ist als die Kraft, welche die Maschine besitzt.

Das erste also, auf dessen Schätzung es ankommt, ist der Widerstand, den der Wagenzug auf den Schienen findet.

Der Zug besteht aus einer gröfsern oder kleinern Zahl von Wagen, die, wenn sie Frachtgüter geladen haben, Waggons heifsen. Der Widerstand, den sie der Maschine entgegensetzen, hängt nicht allein von ihrem Gewicht ab, sondern auch von dem Zustande der Bahn und dem besseren oder unvollkommneren Bau der Wagen selbst. Da der Zweck der Eisenbahn ist, den Fuhrwerken einen festen und glatten Weg darzubieten, auf welchem sie mit Leichtigkeit sich fort bewegen können, so wird, wenn die Bahn nicht in gutem Stande erhalten, oder nicht zweckmäfsig angeordnet ist, der Widerstand der Wagen gröfser sein. Eben so, wenn die Wagen schlecht gebaut sind, oder unvollkommen erhalten werden.

Es folgt also, dafs die Kraft, welche nothwendig ist, eine gewisse Last, zum Beispiel eine Tonne, fortzuziehen, nicht auf allen Eisenbahnen, und auch nicht für jedes Fuhrwerk die nemliche sein kann. Auf recht glatten Schienen, und für gut gebaute und geschmierte Wagen, ist 1 Ctr. Kraft nöthig, um 280 Ctr. fortzuziehen, [nemlich wenn die Bahn *horizontal* liegt; und nicht 280 Ctr. netto, sondern brutto Last, mit Einschlufs des Gewichts der Fuhrwerke, D. H.] das heifst: wenn 1 Ctr. Gewicht an das eine Ende eines Seils gehängt wird, welches über eine Rolle geht: so vermag das andere Ende des Seils Wagen fortzuziehen, die, mit ihrer Ladung zusammen, 280 Ctr. wiegen. [Bei dem Seil an der Rolle mufs man natürlich die Reibung der Rolle und die Steifigkeit des Seils nicht in

Anschlag bringen. D. H.] Auf einer weniger guten Eisenbahn, und mit unvollkommneren Fuhrwerken, kann 1 Ctr. Kraft vielleicht nur 224 Ctr., und noch weniger fortschaffen.

Die älteren Wagen, mit welchen einige Versuche angestellt worden sind, haben 1 Ctr. Kraft für 224, und selbst für 187 Ctr. Ladung nöthig. Seitdem sind die Wagen sehr vervollkommnet worden; aber es waren noch keine Versuche mit ihnen im Grofsen, und während ihres gewöhnlichen Dienstes, angestellt worden. Als zu Liverpool die neuen Wagen eingeführt wurden, machte man mit einem derselben, der aber so eben erst aus der Hand des Verfertigers kam, einen Versuch. Da der Wagen zu dem Versuche sehr sorgfältig geschmiert worden und noch keinen Stöfsen ausgesetzt gewesen war, durch welche sich die Achsen hätten gebogen, oder die Räder geworfen haben, oder die hinteren Räder aus der Spur der vorderen hätten abgelenkt worden sein können; auch die Schienen vorher besonders sorgfältig gefegt worden waren: so läfst sich das Resultat dieses Versuchs nicht für practisch entscheidend annehmen; und in der That wird auf der Liverpooler Bahn immer noch 1 Ctr. Zugkraft auf 224 Ctr. Gewicht gerechnet. Diese unzuverlässigen Daten durften wir aber für unsere Zwecke nicht annehmen.

Es war daher nothwendig, für die neueren Wagen andere Grundlagen zur Berechnung der Zugkraft zu suchen. Die Gelegenheit zu den Versuchen, von welchen wir Nachricht geben werden, boten sich durch die Untersuchung über die Dampfwagen von selbst dar. Diese Versuche erklären auf gewisse Weise von selbst die Fehler, welche sonst bei der Schätzung des Widerstandes der Wagen Statt gefunden haben. Dieses ist bemerkenswerth, weil daraus eben sowohl auf die Vollkommenheit der Maschinen, als auf die Genauigkeit der jetzt möglichen Schätzung ihrer Kraft geschlossen werden kann. Auch ergiebt sich daraus Ursach zum gröfsern Vertrauen auf die andern Resultate, zu welchen wir auf demselben Wege gelangten. Dieserhalb gedenken wir dieses Umstandes. Bei den Versuchen, die der Verfasser während seines Aufenthaltes in Liverpool, im Jahre 1834, in Menge über die Kraft der Dampfwagen anstellte, schien einer dieser Versuche, mit dem *Atlas,* so wie er weiter unten beschrieben werden wird, eine zu grofse Kraft der Maschine zu ergeben. Der *Atlas* hatte am 23. Juli, auf einem Abhange von 1 auf 1300, 40 Wagen, 3750 Ctr. an Gewicht, fortgezogen. Die Cylinder der Maschine hatten nur 11 Zoll 8 Linien im Durchmesser. Nach den bisherigen Sätzen über die Bahnen und den Widerstand der Fuhrwerke konnte dieser Erfolg nur dann erklärt werden, wenn man annahm: entweder die Verhältnisse der Maschinentheile, oder der Abhang der Bahn wären unrichtig gemessen, oder die Ladung wäre in den Büchern der Verwaltung unrichtig verzeichnet worden. Indessen gaben auch andere Versuche, die wir mit andern Maschinen, unter andern Umständen und an andern Stellen der Bahn anstellten, ähnliche Resultate, und man mufste nun entweder zugeben, dafs wirklich der Widerstand der Fuhrwerke nicht mehr als 1 auf 280 betrage, oder annehmen, dafs alle Maschinentheile und der Abhang der Bahn *überall* falsch gemessen worden wären.

Es war also nothwendig, durch eine Reihe eigends angestellter Versuche diesen Umstand direct zu erörtern. Es gereichte uns dabei zu grofser Genugthuung, dafs die Resultate der Rechnung durch die Versuche wirklich bestätigt wurden.

§. 29.

Von der Ermittelung der Reibung durch den Dynamometer.

Das nächste Mittel, die Reibung oder den Widerstand der Wagen auf einer Bahn zu messen, schien der *Dynamometer* zu sein, weil derselbe die nothwendige Zugkraft direct angiebt. Da indessen das Ziehen der Menschen oder Thiere ruckweise wirkt, so schwankt der Zeiger des Dynamometers zwischen ziemlich entfernten Grenzen, und vermag kein bestimmtes Resultat zu geben. Es schien indessen, dafs, wenn das Ziehen durch eine *Maschine* geschähe, deren Wirkung gleichförmiger ist, und die Bewegung durch den langen Wagenzug selbst regulirt würde: dafs vielleicht die Schwankungen des Dynamometers dann weniger beträchtlich sein würden; besonders wenn das Instrument an einen der hintersten Wagen angebracht würde, wo die Pulsirungen der Dampfmaschine nur noch geringen Einflufs haben.

Es wurde also, als der *Leeds*, mit einem Zuge von 12 Wagen völlig in Bewegung war, und nachdem die Bewegung eine gleichförmige Geschwindigkeit von 1200 bis 1700 Ruthen in der Stunde erreicht hatte, *während der Bewegung*, die Kette der drei hintersten Wagen losgehakt und an ihre Stelle eine dazu vorbereitete kreisförmige Federwage gebracht. Die Stange der Wage wurde an das Gestell des neunten Wagens befestigt, und die drei folgenden Wagen, welche die letzten des Zuges waren, an die Feder. Der Versuch fand zwischen den Meilensteinen $1\frac{1}{2}$ und 2 der Liverpooler Strafse, an einer ganz horizontalen Stelle Statt.

Wir erwarteten, den Zeiger der Wage fast still stehen zu sehen; aber was erfolgte war ganz anderes. Sein durchschnittlicher Stand zeigte 100 Pfund; aber er schwankte *sehr* bedeutend, nemlich von 50 bis auf 170 Pfund. Zwei oder dreimal, bei besonderen Stöfsen der Maschine, sprang der Zeiger sogar bis an das Ende der Scale, welches 220 Pfd. anzeigte. Allerdings konnten diese letzten Fälle, da sie nur gelegentlich vorkamen, nicht als die Wirkung eines regelmäfsigen Zuges angesehen werden; um so weniger, da der Zeiger unmittelbar nach dem Stofs immer wieder zu seinem gewöhnlichen Stande, auf 100 Pfd., zurückkehrte, und nun wider von 50 bis zu 170 Pfd. schwankte. Nachdem man aber vergebens auf einen festen Stand des Zeigers gewartet hatte, mufste man sich überzeugen, dafs der Versuch keine sicheren Resultate zu geben geeignet sei.

Das Mittel der Angaben des Zeigers von 50 und 170 Pfd. war 110 Pfd. (Engl.). Die drei Wagen wogen 31964,8 Pfd. (Engl.): also ergab sich durch den Versuch ein Widerstand von $\frac{31964,8}{110}$ oder 1 auf 290,6.

Es ist, mit Rücksicht auf das weiter unten Folgende, noch zu bemerken, dafs bei diesem Versuche der Widerstand der Luft nicht in Betracht kam. Denn da die drei Wagen die letzten im Zuge waren, so widerstand ihnen die Luft nur höchst unbedeutend, seitwärts; und der Widerstand war noch um so geringer, da die Geschwindigkeit nur 1200 bis 1300 Ruthen in der Stunde betrug. Der Widerstand der Luft hatte nur allein auf den vorderen Wagen einigen Einflufs, auf welchen sich aber unser Versuch nicht bezog.

Das Resultat mochte einigen Nutzen haben; aber es waren doch noch zuverlässigere Messungen nothwendig.

Es wurde nun dazu eine schickliche Stelle auf der Liverpooler Bahn ausgesucht, nemlich am Fufse der Rampe von Sutton, $2\frac{1}{2}$ Meile von Liverpool entfernt; der Abhang wurde sehr genau, bis auf $\frac{1}{10}$ Zoll, nivellirt, und es wurde darauf in folgender Art verfahren.

§. 30.

Berechnung der Reibung aus dem Reibungswinkel.

Es werde auf einem Abhange AB (Fig. 23. Taf. X.) ein schwerer Körper sich selbst überlassen. Er gleite ohne Reibung hinab, und gelange unten an einen zweiten Abhang, der die Fortsetzung des ersten ist, und auf welchen er nun weiter fortgleite.

Der Körper wird von der Schwere den Abhang hinabgetrieben. Aber nur ein Theil dieser Kraft wirkt auf den Körper; denn sie zerlegt sich in zwei andere: die eine senkrecht auf den Abhang, welche durch den Widerstand desselben aufgehoben wird: die andere nach der Richtung des Abhanges, welche ihre volle Wirkung auf den Körper äufsert, und die beschleunigende Kraft ist, welche ihn treibt. Wenn also g die Schwere bezeichnet und τ_1 den Winkel, welchen der Abhang mit dem Lothe macht: so ist die auf den Körper wirkende beschleunigende Kraft

$$1.\quad \varphi = g\cos\tau_1.$$

Nun ist der allgemeine Ausdruck einer beschleunigenden Kraft, wenn v die Geschwindigkeit und t die Zeit bezeichnet, $\varphi = \frac{\partial v}{\partial t}$. Also mufs sein:

$$2.\quad g\cos\tau_1 = \frac{\partial v}{\partial t}.$$

Während eines unendlich kleinen Zeittheiles kann jede Bewegung als gleichförmig betrachtet werden [in sofern die Geschwindigkeit derselben entweder unveränderlich oder *nur stetig* veränderlich ist, D. H.]. Bezeichnet man also den durchlaufenen Raum durch x, so ist

$$3.\quad v = \frac{\partial x}{\partial t},$$

und folglich

$$4.\quad \partial t = \frac{\partial x}{v}.$$

[Der Verfasser schreibt statt ∂x, ∂t etc. $\dot{x}$, $\dot{t}$, mit den Newtonschen Fluxionszeichen. D. H.] Die Gleichung (4.) mit der Gleichung (2.) verbunden, giebt

$$5.\quad v\partial v = g\cos\tau_1 . \partial x.$$

Diese Gleichung unter der Voraussetzung integrirt, dafs die Geschwindigkeit am Abgangspuncte 0, d. h. $v = 0$ ist für $x = 0$, giebt $\frac{1}{2}v^2 = g\cos\tau_1 x$, oder

$$6.\quad v^2 = 2gx\cos\tau_1.$$

Diese Gleichung drückt die Geschwindigkeit des bewegten Körpers in jedem beliebigen Puncte der Bahn aus. Setzt man nun die Länge der Bahn, vom Ausgangspunct A bis zum Puncte B, gleich x_1, und bezeichnet die Geschwindigkeit in B durch V, so ist

$$7.\quad V^2 = 2gx_1\cos\tau_1.$$

Mit dieser Geschwindigkeit also langt der Körper am Anfange des zweiten Abhanges an. Machten die beiden Ebenen mit einander einen bestimmten Winkel, so würde von der Geschwindigkeit in B für den Fortgang auf dem zweiten Abhange nur ein Theil übrig bleiben, der von dem Winkel abhängen würde. Man weifs aber, dafs, wenn der Übergang in einer stetigen Curve Statt findet, *keine* Geschwindigkeit verloren geht, sondern dafs der Körper auf dem zweiten Abhange sich mit derselben Geschwindigkeit fortbewegt, mit welcher er anlangte. Er *beginnt* also, den zweiten Abhang mit der obigen Geschwindigkeit zu durchlaufen.

Der Körper wird aber nun auf der zweiten Ebene aufserdem auch noch von der Schwere fortgetrieben. Die beschleunigende Kraft, welche dieselbe auf der zweiten Ebene hervorbringt, ist, wenn man die Neigung der Ebene gegen das Loth durch τ_2 bezeichnet,

$$8. \quad \Phi_1 = g \cos \tau_2,$$

und wenn man die obige Rechnung für die zweite Ebene wiederholt, so findet sich für diese:

$$9. \quad v^2 = 2gx \cos \tau_2 + C.$$

In dieser Gleichung mufs C aus der Bedingung bestimmt werden, dafs für $x = 0$, v gleich der Anfangsgeschwindigkeit in B ist. Und da nun für dieselbe $V^2 = 2gx_1 \cos \tau_1$ war (7.), so ist für $x = 0$, in (9.),

$$10. \quad v^2 = V^2 = 2gx_1 \cos \tau = C.$$

Es ist also, wenn man (10.) in (9.) substituirt, für einen beliebigen Punct der zweiten Ebene:

$$11. \quad v^2 = 2gx \cos \tau_2 + 2gx_1 \cos \tau_1.$$

Sind nun ferner z_1 und z_2 die *Höhen* dieser beiden Abhänge, so ist

$$12. \quad x_1 \cos \tau_1 = z_1 \quad \text{und} \quad x \cos \tau_2 = z_2.$$

Es giebt daher die Gleichung (11.)

$$13. \quad v_2 = 2g(z_1 + z_2),$$

oder, wenn z die gesammte Höhe, vom Ausgangspunct ab, bezeichnet:

$$14. \quad v_2 = 2gz.$$

Dieses ist also nun der Ausdruck der Geschwindigkeit der Bewegung, in der Voraussetzung, dafs *keine Reibung*, oder sonst irgend ein Widerstand Statt findet. Die Gleichung zeigt, dafs v nur $= 0$ werden kann für $z = 0$, das heifst, dafs der Körper, wenn er einmal in Bewegung ist, und nun einen zweiten Abhang in *entgegengesetzter* Richtung ersteigt, nur dann erst wieder zum Stillstand gelangen kann, wenn er eben so hoch hinauf gestiegen ist, als er sich hinunter bewegte.

Bewegt sich ferner ein Körper unter der Wirkung der ***Reibung***, so nimmt diese, wie die Erfahrung lehrt, ***nicht*** zu, sondern wirkt der Schwere, wie eine ***unveränderliche,*** widerstehende Kraft, die Ebene entlang, entgegen. Findet also Reibung Statt, so ist die beschleunigende Kraft der Schwere nicht mehr $g \cos \tau_1$ und $g \cos \tau_2$, sondern

$$15. \quad g \cos \tau_1 - f \quad \text{und} \quad g \cos \tau_2 - f,$$

wenn man den Widerstand der Reibung durch f bezeichnet. [Dieses ist, strenge genommen, nicht völlig richtig. Denn, wenn man auch annimmt, dafs die Geschwindigkeit die Reibung nicht ändert, so hängt dieselbe doch von dem Drucke der Last senkrecht auf die schiefe Ebene ab; und dieser Druck ist nicht unveränderlich. Wird die Reibung auf horizontaler Ebene durch f bezeichnet, so ist diejenige auf der schiefen Ebene eigentlich $f \sin \tau_1$ und $f \sin \tau_2$, und also hätte (15.) eigentlich heifsen müssen:

$$16. \quad g \cos \tau_1 - f \sin \tau_1 \quad \text{und} \quad g \cos \tau_2 - f \sin \tau_2.$$

Der Unterschied scheint deshalb übergangen zu sein, weil die Winkel τ_1 und τ_2 in dem gegenwärtigen Falle immer einem rechten Winkel ***sehr*** nahe kommen, und folglich $\sin \tau_1$ und $\sin \tau_2$ ***sehr*** nahe $= 1$ sind. D. H.]

Es ist also nun, vermöge der Gleichung (11.), für einen in dem zweiten Abhange liegenden, von B beliebig, zum Beispiel um x entfernten Punct m:

$$17. \quad v^2 = 2(g \cos \tau_2 - f)x + 2g(\cos \tau_1 - f)x_1.$$

Setzt man hierin wieder

$$18. \quad x_1 \cos \tau_1 = z_1, \quad x \cos \tau_2 = z_2 \quad \text{und} \quad z_1 + z_2 = z,$$

so erhält man

$$19. \quad v^2 = 2(gz - f(x + x_1));$$

welche Gleichung die Geschwindigkeit der Bewegung in einem beliebigen Puncte des Abhanges giebt; ***mit Rücksicht auf die Reibung.***

Es folgt aus dieser Gleichung, dafs v nicht anders $= 0$ sein kann, als wenn entweder z, x_1 und x Null sind, was sich auf den *Anfang* der Bewegung bezieht, oder wenn

$$20. \quad gz - f(x + x_1) = 0$$

ist. Bleibt daher ein in Bewegung gesetzter Körper irgendwo, z. B. in m, stehen, so mufs dieser Punct die Bedingung (20.) erfüllen, und es mufs folglich für denselben

$$21. \quad gz = f(x + x_1)$$

sein. Multiplicirt man die beiden Glieder der Gleichung mit M, der Masse des Körpers: so findet sich

$$22. \quad gMz = fM(x+x_1).$$

Da g die beschleunigende Kraft der Schwere bezeichnet, so drückt gM das *Gewicht* des Körpers aus, welches P sein mag. Eben so drückt fM die gesammte Reibung des Körpers aus, weil f die Kraft der Reibung für einen einzelnen Theil des Körpers ist. Bezeichnet man also die gesammte Reibung durch F, so giebt die Gleichung (22.)

$$23. \quad Pz = F(x+x_1).$$

Hat sich also nun der Körper aus der Ruhe in Bewegung gesetzt, und ist, auf den Abhängen, in m wieder still gestanden, so mufs dieser Punct nothwendig die obige Bedingung erfüllen. Messen wir daher zur Stelle z, x und x_1 aus, und kennen das Gewicht P, so giebt die Gleichung (23.) die Reibung F, nemlich

$$24. \quad F = P.\frac{z}{x+x_1}.$$

Dieser Ausdruck zeigt an, dafs, *wenn ein Körper, dessen Gewicht* P *ist, einen Abhang, von der Ruhe an, sich hinunter bewegt, und in einem gewissen Puncte* m *wieder stehen bleibt, die Reibung, welche ihn zum Stillstand brachte, gefunden wird, wenn man die Höhe, welche er herabstieg, durch die durchlaufene Länge dividirt.* [Unter Reibung wird hier nemlich der Reibungs-Coefficient oder das Verhältnifs der Reibung zum Gewichte verstanden. D. H.]

Es folgt nun daraus, dafs der Körper, auf eine schiefe Ebene gesetzt, deren Höhe z und deren Länge $x+x_1$ ist, gar nicht sich bewegen würde: denn der Schwere, welche ihn vorwärts treibt, würde gänzlich durch die Reibung widerstanden werden.

Der Quotient $\frac{z}{x+x_1}$ drückt das aus, was man den *Reibungswinkel* nennt. Deshalb haben wir in der Überschrift dieses Paragraphs von dem *Reibungswinkel* gesprochen, von welchem wir denn auch bei den folgenden Versuchen ausgegangen sind.

[Die obige Erinnerung, dafs statt f, strenge genommen, $f\sin\tau_1$ und $f\sin\tau_2$ hätte gesetzt werden müssen, hat auf das Resultat weiter keinen Einflufs, als dafs man in (24.) unter $x+x_1$ nicht die Länge *der schiefen Ebenen selbst,* sondern die Länge *ihrer horizontalen Projectionen* verstehen mufs, was, da der Abhang hier sehr gering ist, fast gar keinen Unterschied macht.

Der Herr Verfasser ist sichtlich bemüht gewesen, durch einen ausführlichen Vortrag die Entwickelung seines Resultats Jedem recht deutlich und faſslich zu machen. Da indessen doch schon das Differentiiren und Integriren zu Hülfe genommen wird, was weniger allgemein gekannt ist, und sogar vom Unendlich-Kleinen gesprochen wird, was eigentlich nicht erfaſsbar oder begreifbar ist; auch allenfalls noch der *Beweis* verlangt werden könnte, daſs, wie es im Laufe des Vortrages gesagt wird, die Kraft und die Geschwindigkeit wegen der Änderung der Richtung der Tangenten der Krümmung des Abhanges sich wirklich nicht ändern: so könnte vielleicht die überzeugende Kraft der Entwickelung nicht ganz erreicht sein. Will man die Rechnung mit veränderlichen Gröſsen (Differential- und Integralrechnung ohne Unendlichkleines) zu Hülfe nehmen, so läſst sich zu dem Resultate auch noch etwas kürzer und allgemeiner, wie folgt gelangen.

Es sei AQm (Fig. 23#. Taf. X.) der gekrümmte Abhang der Bahn; AP sei horizontal, PQ senkrecht und $AP = x$, $PQ = y$; die Länge der Krümmung AQ sei $= s$. Ferner sei BQD die Tangente der Krümmung der Bahn in Q, QC auf BD und PC auf QC senkrecht. Die nach der Richtung PQ wirkende beschleunigende Kraft der Schwere werde durch 1, die Reibung durch φ bezeichnet. Nun verhält sich, nach dem Satze des Parallelogramms der Kräfte, die aus der Schwere in der Richtung der Tangente BD entstehende Kraft, welche ganz und allein den Körper forttreibt, und welche q heiſsen mag, zur Schwere selbst, wie PC zu PQ. Andrerseits verhält sich, wenn ∂y und ∂s die ersten Abgeleiteten von y und s bezeichnen, PC zu PQ wie ∂y zu ∂s; was sich ohne Unendlich-Kleines beweisen läſst. (Man sehe des Herausgebers kleine Schrift „Über die Anwendung der Rechnung mit veränderlichen Gröſsen auf Geometrie und Mechanik. Berlin, 1816, bei Maurer.") Also ist $\frac{q}{1} = \frac{\partial y}{\partial s}$, oder

$$25. \quad q = \frac{\partial y}{\partial s}.$$

Die durch ∂ bezeichneten Ableitungen können sich hier, und durchweg, auf die unabhängig veränderliche Zeit t beziehen.

Die Reibung entsteht aus dem *Gewichte* des Körpers, und also aus dem Drucke desselben auf die Bahn nach der Richtung PQ. Es kommt aber derjenige Theil dieses nach QC und PC zerlegten Drucks, welcher nach der Richtung der Tangente wirkt, als Ursach der Reibung nicht in Betracht, sondern nur der Theil, welcher nach QC wirkt. Dieser verhält sich zu der gesammten Schwere, wie QC zu PQ; und da sich nun, wie sich wiederum beweisen läfst, QC zu PQ zugleich wie ∂x zu ∂s verhält, so ist, wenn die aus der Reibung φ entstehende, nach der Richtung der Tangente wirkende Kraft durch f bezeichnet wird, $\frac{f}{\varphi}=\frac{\partial x}{\partial s}$; also

$$26.\quad f=\varphi\frac{\partial x}{\partial s}.$$

Die gesammte den Körper forttreibende Kraft, welche p heifsen mag, ist also aus (25.) und (26.):

$$27.\quad p=\frac{\partial y}{\partial s}-\varphi\frac{\partial x}{\partial s}.$$

Wird nun ferner die Geschwindigkeit, welche die Schwere in einer Secunde hervorbringt, durch $2g$ bezeichnet, so läfst sich, wiederum ohne Unendlich-Kleines, beweisen (man sehe die oben citirte Schrift), dafs sich die erste Abgeleitete ∂v der Geschwindigkeit v, welche irgend eine veränderliche Kraft p, gleichfalls in 1 Secunde, hervorbingt, zu $2g$ verhält, wie die Kraft p zur Schwere 1. Also ist $\frac{\partial v}{2g}=\frac{p}{1}$ und folglich

$$28.\quad \partial v=2gp.$$

Setzt man hierin aus (27.) den Werth von p, so findet sich

$$29.\quad \partial v=\frac{2g}{\partial s}(\partial y-\varphi\,\partial x).$$

Es wird ferner in der gedachten Schrift (S. 68) bewiesen, dafs die erste Abgeleitete des mit einer beliebigen veränderlichen Geschwindigkeit v durchlaufenen Raumes der Geschwindigkeit selbst gleich zu setzen ist. Der durchlaufene Raum ist hier die Länge s der gekrümmten Bahn. Also ist

$$30.\quad \partial s=v.$$

Setzt man (30.) in (29.), so erhält man $\partial v=\frac{2g}{v}(\partial y-\varphi\,\partial x)$ oder

$$31.\quad v\,\partial v=2g(\partial y-\varphi\,\partial x).$$

Daraus folgt, wenn man integrirt, oder die Stammgröfse nimmt,

$$32.\quad \tfrac{1}{2}v^2=2g\left(y-\frac{t}{\partial}(\varphi\,\partial x)\right)+\text{Const.}$$

(Es bedeutet $\frac{t}{\partial}(\varphi\,\partial x)$ die Stammgröfse oder das Integral von $\varphi\,\partial x$ *nach t*. Man schreibt gewöhnlich $\int(\varphi\,\partial x)$, was aber eine *unvollständige* Bezeichnung ist, weil es darauf ankommt, nach *welcher* veränderlichen Gröfse ein Integral genommen werden soll: ganz eben so, wie es bei einem Differential darauf ankommt, nach welcher Veränderlichen das Differential zu nehmen ist. Hier ist die veränderliche Gröfse, nach welcher zu integriren ist, die Zeit t, auf welche sich, wie oben bemerkt, auch überall ∂ bezieht.) Ist nun die Reibung Φ *unveränderlich*, so ist $\frac{t}{\partial}(\Phi \partial x) = \Phi x$, und die Gleichung (32.) giebt

$$33. \quad \tfrac{1}{2} v^2 = 2g(y - \Phi x) + \text{Const.}$$

Da vorausgesetzt wird, daſs die Bewegung in dem Punct A, für welchen $x=0$ und $y=0$ ist, von der Ruhe anfange, und also für $x=0$ und $y=0$ auch $v=0$ ist, so ist, wie aus (33.) folgt, Const. $=0$, und mithin vollständig:

$$34. \quad \tfrac{1}{2} v^2 = 2g(y - \Phi x).$$

Dieses giebt nun für den *zweiten* Punct m, in welchem *wiederum* $v=0$ ist, oder bis zu welchem der Wagen läuft, ehe er still steht,

$$0 = 2g(y - \Phi x),$$

und daraus folgt

$$35. \quad \Phi = \frac{y}{x} = \frac{mp}{Ap};$$

das heiſst: die Reibung Φ verhält sich zur Schwere 1, wie mp zu Ap, oder wie die *Höhe*, von welcher der Wagen herabgerannt ist, zu der horizontalen Projection der durchlaufenen Bahn; wie es auch im Text (mit Rücksichtnahme auf die dabei gemachte Erinnerung) gefunden wurde.

Das Verfahren, welches der Herr Verfasser, um die Reibung zu messen, statt des Gebrauchs des Dynamometers vorschlägt, und dessen er sich bei seinen Versuchen bedient hat, ist unstreitig ungemein sinnreich. Es ist zwar freilich hier wieder ein Fall, wo eine Rechnung, die von abstracten Principien ausgeht, miſslich ist, weil noch Voraussetzungen eingeschoben werden, die nicht Statt finden. Dies geschieht auch hier in der That: denn es wird namentlich vorausgesetzt, daſs die Reibung Φ *unveränderlich* sei. Dieses ist aber hier, wo unter der Reibung Φ eigentlich die gesammte, von der Unebenheit der Schienen und der wirklichen Reibung der Radachsen in den Buchsen herrührende, der Bewegung widerstehende Kraft verstanden werden muſs, ganz gewiſs, und *bei weitem* nicht der Fall. Eben der im vorigen Paragraph beschriebene Versuch mit dem Dynamometer beweiset es augenfällig: er zeigt an, daſs die sogenannte Reibung, *weit entfernt*, constant zu zu sein, vielmehr von dem *Einfachen* bis auf mehr als das *Vierfache*, und unaufhörlich wechselt. Es findet also die Herleitung der Gleichung (33.) aus der (32.) eigentlich durchaus nicht Statt; denn, wenn Φ *nicht* constant ist, so ist das Integral von $\Phi \partial x$ nach t auch *nicht* Φx. Allein gleichwohl kann das Resultat (33.), und was daraus weiter folgt, in gewissem Sinne dennoch vollkommen bestehen. Denn es ist strenge wahr, daſs, wenn φ wirklich veränderlich *wäre*, nothwendig $\varphi = \frac{y}{x}$ sein müſste. Umgekehrt folgt, daſs, wenn der Wagen im Puncte *m* stehen bleibt, die *Wirkung*, welche der *wirkliche, veränderliche* Widerstand hervorgebracht hat, die nemliche ist, welche ein *unveränderlicher* Widerstand $\varphi = \frac{y}{x}$ hervorgebracht haben *würde*. Aber gerade diesen *unveränderlichen Widerstand* verlangt man auch nur zu wissen. Es kommt gar nicht auf den *wirklichen* Widerstand und seine stetigen Veränderungen an, sondern nur auf den *durchschnittlichen*, als unveränderlich zu *betrachtenden* Widerstand, der die nemliche *Wirkung* hervorbringt, wie der veränderliche; und dieser ist wirklich $\varphi = \frac{y}{x}$. Das Verfahren des Herrn Verfassers ist also ein sinnreiches Mittel, den **Durchschnitt** der Widerstände, welche der Dynamometer angiebt, und welchen aus dessen Angaben direct zu ermitteln schwer, wenn nicht unmöglich sein würde, zu finden. Man darf indessen gleichwohl aus der Rechnung und den Versuchen, welche sie zu Hülfe nehmen, nichts weiter schlieſsen, als daſs gerade auf *demjenigen* Bahnstück, auf welchem die Versuche angestellt wurden, und unter allen den besonderen Umständen, die dabei Statt fanden, die Reibung, oder vielmehr der durchschnittliche Widerstand, $\varphi = \frac{y}{x}$ war. Auf einem *anderen* Bahnstück, mit stärkerem oder schwächerem Abhange, oder bei gröſserer oder geringerer Geschwindigkeit, kann er möglicherweise in bedeutend anderem Verhältniſs zur Schwere stehen, als auf dem vorigen Bahnstück. Es darf z. B. namentlich nicht geschlossen werden, daſs der Widerstand auf *horizontaler* Bahn das nemliche Verhältniſs zur Schwere haben werde, als auf der geneigten Bahn, auf welcher experimentirt worden ist. Auf eine horizontale Bahn ist die Rechnung nicht anwendbar und auf einer solchen der Versuch nicht ausführbar. D. H.]

(Die Fortsetzung folgt im nächsten Hefte.)

Anzeige. Gemäſs der vor einiger Zeit in öffentlichen Blättern gemachten Anzeige, glaubte der Herausgeber mit den daselbst versprochenen technischen Nachrichten von der projectirten Eisenbahn zwischen Berlin und Potsdam schon in dem gegenwärtigen Hefte beginnen zu können. Verschiedener Umstände wegen aber ist solches nicht möglich gewesen, und die versprochenen Nachrichten können erst in den nächsten Heften erfolgen.

Inhaltsverzeichniſs des zweiten Hefts zehnten Bandes.

Berlin, gedruckt bei G. Reimer.

Journal
für
die Baukunst.

In zwanglosen Heften.

Herausgegeben

von

Dr. A. L. Crelle,

Königlich-Preufsischem Geheimen-Ober-Baurathe, Mitgliede der Königlichen Akademie der Wissenschaften zu Berlin, Correspondenten der Kaiserlichen Akademie der Wissenschaften zu St. Petersburg und der Königlichen Akademieen der Wissenschaften zu Neapel und Brüssel, Ehrenmitgliede der Hamburger Gesellschaft zur Verbreitung der mathematischen Wissenschaften.

Zehnter Band.

Drittes Heft.

Mit vier Figurentafeln (Taf. XIII. bis XVI.).

Berlin,

bei G. Reimer.

1836.

10.

Einige technische Nachrichten über die Constructions-Art der Nord-Amerikanischen Eisenbahnen.

In keinem Lande, selbst in England nicht, sind bis jetzt verhältnifsmäfsig so viele Eisenbahnen wirklich ausgeführt worden, und im Dienst, als in den vereinigten Staaten von Nord-Amerika. Man hat also dort über diesen Gegenstand auch schon die meisten Erfahrungen haben machen müssen, worauf es in technischen Dingen so vorzüglich ankommt; und da die Nord-Amerikaner bekanntlich eine ganz vorzügliche Geschicklichkeit und Einsicht in technischen und industriellen Dingen besitzen: so läfst sich auch annehmen, dafs sie, durch Erfahrungen belehrt, ihre Eisenbahnen möglichst so gebaut haben werden, wie es für ihr Land und ihre Bedürfnisse am zweckmäfsigsten war. Zwar ändern sich nun die Bedürfnisse und die Mittel, ihnen zu genügen, mit dem Lande und dessen Bewohnern, so dafs, was in Amerika gut ist, nicht überall anderwärts ebenfalls empfohlen werden darf: aber die Verschiedenheit der Örtlichkeit zwischen Nord-Amerika und z. B. Deutschland ist in dem, worauf es bei der Art, Eisenbahnen zu bauen ankommt, wenigstens in Rücksicht der Beschaffenheit des Terrains und der Baustoffe, so grofs nicht, als dafs nicht Vieles von dem, was dort die Erfahrung als gut und zweckmäfsig gezeigt hat, es nicht auch hier sein sollte.

Es mufs daher nothwendig, in der jetzigen Zeit, wo der Eifer für Eisenbahnen überall, und auch in Deutschland, so sehr grofs geworden ist, insbesondere zunächst für alle Eisenbahn-Architekten von wesentlichem Interesse sein, zuverlässige und specielle technische Nachrichten und nähere Kenntnisse auch von den Nord-Amerikanischen Eisenbahnen zu erhalten. Und selbst die Unternehmer von Eisenbahnen und Actionnairs werden diese Nachrichten wesentlich interessiren, schon weil häufig die Constructions-Art der Nord-Amerikanischen Eisenbahnen, mit schwachen, auf hölzernen Balken ausgestreckten eisernen Schienen, in diesen und jenen allgemein raisonnirenden Schriften als Muster zur unmittelbaren Nachahmung empfohlen wird, was freilich nur bedingungsweise, und für Deutschland selten, richtig ist, wo man vielmehr nur das, was sonst von den Principien der Amerikanischen Bauart gut und recht ist, nachahmen sollte, nicht das, was für die hiesige Örtlichkeit weniger paſst.

Wir glauben daher, den Lesern dieses Journals einen Dienst zu erweisen, wenn wir ihnen genaue und zuverlässige Notizen über die Amerikanischen Eisenbahnen, in möglichst gedrängter Kürze, hier überliefern.

Es finden sich dergleichen Nachrichten insbesondere in den beiden Schriften, welche der Herr Major Poussin über die neuen Canäle, Straſsen und Eisenbahnen in den vereinigten Staaten von Nord-Amerika in den letzten Jahren herausgegeben hat. Die erste dieser beiden Schriften hat den Titel: *Travaux d'améliorations intérieures projetés et exécutés par le gouvernement général des Etats-Unis d'Amérique de 1824 à 1831,* und ist 1834 erschienen; die zweite Schrift ist betitelt: *Chemins de fer américains; historique de leur construction, prix de revient et de produit; mode d'administration adopté; resumé de la legislation qui les regit etc.,* und ist in diesem Jahre erschienen. Herr Poussin war mit dem Herrn Ingenieur General-Lieutenant Bernard 15 Jahre lang, von 1815 bis 1830, in Amerika, wohin sie, unter der Verwaltung des Präsidenten Monroe, berufen worden waren, die zur Vertheidigung der vereinigten Staaten bestimmten militairischen Werke, in Verbindung mit denen zur Beförderung des Handels, der Schiffahrt und der Industrie, zu entwerfen und zu leiten. Der Herr Major Poussin wirkte bei diesen Arbeiten mit, hatte auf solche Weise die erwünschteste Gelegenheit, alle diese Gegenstände auf das genaueste kennen zu lernen, und hat nun darüber, mit dem Blick und der Einsicht eines geübten Sachkenners, dem Publico Bericht erstattet.

Es lieſse sich freilich nur gerade zu auf diese Schriften verweisen: allein wir glauben den Lesern zu nützen, wenn wir ihnen daraus das, was insbesondere die Eisenbahnen betrifft, und davon wiederum das, was sie zunächst am meisten interessiren kann, in möglichster Kürze, auszugsweise mittheilen. Denn die Schriften sind theuer, umfassen noch vieles Andere als die Eisenbahnen, und der Gebrauch fremder technischer Schriften ist immer beschwerlich, weniger noch wegen der fremden Sprache, als wegen der fremden Maaſse, Gewichte und Geldsorten, deren Übertragung zum Verständniſs unumgänglich nothwendig, aber mühsamer ist, als die der Worte selbst. Wir werden diese Übertragung, wie in dem gegenwärtigen Journale gewöhnlich ist, machen, und dadurch den Nutzen des Auszugs noch zu vergröfsern suchen.

Insbesondere aus der zweiten der oben genannten beiden Schriften werden wir das, was die Eisenbahnen betrifft, mittheilen; werden uns aber in den gegenwärtigen Blättern lediglich auf die Construction und den Kostenpunct der Eisenbahnen beschränken, das Übrige, ebenfalls noch ungemein Interessante und Lehrreiche, was die Schrift sonst noch über Verwaltung, Ausführung etc. der Eisenbahnen enthält, so wie das Urtheil, in wie fern das, was in Nord-Amerika für Eisenbahnen zweckmäfsig befunden worden, in Deutschland nachzuahmen sein möchte, einer anderen Gelegenheit vorbehalten.

Allgemeine Bemerkung.

Die Kette der Alleghany-Berge, welche mit der Küste des atlantischen Oceans ungefähr parallel läuft, theilt die Bodenfläche der Nord-Amerikanischen vereinigten Staaten in zwei Theile. Der Küstenstrich, zwischen den Alleghany-Bergen und dem Ocean, ist der kleinere, schmalere Theil, und bis jetzt am meisten bevölkert. Der andere Theil, von den Alleghany-Gebirgen bis zum stillen Meere, wird, so weit er zu den vereinigten Staaten gehört, fast ganz von dem ungeheuren, fast 60 000 Quadratmeilen grofsen Stromgebiete des Mississipi und der in diesen Strom einfliefsenden Flüsse Missouri, Ohio, Tennessee, Arkansas etc. eingenommen. Eine Hauptstrafse für die Staaten, nächst der, welche die Flufs- und Canal-Verbindungen gewähren, und die allmälig durch eine Eisenbahn hergestellt werden soll, läuft zwischen dem Ocean und den Alleghany-Bergen, am Fufse dieser entlang, von Nordosten nach Südwesten: von Boston, über New-York, Philadelphia, Baltimore, Washington, Columbia und Pensacola bis New-Orleans. Mit dieser Hauptstrafse sollen durch Querstrafsen, einerseits die Meeresküste, und andererseits die Länder zwischen den Alleghany-Bergen und dem stillen Meere, ebenfalls durch Eisenbahnen in Verbindung gesetzt werden.

Erster Abschnitt.

Eisenbahnen, parallel mit der Küste, die Alleghany-Berge entlang.

I. Verbindung von Boston und New-York.

Eisenbahn von Boston nach Providence, 8 Meilen und 1946 Ruthen lang.

Diese Strafse, mit einem Schienenpaare, übersteigt eine Wasserscheide von ungefähr 252 F. hoch, durch welche ein 70 F. tiefer Einschnitt gemacht ist, in welchem das Gefälle 1 auf 143 beträgt, was man Rampen und stehenden Dampfmaschinen vorgezogen hat. Die Dammkrone ist für eine doppelte Bahn, etwa 25 F. breit eingerichtet. Der Erbauer der Bahn ist der Ingenieur Herr M. G. Neill. Durch einen Meeres-Arm, bei Boston, hindurch, hat man den Damm auf Pfählen gegründet, welche unter Wasser abgeschnitten sind, und auf welche trocknes Mauerwerk gesetzt ist. Aufserdem hat man blofse Erddämme geschüttet. Der Damm durch den Meeres-Arm ist etwa 452 R. lang. Der Bau desselben ist kostbar und schwierig gewesen; gegenwärtig aber ist der Damm sehr dauerhaft. Die Fluth steigt dort gewöhnlich $10\frac{1}{2}$ F. hoch über die Ebbe. Von der Wasserscheide fällt die Bahn beständig nach Providence hin, mit einem Gefälle von 1 auf 250, im Maximo.

Die Bahn hat, auf englische Art, Stabschienen (*edge rails*) erhalten. Sie sind $14\frac{1}{2}$ F. lang, und wiegen 18 Pfd. der laufende Fufs. Die Schienen sind nach Taf. XIII. Fig. I. alle 3 Fufs 8 Zoll vermittelst Schienen-Stühle von $9\frac{1}{7}$ Pfd. schwer durch Querhölzer von Cedern (*Americus arbor vitae, thuya occidentalis Linn.*) unterstützt. Den Querschnitt der Schienen zeigt Fig. 4. und die Schienenstühle Fig. 6. Die Querhölzer ruhen im allgemeinen auf Mauerwerk, wie es die Figur zeigt, und da, wo Aufschüttungen sind, auch auf hölzernen Längschwellen, an einigen Stellen auch auf dem Felsengrunde, oder auf dem blofsen Boden. Diese hölzerne Unterstützung hat man statt der vorgeschlagenen Schienentragesteine gelegt. Schienen und Schienenstühle sind aus England gekommen.

Der Transport wird auf dieser Eisenbahn durch Dampfwagen geschehen, welche aus England angeschafft sind, und welche die 9 Meilen Weges in 2 Stunden durchlaufen werden.

Der Bau der Bahn ist im Jahre 1833 angefangen, ist 1834 zur Hälfte vollführt gewesen, und es wird 1836 eine Spur vollendet werden. Die Meile wird ungefähr 100 000 Rthlr. kosten (50 Fr. der Meter).

Mit dieser Strafse ist noch ein Seitenarm nach Durham, mit einer Bahn, verbunden. Derselbe ist gegen ½ Meile lang und kostet etwa 84 000 Rthlr. auf die Meile.

Eisenbahn von Providence nach Stonington; 10 Meilen und 414 R. lang.

Der Erbauer derselben ist der Ingenieur Herr W. H. Swift. Das Terrain ist sehr günstig. Der höchste Punct liegt nur 194 F. über dem Meere. Das gesammte Steigen und Fallen beträgt 285 F. Das Maximum des Gefälles ist 1 auf 166, das mittlere Gefälle 1 auf 500. Der Boden ist granitisch. Der Damm ist 1833 angefangen und die Krone, für 2 Bahnen, 24¼ F. breit gemacht. Man wird nur eine Bahn legen, mit Ausweichestellen. Die Construction ist die nemliche, wie die zwischen Boston und Providence. Die Schienen wiegen 13⅓ Pfd. der laufende Fufs, und die Strafse wird etwa 66 000 Rthlr. die Meile kosten; und da, wo man nur 10½ Pfd. schwere Schienen auf hölzerne Schienenbalken gelegt hat, etwa 50 000 Rthlr. die Meile. Die gesammten Kosten für eine einfache Bahn sind folgende gewesen:

Damm-Arbeit	714 908	Rthlr.
Eisenbahn, Ausweichestellen etc.	678 400	-
Terrain-Kosten, Befriedigungen etc. .	70 667	-
Bahnwagen etc.	146 396	-
	1 610 371	Rthlr.,

was auf die Meile etwa 157 000 Rthlr. und für eine zweifache Bahn etwa 170 000 Rthlr. macht. Die Halbmesser der Krümmungen sind, wie bei der vorigen Bahn, etwa 477 Ruthen lang. Die Bahn wird mit Dampfwagen und mit einer Geschwindigkeit von etwa 4⅓ Meilen in der Stunde befahren werden. Die Bahn war (1834) in der Ausführung begriffen.

Eisenbahn von Long-Island.

Sie ist die Fortsetzung der beiden vorigen Bahnen und wird die Strafse von Boston nach New-York, zusammen 44½ Meile lang, wovon 5 Meilen Dampfboot-Fahrt über die Meerenge von Stonington nach der Insel Long-Island sind, vervollständigen. Die Bahn auf Long-Island, nach der ganzen Länge der Insel laufend, wird 17½ Meilen lang werden. Es ist dazu ein Capital von 1 866 666 Rthlr. zusammengebracht. Man rechnet, dafs, da das Terrain durchweg günstig ist, die Meile für 80 000 Rthlr. herzustellen sein werde. Erbauer der Bahn wird der Herr Ingenieur M. G. Neill sein. Angefangen war 1834 von dieser Bahn der Theil von Jamaica, New-York gegenüber, bis Brooklyn, nach den Messungen des Ingenieur Douglass 5128 Ruthen lang. Die Bahn soll mit Dampfwagen befahren werden, mit $2\frac{1}{3}$ Meilen Geschwindigkeit in der Stunde. Das Terrain ist überaus günstig, und nur auf eine kurze Strecke, wo die Bahn eine längs der Insel laufende Düne passiren mufs, erreicht sie ein Gefälle von 1 auf 264. Aufserdem ist der Abhang stetig fallend, um etwa 1 auf 330. Nirgend hat die Strafse einen namhaften Wasserlauf zu passiren. Krümmen kommen fast gar nicht vor; auch sind wenige Ausgrabungen zu machen. Da, wo die Bahn mehr über den Boden erhöht werden mufs, hat man sie auf eine Art hölzernes Gerüst, aus verbundenen Böcken bestehend, gelegt. Auch aufserdem weicht die Fundamentirung hier von der sonst gewöhnlichen ab. Man hat nemlich, wie es Fig. 2. Taf. XIII. vorstellt, statt aller liegenden Längs- und Querhölzer, 3 F. 2 Z. von Mitte zu Mitte auseinander, stehende Klötze, von Holz, $11\frac{1}{2}$ Z. im Durchmesser und 3 F. 2 Z. hoch, mit dem dicken Ende nach unten, auf den natürlichen Boden gesetzt und die Erde um die Klötze herum recht fest gestampft. Man hat Acht gehabt, die Hölzer gerade so zu setzen, wie sie im Walde gewachsen sind. Ein Paar um das andere sind die Klötze durch eine dünne eiserne Querstange mit einander verbunden worden. Die Enden der Stangen sind in die Oberfläche der Klötze versenkt, so, dafs sie nicht darüber vorstehen, und dann vermittelst Krammen auf die Klötze befestigt. Die Hölzer sind mit heifsem Theer überzogen worden, um besonders ihre Köpfe gegen das Verfaulen zu schützen. Die Schienen haben im Querschnitte die Form Fig. 5. Sie sind 2 Z. $3\frac{1}{2}$ L. hoch, oben 1 Z. 11 L. und unten 3 Z. 1 L. breit. Der laufende Fufs wiegt $3\frac{1}{3}$ Pfd. [5 Kilogr. der Meter; was aber vielleicht ein Druckfehler ist, und vielleicht 15 Kilogr. heifsen soll; was dann 10 Pfd. auf den laufenden Fufs betragen würde. D. H.] Die Bahn selbst, und zwar eine einfache Bahn, hat nach dieser Constructionsart nur 34 000 Rthlr. die Meile gekostet, und in allem wird die Meile Strafse etwa 60 000 Rthlr. kosten. Man verspricht sich von den Klötzen eine 15jährige Dauer [die sie aber wohl schwerlich haben werden, D. H.], und glaubt, dafs alsdann die jedesmalige Erneuerung nur etwa 12 000 Rthlr. auf die Meile kosten werde.

Von den auf 213 333 Rthlr. geschätzten, gesammten Baukosten kommen 66 666 Rthlr. auf die Kosten des Terrains, weil die Unternehmer die schon vorhandene Chaussée zu kaufen verpflichtet worden sind. Die verschiedenen Holz-Arten, welche man verbraucht hat, sind: Acazien (*robina pseudo acacia L.*), Lerchenbaum (*larix*), weifse Sumpf-Eiche (*quercus alba*), Fichte (*pinus abies-primus*) und Kastanien (*castanea L.*) Die Verwaltungskosten berechnet man für diese Bahn auf jährlich 4 000 Rthlr. und eben so hoch die jährlichen Reparationskosten.

II. *Verbindung von New-York mit Philadelphia.*

New-York hat jetzt 280 000 Einwohner. Seine Handelsschiffe tragen 330 000 Tonnen. Die Douane hat im Jahre 1834 13⅓ Millionen Thaler eingetragen. Philadelphia, mehr Fabrik- als Handelstadt, und die eigentliche Hauptstadt der ganzen Union, hat 120 000 Einwohner. Ihre Handelsschiffe tragen 100 000 Tonnen. Zwischen diesen beiden Städten existirt seit lange eine Land- und eine Wasserstrafse. Es wird fortan noch zwei Verbindungen der Städte durch Eisenbahnen geben: die eine zum Theil mit Wasserfahrt verbunden, die andere ganz zu Lande. Die erste ist ganz vollendet. Auf derselben erstreckt sich die Eisenbahn

Von Amboy bis Camden, mit 2 Bahnen, 13 Meilen und 65 Ruthen lang.

Diese Eisenbahn ist von dem Herrn Ingenieur M. J. Wilson erbaut. Bei Amboy, wo das Terrain hoch liegt, befindet sich eine Rampe mit 1 auf 117 Abhang. Weiterhin hat die Strafse nur sehr schwache Gefälle, im Maximo von 1 auf 250. Der Halbmesser der Krümmen ist 146 Ruthen. Sie passirt mehrere Wasserläufe, auf wohl construirten Brücken. Die Spurweite ist, wie auch bei allen vorher beschriebenen Strafsen, 4 F. 7 Z. Fig. 3. Taf. XIII. zeigt die Construction der Strafse. Die Schienen sind, nach dem Modell von M. R. Stevens, von gewalztem Eisen, 15½ F. lang, 2 Z. ¾ L. oben und 3 Z. 2½ L. unten breit, 3 Z. 4⅘ L. hoch. An der dünnsten Stelle sind sie 6 L. dick. Der laufende Fufs wiegt 13⅖ Pfd. Sie sind aus England gekommen und der Centner hat 2 Rthlr. 22½ Sgr. (100 Kilogr. 20 Fr.) gekostet. Die einzige Abweichung der Bauart dieser Bahn von der englischen besteht darin, dafs man keine Schienenstühle gesetzt, sondern die Schienen, welche an den Enden Krampen [Stollen oder Dübel (*crampons*)] haben, unmittelbar auf die Schienentragesteine befestigt hat. Die Steine sind 1 F. 11 Z. im Quadrat und $9\frac{1}{2}$ Z. hoch. Ihre Mitten sind 3 F. $10\frac{2}{3}$ Zoll von einander entfernt. In die Steine sind Löcher gebohrt; diese Löcher sind mit hölzernen Pflöcken ausgefüllt, und in diese sind die eisernen Pflöcke getrieben, welche die Schienen an den Steinen festhalten. Zwischen die Steine und die Schienen sind dünne Hölzer gelegt, um den Stofs der Fuhrwerke auf die Steine zu mäfsigen. Die Fuhrwerke werden, mit $4\frac{3}{5}$ Meilen Geschwindigkeit in der Stunde, durch Dampfwagen fortgezogen, welche durch Herrn Stevens mehrere Vervollkommnungen erhalten haben. Seine Wagen überwinden besser die Hemmungen in den Krümmen, und der Raum im Kessel zur Dampferzeugung ist doppelt so grofs als gewöhnlich. Man brennt mit Vortheil Anthracitkohle. Die gesammten Kosten der Bahn sind wie folgt berechnet gewesen:

Für die Strafse selbst, mit 2 Bahnen . .	1 583 258 Rthlr.
Kosten des Terrains	163 652 -
Für Dampfboote	254 400 -
Für Fuhrwerke und Dampfwagen . . .	58 776 -
Für Quais	12 359 -
Zusammen	2 072 445 Rthlr.

Vorausberechnet waren also die Kosten zu etwa 160 000 Rthlr. für die Meile: betragen haben sie aber 236 000 Rthlr. auf die Meile.

Den ganzen Weg von New-York nach Philadelphia, 13 Meilen auf der Eisenbahn, und 5 Meilen zu Wasser, also 18 Meilen lang, legt man in 5 Stunden zurück. Die besseren Plätze für Reisende kosten, mit der Beköstigung am Bord der Dampfschiffe, 4 Rthlr. 7 Sgr. und die geringeren Plätze 2 Rthlr. 25 Sgr.

Auf der zweiten Eisenbahn-Verbindung von New-York und Philadelphia liegt zuerst die Strecke

Von New-York nach Paterson, mit 1 Bahn, 3 Meilen und 904 Ruthen lang.

Sie reicht von Jersey, am Hudson, New-York gegenüber, bis Paterson. Sie passirt die Hügel von Bergen und Berry, in einem Einschnitt im Felsen, von 48 F. tief. Ihre Länge beträgt nur 124 Ruthen mehr, als die einer ganz geraden Linie zwischen den beiden Endpuncten. Das stärkste Gefälle ist 1 auf 154, das mittlere 1 auf 250. Die Strafse ist von dem Herrn Ingenieur Ross-Winans erbauet und hat bis jetzt nur eine Bahn, wird aber sehr bald eine zweite erhalten, zu welcher auch der

Damm schon eingerichtet ist. Die Spurweite ist, wie bei der vorigen Bahn, 4 F. 7 Z. Fig. 7. Taf. XIII. zeigt die Construction dieser Bahn, da, wo das Terrain, und zwar auf einen bedeutenden Theil der Länge, sumpfig ist. Alle 2 F. 11 Z. sind unter den Schienen Löcher, 2 F. 4 Z. bis 3 F. tief, und 1 F. 7¼ Z. lang und breit, ausgegraben worden. Diese Löcher hat man mit Steinen, nach Macadamscher Art zerschlagen, ausgefüllt und die Steine recht fest gestampft. Auf diese Steinpfeiler hat man Querhölzer, von Cedern- und Acazienholz (*robinia pseudo acacia*), 6 F. 9 Z. lang und 7⅔ Z. hoch, gelegt, und auf die Querhölzer, nach der Länge der Bahn, Schienenbalken, von 5¾ Zoll breit und 7⅔ Zoll hoch. Auf die Balken sind geschmiedete eiserne Schienen genagelt, von ½ Zoll dick, 3⅕ Zoll breit und 3⅘ Pfd. der laufende Fufs schwer. Die Bahn passirt die Flüsse Passaic und Hackensack, darf aber die Fahrt der Segelschiffe auf diesen Flüssen nicht unterbrechen. Zu dem Ende wird die Brückendecke über diejenige Öffnung, welche zum Durchgang der Schiffe bestimmt ist, nicht sowohl, wie gewöhnlich, gehoben werden, sondern eine doppelte Bewegung erhalten, die eine nach unten, die andere horizontal: die Theile, welche die Schienenbahn bilden, ablösend. Die Kosten dieser Bahn sind auf 533 333 Rthlr. geschätzt.

Ferner liegt in dieser Richtung

Die Eisenbahn von New-Jersey, 6 Meilen und 745 Ruthen lang.

Sie ist nach der Constructionsart des Ingenieur Herrn Beach erbaut, und war 1834 noch nicht ganz vollendet. Sie reicht von Jersey bis New-Brunswick. Die Linie ist beinahe ganz gerade; der geringste Halbmesser der Krümmen, welche vorkommen, ist 80 Ruthen lang. Der stärkste Abhang der Bahn beträgt 1 auf 205. Auf einen Steinschlag sind Hölzer gelegt und auf dieselben platte Schienen genagelt, welche 3⅚ Pfd. der laufende Fufs wiegen. Die Spurweite der Bahn ist, wie die der vorigen, 4 F. 7 Z. Die gesammten Kosten sind auf 1 066 667 Rthlr. geschätzt; was für die Meile etwa 164 000 Rthlr. ausmacht.

Von New-Brunswick bis Trenton folgt eine gewöhnliche Chaussée, etwa 5½ Meilen lang, die man in eine Eisenbahn umzuwandeln gedenkt, und darauf

Die Eisenbahn von Trenton nach Philadelphia, 5 Meilen und 1964 Ruthen lang.

Sie ist von dem Ingenieur Herrn Kneass erbaut, hat nur ein Schienenpaar, und läuft auf eine lange Strecke mit dem Delaware-Flufs und dem Canal von Easton nach Bristol parallel. Mit beiden Wassertrafsen hält sie die Concurenz aus. Die Bahn geht durch die Stadt Bristol, und bis ins Innere von Philadelphia. In der Folge wird man ein zweites Schienenpaar legen. Die Schienen, von plattem Eisen, liegen auf Holz. Die Spurweite ist, wie bei den vorigen Bahnen, 4 F. 7 Z. Die Fuhrwerke werden abwechselnd von Dampfwagen und von Pferden gezogen. Die gesammten Anlagekosten haben 636 000 Rthlr. betragen; die Geschwindigkeit der Dampfwagen ist ungefähr $3\frac{1}{3}$ Meile in der Stunde.

Wenn die Eisenbahn zwischen New-York und Philadelphia ganz vollendet sein wird, so wird dieser Weg, von nahe an 18 Meilen lang, in 6 Stunden zurückgelegt werden, und die zweite Linie wird vor der über Amboy den Vorzug haben, dafs die Landfahrt durch keine Wasserfahrt unterbrochen ist.

III. *Verbindung von Philadelphia mit Baltimore.*

Es giebt zwischen diesen beiden Städten zwei Strafsen: die eine zu Wasser und über die Eisenbahn von Newcastle, die andere ganz zu Lande.

Die Eisenbahn von Newcastle nach Freachtown, 3 Meilen und 923 Ruthen lang,

auf der ersten Strafse, den Wasserweg ergänzend, durchschneidet die Halbinsel von Delaware. Sie hat zwei Schienenpaare, und ist nur um 204 R. länger als die gerade Linie zwischen ihren Endpuncten. Sie besteht aus 6 einzelnen geraden Linien, durch Krümmen verbunden, deren kleinster Halbmesser 800 R. ist. Die Gefälle wechseln von 1 auf 200 bis auf 1 auf 350. Nur an einer Stelle, nach dem Thale des Elkflusses hinab, beträgt der Abhang 1 auf 176. Der Weg ist mit den Seitengräben 35 F. und in der Krone $25\frac{1}{4}$ F. breit. Fig. 8. Taf. XIII. stellt die Construction der Bahn auf einen grofsen Theil ihrer Länge vor. Längs aus läuft unter jeder Schiene ein recht fest gestampfter Steinschlag, von $17\frac{1}{4}$ Z. breit und $13\frac{1}{3}$ Z. hoch. Auf denselben sind der Länge nach Schwellen von Hemlockholz (Canadischer Fichte), (*Hemlock spruce, abies canadensis*, in Canada *perusse* genannt), $9\frac{1}{2}$ Zoll breit und $3\frac{5}{8}$ Zoll hoch, gelegt. Über diese Schwellen sind alle 2 F. 11 Z. Querstücke von Eichenholz (*quercus alba*), 7 F. 3 Z. lang und $7\frac{2}{3}$ Z. breit und dick, gelegt und auf die Schwellen mittelst Pflöcke festgenagelt. Über die Querstücke sind Schienenbalken aus

Georgischem Fichtenholz (*pinus rigida*), $5\frac{3}{4}$ Z. breit und hoch, gekämmt. Auf die Schienenbalken sind Schienen von 14 F. 10 Z. lang, 2 Z. 2 L. breit und $7\frac{1}{3}$ L. dick, $4\frac{3}{5}$ Pfd. der laufende Fuſs schwer, jede Schiene mit 12 Nägeln festgenagelt. Die Nagellöcher sind, quer über die Schienen, länglich. Unter die Stöſse der Schienen sind kleine eiserne Tafeln gelegt, um zu verhindern, daſs sich die Schienen in das Holz eindrücken. Sämmtliches Eisen zu dieser Bahn ist aus England gekommen. Auf etwa 2 Meilen lang liegt die Bahn nicht auf Holz, sondern, nach Fig. 9., auf Würfeln von Granit. Dieselben sind $19\frac{1}{5}$ Z. lang nnd $11\frac{1}{2}$ Z. breit und hoch. Ihre Mitten sind 2 F. 11 Z. von einander entfernt, und sie stehen auf Sand und Kies, der in vorher dazu gemachte Löcher fest eingerammt ist. Die Schienenbalken, so stark, wie auf dem vorigen, übrigen Theil der Bahn, ruhen auf diesen Würfeln und werden auf denselben, wie es die Figur zeigt, durch guſseiserne Knie festgehalten. Es sind auf dieser Straſse 85 076 Sch. R. Abtrag und 72 590 Sch. R. Aufschüttung vorgekommen. Bei Newcastle durchschneidet die Straſse, etwa 106 Ruthen lang, zwei Sümpfe. Durch dieselben liegt die Bahn, 19 F. hoch über der Oberfläche der Sümpfe, auf einem aufgeschütteten Damme. Die Meile Bahn, mit einem Schienenpaare, kostet dort, auf Holz, ohne Dammarbeit und Unterlagen, etwa 30 000 Rthlr., auf Steinen etwa 40 000 Rthlr., und mit allen Nebenkosten etwa 145 000 Rthlr.; mit zwei Schienenpaaren etwa 212 000 Rthlr. Diese Eisenbahn ist eine der ältesten in den vereinigten Staaten und im Jahre 1832 eröffnet worden. Sie ist damals von dem Dampfwagen Delaware befahren worden, welcher 70 Tage lang ununterbrochen im Gange gewesen ist und täglich öfters bis 14 Meilen zurückgelegt hat. Jetzt fahren auf derselben 4 englische Dampfwagen, aus der Stephensonschen Fabrik, die mit Holz gefeuert werden. Die Aufsicht auf das Fuhrwerk ist vortrefflich; die für die Fahrten bestimmte Zeit weicht nur um 5 Minuten ab. Die Bahn wird in 55 bis 60 Minuten durchlaufen. Von Strecke zu Strecke sind Wächter aufgestellt, welche vermittelst auf Masten angebrachter Zeichen den Zustand der Straſse anzeigen, und die in 3 Minuten von einem Ende der Bahn bis zum andern melden können, wenn Ausbesserungen nöthig sind, die dann sogleich erfolgen. Ein Dampfwagen zieht in der Regel 13 bis 14 Wagen, mit 200 Personen besetzt.

Auf der zweiten Strafse von Philadelphia nach Baltimore wird

Von Philadelphia bis Coatsville, 9 Meilen und 1438 Ruthen lang,

eine Eisenbahn mit 2 Schienenpaaren gebaut. Diese zweite Bahn, ganz über Land, ist hier sehr nützlich und nothwendig, weil durch die strengen Winter des dortigen Climas die Wasserfahrt lange unterbrochen wird, und die Fahrt über das Eis gefährlich ist. Ein Theil der Bahn dient zugleich zur Strafse nach Colombia. Die letztere passirt, nahe bei Port-Deposit, den Susquehanna-Flufs, auf einer schönen hölzernen Brücke, und ist 6 Meilen und 1350 R. lang. Das Terrain ist ungemein günstig. Es ist keine einzige bedeutende Brücke nöthig. Nur an einer Stelle beträgt der Abhang 1 auf 120; aufserdem nicht über 1 auf 176. Die Halbmesser der Krümmen sind nirgend unter 80 R. Die Kosten einer doppelten Bahn, auf Holz, mit platten Schienen, ist zu etwa 80 000 Rthlr. auf die Meile angeschlagen. Dieser Arm nach Columbia ist (1834) in der Ausführung begriffen.

Von Susquehanna nach Baltimore, 8 Meilen und 1544 Ruthen lang,

wird die Bahn von dem Ingenieur Herrn Latrobe gebaut. Die ganze Länge von Philadelphia bis Baltimore beträgt, ganz zu Lande, etwa 25 Meilen, und ungefähr eben so viel wie die der Strafse, zum Theil zu Wasser, über Newcastle. Auf der letzten sind zur Überfahrt 10 bis 11 Stunden, auf der Strafse zu Lande nur 7 Stunden Zeit nöthig. Das Terrain zwischen dem Susquehanna und Baltimore, obgleich sehr hoch, ist doch ziemlich eben, und es kommen auf der Eisenbahn nicht stärkere Abhänge vor, als 1 auf 260. Der Susquehanna hat sehr hohe Ufer, so dafs die Strafse dort tief eingeschnitten werden mufs; was sehr kostbar sein wird. Der Bau der Bahn ist nur mit e i n e m Schienenpaare, und so wohlfeil als möglich construirt, begonnen worden, um noch von den etwa während des Baues sich ergebenden Vervollkommnungen Vortheil ziehen zu können. Man glaubt, dafs so die Meile, mit e i n e m Schienenpaare, nur etwa 65 000 Rthlr. kosten werde.

IV. Eisenbahn von Baltimore nach Washington, 8 Meilen und 131 Ruthen lang.

Dieselbe ist vom Ingenieur Herrn J. Knight erbaut und vorzüglich zur schnellen Beförderung der Reisenden bestimmt. Durch Versuche fand man dort, dafs die Zugkraft auf einer guten, horizontalen Eisenbahn der 264ste Theil der Last, also beim Herabfahren von einem Abhange von

1 auf 264 gerade Null und beim Hinauffahren doppelt so grofs ist, als auf horizontaler Bahn. Ferner fand man, dafs ein gut eingerichteter Dampfwagen auf einige Zeit seine Kraft verdoppeln, aber nicht wohl noch stärker vergröfsern kann, so dafs sich also auf Abhängen von 1 auf 264 einerseits noch ohne Hülfskraft hinauf, und andererseits ohne Verlust verursachende Hemmkraft hinabfahren läfst. Deshalb hat man es sich bei dieser Eisenbahn zum Gesetz gemacht, dafs die Abhänge nirgend über 1 auf 264 betragen sollen. In Folge dessen können die Wagenzüge durch Dampfkraft, mit $4\frac{1}{4}$ Meile Geschwindigkeit in der Stunde, fortbewegt, also in 2 Stunden von Baltimore nach Washington geschafft werden, und umgekehrt. Zu dem Ende mufs ein Dampfwagen, welcher 6 Wagen, mit 100 Personen besetzt, fortziehen soll, 116 Ctr. wiegen, und die Räder müssen 3 F. 7 Z. und 4 F. 10 Z. im Durchmesser haben. [Die neueren Dampfswagen leisten mehr. Ein Wagen, der etwa 200 Ctr. wiegt, würde auf einer Bahn mit so geringem Gefälle, wie hier, an 600 Personen auf einmal, mit etwa 4 Meilen Geschwindigkeit in der Stunde, fortschaffen. D. H.] Das Terrain zwischen Baltimore und Washington ist ziemlich hügelig, und erhebt sich bis etwa 166 F. über die mittlere Höhe des Meeres. Die Summe des Steigens und Wieder-Fallens der Eisenbahn beträgt 392 F. Die Bahn ist auf 2986 Ruthen lang zugleich diejenige von Baltimore nach dem Ohio, und auf 402 Ruthen lang durchschneidet sie die Stadt Baltimore, auf welche Länge die Wagen von Pferden gezogen werden. Das Maximum der Gefälle ist, wie gesagt, 1 auf 264, und die Halbmesser der Krümmen sind nicht unter 106 Ruthen lang. Da es in der Gegend an Steinen zu Würfeln unter den Schienen fehlt, so hat man die Bahn auf Holz gelegt. Taf. XIV. Fig. 11., 12. und 13. stellt ihre Construction vor. Längs aus sind unter den Schienen Gräben von 17 Z. breit und $7\frac{2}{3}$ Zoll tief gemacht, und mit zerschlagenen Steinen, recht fest gestampft, gefüllt. Auf diesem Steinschlag liegen längs aus Schwellen von $6\frac{3}{4}$ Z. breit, und $5\frac{3}{4}$ Z. hoch; auf diese Schwellen sind alle 2 F. 11 Z. Querstücke von 6 F. $9\frac{1}{2}$ Z. lang und $4\frac{4}{5}$ Z. breit und hoch gelegt, und auf die Querstücke sind Schienenbalken, von Fichtenholz aus dem Süden, und von $5\frac{3}{4}$ Zoll breit und hoch, gekämmt. Auf die Schienenbalken sind gewalzte Schienen, mit $3\frac{1}{3}$ Zoll breiter Basis, befestigt. Diese Schienen sind im Ganzen 1 Z. 11 L. hoch, was für die Spurkränze der Räder hinreichend ist. Die Schienen sind 14 F. 7 Z. lang, und der laufende Fufs

wiegt $10\frac{1}{2}$ Pfd. Die Spurweite der Bahn ist, wie bei allen vorigen, 4 F. 7 Z. Die Bahn selbst, mit 2 Schienenpaaren, hat auf die Meile etwa 97 000 Rthlr. gekostet. Die Damm-Arbeiten sind auf 163 000 Rthlr. berechnet, die Schacht-Ruthe im Durchschnitt auf 3 Rthlr. 9 Sgr.; das Mauerwerk auf etwa 70 000 Rthlr. für die Meile, die Sch. R. auf 51 Rthlr. 20 Sgr. Die 12 745 Ruthen Bahn, so weit sie nicht zur Ohio-Strafse gehört, werden 2 133 333 Rthlr. kosten (die Meile also etwa 335 000 Rthlr.). [Hier folgen in der Schrift des Herrn Poussin interressante Details über die Kosten der Transporte auf dieser Bahn, die aber, da wir hier blofs über die Construction der Bahnen und die Baukosten Mittheilungen machen wollen, einer andern Gelegenheit verspart bleiben. D. H.]

Wenn die Eisenbahnen zwischen Boston und Washington ganz vollendet sein werden, so wird diese Entfernung, von fast genau 100 Meilen, wovon 30 Meilen auf Dampfbooten zu Wasser und die übrigen 70 Meilen auf der Eisenbahn zu fahren sind, in 24 Stunden zurückgelegt werden können.

V. *Von Washington, über Fredricksburg, nach Richmond.*

Ein Theil dieses Weges wird, auf dem Potomack-Flusse, zu Wasser zurückgelegt. Von Potomac-Creek bis Fredricksburg ist eine Eisenbahn, von etwa $1\frac{1}{2}$ Meilen lang, projectirt.

Die Eisenbahn von Fredricksburg bis Richmond wird 25 863 Ruth. lang werden. Der Plan dazu ist vom Ingenieur Herrn Robinson gemacht. Die Bahn hat mehrere Flüsse zu passiren, welche sich in die Chesapeake-Bai ergiefsen. Gleichwohl wird der Abhang nicht über 1 auf 151 steigen. Da die Gegend durchaus keine Steine liefert, so hat man bei der Bahn nur auf Holz und Ziegel rechnen können. Vorzüglich wird man eichen Holz nehmen. Die Querstücke sind $11\frac{1}{2}$ Z. im Durchmesser, und ruhen unmittelbar auf dem geebnetem Boden. Auf die Querstücke sind die Schienenbalken, von $8\frac{4}{5}$ Z. hoch und 5 Z. breit, gelegt. Die Schienen sind platte Eisen, von 2 Z. breit und $\frac{1}{2}$ Zoll dick, der laufende Fufs $3\frac{1}{2}$ Pfd. an Gewicht, Die Erd-Abträge sind im Durchschnitt zu 21 Sgr. und die Aufschüttungen zu 28 Sgr., das Mauerwerk ist zu 44 Rthlr. 9 Sgr. die Sch. R. angeschlagen. Die gesammten Kosten für die 25 863 Ruthen Bahn sind auf 971 000 Rthlr. geschätzt. Die Bahn wird mit Dampfkraft und mit $3\frac{1}{3}$ Meile Geschwindigkeit in der Stunde befahren werden. Der Bau derselben ist angefangen.

VI. Von Richmond nach Petersburg, etwa $4\frac{1}{4}$ Meile lang,

ist eine Eisenbahn entworfen, welche in einer Stunde durchlaufen werden wird.

VII. Von Petersburg bis Blakeley, 12 Meilen und 1120 Ruthen lang,

und nur 212 R. länger als die gerade Linie, wird eine Eisenbahn nach dem Plane des Herrn Ingenieur M. Robinson gebaut, mit hölzernen Schienenbalken. Das Gefälle ist nirgend stärker als 1 auf 173; die Halbmesser der Krümmen sind nicht kleiner als 400 R. Nach dem Raonoke-Flufs hinab wird eine Rampe nöthig sein. Zu der Bahn nimmt man vorzüglich Eichenholz (*quercus alba*); die Querhölzer sind etwa $11\frac{1}{2}$ Z. im Durchmesser; auf denselben ruhen die Schienenbalken, von $8\frac{4}{5}$ Z. hoch und 5 Z. breit. Die Schienen sind platte Eisen, 2 Z. breit, $\frac{1}{2}$ Z. dick, und $3\frac{1}{2}$ Pfd. der laufende fufs schwer. Diese Construction ist für ein Schienen-Paar auf etwa 45 000 Rthlr. die Meile angeschlagen, wird aber etwa 60 000 Rthlr. kosten. Das Bau-Capital beträgt 533 333 Rthlr., wird aber überstiegen werden. Die Bahn wird mit englischen Dampfwagen, aus der Burryschen Fabrik, und von 15 bis 18 Pferden Kraft, befahren. Eine dieser Maschinen, 80 Ctr. schwer, hat 360 bis 400 Ctr. Nutzlast gezogen; eine andere, der Liverpool, 100 Ctr. schwer, mit $8\frac{1}{2}$zölligen Cylindern, 17 Z. Hub, 4 wirkenden Rädern, und $3\frac{1}{4}$ Atmosphären Dampfspannung, hat 700 Ctr. Nutzlast, mit $3\frac{1}{3}$ Meilen Geschwindigkeit in der Stunde, fortgezogen.

VIII. Von Portsmouth nach dem Raonoke-Flufs, 12 Meilen und 1633 Ruthen lang,

auf dem Wege nach dem Hafen von Norfolk am Ausflufs der Chesapeake-Bai in den Ocean, ist eine Eisenbahn mit einem Schienenpaare durch den Ingenieur Herrn W. Gwynn gebaut worden. Ihr Gefälle beträgt nirgend über 1 auf 264; die Halbmesser der Krümmen sind nicht unter 465 R., und in der Regel 930 R. lang. Die Bahn wird mit Dampfkraft, ung zwar von leichten Dampfwagen befahren werden. Taf. XIV. Fig. 10. stellt ihre Construction vor. Die Schienen sind platte Eisen, von 2 Z. breit, $\frac{1}{2}$ Z. dick und $3\frac{1}{2}$ Pfd. der laufende Fufs schwer. Die Schienenbalken sind von Fichtenholz, und 5 Z. breit, $8\frac{4}{5}$ Z. hoch. Sie ruhen auf eichenen Querhölzern, von 7 F. 9 Z. lang, die 4 F. 10 Z. von Mitte zu Mitte entfernt gelegt sind. Die Spurweite der Bahn ist 4 F. 7 Z. Die Schienenbalken sind auf die Querhölzer aufgekämmt, und darauf durch eichene Pflöcke befestigt. In der Mitte sind die Querhölzer etwas dünner gehauen, um einer Kiesbahn zwischen den Schienenbalken, für Pferde, Raum zu geben. Diese Kiesbahn giebt den Schienen eine noch festere Lage, und die Bahn kann nun eben sowohl mit Pferden als mit Dampfkraft befahren werden. Es ist zwar nur ein Schienenpaar gelegt; aber der Damm ist für 2 Schienenpaare eingerichtet. In den Einschnitten, welche 1füfsige Böschungen haben, ist die Dammkrone $15\frac{1}{2}$ bis $17\frac{1}{2}$ F., in den Aufschüttungen aber, deren Böschungen $1\frac{1}{2}$füfsig sind, nur $12\frac{3}{4}$ Fufs breit. [Hier mufs wohl ein Druckfehler sein; denn diese Breite würde für zwei Schienenpaare nicht hinreichend sein. D. H.] Die Kosten sind auf etwa 54 000 Rthlr. für die Meile angeschlagen.

Am Raonòke endigen für jetzt (1834) die Eisenbahnen auf der mit dem Ocean parallel laufenden Hauptstrafse der Staaten. Sie söll aber in der Folge zunächst bis Charleston fortgesetzt werden. Wenn dieses geschehen sein wird, so wird man von Boston nach Charleston, 231 Meilen weit, in 72 Stunden gelangen können. Weiter gedenkt man dann noch mit der Eisenbahn in der Richtung auf New-Orleans zu gehen; und wenn diese Verlängerung gebaut sein wird, so wird man von New-York nach New-Orleans, etwa 305 Meilen weit, in etwa 6 Tagen gelangen können, statt dafs jetzt dazu 14 bis 16 Tage nöthig sind.

Uebersicht der Eisenbahnen auf der Hauptstrafse längs dem atlantischen Meere.

I. Ausgeführte Bahnen.

Länge der Bahnen: mit 2 Schienenpaaren.	Länge der Bahnen: mit 1 Schienenpaar.	Kosten auf die Meile: Steinbau.	Kosten auf die Meile: Holzbau.	Gewicht der Schienen auf den laufenden Fufs.
26 065 Ruth.	- - - -	236 000 Rthlr.	- - - -	13 Pfund.
- - - -	11 964 Ruth.	- - - -	114 000 Rthlr.	$3\frac{5}{6}$ - -
6 923 - -	- - - -	- - - -	212 000 - -	$4\frac{3}{5}$ - -
16 131 - -	- - - -	- - - -	368 000 - -	$10\frac{1}{2}$ - -
- - - -	25 633 - -	- - - -	53 400 - -	$3\frac{1}{2}$ - -
- - - -	25 120 - -	- - - -	60 000 - -	$3\frac{1}{2}$ - -
49 119 Ruth.	62 717 Ruth.			

111 836 Ruthen, oder etwa 56 Meilen.

Im Durchschnitt kostet die Meile:
mit 2 Schienenpaaren . . . 290 000 Rthlr.
mit 1 Schienenpaar . . . . 76 000 Rthlr.

II. In der Ausführung begriffene Bahnen.

Länge der Bahnen		Kosten auf die Meile.		Gewicht der Schienen auf den laufenden Fuſs.
mit Schienenpaaren.	mit 1 Schienenpaar.	Steinbau.	Holzbau.	
- - - -	17 946 Ruth.	- - - -	100 000 Rthlr.	$13\frac{2}{5}$ Pfund.
- - - -	20 414 - -	- - - -	156 000 - -	$13\frac{2}{5}$ - -
- - - -	5 128 - -	- - - -	60 000 - -	$3\frac{1}{3}$ - -
- - - -	12 819 - -	- - - -	164 000 - -	$3\frac{5}{6}$ - -
- - - -	31 418 - -	- - - -	62 000 - -	$2\frac{2}{3}$ - -

87 725 Ruth. oder etwa 44 Meilen. Im Durchschnitt ist der Kosten-Anschlag für die Meile 108 000 Rthlr.

Zweiter Abschnitt.

Eisenbahnen vom Atlantischen Meere nach dem Innern der vereinigten Staaten.

I. Im Staate Massachusetts.

Eisenbahn von Boston nach Worcester, 9 Meilen und 481 Ruthen lang.

Dieselbe liegt in der Richtung westlich nach Albany und ist der Anfang der Verbindung des Innern mit Boston, der thätigsten Handelstadt der Staaten, denn, obgleich nur 65 000 Einwohner enthaltend, beträgt ihre Handelsfracht, durch die jährlich ein- und auslaufenden 12 000 Schiffe, 25 000 Tonnen mehr, als selbst die von New-York, und den vierten Theil der gesammten Schiffsfracht der vereinigten Staaten.

Die Unternehmer-Gesellschaft der Eisenbahn nach Worcester ist 1831 mit einem Capital von $1\frac{1}{3}$ Millionen Thalern gegründet. Die Bahn fängt im Innern der Stadt Boston an und passirt den breiten Meeresarm am Ausflusse des Charles-Flusses auf einer Art Damm, theils von Mauerwerk, theils von Holz. Bei Newton geht die Straſse über eine Brücke mit 115 F. weiter Öffnung, und 35 F. hoch über dem Wasser, welche 8000 Rthlr. gekostet hat. Bei dem Dorfe Needham liegt sie in einem 57 F. tiefen Einschnitte, und dann auf einem 48 F. hohen, 57 R. langen Damme. Ein wenig weiter ist sie, 53 R. lang, 29 F. tief durch Granitfelsen gehauen. Weiterhin geht sie, 212 R. lang, durch einen Weiher, dessen Gewässer $6\frac{1}{2}$ F. hoch abgelassen worden sind, und ruht daselbst ganz auf Pfählen. Sie durchschneidet ferner die Chaussée nach Worcester und den Weiher von Morse, auf einem 74 R. langen und 45 F. hohen Damme. Beim Dorfe Natick, in welches sie in einem 19 F. tiefen Einschnitte durch Felsen gelangt, erreicht sie die gröfste Höhe. Von hier fällt die Bahn, mit 1 auf 176 Abhang, nach dem Weiher von Natick hinab, welchen sie mit einer etwas kurzen Krümmung umgeht. Weiterhin aber sind die Linien durch gröfsere Bogen verbunden. Den Weiher bei Elizabeth durchschneidet die Bahn auf einem 106 R. langen und 19 F. hohen Damme. Das Terrain ist auch weiterhin noch hügelig. Über dem Flusse Blackstone liegt die Bahn 480 F. hoch über dem Meere. Daselbst befindet sich ein Einschnitt von 48 R. lang und 35 F. tief. Für jetzt existirt nur 1 Schienenpaar; die Dammkrone aber hat, für 2 Schienenpaare, $24\frac{5}{6}$ F. Breite erhalten. Die Abhänge von 1 auf 173 bis 1 auf 440 im Mittel sind so eingerichtet, dafs 1 Ctr. Zugkraft, in der Richtung von Boston nach Worcester 144 Ctr., und in der entgegengesetzten Richtung 411 Ctr., an den steilsten Stellen aber, bergauf noch 100 Ctr. fortschafft. Die Verschiedenheit der auf solche Weise für gleiche Lasten nöthigen Zugkraft wird durch die Verschiedenheit der Geschwindigkeit der Bewegung ausgeglichen, und es zieht ein 90 Ctr. schwerer Dampfwagen, mit 1 Meile Geschwindigkeit in der Stunde, 720 Ctr., mit 3 Meilen Geschwindigkeit, 300 Ctr., und mit 4 Meilen Geschwindigkeit, 200 Ctr. Ein Pferd würde mit 1 Meile durchschnittlicher Geschwindigkeit 60 Ctr. und mit 2 Meilen Geschwindigkeit 40 Ctr. fortschaffen. Der kleinste Halbmesser der Krümmen ist 80 R. lang, und das Steigen und Fallen der Bahn beträgt zusammen 634 F.

Die Construction der Bahn ist die, welche Taf. XIII. Fig. 1. vorstellt. Die Schienen wiegen $13\frac{1}{7}$ Pfd. der laufende Fufs. Ein Schienenstuhl wiegt $14\frac{1}{2}$ Pfd. Der Ctr. Schienen hat in England 2 Rthlr. 28 Sgr. und bis zur Stelle 4 Rthlr. 22 Sgr. gekostet. Die Schienen ruhen auf Querhölzern von Cedern (*thuya occidentalis*) und Castanien (*castanea vesca*), und die Querhölzer auf längsauslaufendem Mauerwerke; dessen Höhe nach dem Terrain und der Tiefe, bis zu welcher der Frost in die Erde dringt, verschieden ist. Die Kosten sind folgende gewesen:

Für Damm-Arbeiten	553 882	Rthlr.
Für die Schienenbahn, mit Ausweichestellen, . .	605 416	-
Für Grund und Boden	30 578	-
Für Transportmittel, Dampfwagen etc.	50 586	-
Für Übergänge über gewöhnliche Strafsen . .	6 251	-
Kosten des Projects und der Ausführung . . .	28 906	-
Zusammen	1 275 619	Rthlr.,

also auf die Meile etwa 137 000 Rthlr. Die Dampfwagen sind theils aus Englischen, theils aus Amerikanischen Fabriken. Sie durchlaufen $6\frac{1}{4}$ Meilen in 3 Stunden.

Diese Eisenbahn soll in der Folge über Albany nach den Seen fortgesetzt werden.

Man baut jetzt (1834) eine grofse Seitenbahn von Worcester über Springfield nach Hartford, etwa 17 Meilen lang. Die gröfsten Abhänge dieser Bahn sind 1 auf 152, das mittlere Gefälle ist 1 auf 500. Die Kosten sind auf 2 133 333 Rthlr. angeschlagen. Dieser Seitenarm vervollständigt zugleich eine der Strafsen von Boston nach New-York, deren andere Hälfte zu Wasser durch Dampfschiffe befahren wird.

Noch ein anderer, projectirter Seitenarm von Worcester auf Norwich, 13 Meilen lang, wird eine dritte Strafse von New-York herstellen.

Eisenbahn von Lowell, 5 Meilen und 894 Ruthen lang.

Dieselbe dient zur Verbindung der Fabrikstadt Lowell, welche durch die Benutzung der ungeheuren Wasserkraft der Fälle des Merrimack-Flusses seit 40 Jahren, wo sie noch nicht existirte, zu einer Stadt von 15 000 Einwohnern angewachsen ist, mit dem Hafen von Boston. Sie beginnt im Innern der Stadt Boston und liegt daselbst 7 F. über der Meeresfluth. Sie passirt den Charles-Flufs auf einer 1530 F. langen hölzernen Brücke. Ihr höchster Punct, im Dorfe Billerica, liegt 318 F. über dem Ausgangspuncte. Die angegebene Länge ist die, ohne die vielen Seitenarme nach den Etablissements von Merrimack. Das gröfste Gefälle der Bahn ist 1 auf 528, das mittlere Gefälle 1 auf 1056.

Taf. XIV. Fig. 14. und 15. stellt die Construction der Bahn vor. Sie hat zwei Schienenpaare. Die Dammkrone ist in den Einschnitten $20\frac{3}{4}$ und in den Aufschüttungen $19\frac{1}{8}$ F. breit. Die Schienen sind denen der Liverpooler Bahn ähnlich und aus England gekommen. Sie sind $11\frac{2}{3}$,

$14\frac{1}{4}$ bis $17\frac{1}{2}$ F. lang, und es wiegt der laufende Fuſs $13\frac{1}{10}$ Pfd. Die Schienenstühle, von Guſseisen, wiegen $16\frac{1}{3}$ Pfd. Man hat erst Fundamente von $28\frac{1}{2}$ Z. breit und 28 bis 38 Z. tief gemacht und auf dieselben Steinwürfel von Granit, von $3\frac{1}{4}$ bis $3\frac{1}{2}$ Cub. F. Inhalt, gesetzt. Diese Würfel sind 3 F. $2\frac{1}{4}$ Z. von Mitte zu Mitte entfernt und werden durch Querhölzer von 6 F. 10 Z. lang, $5\frac{3}{4}$ Z. hoch und $11\frac{1}{2}$ Z. breit, verbunden. Die Spurweite ist, wie bei den vorigen Bahnen, 4 F. 7 Z. Der Zwischenraum zwischen den beiden Schienenpaaren ist 5 F. 10 Z. Die Schienen stehen 9 Z. $11\frac{1}{4}$ L. hoch über den Tragesteinen. Ein 80 Ruthen langer Einschnitt der Straſse ist $38\frac{1}{2}$ F. tief durch Felsen mit Pulver gesprengt. Das gesammte Gefälle beträgt 136 F. Die Kosten sind vorher auf etwa 196 000 Rthlr. für die Meile angeschlagen gewesen, haben aber 212 000 Rthlr. betragen. Die Bahn wird mit $3\frac{1}{4}$ Geschwindigkeit in der Stunde, mit Dampfwagen befahren, die, nach englischen Mustern, in den Fabriken von Lowell verfertigt worden sind.

Eisenbahn von Quinci, 1 Meile und 1846 Ruthen lang.

Dieselbe ist die älteste in den vereinigten Staaten. Sie ist 1826 concessionirt und 1827 vollendet worden. Sie dient zum Transporte der Steine aus den Granitbrüchen von Neponset nach der Meeresküste. Die Bahn ist anfangs auf Holz gebaut, nachher aber auf Steinen fundamentirt worden. Die Schienen sind flach, 3 Z. breit und $4\frac{1}{3}$ L. dick. Sie sind unmittelbar auf Granitblöcke, vermittelst 3 Z. langer und $4\frac{1}{3}$ L. dicker Pflöcke, mit versenkten Köpfen, befestigt. Die Tragesteine ruhen auf trockenem Mauerwerke, welches in Einschnitte von 2 F. $4\frac{1}{2}$ Z. bis 3 F. 2 Z. tief gelegt ist. Andere Steinblöcke von 6 F. 10 Z. lang verbinden alle $6\frac{1}{3}$ F. die Tragesteine. [Es müssen also die Tragesteine hier eine ununterbrochen f o r t l a u f e n d e Unterstützung bilden, weil die Schienen, um freiliegend zu tragen, zu schwach sind. D. H.]

Ein Bahnwagen ladet 120 bis 140 Ctr. und wiegt leer 60 Ctr. Der gröſste Abhang, und zwar stetig nach dem Meere zu, ist 1 auf 195. Eine Rampe befindet sich auf dieser Eisenbahn, von 80 F. hoch und 363 F. horizontaler Länge. Auf dieser Rampe werden die leeren Wagen durch die beladenen hinaufgezogen. Die beladenen Wagen werden nach dem Einschiffungsplatze durch Pferde gezogen, mit 1600 R. Geschwindigkeit in der Stunde. In der Regel ziehen 3 Pferde 7 Wagen. [Also das Pferd gegen 300 Ctr. D. H.] Man bedient sich eiserner Ketten. Die Steine aus dem Bruche bei Quincy werden sehr gesucht und viel und weithin gebraucht. Man macht daraus auch Platten zu den Trottoirs.

II. Im Staate New-York.

Eisenbahn-Verbindung von New-York mit dem Erie-See.

Diese Strafse ist in 6 Strecken getheilt.

Die erste, Hudson-Strecke genannt, reicht von Hudson bis auf die Wasserscheide zwischen dem Hudson und dem Delaware, bei Deer-Park, und ist etwa 15¾ Meilen lang.

Die zweite Strecke, die des Delaware, reicht bis zur Wasserscheide zwischen dem Delaware und Susquehanna, quer durch das Flufsgebiet des Delaware und seiner Nebenflüsse. Sie ist etwa 24¾ Meilen lang.

Die dritte, Susquehanna-Strecke, reicht bis zur Wasserscheide zwischen dem Susquehanna und Genesee, längs dem Flufsgebiete des Susquehanna. Sie ist etwa 34¾ Meilen lang.

Die vierte, Genesee-Strecke, etwa 8 Meilen lang, erstreckt sich bis zum Scheidepunct der Gewässer des Alleghany-Flusses.

Die fünfte, Alleghany-Strecke, längs dem Alleghany-Thale, reicht, 17¾ Meilen lang, bis zu einer Rampe am Ufer des Sees.

Die sechste, Erie-Strecke, enthält die Rampen nach dem See hinab, mit zwei Armen, deren einer, nach dem Hafen von Dunkirk, 3584 R. lang, der andere, nach Portland, 3860 R. lang ist.

Die Länge des gesammten Weges beträgt etwa 104½ Meilen.

Die Rampen am Seeufer bekommen 1 auf 50 Abhang. Aufserdem giebt es noch 3 Rampen, mit 1 auf 77, 83 und 91 Abhang. Etwa 70 Meilen Eisenbahn bekommen weniger als 1 auf 266 und 4¾ Meilen mehr als 1 auf 91 Abhang.

Die gesammten Kosten sind auf 8 Millionen Thaler angeschlagen.

Der Bau ist noch nicht angefangen, der Kostenbedarf aber bereits gezeichnet. Der Erbauer wird der Ingenieur Herr Wright sein, der auch den Erie-Canal gebaut hat.

Eisenbahn von New-York nach Albany.

Diese Bahn, längs dem Hudson-Flusse, wird etwa 34 Meilen lang werden und 4 Millionen Thaler kosten. Sie würde besonders den Verkehr im Winter aufnehmen; allein man ist noch zweifelhaft, ob sie gegen die leichte und wohlfeile Schiffahrt auf dem Hudson aufkommen möchte.

Eisenbahn von New-York nach Haerlem.

Dieselbe ist 2125 R. lang vollendet, und wird im Ganzen 3187 R. lang werden. Ihr Zweck ist die Verbindung mit einem Theile der Insel Manhattan, welche wegen ihrer gesunden und angenehmen Lage von den Einwohnern von New-York viel besucht wird. Die Eisenbahn beginnt im Innern der Stadt New-York, wo die Bahn döppelt ist, und mit Pferden gefahren werden mufs, und nicht schneller als 1 Meile in der Stunde. Auch hat sich die Stadt-Behörde das Recht vorbehalten, die Eisenbahn aus den Strafsen wieder wegschaffen zu lassen, wenn es nöthig befunden werden sollte.

Das Bau-Capital der Bahn beträgt 495 000 Rthlr. Die Bahn ist auf Tragesteinen von Granit fundamentirt. Die Kosten einer einfachen Bahn sind 310 000 Rthlr. auf die Meile gewesen. An einigen Stellen hat, 32 F. tief, durch Felsen gesprengt werden müssen. In den Strafsen von New-York nimmt die Eisenbahn 12 F. 8 Z. Breite ein. An jeder Seite bleiben noch 15 F. Breite für die Fuhrwerke, und 17½ F. zum Trottoir längs den Häusern.

Verbindung von Albany mit den Seen.

Den Hudson, 34 Meilen hinauf, bis Albany, befahren grofse Segelschiffe, so dafs Albany gleichsam ein Meereshafen ist. Dampfschiffe legen den Weg in 8 Stunden zurück, und die Person bezahlt 2 Rthlr. 20 Sgr. Bei Albany mündet der Erie-Canal in den Hudson ein. Er ist 63¾ Meilen lang. Der Ertrag desselben hat, nächst den Zinsen, das Anlage-Capital schon wieder erstattet und gewährt jetzt dem Staate ein Einkommen von 1⅓ Millionen Thalern jährlich, ungeachtet des wiederholten Herabsetzens des Tarifs. Der Verkehr auf dem Canal nimmt immer fort zu und beträgt jetzt gegen 9½ Millionen Ctr. Besonders zur Beschleunigung der Transporte, und vorzüglich der Reisen der Anwohner, will man jetzt, die Ufer des Canals entlang, oder doch in derselben Richtung, eine Eisenbahn bauen.

Der erste Theil derselben

Von Albany bis Schenectady, 3 Meilen und 804 Ruthen lang,

ist durch den Ingenieur Herrn Jarvis mit zwei Schienenpaaren ausgeführt. Die Bahn ist 1830 angefangen und, zunächst mit einem Schienenpaare, im

August 1832 vollendet gewesen. Nachher ist das zweite Schienenpaar gelegt worden. Der Canal von Albany bis Schenectady hat 27 Schleusen und ist 10 090 Ruthen lang; die Eisenbahn ist nur 6 804 R. lang, und folgt nicht dem Flufs-Thale von Mohawk, sondern bleibt fast in der geraden Linie, 324 F. über den Hudson sich erhebend. Ungeachtet der Schwierigkeiten des Terrains hat die Eisenbahn nicht den dritten Theil so viel als der Canal gekostet, gleichwohl aber mehr als irgend eine andere Bahn in den vereinigten Staaten.

Das Längenprofil der Bahn ist folgendes.

Von Schenectady bis zum Fufse der ersten Rampe liegt die Bahn horizontal	967 Ruthen lang.
Die Rampe steigt 1 auf 18 und ist	166 - - -
Darauf liegt die Bahn horizontal, auf	1516 - - -
Sodann fällt sie 1 auf 450, auf	908 - - -
Ferner liegt sie horizontal, auf	667 - - -
Hierauf folgt ein Abhang von 1 auf 225, auf . .	341 - - -
Sodann liegt die Bahn wieder horizontal, auf . . .	465 - - -
Nun folgt ein Abhang von 1 auf 270, auf . . .	1341 - - -
Sodann eine horizontale Strecke bis zum Gipfel der Rampe bei Albany	11 - - -
Die Rampe bei Albnany hat 1 auf 18 Abhang und ist	251 - - -
Bis zum Quai von Albany hängt die Strafse 1 auf 20 ab, auf	171 - - -
Zusammen	6804 Ruthen.

Die Breite beträgt in den Einschnitten 36 F. 11 Z. und auf den Dämmen 25 F. $5\frac{1}{2}$ Z. Die Dämme sind bis 43 F. hoch, die Einschnitte bis 46 F. tief. Es sind einige Krümmen nöthig gewesen, deren stärkste 80 R. Halbmesser hat. Auf der Rampe bei Schenectady, welche die Dampfwagen nicht ersteigen, beträgt jedoch der Halbmesser der Krümmen nur 57 R. Hier wird nur mit Pferden gefahren. Auf dem Gipfel jeder Rampe ist eine Krümme von 89 R. Halbmesser, und zwischen den Rampen sind andere Krümmen von 340 und 1861 R. Halbmesser. Die letzte Krümme befindet sich am Fufse der Rampe von Albany nach dem Hudson. Sie hat 324 R. Halbmesser. Auf den beiden Rampen befinden sich stehende Maschinen.

Das Terrain ist im allgemeinen sandig. Die Schachtruthe Einschnitt hat etwa $17\frac{1}{4}$ Sgr., die Aufschüttung $19\frac{3}{4}$ Sgr. im Sande, und im lehmigen

Boden jene etwa 19¾ Sgr., diese 27 Sgr. gekostet. Die Brücken sind von Holz, mit steinernen Pfeilern und Stirnmauern. Sie spannen 28¾ F. weit. Die Brückenklappen haben 2 Z. dicke Bohlen, welche auf Balken von 7 Z. breit und 14½ Z. hoch ruhen.

Taf. XIV. Fig. 16. und 17. stellt die Construction vor. Die Schienenträger ruhen auf Steinwürfeln von 2¼ C. F. Inhalt, welche das Stück 19 Sgr. gekostet haben und 3 F. 2¼ Z. von Mitte zu Mitte entfernt sind. Die Würfel sind auf eine stark gerammte Lage von zerschlagenen Steinen gesetzt. Sie sind durch ein von 4 Menschen gehandhabtes Gewicht in ihre richtige Höhe gebracht und stabil gemacht worden. Die Schienen sind platt, und 6½ L. dick und 2 Z. 5 L. breit. Der laufende Fuſs wiegt 3⅘ Pfd. Die Schienenträger sind von Norwayschem Fichtenholz, und 5¾ Z. breit und hoch. Auf den Dämmen hat man Träger von Hemloo (*pinus canadensis*) gelegt. Daselbst sind erst Schwellen nach der Länge der Bahn gestreckt; quer über dieselben, alle 3 F. 2¼ Z., Querstücke, und auf diese die Schienenträger. Die Spurweite ist, wie überall, 4 F. 7 Z.

Die Fundamentirung auf zerschlagenen Steinen ist ziemlich kostbar gewesen. Die Schachtruthe hat 16 Rthlr. 18 Sgr. gekostet. Die Bettung jedes Steinwürfels enthält etwa 11 Cub. F. Im lehmigen Boden hat man die Bettungen mit einander quer über verbunden. Die hölzernen Schienenträger sind auf die Steine mittelst Schienenstühle und Kniee von Guſseisen befestigt; Es sind 3 mal so viel Kniee als Schienenstühle vorhanden. Die Schienen stoſsen an den Enden in einander, und ruhen dort auf eisernen Platten. Die Schienenträger sind mit einander durch eiserne Klammern verbunden. Die Hölzer im Holzbaue sind mit zerschlagenen Steinen und Erde bedeckt worden.

Die Bahn wird mit Dampſwagen, von 60 Ctr. schwer, befahren, und mit 3¼ Meilen Geschwindigkeit in der Stunde. Die Räder der Dampſwagen haben 4 F. 6 Z. im Durchmesser. Ein Dampſwagen zieht 160 Ctr. Fracht. [Vielleicht ein Druckfehler. D. H.] Die Maschinen sind in Westpoint gebaut.

Die Kosten sind auf 276 000 Rthlr. die Meile geschätzt gewesen und haben 593 000 Rthlr. betragen.

Der folgende Theil der Bahn von Albany nach den Seen ist der

Von Schenectady nach Utica, 17 Meilen lang.

Diese Eisenbahn ist besonders zum Transport von Passagieren bestimmt, welche die Eigenthümer des Erie-Canals mit schnellſahrenden

Schiffen auf dem Canal zu transportiren abgelehnt haben, weil die Eilschiffe die Canal-Ufer zu sehr beschädigen, und durch sie beständiger Aufenthalt und Collisionen bei den Schleusen für die Frachtschiffe entstehen, ja selbst die Sicherheit der Passagiere gegen Schaden aller Art gefährdet wird. Aus diesem Grunde vermag denn auch die Eisenbahn mit dem Canale zu concurriren. [Es ist ein eigenthümlicher Vorzug der Eisenbahnen vor Canälen, dafs man, wenn sie gehörig eingerichtet sind, mit der kleinsten, wie mit der möglich-gröfsten Geschwindigkeit darauf fahren kann, und dafs sie also zur Fortschaffung von Frachten und von Personen gleich geschickt sind, was bei Canälen, selbst wenn sie gar keine Schleusen haben, nie der Fall ist, indem eine so grofse Geschwindigkeit, wie sie durch Dampfwagen sich hervorbringen läfst, auf Canälen, wenn sie überhaupt für Schiffe möglich wäre, nie Statt finden kann und darf, da die Eilschiffe mit den andern unfehlbar zusammenstofsen, auch aufserdem die Canal-Ufer zu sehr beschädigen würden. D. H.]

Die Bahn hat einstweilen nur ein Schienenpaar erhalten, aber der Damm ist für zwei Schienenpaare eingerichtet. Das Capital der Unternehmer beträgt 4 Mill. Thaler. Die Construction der Bahn ist wie die der vorigen Strecke von Albany nach Schenectady. Die Bahn folgt dem linken Ufer des Mohawk-Flusses. Ein Schienenpaar hat 80 000 Rthlr. die Meile gekostet; der Damm 33 000 Rthlr. auf die Meile.

Weiter nach dem Erie-See.

Von Utica bis Saratoga, $10\frac{1}{2}$ Meile auf dem gewöhnlichen Wege weit, ist noch keine Eisenbahn unternommen.

Für die Strecke weiter, von Saratoga bis Auburn, 6 Meilen lang, hat sich eine Unternehmer-Gesellschaft gebildet. Die Kosten sind wie die der Strecke bis Utica angeschlagen.

Von Auburn über Geneva nach Batavia, $18\frac{1}{2}$ Meilen lang, fehlt noch die Bahn.

Für die Strecke von Batavia bis Buffalo, am Erie-See (unweit des Niagara-Falles) ist wieder eine Unternehmer-Gesellschaft zusammengetreten.

Von Buffalo nach Blacksock ist ein Seitenarm, 1327 R. lang, ganz von Holz gebaut. Auf den Erdboden sind zwei Schwellen, von runden, nur oben beschlagenen Hölzern gelegt; quer auf dieselben Bohlen, wie zu einer Brückendecke, und auf diese, wieder längs der Strafse, über die unteren Schwellen treffend, Schienenträger von 2 Z. hoch, 4 Z. breit, auf welchen die eisernen platten Schienen, von $5\frac{1}{2}$ L. dick und 2 Z. breit, befestigt sind. Diese Construction hat 18 000 Rthlr. auf die Meile, und von den Schienen hat der Centner 3 Rthlr. 11 Sgr. gekostet. Das Holz hat man auf folgende Weise länger zu erhalten gesucht. Die untern Schwellen hat man auf gebrannten Kalk (*chaux vive*) gelegt, und sie darauf mit gelöschtem Kalk (*chaux éteinte*) überzogen. Nachdem die Querbohlen gut gefugt worden, hat man darauf einen flüssigen Cement (*ciment liquide*) (?) ausgebreitet, um alle Fugen zu füllen, und dann das Ganze mit Sand bedeckt. [Was dies bedeutend nutzen kann, ist nicht wohl einzusehn. Es kommt darauf an, was die Erfahrung ergeben wird. D. H.]

Zu einem Seitenarme von Buffalo nach Rochester (am Ontario-See) hat sich eine Unternehmer-Gesellschaft mit $1\frac{1}{3}$ Mill. Thaler Capital gebildet.

Zu Rochester ist eine Eisenbahn zu dem Zwecke gebaut, um von dem durch Rochester gehenden und hoch liegenden Erie-Canal nach dem Ontario-See bei Genesee hinunter zu kommen. [Der Erie-Canal mündet nemlich in den Erie-See aus, welcher um die Höhe des Niagara-Falles höher liegt als der Ontario-See. D. H.] Die Länge dieser Bahn ist 1260 R.; das Gefälle derselben im ganzen $243\frac{1}{2}$ F. Auf 336 R. lang hat sie 1 auf 1000 Abhang; auf die folgenden 678 R. 1 auf 166; weiter, auf 171 R. lang, 1 auf 53; auf die folgenden 47 R. 1 auf 6 und dann, 28 R. lang, bis zur Ladebrücke am See, ebenfalls 1 auf 6 Gefälle. Die Wasserfälle des Genesee-Flusses geben die Zugkraft auf den Rampen. Die Bahn hat 132 000 Rthlr. auf die Meile gekostet. Der Wasserkraft der Fälle des Genesee-Flusses verdankt es Rochester, dafs es seit 1817 von einem kleinen Dorfe zu einer Stadt von 15 000 Einwohnern und zu einem der bedeutendsten Handelsplätze im Binnenlande angewachsen ist.

Es ist ferner auch noch eine Eisenbahn von Rochester nach Dansville, $7\frac{1}{2}$ Meilen lang, entworfen, aber noch nicht ausgeführt.

Strafse von New-York und Albany in der Richtung nach den Champlain-See und nach Canada.

In dieser Richtung liegt die

Eisenbahn von Schenectady nach Saratoga, 4 Meilen und 1144 Ruthen lang.

Sie ist 1831 angefangen und, mit einem Schienenpaare, 1833 vollendet worden. Sie reicht in die Städte Schenectady und Saratoga hinein, und passirt den Erie-Canal und den Mohawk-Fluſs. Das Terrain ist ungemein günstig; die Bahn liegt fast durchweg beinahe horizontal und hat nirgends mehr als 1 auf 333 Abhang. Sie ist auf 1327 R. lang, wie Taf. XIV. Fig. 16. vorstellt, gebaut. Nach der Länge der Schienen sind, durchlaufend, 17½ Z. breit und tief, zerschlagene Steine, in Schichten von etwa 4 Z. dick, fest gerammt. Auf diese fortlaufenden Steinlager sind alle 3 F. 2 Z. Steinwürfel von 2¼ Cub. F. Inhalt so gesetzt, daſs ihre Oberfläche mit der des Bodens gleich hoch steht. Auf die Steinwürfel sind hölzerne Schienenträger, mittelst Keile und Schienenstühle von gegossenem Eisen, stark befestigt, und auf die Träger sind die Schienen gelegt. Alle 16 F. sind die Schienenträger mit einander durch Querstücke verbunden. Diese Bauart ist, wenn man gehörig für die Ableitung des Wassers von der Bahn sorgt, sehr fest. Der Rest der Bahn ist nach Fig. 17. gebaut. Zuerst sind auf einen Steinschlag, gleich dem vorigen, hölzerne Schwellen gestreckt. Quer über diese Schwellen sind alle 3 F. 2 Z. Querstücke eingekämmt, und auf die Querstücke sind Schienenträger ebenfalls eingekämmt. Diese Construction ist ebenfalls recht fest und sehr für Dampffuhrwerk geeignet; nur hängt ihre Dauer und Haltbarkeit von der sorgfältigen Ableitung des Wassers ab. Die ersten Dampfwagen auf dieser Bahn sind aus England gekommen. Sie legen 3 bis 3½ Meilen in der Stunde zurück, ziehen 300 Ctr. und werden mit Coaks gefeuert. Von Schenectady bis Saratoga währt die Fahrt 1 Stunde und 20 Minuten, und von Albany nach Saratoga 2½ Stunden. Die Kosten der Bahn von Schenectady nach Saratoga sind auf die Meile zu 76 000 Rthlr. geschätzt gewesen und haben 92 000 Rthlr., und im Ganzen 420 000 Rthlr. betragen. Die Schienen wiegen 4⅗ Pfd. der laufende Fuſs. Die Kosten der Erhaltung belaufen sich, die der Verwaltung eingeschlossen, auf 24 000 Rthlr., oder auf etwa 6 Procent des Anlage-Capitals und die Hälfte des Ertrages. [Diese ungemein hohen Erhaltungskosten rühren wohl von dem hölzernen Unterbau her. Massive Schienen würden gewiſs viel weniger zu erhalten kosten. D. H.] Jeder Reisende zahlt auf dieser Bahn 1 Rthlr. 22½ Sgr. [Ein sehr hoher Preis. D. H.] Nach New-York hin wird auf der Bahn insbesondere Schiffbauholz und in der entgegengesetzten Richtung viel Gips zur Düngung des Ackers transportirt.

Man gedenkt diese Bahn bis zum Fort Edward, etwa 4 Meilen lang, fortzusetzen. Die Kosten sind auf 66 000 Rthlr. für die Meile angeschlagen.

Ferner führt nach den sehr besuchten mineralischen Bädern

Von Saratoga eine Eisenbahn, 5 Meilen 469 Ruthen lang, bis Troy,

welche Stadt etwas oberhalb Albany, ebenfalls am Hudson-Flusse, aber auf dem entgegengesetzten, linken Ufer liegt. Diese zweite Bahn nach Saratoga, vom Hudson-Flusse her, ist, insbesondere um die Rampen auf der Bahn von Albany nach Schenectady zu vermeiden, gebaut. Man gelangt jetzt von New-York nach Saratoga, $38\frac{3}{4}$ Meilen weit, in 10 Stunden. Bei Troy passirt die Strafse den Hudson-Flufs auf einer 1529 F. langen, 33 F. breiten und 29 F. über dem Wasser hohen, ganz bedeckten Brücke, von 8 Öffnungen, ohne die für die Schiffahrt. Pfeiler und Stirnen der Brücke sind von starkem Mauerwerke; das Übrige ist von Holz. Aufserdem passirt die Strafse drei Arme des Mohawk-Flusses, auf hölzernen Brücken mit steinernen Pfeilern. Die stärksten Gefälle der Bahn sind 1 auf 211 und 1 auf 264. Die Bahn hat keine Rampe. Die Construction ist wie die der vorigen Bahn, so wie sie Taf. XIV. Fig. 16. und 17. vorstellen. Das Holzwerk ist Cedern. Die Kosten sind etwa 80 000 Rthlr. auf die Meile. Die Bahn wird von Dampfwagen befahren. Die Geschwindigkeit derselben und das Gewicht der Schienen sind die nemlichen wie auf der vorigen Bahn.

Man beabsichtigt auch noch, von Amsterdam, an der Bahn zwischen Schenectady und Utica gelegen, nach Ballstone, welches an der Bahn zwischen Schenectady und Saratoga liegt, eine Eisenbahn zu bauen, um so von Utica nach Troy am Hudson zu gelangen, und dies ebenfalls, um die Rampen bei Albany zu vermeiden. [Man sieht an diesem Beispiele, welches grofse Übel Rampen für Eisenbahnen sind, und dafs man auf alle Weise, wo es nur irgend möglich ist, sie zu vermeiden und Stellen, wo sie nothwendig sein würden, zu umgehen suchen mufs. D. H.]

In der Richtung von Norden nach Süden, die Erie-Strafse und den Erie-Canal durchschneidend, liegt auch

Die Eisenbahn von Ithaka nach Owego am Ontario-See, 6 Meilen und 295 Ruthen lang.

Sie ist 1834 vollendet und hat ein Schienenpaar. Die Spurweite ist, wie immer, 4 F. 7 Z., und das Gewicht der Schienen, wie bei den vorigen Bahnen, $4\frac{3}{5}$ Pfd. auf den laufenden Fufs. Die Halbmesser der Krümmungen sind 196 Ruthen lang; die Bahn wird mit Thierkräften befahren, und mit einer Geschwindigkeit von mehr als $2\frac{1}{2}$ Meilen in der Stunde. Sie übersteigt die Wasserscheide zwischen dem Susquehanna-Thal und dem Ontario-See, welche etwa 1¼ Meilen von Ithaca entfernt ist und 611 F. hoch über dem niedrigsten Wasserstande des Cayuga-Sees emporsteigt, an welchem Ithaca liegt. Im Ganzen beträgt die Höhe der Steigungen dieser Bahn 949 F. Von Ithaca ab hat die Bahn 1 auf 714 Abhang, bis an den Fuſs der ersten Rampe. Diese Rampe ist vielleicht die gröſste, welche irgendwo existirt. Sie ist, über einer horizontale Länge von 1682 F., 393 F. hoch, und hat also 1 auf 4,28 Gefälle. Oben steht eine Dampfmaschine, welche die Lasten hinaufzieht. Von da geht die Bahn, 226 F. lang, horizontal fort, und nun folgt eine zweite Rampe von 102 F. hoch, auf 2160 F. horizontale Länge, also mit 1 auf 20,6 Abhang. Von dem Gipfel dieser Rampe fällt die Bahn stufenweis nach Owego hinab. Am Fuſse der beiden Rampen hat man der Bahn einen leichten Gegen-Abhang gegeben, um die Geschwindigkeit der herabfahrenden Wagen zu mäſsigen. Am Gipfel der ersten Rampe sind sehr kostbare Damm-Arbeiten durch Felsen nöthig gewesen. Da, wo der Damm über den Boden erhöht werden muſste, hat man Mauern gesetzt und quer über dieselben Balken gelegt, welche die Schienenträger unterstützen. Unter denselben sind, zwischen den Mauern, Magazine und Wohnungen für die Leute bei der Eisenbahn. Da, wo die Bahn in Einschnitten oder auf dem natürlichen Boden liegt, hat man zwei parallele Gräben, 11½ Z. tief, ausgehohlt und voll Kies gestampft. Auf den Kies hat man Schwellen gestreckt und auf diese, alle 3 F. 2 Z., Querhölzer gekämmt, welche die Schienenträger unterstützen. Das Holzwerk zur Bahn ist Eichen (*quercus alba*). Die Kosten der ganzen Bahn sind auf 427 000 Rthlr. angeschlagen. Die Meile hat etwa 76 000 Rthlr. gekostet. Die Erhaltungskosten rechnet man auf 29 000 Rthlr. jährlich. Die Actien stehen nur auf 73 Procent. [Dies rührt wohl mit von den Rampen her. D. H.]

III. Im Staate Pensylvanien.

Die Zwecke der Eisenbahnen in diesem Staate sind die nemlichen wie die der Canäle, nemlich, vorzüglich die Hauptstadt Philadelphia mit dem groſsen Mississippi-Thal und mit den Seen, durch Kohlenländer hindurch, zu verbinden.

Eisenbahn von Philadelphia nach Columbia, 17 Meilen und 868 Ruthen lang.

Sie ist ein sehr beträchtliches Bauwerk und von dem Herrn Ingenieur Wilson erbaut. Sie hat zwei Schienenpaare. Sie beginnt im Innern der Stadt

Philadelphia, an dem Durchschnitte der breiten (*broad*) und der Reben-(*vine*) Strafse. Sie liegt, etwa ½ Meile oberhalb der Brücke über den Shuylkill-Flufs, auf einer 997 F. langen Brücke, welche 29 F. hoch über Wasser ist. Diese Brücke hat 6 steinerne Pfeiler und steinerne Stirnen, und ist sehr gut gebaut. Sie ist gegen 39¾ F. breit. Ihre Mitte ist, 3 F. 10 Z. breit, zu Fufspfaden bestimmt. Von den 18 Fufs breiten Strafsen an beiden Seiten ist die eine den gewöhnlichen Fuhrwerken vorbehalten, die andere nimmt die beiden Schienenpaare der Eisenbahn auf. Von der Brücke an ersteigt die Bahn eine Rampe von 182 F. hoch, mit 1 auf 3,86 Gefälle. Oben stehen 2 Dampfmaschinen zum Heraufziehen der Wagen, jede von 60 Pferden Kraft, in einem steinernen, 2 Etagen hohen Gebäude, aus zwei Flügeln bestehend, die durch eine hölzerne Plateform verbunden sind, unter welche die Strafse hindurch geht. Das Heraufziehen der Wagen geschieht vermittelst einer eisernen Kette ohne Ende. Es werden 400 Ctr. Last in 15 Minuten, mit Inbegriff von 5 Minuten zu dem An- und Abhaken, hinaufgezogen.

Vermittelst dieser Rampe gelangt die Bahn auf die Wasserscheide zwischen dem Shuylkill und Delaware, welche 531 Fufs hoch über der gewöhnlichen Meeresfluth bei Philadelphia liegt. Sie steigt hierauf den South-Valley-Hügel in das Chester-Thal hinab, und überschreitet den Valley-Creek auf einer 561 F. langen, 56 F. über dem Wasser hohen Brücke. Sie folgt der Südseite des Thales, und überschreitet, südlich von Downiagton, den östlichen Arm des Brandywine-Flusses, auf einer 452 F. langen, 25 F. über dem Wasser hohen Brücke, bei Coatsville aber den westlichen Arm des Brandywine, auf einer 815 F. langen und 71 F. über Wasser hohen Brücke. Hierauf folgt die Bahn dem nördlichen Ufer des Brandywine und den Ufern des Octorara-Creek, der in den Susquehanna fällt, und gelangt auf eine zweite Wasserscheide bei Mine-Hill, welche 539 F. hoch über der Meeresfluth liegt. Diese Wasserscheide passirt sie in einem langen und 26 F. tiefen Einschnitte.

Von hier fällt die Bahn westlich hinab. Sie überschreitet den Pegna-Flufs, 17½ F. hoch über Wasser, auf einer 141 F. langen Brücke; den Mill-Creek, 39 F. hoch über Wasser, auf einer 528 F. langen Brücke, und den Big-Conestoga, 58 F. hoch über Wasser, auf einer 1371 F. langen Brücke. Diese letzte ist nach der Bauart des Ingenieurs J. Town gebaut.

Die Bahn begiebt sich hierauf in die Stadt Lancester, und passirt dann den Conestoga-Fluſs, auf einer 781 F. langen und 46 F. hohen Brücke. Von hier fällt sie nach Columbia auf einer geradlinigen Rampe, mit 1 auf 2,92 Gefälle, hinab, auf welcher die Wagen von 2 stehenden Maschinen, jede von 40 Pferden Kraft, hinaufgezogen werden. Die Bahn geht noch ferner bis zum Susquehanna fort, und endigt an der Spannschleuse des Bassins vom Pensylvania-Canale. [Allein die Brücken auf dieser Straſse sind, wie man sieht, sehr beträchtlich. D. H.]

Das stärkste Gefälle dieser Bahn ist 1 auf 117; das mittlere 1 auf 176. Die Bahn fällt nicht stetig, sondern geht auf und nieder, nach Beschaffenheit des Terrains. Auch besteht sie fast nur aus einer fortlaufenden Reihe von Biegungen, deren Halbmesser zuweilen nur 27 bis 65 R. lang sind.

Die Schienenbahnen sind sehr fest gebaut: die eine mit Schienen von gewalztem Eisen, wie die Bahn von Clarence oder Wiggan in England. Die Schienen ruhen auf Granitwürfeln und auf Querhölzern von Acazienholz (*acacia robinia, pseudo acacia*), welche da, wo die Bahn geradlinig ist, 16 F., in den Krümmen 9½ F. von einander entfernt und 14½ F. lang und 3⅓ Z. hoch sind.

Die gewalzten Schienen, Taf. XV. Fig. 20., wiegen 12½ Pfd. der laufende Fuſs; der Centner hat in England 2 Rthlr. 10 Sgr. und bis zur Stelle 3 Rthlr. 15 Sgr. gekostet. Die Schienen ruhen auf Schienenstühlen von Guſseisen, von beinahe 13 Pfd. schwer, von welchen der Centner bis Philadelphia 2 Rthlr. 20 Sgr. gekostet hat. Die eisernen Pflöcke, vermittelst welcher die Schienenstühle auf die Schienenträger befestigt sind, wiegen jeder 19 Loth. Der Centner davon hat bis Philadelphia etwa 7 Rthlr. gekostet. Die Fig. 20. stellt die Bahn auf gewöhnlichem Terrain vor. Die Spurweite ist 4 F. 7 Z.

Das andere Schienenpaar ist, wie Fig. 21. vorstellt, gemacht, und hat platte Schienen, und zum Theil Blöcke zur Verbindung. Ein groſser Theil der zweiten Bahn ruht auch nur auf Holz; doch wird man sie auf Steine fundamentiren.

Die Kosten sind auf 186 000 Rthlr. für die Meile angeschlagen gewesen, haben aber 264 500 Rthlr. betragen; die gesammten Kosten 4 630 842 Rthlr.

Die Bahn ist für Dampfkraft gebaut; doch hat man sich anfangs auch der Thierkräfte bedient, was aber aufhören wird, sobald hinreichende

Dampfwagen vorhanden sind. Die Dampfwagen, welche bis jetzt die Bahn befahren haben, wiegen 120 Ctr. und ziehen 400 Ctr. Güter und Personen, etwa 2 Meilen weit in der Stunde, so dafs der Weg etwa in 8 Stunden und 15 Minuten zurückgelegt wird. Die neuen Dampfwagen, nach der Construction von Baldwin in Philadelphia, sind den Maschinen von E. L. Miller, auf der Eisenbahn von Süd-Carolina, ganz gleich, und viel wirksamer. Sie schaffen 1500 Ctr. in der Stunde 5000 bis 5800 Ruth. weit fort. Für die steileren Stellen kann man das Eingreifen der Räder verstärken.

Man beabsichtigt, die Bahn nach Harrisburg, etwa 6 Meilen weit, fortzusetzen. Der Plan dazu ist gemacht, und in wenigen Minuten ist zu Philadelphia das nöthige Anlage-Capital gezeichnet gewesen. Meistens finden sich in den vereinigten Staaten mehr Actien-Zeichnungen zu Eisenbahnen, als nöthig sind.

Eisenbahn von Portage, 7 Meilen und 1665 Ruthen lang.

Dieselbe liegt in der Fortsetzung der vorigen, und macht einen Theil der 84 Meilen langen Strafse von Philadelphia nach Pittsburg, oder vom Delaware-Flusse, oder dem Meere, nach dem Ohio aus. Vom Ende der vorigen bis zum Anfang dieser, so wie vom Ende dieser bis Pittsburg, ergänzt der Pensylvania-Canal die Strafse.

Die Eisenbahn von Portage bildet den Übergang über das Alleghany-Gebirge und ist das bedeutendste Werk ihrer Art in den vereinigten Staaten. Sie hat zwei Schienenpaare, und ist vom Ingenieur Hrn. Welch erbaut. Es befindet sich darin, an den Alleghanys, ein Tunnel, von 873 F. lang, 21 F. 5 Z. breit und 18 F. 6 Z. hoch, welcher 2380 F. hoch über dem Meere liegt und ganz durch Felsen getrieben ist, weshalb auch innen keine Einfassung mit Mauerwerk nöthig war, sondern nur an den Eingängen.

Die 4320 R. lange Bahnstrecke östlich vom Tunnel ersteigt eine Höhe von 1360 F. vermittelst 5 Rampen, welche 1 auf 10 bis 1 auf 14 Gefälle und zusammen 929 R. horizontale Länge haben. Die übrigen 3391 R. Bahn haben nicht über 1 auf 352 Abhang.

Die 11 273 R. lange Bahnstrecke westlich vom Tunnel fällt wieder 1139 F. hinab, ebenfalls vermittelst 5 Rampen, von gleichem Gefälle, wie die östlichen. Aufserdem hat die Bahn wieder nur 1 auf 352 Abhang.

Um diese Vertheilung der Gefälle zu erlangen, sind sehr bedeutende Einschnitte und Aufschüttungen nöthig gewesen. Eine derselben ist 64 F. hoch und enthält an 10 300 Sch. R. Eine andere, von 243 R. lang, enthält an 16 300 Sch. R. Es befinden sich in der Bahn 4 Wegebrücken von Mauerwerk, mit 38 bis 79 F. weiten Öffnungen, 68 kleinere Brücken, von 3 bis 25 F. weit, und 85 Durchlässe. Eine der Wegebrücken hat 2 schiefe Bogen, von 38 F. Spannung und 19 F. Höhe. Die zweite hat 2 Bogen, von 38 F. weit und 22 F. hoch, die dritte eben solche 2 Bogen, von 29 F. hoch, und die vierte einen Bogen, von 79 F. Spannung und 77 F. Höhe.

Der interessanteste und zugleich malerischste Theil der Strafse ist der zwischen der Mühle von Croyle und dem Weiler Conemaugh, wo an den Quellen des Susquehanna- und des Alleghany-Flusses die Gewässer durch die Berge tiefe Schluchten gebrochen haben und die Aussicht ungemein schön ist.

Die Schienen dieser Bahn sind aus England gekommen und denen der Bahn von Preston nach Wigan in England gleich. Anfangs hat man Schienen von nur $9\frac{1}{4}$ Pfd. schwer nehmen wollen. Sie sind aber zu leicht befunden, und man hat nun $13\frac{1}{3}$ Pfd. schwere Schienen gelegt. Sie haben bis zur Stelle, 54 Meilen vom Meere entfernt, nur gegen 5 Rthlr. der Centner gekostet. Sie ruhen, nach Taf. XIV. Fig. 19., vermittelst Schienenstühle, auf steinernen Würfeln von etwa 3 Cub. F. Inhalt, welche auf und in zerschlagenen Steinen stehen, die in zuvor ausgegrabene Löcher stark eingestampft sind. An den aufgeschütteten Stellen hat man die Schienen vorläufig, bis die Erde sich ganz gesetzt haben wird, auf hölzerne Träger gelegt, welche auf Querhölzern ruhen. Eben so verhält es sich auf den Rampen.

Die gesammten Kosten dieser Bahn sind 3 200 000 Rthlr. gewesen. Die Meile hat 468 000 Rthlr. gekostet. Der gesammte Abhang auf der Bahn beträgt 2384 F.

Das vollständige Querprofil zeigt Taf. XIV. Fig. 18. Die gesammte Breite der Dammkrone ist 24 F. 3 Z. Die Spurweite ist 3 F. $10\frac{2}{3}$ Z., der Zwischenraum zwischen den beiden Schienenpaaren beträgt 4 F. 10 Z. und jedes Banquet an der Seite ist 5 F. $9\frac{5}{8}$ Z. breit.

Die Bahn wird mit Dampfkraft, und mit einer Geschwindigkeit von 4250 R. in der Stunde befahren. Jede Maschine zieht 3 Wagen, mit

180 Ctr. Fracht beladen. Die Transportmasse beträgt etwa 1 070 000 Ctr. nach Osten, und 618 000 Ctr. nach Westen. Die Fracht eines Centners kostet auf die 84 Meilen von Philadelphia nach Pittsburg etwa 8 Sgr.

Eisenbahn von Philipsburg nach der Juniata, 5 Meilen und 1691 Ruthen lang.

Diese Bahn wird ebenfalls einen Übergang über die Alleghany-Berge bilden, und insbesondere zum Steinkohlen-Transport aus den Gruben westlich der Alleghanys dienen. Sie ist vom Ingenieur Herrn Robinson entworfen und jetzt (1834) in der Ausführung begriffen. Sie bekommt einen 106 R. langen Tunnel, und ersteigt vermittelst 4 Rampen die über den Ausgangspunct 1319 hoch liegende Wasserscheide, welche 531 R. lang vollkommen horizontal ist. Von da fällt die Bahn vermittelst 2 Rampen nach den Kohlengruben und nach dem Dorfe Philipsburg hinab. Der Abhang der Bahn beträgt bis 1 auf 124, und das Gefälle ist von der Wasserscheide nach Osten hin stetig.

Die 6 Rampen haben verschiedene Längen und Abhänge. Die beiden westlichen haben, die eine 1 auf $5\frac{3}{4}$, die andere 1 auf $4\frac{1}{7}$ Abhang. Das Hinaufziehen soll durch eine auf dem Gipfel der obersten Rampe stehende Dampfmaschine von 20 Pferden Kraft und vermittelst eines hanfenen Seils ohne Ende geschehen, welches oben und unten über horizontale Räder läuft, so wie über ein drittes Rad eines beweglichen Wagens, vermittelst dessen und eines Hebels, oder eines in eine Grube oben auf der Rampe hinabsinkenden Gewichtes, man die Reibung des Seils zu verstärken gedenkt. Das hanfene Seil hat man vorgezogen, weil die Rampen nur einen schwachen Abhang haben; auch sollen die Rampen ihrer ganzen Länge nach ein Dach bekommen. Auf der zweiten Rampe könnte das Hinaufziehen durch Wasserkraft geschehen. Das Wasser des Coldstream-Baches würde in einen Behälter am Gipfel der Rampe geleitet werden müssen, der so hoch liegt, dafs Gefäfse von 3 bis $3\frac{1}{2}$ Tonne Inhalt daraus gefüllt werden könnten, die dann zu Gegengewichten dienen würden, um, gefüllt, die beladenen Wagen heraufzuziehen und, leer, von den herabfahrenden Wagen, oder nach den Umständen auch von den andern gefüllten Gefäfsen wieder heraufgezogen zu werden.

Die erste Rampe östlich hat 1 auf $6\frac{2}{5}$, die zweite 1 auf 3 Abhang. Die erste ersteigt 260 F., die zweite 200 F. Höhe. Die bewegende Kraft auf diesen Rampen soll das Übergewicht der beladenen Wagen über die leeren sein. Zum Zuge wird man sich eiserner Ketten bedienen, welche oben und unten über horizontale Räder laufen. Die Bewegung des obern Rades wird durch eine bewegliche Luftmaschine (*maschine pneumato-mobile*) (?) geregelt werden. Die Rinnen der Räder, in welchen die Kette läuft, werden von eichen Holz sein, mit eisernen Rändern, und so ausgehöhlt, daſs die einzelnen Kettenglieder hineinpassen, damit die Kette nicht auf Eisen laufe, und weniger abgenutzt werde. Die Kettenglieder werden ferner von Spitzen ergriffen werden, welche sie am Gleiten hindern.

Die dritte Rampe ersteigt, über 832 F. horizontaler Länge, 146½ F., und die vierte, über 920 F. horizontaler Länge, 178 F. Höhe. Auch hier soll das Hinaufziehen durch das Übergewicht der beladenen Wagen über die leeren geschehen, ohne Hülfe irgend einer Maschine.

Die gesammte, von der Bahn erstiegene Höhe beträgt, westlich von den Alleghanys, 258 F., und östlich 1319 F.

Fig. 10. Taf. XIII. zeigt die Construction der Bahn. Sie bekommt, auſser auf den Rampen, nur ein Schienenpaar. Die Dämme werden sogleich vollständig geschüttet werden; ausgenommen an einigen Stellen, wo man vorläufig einen hölzernen Unterbau und erst später statt dessen die Erdschüttung machen wird. Pfeiler und Stirnen der Brücken werden von Steinen sein, die Fahrbahnen derselben von Holz.

Die Querhölzer unter den Schienenträgern sind von Eichen, 7 F. 7 Z. lang und 11½ Z. hoch. Sie ruhen, mit einer Fläche von 9 Z. breit, auf der bloſsen Erde, und sind 4 F. 10 Z. von Mitte zu Mitte von einander entfernt. Da, wo es nöthig ist, wird unter den Querstücken ein Steinschlag, längs dem Wege, in dazu vorher ausgehöhlten Gruben, gemacht. Die Schienenträger sind von Eichen (*quercus alba*), oder von kernigen Fichten (*pinus strobus*) und auf die Querhölzer aufgekämmt. Sie sind 5 Z. breit und 9 Z. hoch. Die Entfernung der inneren Ränder der Schienenträger von einander beträgt 4 F. 7 Z. Die Schienen sind, nach Fig. 24. Taf. XV., platt, 2¼ Z. breit, 6 L. dick, und wiegen 3½ Pfd. der laufende Fuſs. Sie sind auf das Holz, jede vermittelst fünf 5 Z. langer Pflöcke von geschmiedetem Eisen, befestigt. Die Enden der Schienen ruhen auf eisernen Tafeln von 4¼ Z. breit und $\frac{9}{10}$ L. dick. Die Schienenträger sind oben etwas abgeschrägt, um den Ablauf des Wassers zu befördern.

Die Bahn wird mit Dampfwagen, ähnlich denen der Bahn von Schuylkill, von 15 bis 20 Pferden Kraft, und mit etwa 2½ Meilen Geschwindigkeit in der Stunde, befahren. Man rechnet die gesammten Kosten der Bahn auf 400 000 Rthr., was auf die Meile etwa 68 000 Rthlr. ausmacht.

Man zählt auf eine Transportmasse von etwa 1 700 000 Ctr. jährlich, besonders Steinkohlen, die den besten englischen gleich sind, und Eisenerz, welches vortreffliches Eisen giebt. Die Fracht wird etwa 3 Spf. der Centner kosten. Auf Passagiere ist vorläufig nicht gerechnet.

In einer andern, mehr nördlichen Richtung von Philadelphia nach dem Innern, über die Alleghany-Berge hinweg, welche in dieser Richtung 637 F. hoch über den Ausgangspunct zu übersteigen sind, liegen folgende Eisenbahnen mit verschiedenen Seiten-Armen.

1. Die Eisenbahn von Philadelphia nach Germantown, 1 Meile und 788 Ruthen lang.

Sie ist vom Ingenieur Herrn W. Strickland erbaut. Das mittlere Gefälle beträgt 1 auf 165, das stärkste 1 auf 117. Sie ersteigt 287 F. Höhe. Es sind des Terrains wegen viele Krümmen nöthig gewesen. Sie haben 53 R. Halbmesser. Die Schienen wiegen 12 Pfd. auf den Fuſs. Die Bahn wird mit Dampfwagen und nicht ganz 2 Meilen Geschwindigkeit in der Stunde, befahren. Sie hat 270 000 Rthlr. die Meile gekostet. Die Wirkung der Dampfwagen auf dieser Bahn ist nur halb so groſs, als sie in horizontaler und kürzerer Richtung gewesen sein würde. Deshalb ist man mit der Fortsetzung der

Eisenbahn bis Norristown, 4 Meilen und 1399 Ruthen lang,

schon $\frac{1}{2}$ Meile weit von Philadelphia von der vorigen abgegangen, und hat sie in das Thal des Schuylkill-Flusses gelegt. Das mittlere Gefälle ist hier 1 auf 176. Diese Bahn bekommt, ähnlich der von Clarence, massive, 14 F. 7 Z. lange, $10\frac{7}{8}$ Pfd. auf den laufenden Fuſs wiegende Schienen, die aus England gekommen sind und etwa 4 Rthlr. der Centner gekostet haben. Das Werk ist in der Ausführung begriffen und die Kosten sind auf 160 000 Rthlr. für die Meile geschätzt. Die Halbmesser der Krümmen sind 80 R. lang.

Die Eisenbahn von Norristown bis Reading, 8 Meilen und 1275 Ruthen lang,

ist die Fortsetzung der vorigen im Schuylkill-Thale und vom Ingenieur Herrn M. Robinson erbaut. Sie ersteigt 183 F. Höhe, und das stärkste Gefälle ist 1 auf 293. Der kleinste Halbmesser der Krümmen ist 80 R. Es befindet sich auf dieser Bahn ein 159 R. langer Tunnel. Die gewalzten und hochkantigen, 13 Pfd. auf den Fuſs schweren Schienen, denen der Bahn von Amboy nach Camden gleich, ruhen auf Holz. Die Meile hat, für ein Schienenpaar, etwa 154 000 Rthlr. gekostet. Die Bahn wird von Dampfwagen, mit $3\frac{1}{3}$ Meile Geschwindigkeit in der Stunde, befahren.

Die Eisenbahn von Reading bis Port-Clinton, 4 Meilen und 439 Ruthen lang,

ist die Fortsetzung der vorigen, und liegt ebenfalls im Schuylkill-Thale. Das Terrain war aber ungemein schwierig; denn die Bahn reicht bis mitten in die Blauen-Berge, ein Zweig der Alleghanys, quer durch welche der Schuylkill sich seine Bahn gebrochen hat, hinein. Deshalb sind sehr bedeutende Damm-Arbeiten, und an einer sehr engen Stelle des Flusses, am Pupit-Rock, ist ein Tunnel durch Felsen, von etwa 160 R. lang, nöthig gewesen. Gleichwohl ist das Gefälle der Eisenbahn nirgend stärker als 1 auf 277. Der gröſsere Theil des Fuhrwerks geht bergab. Die Krümmen der Bahn haben nicht kleinere Halbmesser als 114 R. Die Bahn ist wie die vorige gebaut, und die Schienen wiegen 12 Pfd. der laufende Fuſs. Sie wird, wie die vorige, und mit gleicher Geschwindigkeit, von Dampfwagen befahren. Die Kosten auf die Meile sind 252 000 Rthlr. gewesen. Die Transportkosten sind bergab etwa $1\frac{7}{9}$ Spf. für den Centner auf die Meile.

Weiter von Port Clinton bis Pottsville, 4 Meilen weit, fehlt noch eine Eisenbahn. Dagegen wird

Die Eisenbahn von Pottsville nach Danville, 8 Meilen und 1524 Ruthen lang,

gebaut. Das Terrain ist sehr bergig, und es sind deshalb 5 Rampen und ein Tunnel nöthig. Die eine Rampe ersteigt 331 F. Höhe, über 1564 F. horizontaler Länge; die andern vier ersteigen zusammen 670 Fuſs Höhe. Der Tunnel ist 200 R. lang. Die Schienen wiegen $10\frac{2}{3}$ Pfd. der laufende Fuſs. Die Kosten sind zu 166 000 Rthlr. auf die Meile angeschlagen.

Wenn die Bahnen in dieser Richtung ganz vollendet sein werden, so werden die 30 Meilen Weges von dem Susquehanna nach dem Delaware in 10 Stunden zurückgelegt werden. Die Frachtmasse auf dieser Straſse beträgt an $2\frac{1}{2}$ Millionen Centner.

Fünf verschiedene Seitenarme nach den Kohlengruben, zusammen 10 Meilen und 1548 R. lang,

sind auf Holz gebaut, zum Theil mit $10\frac{2}{3}$ Pfd. schweren, hochkantigen, zum Theil mit 4 Pfd. schweren, platten Schienen. Etwa 5 Meilen davon haben zwei Schienenpaare; der Rest hat nur ein Schienenpaar. Die Kosten sind sehr verschieden gewesen, nemlich 40, 132, und 166 Tausend Thaler auf die Meile für die einfache, und 176 000 Rthlr. für die doppelte Bahn.

IV. *Im Staate Maryland.*

Die vorzüglichste Eisenbahn in diesem Staate hat den Zweck, die Handelstadt Baltimore, jetzt von 120 000 Einwohnern, ebenfalls mit dem Mississippi-Thale, durch den Ohio zu verbinden. Sie wird mit einem Canale zugleich und neben schon vorhandenen Chausséen gebaut.

Eisenbahn von Baltimore nach dem Ohio, $66\frac{1}{4}$ Meilen lang, wovon (1834) $17\frac{1}{2}$ Meilen vollendet waren.

Die Bahn beginnt in der Stadt Baltimore selbst, am Hafen. Durch die Stadt, bis zum Bahnhofe außerhalb der Stadt, wird mit Pferden gefahren. Von da an werden die Passagiere durch Dampfkraft befördert.

Vom Bahnhofe aus passirt die Eisenbahn, auf einer schönen Brücke, den kleinen Fluſs Maiden-Choice, und richtet sich nach dem Thale des Patapsco. Sie verfolgt dieses Thal, bei der Thistle-Mühle von dem linken auf das rechte Ufer, und bei den Piney-Falls wieder auf das linke übergehend, bis zu den Quellen des Patapsco. Hier übersteigt sie die Wasserscheide zwischen dem Patapsco und dem Potowmack, vermittelst eines Durchschnitts des Hügels Parr-Spring. Diese Wasserscheide liegt 789 F. hoch über dem Meere. Zur Übersteigung dieser bedeutenden Höhe sind 2 Rampen östlich und 2 Rampen westlich der Wasserscheide nöthig gewesen, jene mit 1 auf 20 und 1 auf 30, diese mit 1 auf 20 und 1 auf 23 Abhang. Diese letzte Rampe ist die kürzeste, und hat nur 1816 F. Basis; die vorletzte ist die längste, und hat 3059 F. Basis. Die beiden Rampen sind durch eine horizontale Strecke von einander getrennt, und dehnen sich, mit derselben zusammen, 614 R. aus. Der Durchschnitt durch die Wasserscheide ist $47\frac{1}{2}$ R. lang und 19 F. tief. Die auf der Wasserscheide entlang führende Landstraſse geht darüber auf einer Brücke hin.

Man ist sorgfältig bemüht gewesen, die rechte Stelle für die Rampen und die besten Gefälle und den Ort der horizontalen Zwischenstrekken auszumitteln. Der Zug geschieht auf den Rampen von fest stehenden Dampfmaschinen, und durch Seile. Man hat berechnet, daſs hier, auf der steilsten Rampe, die Spannung des Seils, wenn man einen Wagenzug von

400 Ctr. schwer aufwärts zöge, eben so stark sein würde, wie auf den Rampen von Rainhill und Sutton, zwischen Liverpool und Manchester, wenn es dort ebenfalls stehende Maschinen gäbe. Es würden 6 Wagen, 400 Ctr. an Gewicht, vermittelst einer Dampfmaschine von 60 Pferden Kraft, ohne Hülfe der herabfahrenden Lasten, mit einer Geschwindigkeit von 2920 R. in der Stunde hinaufgezogen werden. Es könnten also etwa 300 Ctr. Nutzlast die etwa 265 R. lange Rampe in 5 Minuten hinaufgeschafft und, mit Rücksicht auf die Zeit zum An- und Abhaken, in der Stunde 8 Wagenzüge über die Rampe gefördert werden. Die Frachtmasse nach Osten ist 5 mal so stark, als die nach Westen. Man könnte also an der Wasserscheide bei Parr-spring das Gewicht der herabfahrenden Wagen zu Hülfe nehmen, so dafs die Maschine schwächer sein könnte, als von 60 Pferden Kraft. Man würde immer täglich, in 10 Stunden Arbeitszeit, 28 800 Centner, und jährlich etwa 10 Millionen Centner befördern können. Die andern Rampen erfordern Maschinen von 40 Pferden Kraft.

Von dieser ersten Wasserscheide begiebt sich die Eisenbahn weiter in das Thal des Bush-Creek, und überschreitet den Monocacy-Flufs, wo ein 1460 R. langer Seitenarm nach der Stadt Frederik gebaut wird. Sie nimmt hierauf eine südwestliche Richtung und erreicht, nachdem sie den Capellenhügel und den Tuscarrora-Bach überschritten hat, wo ein Marmorbruch ist, das Thal des Potomac, an der Stelle des Durchbruchs dieses Flusses durch die Catoctin-Berge, Point of rocks genannt, wo derselbe zwischen steilen Felsen eng eingeschlossen ist. Hier ist es, wo die Eisenbahn, bei ihrer Fortsetzung, mit dem Ohio-Canal zusammengestofsen ist, und wo es an Raum für beide fehlte; was anfangs, wegen der verschiedenen Interessen des Canals und der Eisenbahn, grofse Schwierigkeiten gemacht hat, die die Vollendung beider Unternehmungen bedroht hatten, die aber durch wechselseitige Nachgiebigkeit glücklich beseitigt worden sind. Der Canal ist schon 7 und die Eisenbahn an 3 Meilen weiter vorgerückt. Sie liegt, bis Harpers-Ferry, auf dem Leinenpfade des Canals.

Dort verbindet sich mit ihr der 6 Meilen lange Anfang einer Seitenbahn nach Harrisburg, Staunton, Lexington und Abingdon.

Von Harpers-Ferry wird die Ohio-Bahn zunächst weiter dem Thale des Potomac folgen und zuletzt den Ohio in der Gegend von Wheeling erreichen. Ihre ganze Länge, von $66\frac{1}{4}$ Meilen, wird in 24 Stunden zurückgelegt werden können, und das ganze Werk wird etwa $6\frac{2}{3}$ Millionen Thaler kosten.

Die Alleghany-Berge wird man durch Rampen, auf die Weise, wie bei Parr-Spring, übersteigen. Die Geschwindigkeit wird daselbst etwas über 2 Meilen in der Stunde betragen.

Der vollendete Theil der Bahn, von Baltimore bis Harpers-Ferry, $17\frac{1}{2}$ Meilen lang, hat nahe an 5 Millionen Thaler gekostet; die Meile etwa 282 000 Rthlr. Dieser vollendete Theil hat zwei Schienenpaare. Die Gefälle sind, östlich von der Wasserscheide bei Parr-Spring, sehr ungleich: von 1 auf 20, 30, 60, 75, 142 bis 377. Westlich sind sie regelmäſsiger und nicht stärker als 1 auf 285. Der Halbmesser der kürzesten Krümmung ist $26\frac{1}{2}$ R. Die Schienen wiegen theils $3\frac{1}{2}$, theils 12 Pfd. der laufende Fuſs. Die Geschwindigkeit der Fahrt beträgt $1\frac{3}{4}$ bis $3\frac{1}{3}$ Meilen in der Stunde, und es wird theils mit Pferden, theils mit Dampf gefahren. Die Actien haben lange unter pari gestanden: jetzt werden sie mit ihrem Nennwerth bezahlt. Die Erhaltungskosten der Bahn haben im Jahre 1834, für die Bahn selbst, etwa 32 000 Rthlr., die allgemeinen Ausgaben etwa 41 000 Rthlr., die Kosten der Transportkraft etwa 91 000 Rthlr. und die Kosten der Erhaltung der Transportmittel etwa 23 000 Rthlr. betragen. Die reine Einnahme ist nur etwa 101 000 Rthlr., also nur etwa 2 Procent des Anlage-Capitals gewesen; aber nach Vollendung der Bahn bis zum Ohio rechnet man auf einen 5fach höhern Rein-Ertrag.

Man hat auf dieser Bahn versuchsweise die verschiedenartigsten Lasten, und mit verschiedener Geschwindigkeit transportirt, und es hat sich ergeben, daſs selbst Gegenstände, die bei sehr groſsem Gewichte geringen Werth haben, wie Bausteine, Pflastersteine, Bauholz, Kalk, Kohlen, Bretter, Ziegel etc. in beiden Richtungen noch mit Vortheil auf der Eisenbahn fortgeschafft werden können.

[Hier giebt der Herr Verfasser noch eine ausführliche und sehr interessante Nachricht von den Vervollkommnungen der Dampfwagen und der Bahnfuhrwerke auf dieser Bahn, und Berechnungen der Kraft der Maschinen und der Kosten ihrer Zugkraft, im Vergleich gegen die von Pferden, deren Resultate entscheidend zum Vortheile der Dampfkraft ausfallen. Wir müssen aber diese Gegenstände, als nicht zu unserm gegenwärtigen Zwecke gehörend, übergehen. D. H.]

V. Im Staate Süd-Carolina.

Eisenbahn von Charleston nach Augusta, 29 Meilen lang.

Sie hat den Zweck, die westlichen Binnenländer, in der Richtung nach Osten, mit dem Meereshafen von Charleston in Verbindung zu setzen. Sie ist im März 1831 angefangen und, 29 Meilen lang, innerhalb 22 Monaten ganz vollendet worden. Sie besteht, der Länge nach, aus zwei wesentlich verschiedenen Theilen, dem einen von Charleston bis zum Edisto-Flusse, dem anderen von diesem Flusse bis Hamburg am Savannah-Flusse, Augusta gerade gegenüber. Das Terrain ist im allgemeinen sumpfig, von vielen Flüssen durchschnitten, und starken Überschwemmungen ausgesetzt. Deshalb hat man die Bahn, besonders den östlichen Theil derselben, von Charleston ab, auf eine beinahe ununterbrochene hölzerne Brücke gelegt, die im Durchschnitt gegen 6 F. über dem Boden zu hoch ist, was in dem sehr holzreichen Lande nicht kostbar war, und zugleich den Vortheil hatte, dafs die Bahn sogleich befahren werden konnte, ohne erst das Setzen der Erde in den Dämmen abzuwarten. Die Dämme werden erst später geschüttet werden; die Bahn selbst wird zum Transporte der Erde dienen; und wenn dereinst die Erneuerung des Holzes nöthig sein wird, werden die Dämme sich schon gesetzt haben.

Der östliche Theil der Bahn, bis zum Edisto, passirt 6 Flüsse, und das Terrain ist fast horizontal. Den Edisto, welcher am Übergangspuncte 389 F. breit ist, passirt die Bahn auf einer Brücke mit einer Öffnung von 64 F. für die Schiffahrt. Diese Brücke hat 2 600 Rthlr. gekostet. Auf dem westlichen Theile der Bahn, bis Augusta, ist das Terrain schwieriger, und die Bahn mufs, etwa $3\frac{1}{2}$ Meilen von Augusta, die 350 F. über der Brücke von Augusta hohe Wasserscheide zwischen dem Edisto und dem Savannah-Flufs übersteigen. Deshalb befindet sich, nach Augusta hinab, an der Wasserscheide, eine Rampe, von 163 F. Höhe auf 3690 F. horizontaler Länge, von drei verschiedenen Gefällen, dessen stärkstes 1 auf 13 ist. Der Rest des Abhanges von 187 F. ist auf eine Länge von 4273 R., mit einem mittleren Gefälle von 1 auf 253, vertheilt.

Die tiefsten Einschnitte sind 24 F. tief und $15\frac{1}{2}$ F. im Boden breit. Auf etwa den fünften Theil der ganzen Länge ist die Strafse eingeschnitten. Die Bahn hat nur ein Schienenpaar, ausgenommen auf der Rampe, an den Ausweichestellen, und an den Ausgängen nach den Magazinen. Hier befinden sich, zusammen auf 1274 R. lang, zwei Schienenpaare. Der Damm ist mit den Gräben $15\frac{1}{2}$ F., die Strafse selbst aber nur $8\frac{3}{4}$ F. breit. Das stärkste Gefälle, auf etwa 660 R. lang, ist 1 auf 150; aufserdem nicht über 1 auf 200. Diese Strafse hat wenige Krümmen, und nur zwischen dem Fufse der Rampe und Augusta. Man hat 16 Ausweichestellen gemacht, wo zugleich angehalten wird, um Kohlen und Wasser einzunehmen, und Waaren abzusetzen und zu laden. [Nur auf solche Weise können wohl Ausweichestellen unschädlich sein. D. H.]

Auf der Rampe werden die Fuhrwerke von zwei feststehenden Dampfmaschinen, jede von 25 Pferden Kraft, gezogen, welche eine gemeinschaftliche Welle haben und 720 Ctr. Last, mit etwa 2 Meilen Geschwindigkeit in der Stunde, hinaufzuziehen vermögen. Die Einrichtung dieses Zuges ist sehr vereinfacht worden. Das Seil windet sich um ein horizontales Rad, mit einer Rinne, an dessen senkrechter Achse ein anderes gezahntes Rad steckt. Zwei auf einander senkrechte Cylinder theilen diesen die Bewegung mit, und ersparen so das Schwungrad. Der Kessel der Maschine hat zwei ganz gesonderte Räume, so dafs der eine noch gebraucht werden kann, wenn der andere ausgebessert wird [!?]. Die Cylinder und Dampfröhren haben einzeln Sperrklappen, so dafs die Maschine als doppelt zu betrachten ist. Auch sind beständig zu den Ausbesserungen einzelne Theile der Maschine vorräthig, so dafs der Dienst niemals unterbrochen werden darf.

Taf. XV. Fig. 25. stellt die Construction der Bahn auf lehmigem und kiesigem Boden vor, da, wo weder Einschnitte noch Aufschüttungen nöthig waren. Zuerst sind Abwässerungsgräben gemacht, und darauf sind, alle 6 F. 4 Z., ganz beschlagene, $9\frac{2}{3}$ Z. breite, $11\frac{1}{2}$ Z. hohe und $9\frac{1}{2}$ F. lange Querstücke, von kernigem kiehenen Holze, gelagert worden. Auf diese sind, nach der Länge der Bahn, die hölzernen, $5\frac{3}{4}$ Z. breiten und $9\frac{2}{3}$ Z. hohen Schienenträger gekämmt, welche platte eiserne Schienen tragen. Die Querstücke sind mit Erde aus den Gräben und aus Abträgen ganz bedeckt. Auf diese Weise sind 2125 R. Bahn gebaut worden.

Taf. XV. Fig. 26. zeigt die Construction, an den Stellen, wo Einschnitte nöthig waren. Man hat dort erst, nach der Länge der Bahn, Hölzer, von $8\frac{4}{5}$ Z. breit und hoch, gestreckt, und die Erde um dieselben recht fest gestampft. Auf diese Hölzer sind die Querstücke und Schienenträger gelegt, wie sie Fig. 25. vorstellt. Diese Bauart findet auch auf den Rampen statt; nur sind dort die untern Schwellen stärker, nemlich 11½ Z. breit und hoch, vollkantig beschlagen, von kiehnenem Holz, und in den Stöfsen mit einander verbunden. Diese Bauart haben zusammen 11950 R. Bahn erhalten, und sie hat den Vorzug vor den mit aufrecht stehenden Hölzern, dafs die Verbandstücke länger dauern und leichter erneuert werden können.

Taf. XV. Fig. 27. stellt die Construction an den morastigen Stellen vor, da, wo ein Erddamm nöthig gewesen wäre. Man hat Pfähle, von 9½ bis 14½ Z. im Durchmesser, das Stamm-Ende nach oben, nach der Länge der Bahn 6 F. 3 Z., nach der Breite 5 F. 10 Z. weit von einander entfernt, in der Regel gegen 4 F. tief, in weichem Boden aber auch bis 28 F. tief, in die Erde geschlagen: überhaupt in verschiedener Tiefe, bis die Pfähle den Schlägen eines Rammklotzes von 5¼ bis 8¾ Ctr. schwer widerstanden. Die Ramme, mit Auslösung, ist 34 F. hoch gewesen und, auf starke Walzen gesetzt, nach der Länge der Strafse fortgeschoben worden. Unter den letzten Hitzen, mit 19 F. hohem Falle des 8¾ Ctr. schweren Rammklotzes, haben die Pfähle nicht mehr voll 2 Z. weichen dürfen. Da die Festigkeit der Bahn hier besonders von der Tragfähigkeit der Pfähle abhängt, so ist darauf sehr sorgfältig gesehen worden. Man hat in der Regel, für jeden Fall, vorher 3 F. 5 Z. tiefe Löcher ausgegraben, in welche nun die Pfähle weiter eingetrieben werden konnten, ohne dafs es nöthig war, denselben Spitzen oder Schuhe zu geben (*sans en amincir les extremités ou sans les armer*). Dadurch wurden sie tragfähiger. [Dieses möchte wohl zweifelhaft sein. In schwammigem und elastischem Boden können die Pfähle ohne Spitzen den stärksten Schlägen des Rammklotzes widerstehen, und dennoch unter einem mäfsig fortdauernden Druck einsinken. D. H.] Sodann sind die Pfähle oben in gleicher Höhe abgeschnitten und 8 F. 9 Z. lange und 8¾ Z. breite und hohe Querholme aufgezapft worden. Über diese Querholme sind die 5¾ Z. breiten und 9½ Z. hohen Schienenträger, nie aus kürzeren Stücken als 19 F. 2 Z., 3 Z. tief aufgekämmt und durch Pflöcke befestigt worden, welche, von der einen Seite der Schienenträger aus, durch dieselben hindurch in die Querholme getrieben sind. Die Schienenträger hat man, wie es Fig. 28. vorstellt, an der innern Seite 8¾ L. breit und 3 Z. tief ausgepfalzt. Die Schienen sind erst befestigt worden, nachdem die Träger ihre völlig richtige Lage erhalten hatten.

An einigen Stellen haben die Pfähle bis $14\frac{1}{2}$ F. hoch über das Erdreich emporragen müssen. In solchen Fällen hat man, nach Taf. XVI. Fig. 30., Streben angesetzt, die sich gegen kurze Pfähle stemmen, welche $7\frac{3}{4}$ F. von den Hauptpfählen entfernt sind. [Diese Verstrebung möchte wohl nur dann ganz wirksam sein, wenn man auf die kurzen Pfähle erst noch ganz durchgehende, in die Hauptpfähle eingekämmte Schwellen zapft und in diese die Streben sich stemmen läſst. D. H.] Da wo die Pfähle weniger als 7 F. über dem Boden emporragen, ist die Verstrebung weggeblieben. Wo sie 7 bis $9\frac{1}{2}$ F. hoch emporragen, hat man, nach Fig. 31., in jedes Joch Pfähle bloſs eine einzelne, und wo sie über $9\frac{1}{2}$ F. aufragen, nach Fig. 32., eine Kreuzstrebe von $3\frac{3}{4}$ Z. breitem, 5 Z. hohem Holze eingezogen.

Da, wo der Boden ganz weich war, hat man, wenn die Bahn nicht höher als $11\frac{1}{2}$ F. über der Erde liegen durfte, erst durch ein hölzernes, auf den Boden gelegtes Gitter, ein Fundament gebildet, dasselbe mit festgestoſsenem Sande bedeckt, und darauf ein Gerüst von der Gestalt eines umgekehrten W gesetzt. Wo aber die Bahn höher als $17\frac{1}{2}$ F. über der Erde liegt, hat man erst, nach Fig. 33., Pfähle gestoſsen, auf dieselben $11\frac{1}{2}$ Z. breite und hohe Querholme gezapft, und auf diese, alle $9\frac{1}{2}$ F., eine Verstrebung gesetzt, bestehend aus zwei Paar Streben von $7\frac{3}{4}$ Z. breiten und $9\frac{2}{3}$ Z. hohen Hölzern, die in die untern Querhölzer eingezapft und oben wieder durch einen $9\frac{2}{3}$ Z. breiten und $11\frac{1}{2}$ Z. hohen Querholm verbunden sind. Die Schienenträger sind immer die nemlichen. Diese Verstrebung ist sehr fest befunden worden, und findet auf 212 R. lang Statt.

Die eisernen Schienen sind, wie Fig. 28. zeigt, platt, und $27\frac{1}{2}$ L. breit, 6 L. hoch und $9\frac{1}{2}$ bis $14\frac{1}{4}$ F. lang. Sie sind auf die Schienenträger vermittelst eiserner, $4\frac{1}{2}$ Z. langer Pflöcke befestigt, deren Köpfe unter die Oberfläche der Schienen etwas versenkt sind. Der laufende Fuſs Schienen wiegt 7 Pfd. Sie sind aus England gekommen, und der Centner hat, bis Charleston, etwa 2 Rthlr. gekostet. Die eisernen Pflöcke haben $4\frac{1}{4}$ Sgr. das Pfund gekostet. Es ist Schade, daſs man nicht, statt einfach platter Schienen, Eisen mit Rändern genommen hat, von $\frac{1}{2}$ Z. dick, mit $\frac{1}{2}$ Z. dickem Rande, nach Fig. 29. Sie würden besser den Rädern widerstanden und die Reibung nach der Seite vermindert haben. Die Erhöhung der Kosten würde nicht bedeutend gewesen sein. Der Centner würde etwa $3\frac{1}{2}$ Rthlr. gekostet haben.

Die Ausweichestellen sind in der Regel 2920 R. von einander entfernt. Jede ist, mit der Einbiegung, welche 62 R. Halbmesser hat, 574 F. lang und weicht von der Hauptbahn 29 F. zur Seite ab. In der Mitte jeder Ausweichestelle steht eine Wasserpumpe und ein Schuppen zu den Brennstoffen der Dampfwagen. An den Enden der Ausweichestellen sind die Schienen auf etwa 19 F. lang beweglich, und können in diese oder jene Richtung gedreht werden. In der Mitte jeder Ausweichestelle befindet sich ein Drehstuhl, vermittelst dessen die Fuhrwerke, auf eine auf die Hauptbahn senkrechte, nach den Magazinen oder Schuppen führende Querbahn gebracht werden können.

Auf der ganzen Linie haben die Einschnitte in den Boden 85 800 Sch. R., dagegen die Aufschüttungen nur 3432 Sch. R. betragen. Hätte man die Bahn, nach der gewöhnlichen Art, auf einen Erddamm gelegt, so würden die Aufschüttungen wenigstens 533 000 Rthlr. und 75 Procent mehr als die jetzige Bauart gekostet haben.

Die Kosten der Bahn sind ursprünglich auf 1 278 385 Rthlr. geschätzt worden, haben aber bis Ende 1834, 1 889 081 Rthlr. und auf die Meile etwa 64 000 Rthlr. betragen. Die Einnahme ist 12 Procent des Anlage-Capitals gewesen. Sie ist aber stark im Steigen.

Im Jahre 1833 sind 6 Dampfwagen, wovon 4 mit 8 Rädern, vorhanden gewesen. Die letzten haben jeder 8000 Rthlr., die andern nur 5333 Rthlr. gekostet. Die Spurweite der Bahn ist 4 F. 10 Z. Im ersten Jahre sind nie mehr als 4 Dampfwagen im Gange gewesen. Drei davon sind nach und nach aufser Dienst gebracht und durch bessere ersetzt worden. Statt der Räder von Holz und Gufseisen hat man Räder ganz von Gufseisen genommen, mit Achsen von geschmiedetem und Radreifen von gehärtetem Eisen, welche letzteren Räder vollkommen gute Dienste geleistet haben. Man hat auch auszumitteln gesucht, ob die achträdrigen oder die vierrädrigen Wagen die besseren sind, und sich zunächst für jene entschieden, weil sie die Bahn weniger angreifen. Da die Zerstörung der Bahn in sehr starkem Verhältnisse mit der Geschwindigkeit der Fahrt zunimmt, so hat man die Frachtfahrten auf 3186 R. bis 3452 R. Geschwindigkeit in der Stunde beschränkt, und nur für die Passagiere eine Geschwindigkeit von 6638 R. beibehalten. [Was gewifs sehr weise ist, weil bei weitem in den meisten Fällen wenig oder nichts daran liegt, ob die Waaren einige Stunden früher zur Stelle gelangen oder nicht. D. H.] Im Jahre 1834 sind 12 Dampfwagen vorhanden gewesen: vier aus den Fabriken von Stephenson, E. Burry und Fenton in England; zwei aus West-Point, im Staate New-York; zwei aus der Werkstatt von E. L. Miller in New-York; einer von Baldwin in Philadelphia, und zwei, in den Werkstätten der Compagnie selbst, zu Charlestown, ganz neugebaute Wagen.

Die Wege-Polizei auf dieser Bahn ist vortrefflich, und es ist hier noch kein Unfall von irgend einiger Bedeutung vorgekommen.

Von Columbia wird nun die Bahn weiter nach dem Tenessee und dem Ohio-Flusse fortgesetzt werden, mit verschiedenen Seitenarmen. Die Alleghany-Berge sind hier leichter zu übersteigen. Die Bauprojecte sind meistens schon gemacht.

Eisenbahn von Decatur, über Tuscumbia, bis an den Tenessee-Fluſs, 9 Meilen und 1267 Ruthen lang.

Dieselbe liegt in der Richtung der projectirten Hauptstraſse nach dem Westen und führt durch die Ebene südlich des Tenessee-Flusses. Ihre Richtung ist, eine Biegung bei Tuscumbia, von 120 R. Halbmesser, ausgenommen, ganz gerade. Das Gefälle beträgt nirgend über 1 auf 211 und die Summe der Abhänge 431 F. Die Bahn ist auf Holz gelegt. Die Querhölzer sind von Cedern (*Juniperus virginiana*) und liegen 3 F. 11 Z. von Mitte zu Mitte entfernt. Die Schienenträger sind ebenfalls von Cedern, und 5 Z. breit, 7 Z. hoch. Die Schienen sind platt, und $2\frac{1}{4}$ Z. breit, 6 L. dick. Die Breite zwischen der inneren Seite der Schienen ist 4 F. 7 Z. Der Centner Schienen hat etwa 3 Rthlr. 20 Sgr. gekostet. Die Enden der Schienen ruhen auf eisernen Platten, welche, so wie die geschmiedeten eisernen Pflöcke, der Centner etwa $7\frac{1}{2}$ Rthlr. gekostet haben. Die ganze Straſse hat 290 000 Rthlr. und die Meile im Durchschnitt etwa 30 000 Rthlr. gekostet. Es werden auf der Bahn insbesondere Baumwolle, in Ballen von 4 Ctr. schwer, und auſserdem Bauholz, nächst anderen Waaren transportirt. Die Bahn hat nur ein Schienenpaar. Die Schienen wiegen $3\frac{1}{2}$ Pfd. der laufende Fuſs. Einer der Dampfwagen dieser Bahn ist von E. Bury in Liverpool; er wiegt nur 90 Ctr.; sein Cylinder hat $7\frac{2}{3}$ Z. im Durchmesser, mit $15\frac{1}{4}$ Z. Kolbenhub. Eine zweite Maschine ist aus West-Point im Staate New-York. Sie hat, wie die vorigen, 4 Räder, von 4 F. $4\frac{1}{3}$ Z. im Durchmesser, und ganz von Eisen; die Achsen von Guſseisen, die Speichen und Felgen von geschmiedetem Eisen, das Räderwerk der Maschine von Stahl. Diese Maschine wiegt 130 Ctr. und zieht auf horizontaler Bahn 1600 Ctr. mit 7700 R. Geschwindigkeit in der Stunde fort.

Es werden mit dieser Eisenbahn mehrere Zweigbahnen in Verbindung gesetzt werden.

Die als wesentlich und erspriefslich annerkannte Grund-Idee bei dem Entwurfe der Amerikanischen Eisenbahnen ist die: nicht von einzelnen, für locale Bedürfnisse bestimmten Strecken auszugehen, sondern erst Hauptstrafsen zu bauen, die das ganze Land durchschneiden, um entfernte Gegenden mit einander in Verbindung zu setzen, und dann an diese Hauptstrafsen die einzelnen Binnenstrafsen anzuschliefsen. Der Herr Verfasser hält dieses Princip hier und überhaupt, und gewifs mit Recht, für sehr richtig.

Uebersicht der Eisenbahnen, die vom atlantischen Meere westlich in das Innere des Landes führen.

I. Ausgeführte Bahnen.

Länge der Bahnen		Kosten auf die Meile.		Gewicht der Schienen auf den laufenden Fufs.
mit 2 Schienenpaaren.	mit 1 Schienenpaar.	Steinbau.	Holzbau.	
- - - - -	18 481 Ruth.	- - - - -	137 000 Rthlr.	$13\frac{1}{5}$ Pfund.
10 894 Ruth.	- - - - -	212 000 Rthlr.	- - - - -	$13\frac{1}{10}$ - -
6 804 - -	- - - - -	593 000 - -	- - - - -	$3\frac{4}{5}$ - -
- - - - -	9 144 - -	- - - - -	92 000 - -	$4\frac{3}{5}$ - -
- - - - -	12 295 - -	- - - - -	76 000 - -	$4\frac{3}{5}$ - -
34 868 - -	- - - - -	264 500 - -	- - - - -	$12\frac{1}{2}$ - -
15 665 - -	- - - - -	468 000 - -	- - - - -	$13\frac{1}{5}$ - -
- - - - -	2 788 - -	270 000 - -	- - - - -	12 - -
- - - - -	17 524 - -	- - - - -	166 000 - -	$10\frac{2}{3}$ - -
9 824 - -	- - - - -	216 000 - -	- - - - -	$10\frac{2}{3}$ - -
- - - - -	11 760 - -	- - - - -	126 000 - -	$3\frac{4}{5}$ - -
35 000 - -	- - - - -	- - - - -	282 000 - -	12 - -
- - - - -	58 000 - -	- - - - -	64 000 - -	$3\frac{4}{5}$ - -
- - - - -	19 267 - -	- - - - -	30 000 - -	$3\frac{1}{5}$ - -
113 055 Ruth.	149 259 Ruth.			

262 314 Ruthen, oder etwa 131 Meilen.

Im Durchschnitt kostet die Meile:

Mit 2 Schienenpaaren und auf Steinwürfeln 340 500 Rthlr.
Mit 2 Schienenpaaren und auf Holz . . . 282 000 -
Mit 1 Schienenpaar, auf Holz . . . . 138 000 -

II. In der Ausführung begriffene Bahnen.

Länge der Bahnen. mit 2 Schienenpaaren.	Länge der Bahnen. mit 1 Schienenpaar.	Kosten auf die Meile. Steinbau.	Kosten auf die Meile. Holzbau.	Gewicht der Schienen auf den laufenden Fufs.
- - - - -	10 469 Ruth.	- - - - -	80 000 Rthlr.	$4\frac{3}{5}$ Pfund.
- - - - -	11 691 - -	- - - - -	68 000 - -	$3\frac{1}{2}$ - -
- - - - -	9 399 - -	- - - - -	160 000 - -	$10\frac{7}{8}$ - -
- - - - -	17 275 - -	- - - - -	154 000 - -	13 - -
- - - - -	8 439 - -	- - - - -	252 000 - -	12 - -
97 500 Ruth.	- - - - -	- - - - -	240 000 - -	12 - -
97 500 Ruth.	57 273 Ruth.			

97 500 Ruth. + 57 273 Ruth. = 154 773 Ruthen, oder etwa 76 Meilen.

Im Durchschnitt ist der Kosten-Anschlag für die Meile 142 000 Rthlr.

Bei dieser Aufzählung sind noch mehrere innere Communications-Strafsen übergangen, weil davon noch keine ausführliche Analyse gegeben werden konnte.

Gesammt-Uebersicht der Nord-Amerikanischen Eisenbahnen.

	Länge der ausgeführten Eisenbahnen. Meilen.	Länge der ausgeführten Eisenbahnen. Ruthen.	Länge der in der Ausführung begriffenen Eisenbahnen. Meilen.	Länge der in der Ausführung begriffenen Eisenbahnen. Ruthen.	Kosten auf die Meile im Durchschnitte. Rthlr.	Gewicht der Schienen auf den laufenden Fufs. Pf.	Gewicht der Schienen auf den laufenden Fufs. Im Durchschnitt. Pf.
Mit 2 Schienenpaaren, auf steinernen Würfeln ruhend	52	120	. .	. .	332 000	$4\frac{2}{3}$ bis $13\frac{1}{3}$	11
Mit 2 Schienenpaaren, auf Holz	30	756	. .	. .	288 000	$4\frac{3}{4}$ bis 12	9
Mit 1 Schienenpaar, auf Holz	106	145	. .	. .	108 000	$3\frac{1}{2}$ bis $13\frac{1}{3}$	$6\frac{1}{3}$
Mit 2 Schienenpaaren, auf Holz	. .	. .	48	1445	240 000	. . . .	21
Mit 1 Schienenpaar, auf Holz	. .	. .	72	997	126 000	$2\frac{2}{3}$ bis $13\frac{1}{2}$	$8\frac{1}{3}$
Zusammen	188	1021	121	442			

309 Meilen und 1463 Ruthen.

[Da wahrscheinlich die 121 Meilen Eisenbahn, welche 1834 in der Ausführung begriffen waren, jetzt (1836) vollendet sein werden, so ist anzunehmen, dafs die vereinigten Staaten von Nord-Amerika jetzt in diesem Augenblicke schon über 300 Preufsische Meilen Eisenbahn wirklich besitzen. Es mögen auf dem Europäischen Continente zwar bis jetzt schon mehr als 300 Meilen projectirt sein; aber wenn es sich mit der bisherigen Art, die Projecte zur Ausführung zu bringen, wie sie meistens sich zeigt, nicht ändert, so möchte wohl eine geraume Zeit vergehen, ehe die 300 Meilen Eisenbahn zur Ausführung kommen. Der uralte Europäische Continent wird zu eilen haben, dafs er in dieser so nützlichen Sache nicht hinter dem neuen Amerikanischen Continente zurück bleibe. D. H.]

11.
Practische Abhandlung über Dampfwagen auf Eisenbahnen.

(Vom Herrn Chev. *F. M. G. de Pambour.*)

(Fortsetzung von No. 2. Heft 1. und No. 9. Heft 2. dieses Bandes.)

§. 31.

Versuche über die Reibung der Wagen.

Es wurden also nun eine Reihe von Versuchen nach den obigen Grundsätzen auf einem der Abhänge der Liverpooler Eisenbahn angestellt.

Von einem, 1603 F. von dem Fuſse der Rampe bei Sutton entfernten Puncte wurden 34 gleiche Strecken, jede 320,48 F. (10 Ketten zu 33 F. Englisch) lang, abgemessen. Am Ende jeder Strecke wurde ein numerirter Pfahl eingeschlagen und der Abhang sehr genau nivellirt. Die Abhänge waren auf die verschiedenen Distanzen folgende.

Nummer des Pfahls.	Entfernung vom Nullpuncte.	Tiefe unter dem Nullpuncte.
Ausgangspunct.		
	Fuſs Engl.	Fuſs Engl.
0	0	0
1	330	3,47
2	660	7,07
3	990	10,62
4	1320	14,36
5	1650	18,17
6	1980	21,77
7	2310	25,53
8	2640	28,98
9	2970	32,07
10	3300	34,61
Fuſs der Rampe, oder vielmehr Mittel der stetigen Curve.		
11	3630	35,06
12	3960	35,19
13	4290	35,23
14	4620	35,37

Nummer des Pfahls.	Entfernung vom Nullpuncte. Fuſs Engl.	Tiefe unter dem Nullpuncte. Fuſs Engl.
15	4950	35,71
16	5280	36,17
17	5610	36,44
18	5940	36,66
19	6270	36,80
20	6600	36,92
21	6930	37,06
22	7260	37,14
23	7590	37,22
24	7920	37,37
25	8250	37,34
26	8580	37,63
27	8910	37,92
28	9240	38,14
29	9570	38,35
30	9900	38,54
31	10230	38,67
32	10560	38,77
33	10890	38,92
34	11220	39,08

Ein wenig jenseits des Fufses der Rampe hatten die Wagen drei Querwege, und bei jedem drei Radlenker (*switches*), wie sie Fig. 24. zeigt, zu passiren: in allem also 9 Radlenker, an der einen oder der andern Seite der Schienen. Bei jedem Radlenker bekamen die Wagen, wegen der kleinen Unebenheit der Schienen, einen Stofs, und ihre Geschwindigkeit wurde etwas gehemmt. Die Stelle zu den Versuchen war also für die Resultate derselben unvortheilhaft, und der Widerstand daher gröfser als auf ganz freiem Wege.

Die zu den Versuchen benutzten Wagen waren auf folgende Weise eingerichtet. Sie hatten eine einfache Plateform, auf Federn ruhend. Die Räder hatten 2 F. 10 Z. 11½ L. (3 F. Engl.) im Durchmesser und waren (wie bei allen Eisenbahnfuhrwerken) an den Achsen befestigt, welche sich mit ihnen zugleich drehten. Der Körper des Fuhrwerks ruhte auf den Achsen, aber aufserhalb der Räder; das heifst: die Achsen waren über die Naben hinaus verlängert, und die Verlängerungen trugen das Wagengestell. An den Tragepuncten hatten die Achsen 1 Z. 8,4 L. im Durchmesser. Die Zapfenlager waren von Messing (*brass*). In ihrem oberen Theil enthielten sie den Schmier, welcher stetig, durch eine Höhlung in den Zapfenlagern, auf die Achse hinabflofs. Die Höhlung hatte unterhalb des Zapfenlagers einen Deckel. Die Schmierbüchse wird in der Regel jeden Morgen gefüllt und enthält den Vorrath auf den ganzen Tag. Bei den Versuchen wurde an den sonst gewöhnlichen Anordnungen nichts geändert. Alles wurde so gelassen, wie es im täglichen Dienst ist, sowohl was die Wagen, als was die Schienen betrifft. Unter den Wagen befanden sich einige, deren Achsen-Enden, statt eine gleichförmige Dicke von 1 Z. 8,4 L. zu haben, vielmehr nach dem Wagengestelle zu um 4,4 L. dicker und gegen das Ende hin um eben so viel dünner waren. Dieser Theil der Achse war aus drei Cylindern von gleicher Länge zusammengesetzt, deren Durchmesser 2 Z. 0,8 L., 1 Z. 8,4 L. und 1 Z. 4 L. betrugen. Diese Einrichtung der Achsen hatte man in der Absicht gemacht, um ihre Durchmesser zu vermindern, und ihnen gleichwohl an den Puncten, die am meisten zu tragen haben, wieder eine gröfsere Stärke zu geben. Es waren indessen nur wenige Achsen so gemacht, und nur zum Versuche. Es haben sich von der Anordnung in der Praxis keine Vortheile ergeben. [Die bedeutende Verbesserung, welche Herr Stephenson an den Bahnfuhrwerken angebracht hat, besteht insbesondere darin, dafs die Auflagepuncte für die Last, wie hier oben beschrieben, jetzt **aufserhalb** der Räder, auf Verlängerungen der Achsen sich befinden, statt dafs sie sonst, bei den älteren Bahnwagen, wie bei gewöhnlichen Fuhrwerken, **zwischen** den Rädern lagen. Man erreicht dadurch den bedeutenden Vortheil, dafs die Achsen, an den Stellen, wo sie sich in den Lagern drehen, jetzt, wie leicht zu sehen, **dünner** sein können, und dafs jetzt folglich weniger Kraft zur Überwindung der Reibung nöthig ist. Die Verbesserung liegt so nahe, dafs sich nur mit Hülfe der alten Erfahrung, dafs man nur zu oft auf das, was nahe liegt und einfach ist, erst spät kommt, begreifen läfst, warum man nicht sogleich den ersten Bahnwagen, der gebaut wurde, nach der neuen Art gemacht habe. D. H.]

I. Am 29. Juli 1834 wurden 5 nach Zufall gewählte Wagen, mit Ziegeln beladen, durch den *Sun*, an den Ort der anzustellenden Versuche gebracht. Dem Zuge der 5 beladenen Wagen folgte noch ein leerer Wagen. Das Gewicht der ersten 5 Wagen betrug mit der Ladung 604,12 Ctr. (30,65 Tonnen Engl.), und nebst 10 Personen, welche mitfuhren, 617,13 Ctr. (31,31 Tonnen), oder 123,42 Ctr. (6,26 Tonnen) auf den Wagen.

Nachdem die Mitte des Wagenzuges genau an den Abfahrtspunct gebracht und der Dampfwagen fortgeschafft worden war, wurden auf ein gegebenes Zeichen alle Bremsen gelöset und die 5 Wagen auf der Bahn der Wirkung ihres Gewichts überlassen. Sie rannten bis 33 F. Engl. hinter den Pfahl No. 30., und hatten also im Ganzen 9933 F. Engl. Bahn durchlaufen, während sie von dem Abfahrts- bis zum Stillstandspunct 38,55 F. Engl. hinuntergestiegen waren.

Wendet man nun hierauf die obige Formel an, so ist $x + x_1 = 9933$, $z = 38{,}55$ und folglich die Reibung $\frac{38{,}55}{9933}$ oder

1 auf 258.

Hierin ist indessen noch der Widerstand der Luft begriffen; auch wurde der Lauf der Wagen durch die oben gedachten 9 Radlenker am Fufse der Rampe gehemmt.

II. Nach diesem ersten Versuche wurden 300 Ziegel aus jedem Wagen herausgenommen. (Es wogen 100 dieser Ziegel 855 Pfd. Engl. (827,6 Pfd. Pr.); also wurde jeder Wagen dadurch um 2565 Pfd. oder 1,145 Tonnen leichter. Das Gewicht der 5 beladenen Wagen, nebst demjenigen der 10 Personen, betrug jetzt 25,58 Tonnen oder 5,12 Tonnen (100,92 Ctr. Pr.) für jeden Wagen.

Die Wagen wurden wieder nach dem Abfahrtspuncte gebracht und der Wirkung der Schwere überlassen. Sie rannten bis 84 F. Engl. jenseits No. 28., also 9324 F. Engl. weit, von einem 38,19 F. Engl. hohen Abhange herunter. Durch diesen zweiten Versuch ergab sich die Reibung

1 auf 244;

also stärker als bei dem ersten Versuche.

III., IV., V., VI. Die Wagen wurden zum dritten Male nach dem Abfahrtspuncte gebracht, und es wurde jeder einzeln, einer nach dem andern, der Schwere überlassen. Eben so auch der leere Wagen. Es ergab sich Folgendes:

	Nummer des Wagens.	Gewicht desselben, nebst Ladung. Tonnen Engl.	Durchlaufene Bahn. Fufs Engl.	Höhe der durchlaufenen Bahn. Fufs Engl.	Reibung.
Bei III. . . .	294. . . .	4,65 . . .	7326 . . .	37,16 . . .	1 auf 197
- IV. . . .	100. . . .	5,15 . . .	6663 . . .	36,95 . . .	1 auf 180
- V. . . .	196. . . .	5,20 . . .	7455 . . .	37,19 . . .	1 auf 200
	111. . . .	5,00	Die Fahrt wurde aus Versehen gehemmt.		
	150. . . .	4,85	Desgleichen.		
- VI. . . .	202. . . .	1,85 . . .	6204 . . .	36,78 . . .	1 auf 169

An dem Wagen No. 100. war am Ende seines Laufes die eine Achsenbuchse sehr heifs; was erklärt, warum er, obgleich eben so schwer beladen als die anderen, weniger weit gelangte. Der leere Wagen war sehr niedrig. Er hatte eine Plateform, blofs von einem offenen Geländer umgeben.

Diesen Versuchen gemäfs hatten die Wagen, einzeln laufend, eine Reibung von etwa 1 auf 196, während sie, zusammengekuppelt, nur einen Widerstand von 1 auf 244 erfuhren. Dieser Unterschied rührt offenbar von dem Widerstande der Luft her, der nur den vordersten Wagen trifft. Läuft nur ein Wagen, so mufs er allein den Widerstand der Luft überwinden, der für mehrere der nemliche bleibt und sich also auf die einzelnen Wagen vertheilt. Ähnliches zeigt sich aus Vergleichung des ersten Versuches mit dem zweiten. Die Zahl der Wagen war zwar in beiden Fällen dieselbe; aber der erste Wagenzug war schwerer; und folglich vertheilte sich der

Widerstand auf ein gröfseres Gewicht. [Der Widerstand der Luft ändert allerdings das Resultat, wenn ein einzelner Wagen ihn zu überwinden hat, und wenn er auf mehrere, oder auf ein gröfseres Gewicht sich vertheilt. Aber es giebt wohl noch eine stärker wirkende Ursach der Erscheinung, dafs zusammengekuppelte, oder schwerere Wagen weiter als einzelne und leichtere rennen, ehe sie still stehen. Diese Ursach ist, dafs die Hindernisse auf der Bahn auf leichte und einzelne Wagen stärker wirken, als auf zusammengekuppelte und schwerere, weil ein Wagen dem andern forthilft. Man sehe die Bemerkung des Herrn Minard hierüber, (9. Bd. dieses Journals S. 135). D. H.]

Es schien daher, um unsere Untersuchungen zu vervollständigen, nothwendig, noch andere Versuche mit Wagenzügen von verschiedenem Gewichte, und unter verschiedenen Umständen anzustellen. Bei den folgenden Versuchen waren die Wagen nicht mehr mit Ziegeln, sondern mit allerhand Frachtgütern, wie der gewöhnliche Verkehr sie liefert, beladen.

VII. Am folgenden Tage, den 30. Juli, wurde ein Zug von 19 beladenen Wagen durch den *Mars* an den Abfahrtspunct gebracht. Die 19 Wagen wogen zusammen 92 Tonnen Engl., also jeder im Durchschnitte 4,84 Tonnen Engl. Der Zug wurde auf der Bahn so gestellt, dafs seine Mitte, oder sein Schwerpunct, gerade in dem Nullpuncte der Länge sich befand; darauf wurde das Ganze, wie bei den vorigen Versuchen, der Wirkung der Schwere überlassen. Die Wagen liefen bis 168 F. Engl. jenseit No. 32. Die durchlaufene Bahnlänge war also 10728 F. Engl. und der Unterschied der Höhe zwischen den Anfangs- und Endpuncten derselben 38,85 F. Engl., welches eine Reibung ergiebt von

1 auf 276.

VIII. Am nemlichen Tage wurde derselbe Versuch mit dem Munitionswagen des *Jupiter* angestellt. Derselbe rannte bis 27 F. Engl. jenseit No. 18. Die Reibung betrug also, mit Einschlufs des Widerstandes der Luft,

1 auf 163.

Dieser Munitionswagen ist nichts anders als ein gewöhnlicher Waggon, von einer besonderen Form, welche der Luft eine besonders grofse Fläche entgegensetzt, so dafs der Widerstand derselben bedeutend wirkt, besonders wenn der Wagen nicht stark beladen ist. Der Munitionswagen war bei den Versuchen in der That beinahe leer; denn er enthielt blofs so viel Kohlen und Wasser als nöthig war, um die bei dem Versuche gegenwärtigen Personen nach Liverpool zurück zu bringen.

Dieser Versuch, so wie die des vorigen Tages, wurden gemeinschaftlich mit Herrn Earle, einem der Directoren der Eisenbahn, Herrn J. Loke, dem Ingenieur der großen Verbindungs-Eisenbahn, Herrn King, von der Liverpooler Gas-Fabrik, und andern mehr oder weniger mit der Verwaltung der Liverpooler Bahn in Verbindung stehenden Personen angestellt.

IX. Am 31. Juli liefs man den Munitionswagen des *Atlas*, $5\frac{1}{2}$ Tonnen Engl. wiegend, 84 F. Engl. hinter No. 1. abfahren. Er blieb 90 F. Engl. hinter No. 23. stehen, und hatte also 7266 F. Bahn durchlaufen, mit 32,88 F. Engl. Abhang; was eine Reibung giebt von

1 auf 221.

X. Am selben Tage liefs man den von dem *Atlas* gezogenen Zug von 14 Wagen, zusammen 61,35 Tonnen Engl. wiegend, von 24 F. über No. 1. abfahren. Da gerade nicht Arbeiter genug zugegen waren, konnte der Wagenzug nicht anders gestellt werden. Er rann bis 15 F. Engl. diesseit No. 28., also durch 9579 F. Engl. Bahn, mit 35,32 F. Abhang, welches eine Reibung giebt von

1 auf 271.

XI. Am 1. August wurde ein Zug von 10 Wagen durch die *Vesta* an den Versuchsplatz gebracht. Die 10 Wagen wogen zusammen 43,72 T. Engl. Man liefs den Munitionswagen dabei, und die 11 Wagen wogen zusammen 48,72 T. Engl., also im Durchschnitt jeder 4,43 T. Engl. Der Wagenzug rann, von der Schwerkraft getrieben, bis 108 F. Engl. jenseit No. 30., also 10 008 F. Engl. weit, von einem Abhange von 38,58 F. Engl. herab, was eine Reibung giebt von

1 auf 259.

XII. Am nemlichen Tage wurden durch den *Atlas* 24 Wagen, zusammen 104,5 T. Engl. an Gewicht und, mit dem angehängt gebliebenen Munitionswagen, die 25 Wagen zusammen 110 T. Engl., jeder also 4,4 T. Engl. wiegend, nach der nemlichen Stelle gebracht. Sie rannten bis 108 F. Engl. jenseits No. 32., also durch 10668 F. Bahn, mit 38,82 F. Abhang, was eine Reibung anzeigt von

1 auf 275.

Endlich wurden noch vollständige Wagenzüge, nemlich Dampfwagen, Munitionswagen und Lastwagen nach der Versuchsstelle gebracht. Sie gaben folgende Resultate.

XIII. Am 2. August wurde der Versuch mit der *Fury*, ihrem Munitionswagen und 17 Lastwagen gemacht. Es wog der Dampfwagen 8,2, der Munitionswagen 5,5 und die 17 Lastwagen 81,26, der gesammte Zug also 94,96 T. Engl. Der Dampfwagen und sein Munitionswagen wurden, rücksichtlich des Schwerpunctes, ihres gröſseren Gewichts wegen, zusammen für 3 Lastwagen, der ganze Zug also für 20 Lastwagen gerechnet. Der Zug wurde also so gestellt, daſs der Nullpunct der Bahn zwischen den 7. und 8. Lastwagen fiel. Der Zug rann bis 42 F. Engl. jenseits No. 34.; also 11262 F. Engl. weit, und 39,1 F. Abhang hinab, was eine Reibung giebt von

1 auf 288.

Der Widerstand für den ganzen Zug betrug hiernach 733 Pfd. Engl. Der Dampfwagen allein, als man ihn, vor dem Versuche, allein hatte rennen lassen, hatte, wie man unten sehen wird, 113 Pfd. Engl. Widerstand gefunden. Es kamen also auf die Lastwagen und den Munitionswagen 620 Pfd. Engl. Widerstand, was eine Reibung anzeigt von

1 auf 311.

[Dieser letzte Schluſs dürfte wohl nicht füglich Statt finden. Der Widerstand ist verschieden, für den nemlichen Wagen, wenn er allein und wenn er mit andern verbunden läuft; eben wieder aus dem Grunde, weil ein Wagen dem andern forthilft. D. H.]

XIV. Am 2. August wurde der *Vulcan*, 8,54 T. Engl. schwer, mit 20 Wagen, zusammen 96,3 T. Engl. an Gewicht, und dem Munitionswagen, von 5,5 T. Engl., zusammen also der Zug 110,14 T. an Gewicht, nach dem Versuchsplatze gebracht. Da man die Maschine nicht genau an der rechten Stelle hatte anhalten können, so konnte der Zug nur von 18 F. jenseits des Nullpunctes abfahren. Die Maschine, mit dem Munitionswagen, wurde, rücksichtlich des Mittelpunctes des Zuges, für 3 Wagen gerechnet. Der Zug rannte bis 39 F. Engl. jenseits No. 33.; also 10911 F. Engl. weit und 38,75 F. Engl. hinab. Diese Länge wurde in 12 Minuten und 10 Secunden durchlaufen. [Zu wünschen wäre, daſs man bei allen

Versuchen auch die **Zeit** hätte notiren können. D. H.] Dieses giebt einen Widerstand von

1 auf 282.

Der gesammte Widerstand war hiernach 863 Pfd. Engl. Zieht man davon, für den Dampfwagen allein, 127 Pfd. Engl. Widerstand ab, der sich bei einem folgenden Versuche ergab, so bleiben für 100,16 T. Engl. Gewicht der Lastwagen und des Munitionswagens, 736 Pfd. Engl., welches eine Reibung giebt von

1 auf 305.

XV. Zum Schlusse wurde am 15. August ein Versuch mit dem *Leeds*, von 7,07 T. Engl. schwer, nebst seinem Munitionswagen und einem Zuge von 7 Wagen, zusammen 33,52 T. Engl. schwer, gemacht. Der Zug rann genau von No. 0. bis 255 F. Engl. hinter No. 24., also 8175 F. Engl. weit und 37,35 F. Engl. hoch hinab, was eine Reibung giebt von

1 auf 219.

Der gesammte Zug hatte also 415 Pfd. Engl. Widerstand gefunden, und für den Dampfwagen allein ergab sich weiter 112 Pfd. Widerstand. Auf die übrigen Wagen kommen also 303 Pfd., was eine Reibung giebt von

1 auf 248.

§. 32.

Zusammenstellung der Resultate der vorhin beschriebenen Versuche.

No. des Versuchs.	Tag.	Der Zug bestand aus	Gewicht des Zuges.	Gewicht eines Wagens im Durchschnitt.	Zeitdauer des Rennens.	Länge der durchlaufenen Bahn.	Abhang.	Reibung.	Reibung. Thut auf den Ctr.
	1834.		Ctr. Pr.	Ctr. Pr.	Min. Sec.	Fufs Pr.	F. Pr.		Loth Pr.
VI.	29. Juli.	1 leerer Wagen.'		36,46	— —	6024,98	35,72	1 auf 169	20,87
VIII.	30. Juli.	1 Munitionswagen.		88,70	— —	5790,82	35,60	1 - 163	21,62
III.	29. Juli.	1 beladener Wagen.		91,65	— —	7114,61	36,09	1 - 197	17,85
IX.	29. Juli.	1 beladener Wagen.		100,51	— —	6470,74	35,88	1 - 180	19,52
V.	29. Juli.	1 beladener Wagen.		102,49	— —	7239,89	36,12	1 - 200	17,55
IX.	31. Juli.	1 Munitionswagen.		108,41	— —	7056,34	31,93	1 - 221	15,92
II.	29. Juli.	5 beladene Wagen.	504,19	100,92	10 20	9054,95	37,09	1 - 244	14,41
I.	29. Juli.	5 beladene Wagen.	617,13	123,39	10 —	9646,38	37,44	1 - 258	13,65
XI.	1. August.	10 beladene u. 1 Mun.-Wagen.	960,29	87,32	11 45	9719,22	37,46	1 - 259	13,58
X.	31. Juli.	14 beladene Wagen.	1215,14	86,72	— —	9302,60	34,30	1 - 271	12,98
VII.	30. Juli.	19 beladene Wagen.	1813,35	95,40	11 —	10418,43	37,73	1 - 276	12,74
XII.	1. August.	24 beladene u. 1 Mun.-Wagen.	2168,14	86,72	— —	10360,18	37,69	1 - 275	12,81
XV.	15. August.	7 beladene, 1 Munitions- und 1 Dampfwagen vorauf. . . .	800,04	78,84	8 30	7939,11	36,31	1 - 219	16,07
XIII.	2. August.	17 beladene, 1 Munitions- und 1 Dampfwagen.	1871,70	94,21	— —	10937,00	37,97	1 - 288	12,22
XIV.	2. August.	20 beladene, 1 Munitions- und 1 Dampfwagen.	2170,90	95,10	12 10	10596,16	34,21	1 - 282	12,51

Anm. Bei No. VI. hatte der Wagen blofs eine Plateform, mit einem offenen Geländer umgeben. Bei No. VIII. setzte die Form des Wagens der Luft einen besonders starken Widerstand entgegen. Bei No. IV. war beim Ende des Rennens die Buchse einer Achse sehr heifs. Bei No. XV., XIII. und XIV. ist der Widerstand des Dampfwagens mit eingerechnet.

Während der sämmtlichen Versuche war die Witterung schön und ruhig. Wie schon bemerkt, hatte man für die Fahrten an der Bahn keine besonderen Vorkehrungen gemacht, noch auch an dem gewöhnlichen Zustande der Wagen irgend etwas geändert. Wegen der 9 Radlenker am Fufse der Rampen mufs aber die gefundene Reibung für etwas stärker angesehen werden, als sie auf ganz freier Bahn gewesen sein würde.

§. 33.

Reibung der Wagen in der Mitte der Züge.

Wir haben bereits bei den ersten sechs Versuchen des Einflusses des Widerstandes der Luft gedacht. Wenn sich 5 Wagen zusammengekuppelt bewegen, so beträgt der Widerstand 9,17 Pfd. Engl. auf die Tonne, und wenn jeder einzeln sich bewegt, 11,65 Pfd. Die andern Versuche ergeben ähnliche Resultate. Vergleichen wir lange Wagenzüge mit kleinern, so finden wir, dafs der Widerstand immerfort abnimmt, je gröfser die bewegte Masse ist; selbst wenn sie der Luft die gleiche vordere Fläche entgegensetzt.

Die Luft widersetzt sich blofs dem vordersten Wagen. Nun geben die 6 ersten Versuche, mit e i n z e l n e n Wagen, den Widerstand des vorderen Wagens. Zieht man also denselben von dem Resultate der andern Versuche ab, so wird sich die Reibung der m i t t l e r e n Wagen finden, nemlich die Reibung m i t A u s s c h l u f s d e s W i d e r s t a n d e s d e r L u f t.

Zufolge der Versuche III., IV., V., VIII. und IX. beträgt die Reibung eines beladenen Wagens, an der Spitze des Zuges, 11,77 Pfd. Engl. auf die Tonne. Nimmt man also z. B. den Versuch VII., so ist das Gewicht 25,58 T. Engl., und auf jede Tonne kommen 9,17 Pfd. Engl. Reibung, was im Ganzen einen Widerstand von 234,5 Pfd. Engl. ausmacht. Zieht man davon die Reibung des vordersten Wagens, nemlich $5{,}12 . 11{,}77 = 60{,}25$ Pfd. Engl. ab, so bleiben für die übrigen Wagen 174,25, welches, durch das Gewicht der Wagen dividirt, 8,5 Pfd. Reibung auf die Tonne giebt, oder 1 auf 264.

[Dafs die Reibung e i n z e l n e r Wagen, im Verhältnisse zu ihrem Gewichte, gröfser ist, als die m e h r e r e r Wagen, kann zuverlässig nicht dem Widerstande der Luft **allein** zugeschrieben werden, sondern kommt wahrscheinlich **mehr** daher, dafs die kleinen Hindernisse auf der Bahn, die den Widerstand gegen die rollenden Räder ausmachen, eine grofse Masse nicht so leicht hemmen, als eine kleine, und dafs, wie schon bemerkt, die Wagen wechselseitig einander forthelfen, weshalb sie **fast**, als eine und dieselbe Masse bildend, betrachtet werden können. D. H.]

§. 34

Uebersicht der Resultate der obigen Versuche, auf die Reibung der Wagen mitten im Zuge bezogen.

Rechnen wir auf ähnliche Weise bei den andern Versuchen, und nehmen dazu noch die Resultate der 3 Versuche, bei welchen die Dampfwagen mit den Bahnwagenzügen verbunden blieben, so ergiebt sich Folgendes:

Tafel der Reibung der Wagen mitten im Zuge; also des Widerstandes, nach Abzug desjenigen der Luft gegen den vordersten Wagen.

No. des Versuchs.	Der Zug bestand aus:	Gewicht des Wagenzuges.	Gewicht eines Wagens im Durchschnitt.	Widerstand auf den Centner Gewicht des vordersten Wagens.	Widerstand auf den Centner Gewicht der mittlern Wagen.
II.	5 Waggons . . .	504,19 Ctr. Pr.	100,92 Ctr. Pr.	18,49 Loth Pr.	13,36 Loth Pr.
I.	5 Waggons . . .	617,13 - -	123,39 - -	18,49 - -	12,44 - -
XI.	11 Fuhrwerke . . .	960,29 - -	87,32 - -	18,49 - -	13,09 - -
X.	14 Waggons . . .	1215,14 - -	86,72 - -	18,49 - -	12,55 - -
VII.	19 Waggons . . .	1813,35 - -	95,40 - -	18,49 - -	12,43 - -
XII.	25 Fuhrwerke . . .	2168,14 - -	86,72 - -	18,49 - -	12,55 - -
XV.	8 Fuhrwerke . . .	660,69 - -	78,84 - -	24,89 - -	14,19 - -
XIII.	18 Fuhrwerke . . .	1710,07 - -	94,21 - -	21,78 - -	11,33 - -
XIV.	21 Fuhrwerke . . .	2006,51 - -	95,10 - -	23,92 - -	11,55 - -
Zusammen	126 Fuhrwerke, an Gewicht	11655,51 Ctr. Pr.	94,21 Ctr. Pr. im Durchschnitt.	20,17 Loth Pr. auf den Centner im Durchschnitt.	12,61 Loth Pr. auf den Centner im Durchschnitt.

Der Widerstand beträgt daher für die Wagen **mitten im Zuge** durchschnittlich 8 Pfd. Engl. auf die Tonne, oder 12,57 Loth Preufs. auf den Centner, oder

1 auf 280.

Nun geht aber immer dem Wagenzuge der Dampfwagen vorauf. Derselbe erfährt allein den Widerstand der Luft; und da nun derselbe bei der Bewegung des Dampfwagens in Rechnung gebracht wird, so folgt, dafs alle übrigen Wagen als Wagen mitten im Zuge betrachtet werden können. Der Widerstand derselben muſs also zu 1 auf 280 angeschlagen werden, und dieses Verhältniſs werden wir bei allen unsern Versuchen annehmen.

Nach den obigen Tafeln war das Gewicht eines Wagens im Durchschnitte 94,215 Ctr. Der Wagen an der Spitze des Zuges fand einen Widerstand von 18,495 Loth auf den Ctr. oder im Ganzen von 54,20 Pfd. In der Mitte des Zuges dagegen nur 12,618 Loth auf den Ctr., oder 36,78 Pfd. im Ganzen. Der Unterschied lag in dem Widerstande der Luft. Dieser betrug also 17 bis 18 Pfd. für einen Wagen von mittlerer Höhe, und für die Geschwindigkeit, die bei den Versuchen Statt fand. Diese Geschwindigkeit war etwa 16 F. in der Secunde; denn etwa 9710 F. wurden in 10 Minuten durchlaufen.

Denselben Unterschied etwa ergeben directe Schätzungen des Widerstandes der Luft. Wir wissen nemlich, daſs der Wind, wenn seine Geschwindigkeit 20 F. Engl. in der Secunde beträgt, einen Quadr.-F. Engl. Fläche, mit der Kraft von 0,915, also beinahe 1 Pfd. Engl. stöſst, so daſs also auch eine gegen die Luft mit derselben Geschwindigkeit sich bewegende Fläche von 1 Quadr.-F. 0,915 Pfd. Engl. Widerstand findet. Also wird ein Wagen von $22\frac{1}{2}$ Q. F. Engl. Fläche ungefähr 20 Pfd. Engl. Widerstand finden.

Nachdem der Widerstand der Luft gegen den vordersten Wagen einmal von dem gesammten Widerstand abgezogen worden ist, hängt der Widerstand, auf den Centner gerechnet, nicht weiter von der Zahl der Wagen ab. Die übrigen Anomalieen, welche die Versuche ergeben, scheinen von zufälligen Umständen herzurühren: vom Zustande der Schienen, dem Luftstrome, der Schmierung u. s. w.; was sich nicht mit mathematischer Schärfe schätzen läſst.

[Hier möchte gegen die materiellen Daten, rücksichtlich des Widerstandes der Luft, eine Einwendung zu machen sein. Wenn sich nemlich die Luft gegen eine Fläche von 1 Quadr.-Fuſs, oder umgekehrt diese gegen die Luft, mit der Geschwindigkeit v Fuſs bewegt, so beträgt die Luftmasse, welche in einer Secunde zum Stoſse gelangt, v Cub.-F., und wenn das Gewicht eines Cubik-Fuſses Luft durch λ Pfd. bezeichnet wird, so ist das Gewicht der stoſsenden Masse λv Pfd. Diese Masse bewegt sich gegen die Fläche mit v F. Geschwindigkeit. Ihr Stoſs also wird so groſs sein, als die Kraft, welche nöthig ist, der Masse die Geschwindigkeit v beizubringen, weil die Fläche die Wirkung dieser Kraft vernichtet.

Die Schwere bringt in 1 Sec. die Geschwindigkeit $2g$ hervor, wo $g = 15\frac{5}{8}$ F. ist. Die beschleunigende Kraft des Stofses wird sich also zur Schwere verhalten, wie v zu $2g$. Sie wird folglich $\frac{v}{2g}$ sein. Die bewegende Kraft des Stofses also, weil jene beschleunigende Kraft auf die Masse λv wirkt, wird $\frac{\lambda v^2}{2g}$ sein. Allein Versuche (z. B. von *Woltmann*) haben ergeben, dafs der Stofs nicht so stark ist, als er nach der Theorie sein sollte, sondern dafs er nur etwa $\frac{2}{3}$ davon beträgt. Er ist also anzuschlagen auf $\frac{2}{3}\cdot\frac{\lambda v^2}{2g}$, oder auf:

$$\frac{\lambda v^2}{3g}.$$

Nun beträgt das Gewicht λ eines Cubik-Fufses Luft, bei mittler Temperatur, 0,08242 Pfd. Setzt man diesen Werth von λ, so wie denjenigen von $g = 15,625$ in den obigen Ausdruck, so findet man für den Stofs der Luft auf eine Fläche von 1 Quadr.-Fufs:

$$0,0017583 \cdot v^2 \text{ Pfunde.}$$

Für die oben angenommene Geschwindigkeit von 16 F. in der Secunde beträgt also der Stofs der Luft auf 1 Quadr.-F. $16^2 \cdot 0,0017583 = 0,4501$ Pfd. Also nicht, wie im Text angenommen wurde, nahe an 1 Pfd. auf den Quadr.-F., sondern noch nicht $\frac{1}{2}$ Pfd.; wodurch denn die Folgerung im Text ungewifs wird.

Dafs der Unterschied des Widerstandes, den die Fuhrwerke auf der Bahn finden, wie schon erinnert, nicht von dem Widerstande der Luft allein herrühren kann, sondern eher mehr von demjenigen des Gewichts der bewegten Masse: davon liegt unter andern der Beweis auch darin, dafs der Widerstand, bei ungefähr gleichen Massen, gröfser sein müfste, wenn der Dampfwagen vorauffährt, als wenn dieses nicht der Fall ist, weil in der Regel der Dampfwagen der Luft mehr Fläche entgegensetzt, als andere Bahnwagen. Dieses ergeben indessen die obigen Versuche nicht, wenn man diejenigen vergleicht, bei welchen die bewegte Masse ungefähr dieselbe war, z. B. XIII. und VII., oder XIV. und XII. D. H.]

§. 35.

Versuche über die Reibung von Wagen ohne Federn.

Da die obigen Versuche mit Wagen angestellt wurden, welche auf Druckfedern ruhen und nach vervollkommneter Art gebaut sind, so könnte man annehmen, dafs gewöhnliche Wagen, ohne Federn, einen stärkern Widerstand finden würden.

Um diesen Umstand zu erörtern, wurden auf unser Ersuchen einige Versuche auf der Darlingtoner Bahn, genau auf die obige Weise, durch Herrn *Robert B. Dockroy* angestellt.

Die Wagen, welche man dazu nahm, waren die gewöhnlichen, welche dort im Gebrauche sind. Ihre Räder haben 2 F. 11 Z. im Durchmesser, wie die Liverpooler. Sie wiegen leer 25,62 Ctr. und beladen, 78,84 Ctr. Sie haben keine Federn, und die Achsen haben da, wo sie sich in den Buchsen reiben, 2 Z. 11 L. im Durchmesser. Die Liverpooler Wagen-Achsen haben, wie oben bemerkt, an denselben Stellen nur 1 Z. 8,4 L. im Durchmesser, was dadurch möglich gemacht wird, dafs bei ihnen die Last auf Verlängerungen der Achsen, aufserhalb der Räder, drückt, wo die Achsen dünner sein dürfen, ohne ihrer Stärke zwischen den Rädern etwas zu nehmen. Bei den Darlingtoner Wagen drückt die Last auf Puncten zwischen den Rädern, wie bei gewöhnlichen Fuhrwerken, und zwischen den Rädern darf die Dicke der Achsen nicht vermindert werden, weil sie dort nicht allein die Last zu tragen hat, sondern auch die Räder in fester Stellung halten und dem Seitendrucke widerstehen mufs, der während der Bewegung immer Statt findet.

Die Resultate der Versuche mit diesen Wagen waren folgende:

No. der Versuche.	Zahl der Wagen im Zuge.	Länge des durchlaufenen Weges. Fufs Preufs.	Unterschied der Höhe des Anfangs- und des Endpunctes des Laufs. Fufs Preufs.	Reibung.	Reibung auf den Centner Last. Loth Preufs.
I.	12	9,276	33,56	1 auf 276	12,74
II.	4	9,323	33,61	1 - 277	12,68
III.	16	10,197	34,03	1 - 300	11,75
IV.	8	9,608	33,81	1 - 284	12,38

Während der Versuche wehte ein mittelmäfsiger Wind, in der Richtung der Fahrt, was zu berücksichtigen ist; denn es ist bekannt, dafs auf Eisenbahnen Wagenzüge öfters vom Winde allein auf eine beträchtliche Strecke fortgetrieben werden. [In der That: wenn ein Wagen z. B. 20 Quadr.-F. Querschnitt hat, und der Wind weht mit 40 F. Geschwindigkeit in der Secunde (was nur erst ein mäfsig starker Sturm ist), so dafs also dann der Stofs, dem Ausdrucke (§. 34.) zufolge, 1600.0,0017583 =2,81 Pfd. auf den Quadr.-F. beträgt, so wird der Wagen mit 20.2,81

= 50,2 Pfd. Kraft fortgetrieben. Wiegt nun derselbe 100 Ctr., und wird die Reibung zu 1 auf 250 angeschlagen, so sind zur Fortbewegung des Wagens nur $\frac{100.110}{250} = 44$ Pfd. Kraft nöthig. Der Wind vermag also allerdings allein, den Wagen auf der Bahn fortzutreiben. D. H.] Alle Wagen waren in guter Ordnung, besonders diejenigen bei den Versuchen III. und IV., welche die besten auf der ganzen Bahn waren.

Da die Versuche, gegen die Erwartung, vortheilhaftere Resultate gaben, als diejenigen mit Wagen, welche auf Druckfedern ruhen: so blieb der Einflufs der Federn auf die Bewegung noch näher zu untersuchen.

Man unterkeilte also die Plateform eines Wagens mit Federn, so dafs es nun war, als habe der Wagen keine Federn. Er wurde darauf mit 2 Tonnen Engl. Bleiklumpen beladen, und der Wirkung der Schwere überlassen. Die Reibung fand sich

1 auf 261.

Jetzt wurden die Keile unter den Federn weggenommen, so dafs die Federn wieder wirken konnten, und nun war die Reibung

1 auf 268.

Es ergab sich also ein kleiner Vorzug der Federn. Aber dieser Vorzug kann leicht wieder durch zufällige Umstände verloren gehen; wie z. B. durch bessere Politur der Buchsen, bessere Schmierung u. s. w., und man kann, in dem einen und dem andern Falle, die Reibung anschlagen zu

1 auf 280, oder 12,57 Loth auf den Centner,
(8 Pfd. Engl. auf die Tonne Engl.).

[Auffallend nur ist es, dafs die Darlingtoner Versuche vortheilhafte Resultate, ungeachtet der bedeutend gröfseren Dicke der reibenden Stellen der Achsen, gegeben haben. Dieser Umstand dürfte also auch wohl noch einer näheren Erörterung bedürfen.

Übrigens scheint, da die obige Berechnung des Widerstandes der Luft nicht ganz zugegeben werden kann, die Reibung mit 1 auf 280 doch wohl etwas zu gering angeschlagen, besonders für den Fall, wenn die bewegte Masse nicht sehr bedeutend ist. Es scheint, als sei das Verhältnifs der Reibung zur Last nicht constant, sondern verändere sich auch mit der Gröfse des Gewichts der bewegten Masse, vielleicht auch noch mit der Geschwindigkeit der Bewegung; aufser dem, dafs, besonders für das letzte, der Widerstand der Luft in Betracht kommt. Es kann leicht sein, daſs, für die nemliche Güte der Schienen und der Fuhrwerke, das Verhältniſs der Reibung von 1 auf 160 bis zu 1 auf 300 wechselt. D. H.]

Viertes Capitel.

Über die Reibung und den Widerstand der Dampfwagen.

Abschnitt I.

Von der Reibung frei fahrender Dampfwagen.

§. 36.

Von den verschiedenen Mitteln, diese Reibung zu finden.

Nachdem der Widerstand untersucht worden, den die zu bewegenden Lasten auf der Schienenbahn den Dampfwagen entgegensetzen, war es nöthig, auch den Widerstand, den der Dampfwagen selbst auf den Schienen findet, zu ermitteln; denn es ist bloſs der Überschuſs an Kraft des Dampfwagens über den zu seiner eigenen Fortbewegung nöthigen Zug, welchen er zum Fortbringen von Lasten zu verwenden vermag.

Die Reibung eines Dampfwagens ist der Widerstand, welchen diese Maschine ihrer Bewegung entgegensetzt. Sie ist die Kraft, die angewendet werden muſs, alle Reibungen zu überwinden, welche ihre Bewegung in dem Augenblicke hemmen, wo sie einen Wagenzug fortzieht. Die Maschine muſs erstlich die Kraft besitzen, den Wagenzug fortzubringen, oder dessen gesammte Reibung zu überwinden, und zweitens die Kraft, sich selbst fortzuziehen, oder ihre eigene Reibung zu überwinden. Diese zweite Kraft ist die Reibung der Maschine selbst, oder vielmehr ihr gleich; die erste Kraft ist die Reibung des gesammten Wagenzuges, und beide zusammen sind die dem Dampfwagen nothwendige gesammte Kraft.

Diese gesammte Kraft ist in drei Fällen verschieden.

Erstlich, wenn der Dampf in dem Kessel eingeschlossen bleibt, ohne Zugang zu dem Mechanismus der Maschine und ohne Wirkung auf dieselbe, so also, daſs der Dampfwagen durch eine äuſsere Kraft in Bewegung gesetzt werden muſs, aber ohne übrigens Lasten zu ziehen.

Zweitens, wenn der Dampf die bewegende Kraft, aber noch kein Wagenzug fortzuziehen da ist.

Drittens, wenn sich die Maschine nicht bewegen kann ohne einen Wagenzug mit sich fortzuziehen. Der Widerstand wird dann nothwendig den Druck auf alle Theile des Mechanismus verstärken und die Reibung in allen Theilen desselben vergrößsern, und folglich den Widerstand der Maschine selbst.

Der Unterschied zwischen dem ersten und zweiten Falle kann nicht grofs sein; denn in beiden Fällen ist die Ladung der Maschine dieselbe, nemlich ihr eigenes Gewicht. Aufserdem: wie auch die Maschine in Bewegung gesetzt werden mag, rückt sie fort, und bei jeder Umdrehung der Räder erleidet der Mechanismus ungefähr die gleiche Reibung. Im zweiten Falle würde der Dampf eine gewisse Kraft anwenden, um den Dampfwagen fortzutreiben. Diese Kraft würde Pressungen auf die Kurbeln, Achsen, Gelenke, etc., und folglich verhältnifsmäfsige Reibungen hervorbringen. Im ersten Falle würde die statt der Kraft des Dampfes angewendete äufsere Kraft auf die Kurbeln, Achsen und Gelenke den nemlichen Druck und dieselbe Reibung hervorbringen, wie vorhin der Dampf. Blofs rücksichtlich derjenigen Theile, auf welche die Spannung des Dampfes direct und insbesondere wirkt, wird es sich in beiden Fällen auf verschiedene Weise verhalten. Diese von dem Dampfe, bei seinem Eintritt in die Cylinder, geprefsten Theile werden im ersten Falle keine Pressungen erleiden, und es wird also, wenn der Dampf nicht die bewegende Kraft ist, in diesem Betracht weniger Reibung Statt finden.

Jene Theile sind die beiden Schiebeventile; denn nur diese werden unmittelbar von dem Dampfe geprefst. Die Oberfläche eines Ventils, auf welche der Dampf wirkt, ist gewöhnlich 7 Z. 3,4 L. lang und 5 Z. 10 L. breit und enthält also 42,4 Quadr.-Z.; beide Ventile folglich 84,8 Quadr.-Z. Bewegt sich die Maschine, ohne Lasten zu ziehen, so ist nicht mehr als etwa 10,3 Pfd. Druck auf den Quadrat-Zoll nöthig. Versuche ergeben, dafs selbst 4 bis 5 Pfd. Druck hinreichen. Der Druck auf beide Ventile beträgt also nicht mehr als etwa 873 Pfd. Rechnet man nun die Reibung von Eisen auf Eisen, geschliffen und polirt, zufolge der Coulombschen Versuche, auf den 10ten Theil des Drucks: so beträgt die Reibung der Ventile etwa 87 Pfd. Die Widerstände in den verschiedenen Puncten einer Maschine verhalten sich umgekehrt wie die Geschwindigkeit, mit welcher die Puncte sich bewegen. Das Schiebeventil rückt bei jedem Kolbenhube bloſs um 2 Z. 11 L., also bei jedem Umgange des Rades nur um 5 Z. 10 L. fort, während der Umfang eines Rades, von 4 F. $10\frac{1}{4}$ L. im Durchmesser, 15,27 F. durchläuft. Die Reibung der Ventile bringt also auf den Schienen bloſs eine Reibung von $\frac{87.5\frac{5}{6}}{12.15,27}$ oder von etwa 3 Pfd. hervor. Hieraus folgt, daſs, in der Ausübung, der Widerstand, welchen die Maschine erleidet, wenn sie keine Lasten fortzieht, in den beiden ersten obigen Fällen als gleich angesehen werden kann.

Rücksichtlich des Unterschiedes zwischen den beiden ersten Fällen und dem dritten wissen wir, daſs die Reibung sich wie der Druck verhält. Nun nehmen offenbar die Pressungen auf die verschiedenen Theile der Maschine in dem Verhältniſs zu, wie die Last, welche sie zieht. Und zwar muſs zu der fortgezogenen Last die der Maschine selbst hinzugethan werden. Die von der Regel ausgenommenen Theile sind, erstlich, der Kolben, welcher in allen Fällen auf die nemliche Weise gepreſst wird, weil der Dampf keinen Zugang in sein Inneres hat. [Diese Stelle ist etwas undeutlich; sie heiſst im Original: *the piston, which remains in all cases pressed in the same manner, the steam having no access into its interior.* D. H.] Zweitens der Schieber, dessen Reibung mit der Spannung im Kessel sich verändert, die nur indirect auf die Ladung sich bezieht, und drittens die excentrischen Scheiben, deren Reibung sich nach derjenigen der Schieber richtet. Alle übrigen Theile der Maschine sind der obigen Regel unterworfen. Der hauptsächlichste Druck findet auf die Kurbeln und die Achsen Statt, und dieser Druck steht genau in dem Verhältnisse der Ladung.

Es muſs also ein beträchtlicher Unterschied in der Reibung Statt finden, wenn die Maschine Lasten fortzieht, und wenn sie bloſs allein sich fortbewegt. Wir werden diesen Unterschied durch Versuche zu ermitteln suchen.

Zuerst werden wir die Reibung der leer gehenden Maschine zu finden suchen, und dann den Einfluſs der Ladung auf die Reibung. Die Resultate in den beiden Fällen werden uns in den Stand setzen, den Widerstand von Dampfwagen in allen vorkommenden Fällen zu schätzen.

§. 37.

Reibung der Dampfwagen, aus der kleinsten Spannung der Dämpfe gefunden.

Die obige Bemerkung, daſs die Kraft zur Fortbewegung eines Dampfwagens sehr nahe die nemliche ist, der Dampf selbst, oder eine andere äuſsere Gewalt mögen die bewegende Kraft sein, führt auf zwei verschiedene Mittel, die Reibung des Wagens in dem Falle zu finden, wenn er keine Last fortzieht. Das erste Mittel ist, die geringste Spannung des Dampfes zu suchen, die nöthig ist, den Wagen auf den Schienen in Bewegung zu setzen, wenn er keinen andern Widerstand findet, als seinen eigenen. Das zweite Mittel ist dasjenige, welches auf die Waggons angewendet wurde. Beide haben wir benutzt.

Das erste Mittel gründet sich auf folgende Erwägungen.

Wenn wir sehen, daſs der Dampf mit einem gewissen Druck auf den Quadratzoll die Maschine fortzutreiben vermag, so dürfen wir nur den Druck des Dampfes auf die Kolben berechnen, deren Fläche in Quadratzollen bekannt ist. Da dieser Druck hinreicht, die Maschine fortzutreiben, das heiſst, ihren Widerstand zu überwinden, so giebt derselbe den Betrag dieses Widerstandes selbst. Es ist nur zu berücksichtigen, daſs, nach dem bekannten Princip der virtuellen Geschwindigkeiten, die Pressung, welche ein Theil einer Maschine erfährt, auf einen andern Theil derselben übertragen, nur dann die nemliche bleibt, wenn sich beide Theile gleich geschwind bewegen. Ist die Geschwindigkeit der Bewegung verschieden, so stehen die Pressungen im umgekehrten Verhältnisse der Geschwindigkeit. Dieses Princip zeigt sich klar und a priori an den einfachen Maschinen, wie dem Hebel, der Rolle, dem Flaschenzuge u. s. w. Der bloſse Anblick reicht hin, um zu sehen, daſs, wenn eine Kraft vermittelst einer Maschine ein Gewicht zu heben im Stande ist, welches z. B. vier mal so viel beträgt, als die Kraft: daſs die Kraft dann zu dem Ende einen vier mal so groſsen Raum durchlaufen muſs als das Gewicht. In dem vorliegenden Falle verhält sich die Geschwindigkeit der Kolben zu der Geschwindigkeit der Fortbewegung der Maschine selbst, wie zwei Kolbenläufe zu einem Umfange der Räder, weil der Kolben hin und her sich bewegt, während das Rad umläuft. Eine auf den Kolben wirkende Kraft, auf die Fortbewegung der Maschine übertragen, reducirt sich also in demselben Verhältnisse, nemlich in demjenigen zweier Kolbenläufe zu dem Umfange der Räder.

Es sei d der Durchmesser des Kolbens, π das Verhältniſs des Umfanges eines Kreises zu seinem Durchmesser: so ist $\frac{1}{4}\pi d^2$ die Fläche eines Kolbens, und wenn p den wirksamen Druck des Dampfes auf einen Quadratzoll bezeichnet,

$$\frac{1}{2}\pi d^2 p$$

der wirksame Druck des Dampfes auf die beiden Kolben. Ist ferner l die Länge des Kolbenlaufs, und D der Durchmesser der Dampfwagenräder, so ist die Wirkung des Drucks auf die Kolben, übertragen auf den Umfang der Räder, $\frac{1}{2}\pi d^2 p . \frac{2l}{\pi D}$ oder

$$R = \frac{pld^2}{D};$$

welches, wie oben bemerkt, der Widerstand ist, den die Maschine auf den Schienen findet.

Hier ist zu bemerken, daſs wir den Druck des Dampfes in den Cylindern der Spannung desselben im Kessel gleich gesetzt haben. Dieses ist deshalb geschehen, weil bei den Versuchen die Bewegung der Maschine nur sehr langsam vor sich ging und der Regulator völlig offen war, so daſs die beiden Spannungen Zeit hatten, sich ins Gleichgewicht zu setzen, und also als gleich angesehen werden konnten. Ferner ist zu bemerken, daſs der wirksame Druck p des Dampfes nicht die gesammte Kraft desselben, sondern nur ihr Überschuſs über den Druck der Atmosphäre ist. Die bewegende Kraft des Dampfes dagegen ist seine ganze Spannung, die durch P bezeichnet werden mag. Andererseits aber ist auch der Widerstand der Kolben nicht bloſs derjenige, welcher von der Reibung des Wagens auf den Schienen herrührt, sondern es drückt auch auf die Kolben, direct oder indirect, wie auf jeden andern Körper, der mit der Luft in Berührung ist, die Atmosphäre, dem Dampf entgegen. Wir haben also eigentlich nur zwei einander gleiche, entgegengesetzte Kräfte aus der Rechnung weggelassen, nemlich die Pressungen der Luft. Dies ist völlig zuläſslich; denn wenn Kraft und Widerstand im Falle des Gleichgewichts in Betracht gezogen werden, so wird die Gleichheit nicht aufgehoben, wenn man beiderseits gleich viel wegläſst.

Um den geringsten Druck zu ermitteln, der im Stande ist, die Maschine in Bewegung zu setzen, muſsten die Versuche dann angestellt werden, wenn der Dampf die möglich-geringste Spannung hatte. Des Abends, nach vollbrachtem Tagewerke, und nachdem das Feuer aus der Esse genommen ist, verliert das Wasser seine Hitze und der erzeugte Dampf allmälig seine Spannung. Dieses also war die Zeit, wo sich die geringste Spannung des Dampfes, welche die Maschine fortzutreiben vermag, ermitteln liefs. Durch die Federwage am Sicherheitsventile hätte sich die Spannung des Dampfes im Kessel finden lassen, indem man die Feder so weit lüftete, bis sie der Dampfspannung das Gleichgewicht hielt. Aus der dieser Spannung entsprechenden Anzeige der Scale der Wage liefs sich die Spannung berechnen. Um indessen die Rechnung zu ersparen, brachte man die Maschine unter die Quecksilberwage, welche unmittelbar die Spannung des Dampfs im Augenblicke des Versuches gab. So wurden die folgenden Versuche angestellt.

[Bei der Beschreibung dieser Versuche wird, um die Brüche zu vermeiden, durchweg das englische Maafs und Gewicht beibehalten, dagegen aber dasselbe in der Zusammenstellung der Resultate auf preufsisches Maafs und Gewicht reducirt werden. D. H.]

I. Am 5. Juli wurde mit dem *Atlas* experimentirt. Diese Maschine hat Cylinder von 12 Z. im Durchmesser; der Kolbenhub beträgt 16 Z., die Räder haben 5 F. im Durchmesser, der Dampfwagen wiegt 11,4 Tonnen. Der Munitionswagen war nicht angehängt.

Nachdem die Feder der Wage allmälig gelöset worden war, um die Spannung des Dampfes im Kessel, so wie sie abnahm, anzuzeigen, wurden folgende Versuche gemacht.

Als die Wage 2 Pfd. Spannung zeigte, bewegte sich der Wagen nach vorwärts und rückwärts, und zwar konnte er von der Ruhe in Bewegung gesetzt werden; also konnte nicht blofs die Reibung, sondern auch noch die Trägheit (*inertia*) der Masse überwunden werden. Die Kraft reichte noch hin, nicht blofs eine erlangte Geschwindigkeit zu erhalten, sondern eine Geschwindigkeit hervorzubringen; welches einen Überschufs an Kraft anzeigte.

Bei 1 Pfd. Druck gerieth die Maschine ebenfalls noch aus der Ruhe in Bewegung.

Mit noch ein wenig verminderter Spannung blieb noch der Wagen in Bewegung. In diesem Augenblicke brachte man die Maschine unter die Quecksilberwage. Sie zeigte 4 Pfd. wirksamen Druck auf den Quadrat-Zoll im Kessel. Das Sicherheitsventil trug nur noch das Gewicht des Hebels, oder vielleicht etwas weniger, was sich nicht erkennen liefs, da die Scale nicht unter Null reichte.

Da der Cylinder 12 Z. im Durchmesser hatte, so betrug die Oberfläche der beiden Kolben 226 Quadr.-Z., also der Druck auf die Kolben $4.226 = 904$ Pfd., das heifst: der Dampf vermochte 904 Kraft mit der Geschwindigkeit der Kolben zu erzeugen. Dieses giebt, auf den Umfang des Rades übertragen, weil sich dort die Kraft zu der des Kolbens verhält, wie die Länge zweier Kolbenläufe zum Umfange des Rades, $\frac{2.1,33}{15,71}.904 = 154$ Pfd.

Da nun der Wagen noch in dem Augenblicke sich bewegte, wo er unter die Quecksilberwage gebracht war, obgleich die Spannung schon bis auf 4 Pfd. abgenommen hatte: so folgt, dafs der Widerstand, den die Maschine fand, nicht über 154 Pfd. betrug.

Dieser erste Versuch wurde mit der Maschine, getrennt von dem Munitionswagen, angestellt, damit nicht ein Widerstand dem andern entgegen wirken möchte. Als man aber wünschte, ihn auf leichtere Maschinen auszudehnen, deren Räder nicht gekuppelt waren, ergab sich eine Schwierigkeit. Die zur Bewegung der Maschine nöthige Kraft war nemlich so gering, dafs die Federwage sie nicht angeben konnte; denn der Druck war geringer, als selbst das Gewicht des Hebels. Ein anderes Hindernifs dieses geringen Drucks war, dafs er nur noch in dem Augenblicke zu erlangen war, wo die Erzeugung von Dampf ganz aufhörte und der Druck nun so schnell abnahm, dafs er sich nicht mehr mit einiger Genauigkeit messen liefs.

Da nun andererseits der Widerstand des Munitionswagens, nach Maafsgabe der obigen, mit Bahnfuhrwerken angestellten Versuche, sich berechnen liefs: so war es leicht, diesen Widerstand mit in Rechnung zu ziehen. Man hing also den Munitionswagen an den Dampfwagen an, und nun liefs sich genau experimentiren und die Spannung des Dampfs bequem durch Beobachtung finden. Dieserhalb wurde bei den folgenden Versuchen der Munitionswagen nicht mehr von dem Dampfwagen getrennt.

II. Am 21. Juli wurde ein Versuch mit dem *Sun* angestellt. Die Cylinder dieser Maschine haben 11 Z. im Durchmesser, die Räder 5 F.; der Kolbenhub beträgt 16 Z., das Gewicht des Wagens 7,91 Tonnen.

Als die Wage 6 Pfd. Druck zeigte, setzte sich der Wagen nebst dem mit Kohlen und Wasser beladenen Munitionswagen in Bewegung.

Eben so bei 4 und bei 2 Pfd. Auch noch bei 1 Pfd. Desgleichen, als das Ventil nur noch das Gewicht des Hebels trug und die Wage nichts mehr anzeigte.

Nach noch weiterer Verminderung der Spannung setzte sich die Maschine nicht mehr in Bewegung, fuhr aber fort, sich zu bewegen, wenn sie in Bewegung gebracht wurde.

In diesem Augenblicke brachte man sie unter die Quecksilberwage. Dieselbe zeigte $5\frac{1}{2}$ Pfd. Spannung auf den Quadrat-Z., so daſs dieses als die Spannung zu betrachten ist, welche den Dampfwagen nebst seinem Munitionswagen fortzubewegen vermag.

Die Oberfläche der Kolben hält 190 Quadr.-Z., welches mit $5\frac{1}{2}$ multiplicirt, $190.5{,}5 = 1045$ Pfd. Kraft der Kolben giebt, welche die Geschwindigkeit derselben hat, und darauf $\frac{1045}{5{,}887} = 177{,}5$ Pfd. Kraft mit der Geschwindigkeit der Maschine selbst. Diese Kraft also vermochte, den Dampfwagen nebst seinem Munitionswagen fortzubewegen. Nun wog der mit Wasser und Kohlen beladene Munitionswagen 6,5 Tonnen, und zufolge der Versuche mit Bahnfuhrwerken sind auf jede Tonne 8 Pfd. Kraft nöthig, um ein solches Fuhrwerk fortzutreiben. Es kamen also auf den Munitionswagen $6{,}5.8 = 52$ Pfd., und folglich blieben für den Dampfwagen $177 - 52 = 125$ Pfd. nothwendige Fortbewegungskraft.

III. Am 23. Juli wurde mit der nemlichen Maschine, dem *Sun*, experimentirt und es fanden sich folgende Resultate.

Als die Wage 4 Pfd. Druck anzeigte, setzte sich der Dampfwagen, von seinem mit Wasser und Kohlen beladenen Munitionswagen gefolgt, in Bewegung.

Bei 1 Pfd. Druck geschah solches noch kräftig.

Bei 0 Pfd. an der Wage noch mit Leichtigkeit.

Bei 2 Pfd. unter Null bewegte sich die Maschine noch mit einer Geschwindigkeit von 3 bis 4 F. in der Secunde.

Jetzt wurde die Maschine unter die Quecksilberwage gebracht, welche nun $4\frac{3}{4}$ Pfd. zeigte. Bei diesem Versuche war man zu der geringsten Spannung gelangt, die die Maschine noch fortzubewegen vermochte. Wie oben gerechnet, geben $4\frac{3}{4}$ Pfd. Spannung eine Kraft von 902,5 Pfd. am

Kolben und eine Zugkraft von 153 Pfd. Zieht man hiervon 52 Pfd. für den Widerstand des Munitionswagens ab, so bleiben 101 Pfd. für den Widerstand des Dampfwagens.

IV. Am selben Tage wurde mit dem *Firefly* ein ähnlicher Versuch angestellt. Die Cylinder dieser Maschine haben 11 Z. im Durchmesser, die Räder 5 F. Der Kolbenhub beträgt 18 Z., das Gewicht des Wagens 8,74 Tonnen. Nur ein Paar Räder wurden durch die Kolben in Bewegung gesetzt.

Bei 3 Pfd. an der Wage setzte sich die Maschine, mit ihrem mit Wasser und Kohlen beladenen Munitionswagen, in Bewegung.

Bei 2 Pfd. ebenfalls. Bei 0 desgleichen; sie fuhr zurück, und dann in entgegengesetzter Richtung.

Bei 1 Pfd. unter Null setzte sie sich vorwärts und rückwärts in Bewegung. Nachdem der Druck noch ein wenig weiter abgenommen hatte, war er eben noch hinreichend, die Bewegung fortzusetzen.

Jetzt brachte man die Maschine unter die Quecksilberwage, welche nun 4½ Pfd. Druck anzeigte. Dieses giebt, 4½ Pfd. Druck auf die Kolben gerechnet, 163 Pfd. Zugkraft, und 52 Pfd. für den Munitionswagen abgezogen, bleiben 111 Pfd. Zugkraft für den Dampfwagen.

§. 38.

Reibung der Dampfwagen, durch den Dynamometer gemessen.

Nachdem der Widerstand der Dampfwagen auf die beschriebene Weise zu messen versucht worden war, wendete man dazu auch den Dynamometer an.

V. Am 22. Juli wurde der *Vulcan,* welcher 11 Z. Durchmesser der Cylinder, 16 Z. Kolbenhub, 5füſsige Räder und 8,34 Tonnen an Gewicht hat, des Morgens, als er zur Abfahrt nach Manchester bereit und sein Kessel mit Wasser, die Esse mit Kohlen gefüllt waren, von seinem Munitionswagen abgelöset. Die Kolben wirkten nur auf ein Paar Räder.

Es wurde eine kreisförmige Federwage an die Maschine angebracht und eine Stange durch den Ring der Wage gesteckt, so daſs an derselben zwei Arbeiter die Maschine ziehen konnten.

Zuerst wurde die Maschine durch 5 oder 6 Menschen in Bewegung gebracht. Nachdem sie den ersten Anstoſs bekommen hatte, konnten sie zwei Menschen, an der Stange ziehend, ohne Schwierigkeit, mit einer Geschwindigkeit von 3 bis 4 F. in der Secunde in Bewegung erhalten. Der Zeiger der Wage schwankte sehr. Er wankte von 130 bis 170 Pfd. Die mittlere Zugkraft war also 150 Pfd.

Darauf wurde die Wage von der vorderen Seite des Wagens abgenommen und an die hintere Seite angebracht. Der Versuch wurde wiederholt und gab eine durchschnittliche Zugkraft von 140 Pfd. Der Zeiger schwankte auf 20 Pfd., darunter und darüber.

Der Durchschnitt der beiden Versuche hatte also 145 Pfd. ergeben.

Die Maschine war, wie gesagt, zur Abfahrt bereit gewesen und hatte schon einige Bewegungen auf den Schienen gemacht, um das Feuer anzuzünden und den Kessel zu füllen, so dafs der Schmier schon geschmolzen und das Öl völlig im Flufs war. Da indessen der Versuch auf einer Station bei Liverpool gemacht wurde, wo viel Passage ist und die Schienen mit Asche und Koth bedeckt sind, so war der Widerstand hier ungewöhnlich stark.

VI. Am 23. Juli, des Abends, wurde mit dem *Sun,* dessen Maafse schon oben angegeben sind, und der 7,90 Tonnen wog, auf dieselbe Weise experimentirt. Man fand in der Richtung nach Manchester 100 und in der entgegengesetzten Richtung 130 Pfd. Zugkraft, im Durchschnitt also 115 Pfd. Der Kessel war gefüllt, die Esse aber leer.

VII. Am selben Tage erforderte die *Firefly,* deren Maafse ebenfalls oben angegeben sind, und deren Gewicht 8,74 Tonnen betrug, 125 Pfd. Zugkraft in der einen und 130 Pfd. in der andern Richtung, im Durchschnitt also $127\frac{1}{2}$ Pfd. Der Kessel war gefüllt, die Esse leer.

VIII. Am gleichen Tage erforderte die *Fury,* deren Cylinder 11 Z., die Räder 5 F. im Durchmesser haben, die 16 Z. Kolbenhub hat und 8,2 T. wiegt, nach Manchester zu 100 Pfd. und in entgegengesetzter Richtung 110 Pfd., im Durchschnitt also 105 Pfd. Zugkraft.

Bei diesen Versuchen waren die Dampfwagen von ihren Munitionswagen getrennt. Die Schienen wurden an den Versuchsplätzen für horizontal gehalten. Indessen haben sie wahrscheinlich einigen Abhang; was der Grund war, warum in der einen Richtung mehr Zugkraft sich ergab, als in der andern.

§. 39.

Reibung der Dampfwagen, aus dem Reibungswinkel berechnet.

Die Resultate der letzten Versuche weichen nicht sehr von denen der ersten ab. Da indessen der Zeiger des Dynamometers bei allen Versuchen sehr schwankte, entweder wegen kleiner Unebenheiten der Bahn, oder wegen des ruckweisen Ziehens der Arbeiter, so war es sehr schwer, den Durchschnitt der Zugkraft mit einiger Genauigkeit zu bestimmen. Aufserdem vergröfserte die Unreinigkeit der Schienen die Zugkraft sehr. Es blieb also zu wünschen, dafs die Resultate auch noch auf eine andere Weise mit gröfserer Genauigkeit bestätigt würden.

Aus diesem Grunde wurde mit dem nemlichen Dampfwagen auch noch auf gleiche Weise experimentirt, wie früher mit den anderen Bahnwagen.

IX. Am 30. Juli wurde der *Jupiter* nach der Rampe von Sutton gebracht, an die nemliche Stelle, wo die Versuche mit den Bahnwagen waren gemacht worden. Die Cylinder der Maschine hatten 11 Z., die Räder 5 F. im Durchmesser; der Kolbenhub betrug 16 Z., das Gewicht des Dampfwagens 7,9 T. Die Kolben wirkten nur auf ein Paar Räder. Der Dampfwagen wurde von seinem Munitionswagen abgelöset und der Wirkung der Schwere überlassen.

Er lief von No. 0., in 7 Min. 12 Sec., bis 249 F. hinter No. 18., also 6189 F. weit, und 36,78 F. herunter. Die Reibung betrug also 1 auf 168 oder $\frac{7{,}90\ T.}{168} = 105$ Pfd., worunter der Widerstand der Luft für eine Geschwindigkeit von 13 bis 14 F. in der Secunde mitbegriffen ist.

X. Am 31. Juli wurde der *Atlas* nach derselben Stelle gebracht. Die Cylinder desselben haben 12 Z., die Räder 5 F. im Durchmesser; der Kolbenhub beträgt 16 Z., das Gewicht der Maschine 11,4 T. Alle vier Räder waren gekuppelt. Der Wagen konnte nicht genau an den gehörigen Punct gebracht werden und stand noch 99 F. hinter No. 1. Es war nicht möglich gewesen, den schweren Wagenzug weiter zu bringen, so dafs der obige Abgangspunct genommen werden mufste. Die Maschine wurde der Wirkung der Schwere überlassen. Sie lief bis 273 F. hinter No. 17., 5454 F. weit und 32,07 F. hinunter. Die Reibung betrug also 1 auf 170, oder 150 Pfd. Hierunter ist wieder der Widerstand der Luft, für eine Geschwindigkeit von 11 bis 12 F. in der Secunde, mitbegriffen.

XI. Am 1. August wurde wieder der *Atlas* nach der Sutton-Rampe, und zwar genau nach No. 0. gebracht und der Wirkung der Schwere überlassen. Er rann bis 45 F. hinter No. 14., 4665 F. weit in 5 Min. 40 Sec., und 35,40 F. hinab. Die Reibung betrug also 1 auf 132, oder 194 Pfd.

Die Maschine war die Nacht vorher reparirt worden. Die Kuppelstangen waren zu schwach gewesen, und die neuen Stangen paſsten noch nicht genau. Die dadurch entstandene Hemmung, weil sie auf die Räder an dem Ende eines 1 F. langen Hebels, nemlich des Kurbelarms wirkte, war für die Geschwindigkeit der Maschine ein bedeutendes Hinderniſs. Diese Reibung des *Atlas* kommt also neben den Resultaten der anderen Versuche, vor dem 1. August, nicht in Betracht.

XII. Am 1. August wurde mit der *Vesta* auf ähnliche Weise experimentirt. Die Cylinder der Maschine hatten ursprünglich 11 Z. im Durchmesser gehabt; sie waren aber bei einer Reparatur neu gebohrt worden, und ihr Durchmesser betrug jetzt $11\frac{1}{8}$ Z. Der Durchmesser der Räder betrug 5 F., der Kolbenhub 16 Z., das Gewicht des Wagens 8,71 T. Die Kolben wirkten nur auf ein Räderpaar. Die Maschine rann innerhalb 6 Min. 3663 F. weit, von No. 0. bis 33 F. hinter No. 11., 33,07 F. hoch herab; welches eine Reibung von 1 auf 104, also von 187 Pfd. giebt.

Die Maschine war reparirt worden und hatte seitdem nur erst zwei oder drei Reisen gemacht. Die verschiedenen Theile und Gelenke derselben paſsten nicht gut; was der Grund der verhältniſsmäſsig starken Reibung war.

XIII. Am 2. August rann die *Fury* von No. 0. bis 48 F. hinter No. 18., innerhalb 7 Min., 5988 F. weit, 36,68 F. hoch herunter; welches eine Reibung von 1 auf 163 giebt, also von 113 Pfd. Die Cylinder der Maschine haben 11 Z. die Räder 5 F. im Durchmesser; der Kolbenhub beträgt 16 Z., das Gewicht der Maschine 8,02 T. Die Räder waren nicht gekuppelt.

XIV. Am 2. August lief der *Vulcan*, dessen Cylinder 11 Z., die Räder 5 F. im Durchmesser haben, und dessen Kolbenhub 16 Z., das Gewicht 8,34 T. beträgt, von einem 27 F. über No. 0. liegenden Punct, in 6 Min. 30 Sec. 5391 F. weit, 36,52 F. hoch herunter; welches eine Reibung von 1 auf 148, also von 127 Pfd. giebt.

XV. Am 4. August lief der *Leeds*, welcher dieselben Maafse hat, wie die *Fury* und der *Vulcan*, aber 7,07 T. wiegt, in 6 Min. 30 Sec. 5472 F. weit 36,32 F. hoch hinab. Die Reibung war also 1 auf 150, oder 105 Pfd. Einer der Kolben knarrte wegen unvollkommener Schmierung.

XVI. Am 15. August rann ebenfalls der *Leeds*, von demselben Punct, in 6 Min. 5061 F. weit 35,86 F. hinab, welches eine Reibung von 1 auf 141, also von 112 Pfd. giebt. Einer der Kolben knarrte wieder, wie vorhin.

Bei den Resultaten aller dieser Versuche ist der Widerstand der Luft gegen eine Geschwindigkeit von 14 bis 16 F. in der Secunde mit eingeschlossen.

§. 40.

Uebersicht der vorigen Versuche.

Tafel über die Reibung von Dampfwagen auf einer Eisenbahn.

No. des Versuchs.	Tag des Versuchs.	Name des Dampfwagens.	Durchmesser der Cylinder. Z.	L. Pr.	Kolbenhub. Z.	L. Pr.	Durchmesser der Räder. F.	Z. Pr.	Gewicht des Dampfwagens. Ctr. Pr.	Die Reibung wurde gefunden durch den	Reibung nach den Versuchen. Pfd. Pr.	Reibung im Durchschnitt. Pfd. Pr.
I.	5. Juli.	*Atlas.*	11	8	15	6½	4	10¼	224,70	kleinsten Druck.	149,06	147,12
X.	31. Juli.	*Altas.*	11	8	15	6½	4	10¼	224,70	Reibungswinkel.	145,19	
XI.	1. Aug.	*Atlas.*	11	8	15	6½	4	10¼	224,70	Reibungswinkel.	187,78	187,78
II.	21. Juli.	*Sun.*	11	6	15	6½	4	10¼	155,90	kleinsten Druck.	120,99	110,02
III.	23. Juli.	*Sun.*	11	6	15	6½	4	10¼	155,90	kleinsten Druck.	97,76	
VI.	23. Juli.	*Sun.*	11	6	15	6½	4	10¼	155,90	Dynamometer.	111,31	
IV.	23. Juli.	*Firefly.*	11	6	15	6½	4	10¼	172,27	kleinsten Druck.	107,44	115,18
VII.	23. Juli.	*Firefly.*	11	6	15	6½	4	10¼	172,27	Dynamometer.	122,92	
V.	22. Juli.	*Vulcan.*	11	6	15	6½	4	10¼	164,38	Dynamometer.	140,44	131,68
XIV.	2. Aug.	*Vulcan.*	11	6	15	6½	4	10¼	164,38	Reibungswinkel.	122,92	
VIII.	23. Juli.	*Fury.*	11	6	15	6½	4	10¼	161,62	Dynamometer.	101,63	105,50
XIII.	2. Aug.	*Fury.*	11	6	15	6½	4	10¼	161,62	Reibungswinkel.	109,37	
XV.	4. Aug.	*Leeds.*	11	6	15	6½	4	10¼	139,35	Reibungswinkel.	101,63	105,02
XVI.	15. Aug.	*Leeds.*	11	6	15	6½	4	10¼	139,35	Reibungswinkel.	108,41	
IX.	30. Juli.	*Jupiter.*	11	6	15	6½	4	10¼	155,71	Reibungswinkel.	101,63	101,63
XII.	1. Aug.	*Vesta.*	11	7½	15	6½	4	10¼	171,48	Reibungswinkel.	181,00	181,00

Aus diesen Resultaten folgt, wenn wir die *Vesta* bei Seite setzen, die besonders, mehrerer Umstände wegen, eine Ausnahme macht, für die Dampfwagen mit ungekuppelten Rädern durchschnittlich ein Widerstand von 111,03 Pfd. Der sehr schwere *Atlas*, mit gekuppelten Rädern, hatte, als er durch die Kuppelstangen nicht gehemmt wurde, einen Widerstand von 147,1 Pfd.

Als ein Durchschnitt aller Versuche läfst sich, in Folge einer Vergleichung des gesammten Gewichts der Maschinen und der gesammten Reibung, annehmen, dafs Dampfwagen, wenn sie gut gebaut und in gutem Stande sind, auf Eisenbahnen einen Widerstand von

1 auf $149\frac{1}{3}$ (15 Pfd. auf die Tonne) ihres Gewichts

finden. Dies läfst sich im voraus annehmen, wenn man eine Maschine bauen und ihre zukünftige Reibung im voraus schätzen will.

Wir haben schon bemerkt, dafs die Versuche mit dem Dynamometer und der geringsten Dampfspannung an einem Orte angestellt werden mufsten, wo die Schienen einen ungewöhnlich starken Widerstand entgegensetzten. Anderntheils fanden die Versuche mit dem Reibungswinkel an einer Bahnstelle Statt, wo 9 Kreuzungen zu passiren waren, was die Geschwindigkeit um so mehr verminderte, da die Kreuzungen weit unterhalb lagen. Es läfst sich daher für gut gebaute und, wie die Liverpooler, gut erhaltene Maschinen das obige Verhältnifs der Reibung mit ziemlicher Sicherheit annehmen, ohne zu fürchten, dafs man zu wenig rechne.

Bei allen Versuchen mit Dampfwagen, die wir noch zu beschreiben haben, werden wir übrigens nicht auf das durchschnittliche Resultat, sondern auf die wirklich gefundene Reibung Rücksicht nehmen.

Abschnitt II.

Von der aus dem Widerstande der Fracht herrührenden additionellen Reibung der Dampfwagen.

§. 41.

Wie dieselbe zu berechnen.

Wir haben bis jetzt die Reibung von Dampfwagen gesucht, welche frei fahren, ohne Lastwagen zu ziehen. Wir sahen aber oben schon, dafs die Reibung in dem Verhältnisse der Last, welche die Maschine fortschafft, zunehmen mufs. Wir haben daher nunmehr noch den Betrag der Reibung für verschiedene Ladungen zu suchen, um die darauf Bezug habende Zunahme der Reibung zu ermitteln.

Wenn ein Dampfwagen einen Wagenzug fortzieht, so giebt die Federwage die Spannung des Dampfes im Kessel an, aber noch nicht diejenige in den Cylindern, welche, wie sich weiter unten zeigen wird, wegen des Weges, den der Dampf vom Kessel bis zum Cylinder zu durchlaufen hat, geringer ist. Nur wenn man direct die Spannung in den Cylindern finden, z. B. eine Quecksilberwage daselbst ansetzen könnte, würde sich die Reibung der Maschine für eine gegebene Ladung unmittelbar ergeben; denn man dürfte dann nur den gesammten Druck auf die Kolben nehmen, und würde daraus unmittelbar die Kraft der Maschine erfahren, welche sodann den aus der Reibung des Lastwagenzuges und des Dampfwagens zusammengesetzten Widerstand geben würde.

Wenn die Geschwindigkeit einer Maschine, welche Lasten fortzieht, zunimmt, so muſs ein Überschuſs an Kraft vorhanden sein, und gegentheils zu wenig Kraft, wenn die Geschwindigkeit abnimmt. Wenn dagegen die Maschine eine gleichförmige Geschwindigkeit erlangt hat, und diese Geschwindigkeit sich unveränderlich erhält, so muſs ihre Kraft nothwendig dem Widerstande gleich sein, weil sonst entweder Beschleunigung oder Verzögerung des Laufs sich zeigen müſste.

Haben wir also die Kraft der Maschine gefunden: so kennen wir den Widerstand, welchen sie erfährt, und welcher aus demjenigen des Wagenzuges und dem der Maschine selbst zusammengesetzt ist. Diese Summe der Widerstände ist der Kraft der Maschine gleich: folglich ist der Widerstand der Maschine ihrer Kraft weniger dem Widerstande des Wagenzuges gleich.

Es läſst sich also unmittelbar die Reibung der Maschine finden, sobald man die Spannung der Dämpfe in den Cylindern kennt.

Es giebt Fälle, wo diese Spannung in den Cylindern direct bekannt und derjenigen im Kessel gleich ist. Diese Fälle sind die, wenn die Maschine die Grenze ihrer Kraft, für die Spannung, mit welcher sie wirken soll, erreicht hat, das heiſst, wenn sie die gröſste Last zieht, welche sie mit jener Spannung fortzuschaffen im Stande ist. In der That kann in solchem Falle die Spannung in den Cylindern nicht mehr kleiner sein, als die im Kessel. Denn wäre sie es, so würde durch Verminderung der Geschwindigkeit, welche das einzige Hinderniſs der Herstellung eines Gleichgewichts der Spannung im Kessel und im Cylinder ist, der Dampf Zeit gewinnen, sich im Cylinder zu sammeln, bis seine Spannung so groſs geworden ist, wie im Kessel; dadurch aber würde seine Wirkung vergröſsert werden. Die Maschine würde also eine gröſsere Last ziehen, so wie ihre Geschwindigkeit kleiner wird. So wie dagegen die Spannung im Cylinder derjenigen im Kessel **gleich** kommt, findet keine weitere Verminderung der Geschwindigkeit, die eine Vergröſserung der Ladung gestatten könnte, Statt, indem die Vergröſserung der Ladung eine Zunahme der Zugkraft erheischen würde, welche nicht ferner möglich ist. [Es scheint hier, wie folgt, geschlossen zu werden. Gesetzt die Spannung der Dämpfe wäre, in dem Falle, wo die Maschine so viel Last fortzieht, als sie mit einer bestimmten Spannung des Dampfes im Kessel nur immer fortzuziehen vermag, in den Cylindern kleiner als im Kessel: so würde die Geschwindigkeit der Kolben, die sich nach der Spannung des Dampfes im Cylinder richtet und durch dieselbe bestimmt wird, kleiner sein, als sie es sein würde, wenn die Spannung im Cylinder der göſseren im Kessel gleich wäre. Dann aber würde mehr Dampf in die Cylinder zuströmen, als bei verminderter Geschwindigkeit verbraucht wird, weil der Kessel, vermöge der dortigen gröſseren Spannung des Dampfes, mehr Dampf zu senden vermag, als durch die Cylinder entströmen kann. Durch diese Ansammlung des Dampfes aber würde wieder die Spannung desselben im Cylinder zunehmen, und dadurch nun wieder auch die Geschwindigkeit der Kolben wachsen, welches so lange fortgehen würde, bis die möglich-gröſste Geschwindigkeit erreicht worden ist, was dann geschieht, wenn die Spannung des Dampfes im Kessel kein Übergewicht mehr über diejenige in den Cylindern hat, und also beide gleich sind.

Dieses ist offenbar richtig, wenn man annehmen darf, daſs auf dem Wege vom Kessel bis zum Cylinder kein Dampf **niedergeschlagen** wird. Geschieht aber dieses, so kann auch ein Gleichgewicht zwischen dem Kessel und den Cylindern Statt finden, ohne daſs die beiden Spannungen gleich sind. Denn, gesetzt der Dampf gelangte, in einer von freier, kalter Luft umgebenen langen Röhre vom Kessel nach dem Cylinder, so würde er offenbar in letzterem eine geringere Spannung haben, als im Kessel, obschon gleichwohl für die möglich-gröſste Ladung das Gleichgewicht sich herstellen würde. Man kann also, so scheint es dem Herausgeber, nur schlieſsen, daſs die Spannung des Dampfes im Cylinder, für den Fall der möglich-gröſsten Ladung, in ein bestimmtes, mehr oder weniger unveränderlich bleibendes **Verhältniſs** zu der Spannung des Dampfes im Kessel treten wird: nicht aber, daſs beide Spannungen nothwendig **gleich groſs** sind. Wäre die elastische Flüssigkeit eine andere, auf welche die Temperatur keinen, oder doch nur einen geringen Einfluſs hat, z. B.

Luft, statt Dampf, so wäre der Schlufs im Text zuverläfsig richtig. Aber beim Dampf scheint eine Modification Statt finden zu müssen. Der Herausgeber will diese seine Ansicht nicht unbedingt behaupten, sondern bemerkt blofs, wie es ihm sich zu verhalten scheint. D. H.]

In dem Falle also, wo das Maximum der Ladung erreicht worden, ist die Kraft der Maschine a priori bekannt, und man kann aus derselben, wie oben bemerkt, die Reibung des Dampfwagens finden.

Nehmen wir also an, es sei bei einem Versuche die Grenze der Kraft der Maschine erreicht worden. Der Durchmesser der beiden Kolben sei d, so ist ihre Fläche $\frac{1}{2}\pi d^2$. Die wirksame Spannung des Dampfes im Kessel, so wie sie bei dem Versuche beobachtet worden, sei p auf den Quadratzoll. Alsdann ist, der obigen Bemerkung zufolge, der Druck auf den Kolben $\frac{1}{2}\pi p d^2$.

Der Durchmesser der Räder sei D, der Kolbenhub l. Der Druck auf die Kolben reducirt sich auf den Umfang der Räder im Verhältnifs der Geschwindigkeit des einen und des andern Punctes. Die Kraft am Umfange des Rades, also die Kraft, welche die Maschine fortzieht, ist also:

$$\frac{1}{2}\pi d^2 p \cdot \frac{2l}{\pi D} = \frac{p d^2 l}{D}.$$

[Man mufs hier wieder annehmen, dafs, wenn vorausgesetzt werden soll, die Spannung des Dampfes in den Cylindern sei der im Kessel gleich, nur von einem durchschnittlichen Betrage der Spannung in den Cylindern die Rede sei. Denn, wenn z. B. die Spannung der Dämpfe im Kessel eine gewisse Zeit hindurch unveränderlich stark wäre, so kann sie es in dem Cylinder nicht ebenfalls sein, weil sich die Kolben mit ungleichmäfsiger Geschwindigkeit bewegen und also den Dampf, der mit gleicher Spannung, und also mehr gleichförmiger Geschwindigkeit aus dem Kessel zuströmt, bald aufstauen, (wenn der Ausdruck erlaubt ist,) bald ihm schneller ausweichen werden, als er folgen kann. Es folgt auch daraus wieder, dafs eine dauernde Gleichheit der Spannung der Dämpfe im Kessel und in den Cylindern nicht möglich ist, oder man müfste annehmen, die Spannung der Dämpfe im Kessel wechsele eben so schnell und bedeutend, wie die in den Cylindern, oder wie der Druck auf die Kolben; zu welcher Wirkung aber keine hinreichende Ursach vorhanden zu sein scheint. D. H.]

Andererseits, wenn M das Gewicht der Ladung und n den Widerstands-Coefficienten bezeichnet, so wie er im vorigen Capitel ermittelt worden ist, drückt nM den Widerstand der Ladung aus. Ist endlich X der Widerstand, den der Dampfwagen findet, so ist

$$nM + X$$

der Widerstand des gesammten Wagenzuges.

Da wir nun sahen, dafs die Kraft der Maschine, sobald ihre Bewegung gleichförmig geworden ist, dem Widerstande **gleich** sein mufs, so ist

$$\frac{pd^2l}{D} = nM + X,$$

und daraus folgt

$$X = \frac{pd^2l}{D} - nM.$$

Dieser Ausdruck giebt den gesuchten Betrag der Reibung des Dampfwagens. Ist p und M in Pfunden und d, l und D in Zollen oder Fufsen ausgedrückt worden, so giebt der Ausdruck auch X in Pfunden.

Hier, eben so wie bei den vorigen Versuchen mit frei fahrenden Dampfwagen, kommt der Druck der Atmosphäre nicht in Betracht, und man mufs nicht die gesammte Spannung der Dämpfe, sondern nur ihren Überschufs über den Druck der Luft in Rechnung bringen, weil, wenn beiderseits nur eine gleiche Kraft weggelassen wird, das Resultat sich nicht ändert.

Die gefundene Formel ist sehr einfach und giebt ohne Schwierigkeit den Widerstand des Dampfwagens, sobald man nur mit demselben die Grenze seiner Kraft erreicht hat. Alles kam also nur darauf an, dazu zu gelangen. [Einfach ist die Formel allerdings; aber gegen ihre Begründung finden, wenigstens **theoretisch**, wie oben angedeutet, mancherlei Zweifel Statt. D. H.]

Zu dem Ende wurden Versuche angestellt, indem man entweder der Maschine die gröfste Ladung zu ziehen gab, welche sie fortschaffen konnte, oder, für schwächere Ladungen, durch die Federwage den Druck so weit verminderte, als es anging, ohne die Bewegung des Wagenzuges zu verzögern.

Die Versuche wurden auf drei verschiedenen Rampen der Eisenbahn zwischen Liverpool und Manchester angestellt; nemlich auf der Sutton-Rampe, von 1 auf 89 Abhang; auf der Whiston-Rampe, von 1 auf 96, und auf dem Chatmoss-Abhange, von 1 auf 1300 Abhang. (Man sehe hierüber auch das 5. Capitel Abschnitt VII. §. 66.) Bei der Schätzung des Widerstandes auf diesen Abhängen kommt natürlich die Wirkung der

Schwere neben der Reibung der Ladung auf den Schienen in Betracht, und der Widerstand des Wagenzuges, mit Ausschlufs desjenigen des Dampfwagens, ist aus der Reibung der Wagen, die, den obigen Resultaten zufolge, 1 auf 280 gesetzt wird, und der Wirkung der Schwere auf die gesammte Masse zusammengesetzt. So ergiebt sich z. B. für einen 40 Tonnen wiegenden Wagenzug, der von einem 10 Tonnen schweren Dampfwagen fortgezogen wird, auf der Sutton-Rampe folgender Widerstand:

40 mal 8 Pfd. Reibung auf die Tonne der Fuhrwerke, thut	320 Pfd.
$\frac{40.2240}{89} = 1006$ Pfd. für die Wirkung der Schwere auf einem Abhange von 1 auf 89, rücksichtlich der Ladung, . . .	1006 —
$\frac{10.2240}{89} = 251{,}6$ Pfd. für die Wirkung der Schwere, rücksichtlich des Dampfwagens	252 —
zusammen	1578 Pfd.

Widerstand, bis auf die Reibung des Dampfwagens. [Nemlich wenn die Maschine den Wagenzug bergauf zieht. D. H.]

Da auf horizontaler Bahn der Widerstand in Allem nur 8 Pfd. auf die Tonne beträgt, so setzt der bergauffahrende Wagenzug, von 50 Tonnen Gewicht, so viel Widerstand entgegen, als ein Gewicht von $\frac{1578}{8} =$ $197\frac{1}{4}$ Tonnen auf horizontaler Bahn.

Hiernach haben wir bei den folgenden Versuchen gerechnet.

Wir theilen die Resultate einer Menge von Versuchen mit. Und da der durchschnittliche Betrag der Reibung der Wagen in Rechnung kommt, so wird die Rechnung um so genauer sein, je gröfser die Zahl der Wagen ist.

§. 42.

Versuche über die additionelle Reibung der Dampfwagen.

[Bei der Beschreibung dieser Versuche wird wieder durchweg das Englische Maafs und Gewicht beibehalten und dasselbe nur erst in der Tafel der Resultate reducirt werden. D. H.]

I. Am 22. Juli 1834 zog der *Vulcan*, dessen Cylinder 11 Z., die Räder 5 F. im Durchmesser haben, dessen Kolbenhub 16 Z. beträgt, und der 8,34 Tonnen wiegt, einen Zug von 9 Bahnwagen erster Classe, worunter die Postkutsche und zwei leere Bahnkarren (*trucks*) waren, zusammen 39,07 Tonnen an Gewicht, die Sutton-Rampe herauf.

Die Geschwindigkeit bei der Ankunft an der Rampe betrug 26,6 Meilen in der Stunde, setzte sich für die erste Hälfte der Rampe auf 20 Meilen, nahm dann bis auf 11,42 Meilen im Durchschnitt ab, und auf die letzte Viertelmeile der Rampe, die ein wenig steiler ist, bis auf 7,5 Meilen in der Stunde.

Die Federwage der Maschine, bei der Abfahrt auf 31 gestellt, zeigte 36, was einen Druck von 57,5 Pfd. auf den Quadratzoll an der Quecksilberwage anzeigt.

Dieses giebt, zufolge der Verhältnisse der Maschinentheile, Folgendes.

190 Quadr.-Z. Querschnitt der beiden Cylinder, multiplicirt mit 57,5 Pfd. Spannung des Dampfes im Kessel, oder auf die Kolben, giebt 10 925 Pfd. Druck auf die Kolben, welches auf die Geschwindigkeit des Rad-Umfanges, die 5,887 mal geringer ist, reducirt, $\frac{10925}{5,887} = 1856$ Pfd. Zugkraft ausmacht.

Andrerseits beträgt der Widerstand der Fuhrwerke, zu 8 Pfd. auf die Tonne gerechnet, $39,07 . 8 = 313$ Pfd. Ferner an Widerstand der Schwere, auf dem 1 auf 89 betragenden Abhange, für 47,37 Tonnen Last, $\frac{47,41 . 2240}{89} = 1193$ Pfd. Zusammen also beträgt der Widerstand $313 + 1193 = 1506$ Pfd.

Es bleiben also, von 1856 Pfd. Zugkraft der Maschine, 1506 Pfd. Widerstand, welches dem von $188\frac{1}{4}$ Tonnen Last auf horizontaler Bahn gleich kommt, abgezogen, 350 Pfd. für den Widerstand des Dampfwagens übrig.

Die durchschnittliche Geschwindigkeit auf der Rampe betrug, wie gesagt, 11,42 Meilen, und diejenige am höchsten Puncte der Rampe 7,5 Meilen in der Stunde.

Wir werden bei allen Versuchen diese zwei Geschwindigkeiten besonders angeben, weil von der grofsen Geschwindigkeit des Zuges bei der Ankunft an der Rampe möglichst die der Bewegung eigenthümliche Geschwindigkeit abzusondern ist. Nähme man 11,42 Meilen an, so würde dies etwas zu viel sein, weil es mit der Anfangs-Geschwindigkeit verbunden wäre; hingegen 7,5 Meilen zu wenig, weil die letzte Viertelmeile der Rampe steiler als 1 auf 89 ist, auf welchen Abhang sich unsere Rechnung gründet.

Man nennt Wagen erster Classe diejenigen, welche Reisende transportiren und welche von Liverpool bis Manchester gehen, ohne anzuhalten. Diese Wagen werden nie gewogen. Für die Versuche haben wir ihr Gewicht durchschnittlich zu 4,73 Tonnen und das Gewicht der Postkutsche zu 3,44 Tonnen gerechnet. Der Munitionswagen ist zu 5 bis 5½ Tonnen angenommen, je nachdem er noch bei dem Versuche Kohlen und Wasser enthielt. Das Gewicht der Lastwagen ist genau gewogen und danach in Tonnen und Decimaltheilen von Tonnen angegeben.

II. Am 22. Juli 1834 erstieg der nemliche Dampfwagen, der *Vulcan*, die Whiston-Rampe, mit einem Zuge von 9 Bahnwagen erster Classe, unter welchen der Postwagen und 2 beladene Bahnkarren waren. Das Gewicht des ganzen Zuges, mit Einschluſs des Munitionswagens, betrug 41,32 Tonnen. Die Geschwindigkeit blieb während der Fahrt gleichförmig 18,75 Meilen in der Stunde und nahm bloſs auf der letzten Viertelmeile bis auf 12 Meilen ab. Die auf 31 gestellte Wage zeigte 36, also 57,5 Pfd. Spannung des Dampfes im Kessel auf 1 Quadr.-Z.

Dieser Versuch ergiebt 1856 Pfd. Kraft, und davon 1489 Pfd. Widerstand, der dem von 186 Tonnen Gewicht auf horizontaler Bahn gleich ist, abgezogen, 367 Pfd. Reibung des Dampfwagens.

III. Am 23. Juli 1834 fuhr der *Atlas* mit einem Zuge von 40 Wagen, welche genau 190 und mit dem Munitionswagen zusammen 195,5 Tonnen wogen, von Liverpool ab. Die Cylinder der Maschine haben 12 Zoll, die Räder 5 F. im Durchmesser, der Kolbenhub beträgt 16 Z., das Gewicht des Dampfwagens 11,40 Tonnen; die Wage war bei der Abfahrt auf 50 Pfd. gestellt.

Bei der Abfahrt waren zwei andere Maschinen zur Hülfe nöthig. An der Whiston-Rampe wurde der Zug noch durch 4 Maschinen bewegt, von welchen zwei, der *Ajax* und das *Experiment*, vorne und der *Sun* und der *Goliath* hinten wirkten. So, durch 5 Dampfwagen getrieben, gelangte der Zug oben an, ohne einen Augenblick Verzug und, einmal oben, übernahm der *Atlas* den weiteren Zug allein.

Bei dem Chatmoss-Abhang angelangt, erstieg die Maschine denselben, mit dem ganzen Zuge, ohne Hülfe, auf 5½ Meilen lang. Indessen hatte zuletzt die Geschwindigkeit bedeutend abgenommen. Die ersten 6 Viertelmeilen wurden mit einer gleichförmigen Geschwindigkeit von 15 Meilen in der Stunde zurückgelegt; die Wage zeigte 51, was nach der Quecksilberwage 54 Pfd. giebt. Auf den folgenden 4 Viertelmeilen war die Geschwindigkeit, unter der nemlichen Spannung, 10 Meilen in der Stunde.

Hier kam auf eine halbe Meile ein etwas steilerer Abhang. Die Geschwindigkeit nahm auf demselben schneller ab. Auf die erste Viertelmeile verminderte sie sich von 10 auf 6 Meilen, auf die zweite Viertelmeile auf $3\frac{1}{2}$ Meile und nahm noch weiter ab, bis zum Ende des Abhanges. In dem Verhältnisse, wie die Geschwindigkeit abnahm, stieg die Spannung; zuerst auf $51\frac{1}{2}$, dann auf 52 an der Wage, wo sie stehen blieb. Der correspondirende Druck an der Quecksilberwage beträgt 55 Pfd. Nachdem das Hindernifs überstiegen war, nahm die Geschwindigkeit wieder auf $4\frac{1}{2}$ Meilen, dann bis auf $7\frac{1}{2}$ Meilen in der Stunde zu, und setzte sich hierauf wieder, für den Rest des Abhanges, auf ihr gewöhnliches Maafs von 15 Meilen in der Stunde. Zugleich nahm der Druck an der Wage bis auf 51, oder 54 an der Quecksilberwage, ab.

Bei einem zweiten, kurzen Hindernifs unweit der Brücke über den Bridgewater-Canal zeigten sich ähnliche Erscheinungen. Die Geschwindigkeit nahm wieder bis auf $3\frac{1}{2}$ Meilen ab und die Spannung bis auf 52 an der Wage zu.

Der Abhang am Katzensumpf (Chatmoss) beträgt anfangs 1 auf 660, weiterhin aber, über dem Sumpfe, viel weniger. Durchschnittlich beträgt der Abhang nicht mehr als 1 auf 1300, und die schwierige Stelle ist blofs $\frac{1}{2}$ Meile (214 Ruthen Pr.) lang. Wenn eine Masse von 200 T. (3942 Ctr. Pr.) mit einer Geschwindigkeit von 15 Meilen in der Stunde ($21\frac{1}{2}$ F. Pr. in der Secunde) in Bewegung und folglich ein so bedeutendes Moment der Kraft vorhanden ist, so kann ein mäfsiger Abhang, von blofs einer halben Meile lang, nicht den ersten Stofs gänzlich zerstören. Da die Maschine nicht im Stande gewesen war, während der Fahrt über das Hindernifs eine gleichförmige Geschwindigkeit zu erlangen, sondern vielmehr bis zum letzten Augenblick immerfort an Geschwindigkeit verlor: so zeigte sich, dafs das Hindernifs für die Kraft der Maschine zu stark war. Im Ganzen aber zeigte sich auf die $5\frac{1}{2}$ Meilen, dafs einen durchschnittlichen Abhang von 1 auf 1300 mit einer Spannung von 55 Pfd. auf den Quadratzoll zu ersteigen noch innerhalb der Grenzen ihrer Kraft lag.

Da bei diesem Versuch einige Zweifel über die Verhältnisse der Theile des *Atlas* entstanden, mafsen wir dieselben wenige Tage nachher, am 8. August 1834, als die Maschine reparirt wurde, wiederholt, und fanden die frühere Angabe derselben völlig genau. Der Durchmesser der Cylinder ist 12 Z.; der Kolbenhub, an den Kurbeln der Achse gemessen, als dieselbe von dem Wagen abgenommen war, beträgt 16 Z.; der Durchmesser der Räder 5 F., da wo sie auf den Schienen laufen. Näher an dem Spurkranz (*flange*) ist der Durchmesser $\frac{3}{8}$ Z. gröfser und an der abgeschrägten Seite (*at the basiled part*) $\frac{3}{8}$ Z. kleiner.

Der Versuch auf dem Katzensumpfe giebt Folgendes:

211 Pfd. Kraft der Maschine und

2226 Pfd. Widerstand der Ladung auf einem Abhange von 1 auf 660:

also 155 Pfd. fehlende Kraft.

Der Widerstand übersteig also die Kraft. Daher war es unmöglich, dafs die Maschine zu einer gleichförmigen Geschwindigkeit gelangen konnte, so lange sie sich über das Hindernifs hin bewegte. Sie mufste nothwendig immerfort an Geschwindigkeit verlieren, und würde zuletzt stehen geblieben sein, wenn der Abhang länger gewesen wäre.

Rechnet man dagegen auf den durchschnittlichen Abhang von 1 auf 1300, so finden sich

2111 Pfd. Kraft und

1921 Pfd. Widerstand des Wagenzuges, der dem von 240 Tonnen auf horizontaler Bahn entspricht:

also 190 Pfd. Reibung der Maschine.

Durchschnittlich betrug die Geschwindigkeit 8 Meilen in der Stunde, die geringste Geschwindigkeit $3\frac{1}{2}$ Meilen in der Stunde.

IV. Als die nemliche Maschine, an demselben Tage, über das Rainhill-Plateau fuhr, wo die Eisenbahn horizontal liegt, erreichte sie eine gleichförmige Geschwindigkeit von 9,23 Meilen in der Stunde. Die auf 50 gestellte Wage zeigte 50,5; was nach der Quecksilberwage 53,5 wirksamen Druck ausmacht. Dieses giebt

2054 Pfd. Kraft und

1564 Pfd. Widerstand der Last, entsprechend dem von $195\frac{1}{2}$ Tonnen auf horizontaler Bahn:

bleiben 490 Pfd. Reibung der Maschine

V. Am 23. Juli 1834 erstieg wiederum der *Atlas* die Sutton-Rampe mit einem Theile seines Zuges, bestehend aus 8 Wagen, 33,9, und mit dem Munitionswagen 39,4 Tonnen schwer. Die Wage war auf 50 gestellt und zeigte 52, oder 55 Pfd. wirksamen Druck. Die Geschwindigkeit betrug 6 Meilen in der Stunde. Dieses giebt:

2111 Pfd. Kraft und
1594 Pfd. Widerstand, entsprechend $199\frac{1}{4}$ Tonnen Last auf horizontaler Bahn:

bleiben 517 Pfd. für die Reibung der Maschine.

VI. Am 4. Juli 1834 zog die *Fury,* deren Cylinder 11 Z., die Räder 5 F. im Durchmesser haben, deren Kolbenhub 16 Z. und deren Gewicht 8,2 Tonnen beträgt, einen Zug von 10 Wagen, 51,16 Tonnen, und mit dem Munitionswagen 56,16 Tonnen schwer, die Whiston-Rampe hinauf. Die Wage war auf 32 gestellt und zeigte 35, welches einem Drucke von $65\frac{1}{2}$ Pfd. auf den Quadr.-Z. im Kessel nach der Quecksilberwage entspricht. Die Geschwindigkeit betrug im Durchschnitte 6,31 Meilen in der Stunde, auf dem Gipfel der Rampe aber nur noch 3,33 Meilen.

2114 Pfd. Kraft;
1951 Pfd. Widerstand, einem Gewichte von 244 Tonnen auf horizontaler Bahn entsprechend;

läſst 163 Pfd. Reibung der Maschine.

VII. Am 24. Juli 1834 zog die nemliche Maschine, die *Fury,* auf die Sutton-Rampe hinauf einen Zug von 10 Waggons, 43,8 und mit dem Munitionswagen 48,8 Tonnen an Gewicht. Die Wage war auf 32 gestellt und zeigte 36, also eine wirksame Spannung von 67 Pfd. Die Geschwindigkeit betrug 15 Meilen in der Stunde. Die Maschine zog den Zug sichtbar leicht.

2162 Pfd. Kraft;
1825 Pfd. Widerstand, entsprechend einem Gewichte von 228 Tonnen auf horizontaler Bahn;

bleibt 337 Pfd. für die Reibung der Maschine.

VIII. Am 31. Juli 1834 vermochte der *Atlas,* dessen Maaſse schon angegeben sind, nicht, die Whiston-Rampe mit 14 Waggons, 61,65 und mit dem Munitionswagen 67,15 T. an Gewicht, zu ersteigen, obgleich die Wage, die bei der Abfahrt auf 57 gestellt worden war, 60 zeigte und also eine wirksame Spannung von 63 Pfd. auf den Quadr.-Z. im Kessel angab.

2419 Pfd. Kraft;
2370 Pfd. Widerstand, gleich dem eines Gewichts von $296\frac{1}{4}$ Tonnen auf horizontaler Bahn:

Überschuſs 39 Pfd. der Kraft über den Widerstand, der aber nicht zureichend war, die Reibung der Maschine zu überwinden.

IX. Am 31. Juli vermochte der nemliche Dampfwagen, der *Atlas*, nicht, die Sutton-Rampe mit 8 beladenen und 4 leeren Fuhrwerken, zusammen 35,15 und mit dem Munitionswagen 40,15 Tonnen wiegend, zu ersteigen. Die Wage war absichtlich bei der Abfahrt bis auf 40 gelüftet worden und zeigte $42\frac{1}{2}$, also einen wirksamen Druck von 46 Pfd. auf den Quadratzoll an der Quecksilberwage. Die Geschwindigkeit von 20 Meilen in der Stunde, mit welcher der Zug am Fuſse des Abhanges ankam, nahm, unmittelbar in der ersten Viertelmeile, bis auf $7\frac{1}{2}$ Meilen ab; auf der zweiten Viertelmeile betrug sie nur noch $4\frac{1}{4}$ Meilen, auf der dritten $2\frac{1}{4}$ Meilen und zuletzt stand die Maschine still.

1766 Pfd. Kraft;
1619 Pfd. Widerstand, für $202\frac{1}{3}$ Tonnen Gewicht auf horizontaler Bahn;
bleiben 147 Pfd. Überschuſs der Kraft über den Widerstand, der, wie wir sahen, nicht hinreichte, die Reibung der Maschine zu überwinden. Wir haben aber gefunden, daſs ihre Reibung, wenn sie ohne Ladung fährt, 152 Pfd. beträgt.

X. Um den vorigen Versuch zu beschlieſsen, wurde, in dem Augenblick als die Maschine still gestanden war, die Wage auf 45 angeschraubt. Sie zeigte $47\frac{1}{2}$, oder 51 Pfd. wirksamen Druck an der Quecksilberwage. Mit diesem Drucke gewann die Maschine allmälig wieder eine Geschwindigkeit von $7\frac{1}{2}$ Meilen in der Stunde, mit welcher sie auch den Gipfel der Anhöhe erreichte.

1958 Pfd. Kraft;
1619 Pfd. Widerstand, für $202\frac{1}{3}$ Tonnen Gewicht auf horizontaler Bahn:
bleiben 339 Pfd. Reibung der Maschine.

XI. Am 1. August 1834 zog die *Vesta* 10 Waggons, 43,72 Tonnen und mit dem Munitionswagen 49,22 Tonnen an Gewicht, die Whiston-Rampe hinauf, bis 60 Yards vom Gipfel. Die Cylinder der Maschine hatten ursprünglich 11 Z. im Durchmesser gehabt, waren aber bei einer Reparatur bis auf $11\frac{1}{8}$ Zoll ausgebohrt worden. Der Durchmesser der Räder des Dampfwagens betrug 5 F., der Kolbenhub 16 Z. und das Gewicht des Wagens 8,71 Tonnen. 60 Yards vom Gipfel war die Maschine im Begriffe still zu stehen, und mehrere Arbeiter muſsten mit Anstrengung in die Räder greifen, um sie bis zum Gipfel zu bringen. Die Wage war auf $20\frac{1}{2}$ gestellt, zeigte $23\frac{1}{2}$ und für die Quecksilberwage einen wirksamen Druck von 58 Pfd. auf den Quadratzoll. Die Geschwindigkeit von 20 Meilen in der Stunde, auf die vier ersten Viertelmeilen, nahm in der 5ten Viertelmeile bis auf 10 Meilen und in der 6ten bis auf 6 Meilen ab. Hierauf verlor sich die Bewegung ganz, als der Zug bei dem steileren Theile gegen den Gipfel zu anlangte. Diese steilere Stelle hätte aber ebenfalls zurückgelegt werden müssen, wenn man hätte wollen sagen können, die Maschine habe die ganze Rampe erstiegen; denn der durchschnittliche Abhang von 1′ auf 96 begreift die steile Stelle mit in sich; und wollte man sie ausschliefsen, so würde das Gefälle der Rampe geringer angeschlagen werden müssen. Die Ladung war also für diese Spannung des Dampfes in der Maschine zu stark.

1915 Pfd. Kraft;

1746 Pfd. Widerstand, entsprechend einem Gewichte von 218½ Tonnen auf horizontaler Bahn:

bleiben 169 Pfd. Überschufs der Kraft über den Widerstand, der nicht hinreichte, die Reibung der Maschine zu überwinden. Wir haben gesehen, dafs die Reibung dieses Dampfwagens, wenn er keine Last zieht, 187 Pfd. beträgt.

XII. Am 4. August 1834 vermochte der *Atlas,* dessen Mafse schon angegeben sind, nicht, einen Zug von 9 beladenen und 7 leeren Waggons, die zusammen 38,76 und mit dem Munitionswagen 44,26 Tonnen wogen, die Sutton-Rampe zu ersteigen. Die Wage war auf 55 gestellt, zeigte 57½ und also einen wirksamen Druck von 60½ Pfd. auf den Quadratzoll des Kessels. Diese Spannung war nicht hinreichend, und die Maschine im Begriff, stehen zu bleiben.

2323 Pfd. Kraft;

1755 Pfd. Widerstand, entsprechend einem Gewichte von 219½ Tonnen auf horizontaler Bahn:

thut 568 Pfd. Überschufs der Kraft über den Widerstand, der also unzulänglich war, die Reibung der Maschine zu überwinden.

Dieser und der folgende Versuch geben die Reibung der Maschine, und zwar ziemlich einstimmig, sehr hoch an, nemlich auf 568 und 616 Pfd. Aber, verglichen mit dem Versuche No. XI., weiter oben, über die Bewegung der Dampfwagen ohne Ladung, ist zu bemerken, dafs die Maschine, zur Zeit, als diese zwei Versuche angestellt wurden, kürzlich reparirt worden war und noch nicht gehörig arbeitete. Am 1. August betrug der Widerstand der Maschine, ohne Ladung, 194 Pfd., statt der früheren 152, was man damals dem Umstande zuschrieb, daſs die Kuppelstangen nicht gut paſsten. Aber der Fehler scheint tiefer gelegen und zugenommen zu haben; denn am 7. August brach die Achse der Maschine.

XIII. Zum Beschlusse der vorigen Versuche wurde, in dem Augenblick als die Maschiene still stehen wollte, der Druck durch die Feder auf $58\frac{3}{4}$ erhöht, und betrug nun $61\frac{3}{4}$ Pfd. wirksamen Druck im Kessel auf den Quadratzoll. Mit dieser Spannung gelangte die Maschine auf den Gipfel der Rampe mit einer Geschwindigkeit von 3,75 Meilen in der Stunde.

2371 Pfd. Kraft;

1755 Pfd. Widerstand, entsprechend einer Last von $219\frac{1}{3}$ Tonnen auf horizontaler Bahn:

bleiben 616 Pfd. für die Reibung der Maschine.

XIV. Am 4. August 1834 zog die *Fury* einen Zug von 8 Wagen erster Classe, unter welchen ein leerer Bahnkarren war, zusammen 32,97 Tonnen, und mit dem Munitionswagen 37,97 Tonnen an Gewicht, die Sutton-Rampe hinauf. Die Cylinder der Maschine haben 11 Z., die Räder 5 F. im Durchmesser; der Kolbenhub beträgt 16 Z. und das Gewicht des Dampfwagens 8,2 Tonnen. Die Wage war absichtlich bis auf 33, also bis auf 55 Pfd. an der Quecksilberwage gelüftet worden. Die Geschwindigkeit betrug im Durchschnitte 13,33 Meilen; die geringste Geschwindigkeit am Gipfel der Rampe war 10 Meilen in der Stunde.

1775 Pfd. Kraft;

1466 Pfd. Widerstand, entsprechend dem von $183\frac{1}{4}$ Tonnen auf horizontaler Bahn;

läſst 309 Pfd. für die Reibung der Maschine.

XV. Am 15. August zog der *Leeds* 7 Waggons, 29,65 Tonnen, und mit dem Munitionswagen 35,15 Tonnen an Gewicht, die Sutton-Rampe hinauf. Die Cylinder der Maschine haben 11 Z., die Räder 5 F. im Durchmesser; der Kolbenhub beträgt 16 Z., das Gewicht des Wagens 7,07 Tonnen. Die Wage war absichtlich bis auf 29 gelüftet worden und zeigte also 48,5 Pfd. Spannung an. Die Geschwindigkeit von 15 Meilen, auf die erste Meile der Rampe, nahm auf die nächste Viertelmeile bis auf 10 Meilen ab, und bis auf 6,6 Meilen für die letzte Viertelmeile am Gipfel. Im Durchschnitte betrug die Geschwindigkeit 10 Meilen.

1565 Pfd. Kraft;

1344 Pfd. Widerstand, entsprechend dem einer Last von 168 Tonnen auf horizontaler Bahn:

bleibt 221 Pfd. Widerstand der Maschine.

XVI. Am 16. August 1834, des Morgens, zog die *Vesta*, deren Maafse schon angegeben sind, einen Zug von 7 beladenen Wagen, zusammen 34,43 Tonnen nnd mit dem Munitionswagen 39,93 Tonnen an Gewicht, die Sutton-Rampe hinauf. Das Ventil war auf 20 gestellt, und blies bei $23\frac{1}{4}$, welches einen wirksamen Druck an der Quecksilberwage von 57,25 Pfd. anzeigte. Die Geschwindigkeit am Gipfel war 2,5 Meilen. Die Maschine batte sich von der Ruhe an die Rampe hinauf in Bewegung gesetzt.

1891 Pfd. Kraft;

1543 Pfd. Widerstand, entsprechend einem Gewichte von 193 Tonnen auf horizontaler Bahn:

bleiben 348 Pfd. für die Reibung der Maschine.

XVII. Am 16. August 1834, des Morgens, zog die nemliche Maschine 8 Wagen, 31,95 Tonnen, und mit dem Munitionswagen 37,45 Tonnen schwer, die Sutton-Rampe hinauf. Die Wage war auf 20 gestellt und zeigte $23\frac{1}{2}$, also 58 Pfd. auf den Quadratzoll im Kessel wirksamen Druck. Die geringste Geschwindigkeit oben am Gipfel des Abhanges betrug 3,25 Meilen.

1915 Pfd. Kraft;

1462 Pfd. Widerstand, dem eines Gewichtes von $182\frac{3}{4}$ Tonnen auf horizontaler Bahn gleich;

läfst 453 Pfd. für die Reibung der Maschine.

XVIII. Am 16. August, des Abends, zog die nemliche Maschine, die *Vesta*, 8 beladene Wagen 27,5 Tonnen und 4 leere Wagen, 7 Tonnen, und der ganze Zug mit dem Munitionswagen 39,05 Tonnen schwer, die Sutton-Rampe hinauf. Die Wage war auf 20 gestellt, zeigte 23 und 56,5 Pfd. wirksamen Druck. Die Geschwindigkeit an dem schwierigsten Puncte der Rampe betrug 17 volle Kolbenhube in der Minute oder 3 Meilen in der Stunde.

1866 Pfd. Kraft;

1514 Pfd. Widerstand, dem von 189 Tonnen Last auf horizontaler Bahn gleich;

läfst 352 Pfd. für die Reibung der Maschine.

§. 43.

Uebersicht der Resultate der Versuche über die additionelle Reibung der Dampfwagen.

Nehmen wir von den im vorigen Paragraph beschriebenen Versuchen diejenigen zusammen, welche Resultate gaben, so erhalten wir folgende Tafel. Wir haben in derselben nur diejenigen Versuche aufgenommen, bei welchen die Geschwindigkeit nicht beträchtlich war. Denn je geringer die Geschwindigkeit ist: je näher erfüllt der Fall die Bedingung, dafs die gröfste Last fortgeschafft werden soll, welche die Maschine zu ziehen im Stande ist.

Tafel der Reibung Lasten ziehender Dampfwagen, nach Preufs. Maafs und Gewichte.

Der Durchmesser der Cylinder ist beim *Vulcan*, der *Fury* und dem *Leeds* 10 Z. 8,2 L., bei der *Vesta* 10 Z. 9,6 L. und bei dem *Atlas* 11 Z. 7,8 L.

Der Durchmesser der Räder sämmtlicher Maschinen ist 4 F. 10 Z. 3,2 L.

Der Kolbenhub beträgt bei sämmtlichen Maschinen 15 Z. 6,5 L.

Bei dem Versuche No. XIII. klemmte sich die Kuppelstange.

Nummer des Versuchs.	Datum. 1834.	Name des Dampfwagens.	Gewicht des Dampfwagens. Ctr.	Reibung desselben ohne Ladung. Pfd.	Wirksame Spannung der Dämpfe. Pfd. auf den Quadratzoll.	Geschwindigkeit bei den Versuchen. F. in der Secunde.	Gewicht auf horizontaler Bahn. Ctr.	Reibung des Dampfwagens. Pfd.
I.	22. Juli.	*Vulcan.*	164,38	131,63	59,01	10,68	3705,55	338,77
II.	22. Juli.	*Vulcan.*	164,38	131,63	59,01	17,09	3666,13	355,23
VI.	24. Juli.	*Fury.*	161,63	105,50	67,22	4,74	4809,32	157,77
XIV.	4. August.	*Fury.*	161,63	105,50	56,45	14,24	3607,00	299,09
XV.	15. August.	*Leeds.*	139,35	104,53	49,78	9,40	3311,34	213,91
XVI.	16. August.	*Vesta.*	171,68	181,00	58,76	3,56	3804,10	336,84
XVII.	16. August.	*Vesta.*	171,68	181,00	59,52	4,63	3607,00	438,47
XVIII.	16. August.	*Vesta.*	171,68	181,00	57,99	4,27	3744,97	340,71
III.	23. Juli.	*Atlas.*	224,70	147,13	56,45	4,99	4730,48	183,91
IV.	23. Juli.	*Atlas.*	224,70	147,13	54,91	13,10	3863,23	474,28
V.	23. Juli.	*Atlas.*	224,70	147,13	56,45	8,55	3922,36	500,41
X.	31. Juli.	*Atlas.*	224,70	147,13	52,34	10,68	3981,50	328,13
XIII.	4. August.	*Atlas.*	224,70	187,77	63,37	5,34	4216,56	596,24
			Im Durchschnitte	146,16		Im Durchschnitte	3942,07	350,39

Im Durchschnitt also verursacht eine Ladung von 3942 Ctr., auf horizontaler Bahn, eine additionelle Reibung in der Dampfmaschine, über ihren eignen Widerstand hinaus, von 350,39 — 146,16 = 204,23 Pfd., welches 1,65 Loth auf den Ctr. ausmacht.

§. 44.

Fernere Erörterungen über die vorigen Versuche.

Die Reibung der Dampfwagen mufs mit der Ladung, die sie ziehen, zunehmen. Denn es ist ein, an der einfachen Maschine, dem Hebel, der Rolle, dem Haspel, leicht zu verificirendes statisches Princip, dafs, wenn zwei Kräfte im Gleichgewichte sein sollen, die Achse, oder die Ebene, oder der Ruhepunct, von der Summe der beiden Kräfte geprefst wird. Es verhält sich also der Druck auf den Ruhepunct, wie die resultirende Kraft. Eine Maschine in Bewegung tritt in den Fall des Gleichgewichts, und die Kraft mufs gerade dem Widerstande gleich sein, sobald die Bewegung gleichförmig geworden ist. Dann also steht auch der Druck auf die Ruhepuncte in dem Verhältnisse der an der Maschine das Gleichgewicht sich haltenden Kräfte. Mithin auch der Reibung, die sich wie der Druck verhält.

Dieses ist nun anwendbar auf die Reibung aller Gelenke des Dampfwagens, und folglich auf den gesammten Widerstand desselben, der nichts anderes ist, als die Summe aller der einzelnen Reibungen.

Die Zunahme des Widerstandes mufs sich also wie die Ladung verhalten; und dieses mufs die Rechnung ergeben. Es ist hinreichend, dafs die Maschine wirklich die Grenze ihrer Kraft für eine bestimmte Spannung der Dämpfe erreicht hat, das heifst, dafs sie die gröfste Last zieht, welche sie mit dieser Spannung fortzuschaffen im Stande ist. In den Fällen, wo die Geschwindigkeit der Maschine bis auf 3 oder 4 F. in der Secunde abgenommen hatte, war dieser Fall wirklich erreicht; denn die Maschine war im Begriffe, stehen zu bleiben. Wir werden indessen sehen, dafs man selbst dann, wenn die Geschwindigkeit nicht über 16 F. in der Secunde betrug, noch berechtigt ist, die Spannung der Dämpfe in den Cylindern der in dem Kessel gleich zu setzen.

In der That: wenn der Dampf eine gewisse Spannung im Kessel erlangt hat, würde derselbe, durch eine enge Röhre nach den Cylindern gelangend, und sich dort unmittelbar ausdehnend, im Falle der Kolben unbeweglich wäre, sehr schnell die nemliche Spannung annehmen, die er im Kessel hat. Nun aber setzt der Kolben dem Dampfe nur einen begrenzten, von der Ladung abhängenden Widerstand entgegegen, z. B. von 40 Pfd. auf den Quadratzoll, und weicht aus, sobald der Dampf im Cylinder diese Spannung erreicht hat. Ein Kolben, durch 40 Pfd. auf den Quadratzoll geprefst, ist aber einem mit 40 Pfd. auf den Quadratzoll beladenen Ventile zu vergleichen. Wäre die Verbindung zwischen dem Kessel und dem Cylinder ganz frei, ohne Röhre oder sonstigen engen Durchgang, so wird der Kolben ein wahres Ventil für den Kessel sein; und da nun dieses Ventil eher weicht, als das Sicherheitsventil, welches erst einem Drucke von 50 Pfd. auf den Quadratzoll nachgiebt, so würde die Spannung der Dämpfe im Kessel gar nicht höher steigen können, als bis zu 40 Pfd. Da indessen der Durchgang enge ist, so ist freilich der Kolben kein Ventil für den Kessel, aber er ist eines für den Cylinder.

Hieraus folgt dreierlei. Erstlich, dafs die Spannung im Cylinder genau dem Druck auf die Kolben gleich ist. Zweitens, dafs zwar, weil der Kolben dem Drucke des Dampfes nachgiebt, und ihm ausweicht, die Spannung des Dampfes nicht höher steigen kann, noch so hoch, als im Kessel: dafs aber, wenn der Kolben auf irgend eine Weise unbeweglich gemacht würde, oder wenn er wenigstens nicht schneller auswiche, als der Dampf erzeugt wird: dafs dann das Gleichgewicht der Spannung im Kessel und Cylinder unmittelbar würde hergestellt werden. Drittens, dafs, wenn in der Dampfröhre die Geschwindigkeit des Dampfstromes gröfser ist, als die der Erzeugung des Dampfes im Kessel: dafs dies von der geringeren Spannung des Dampfes im Cylinder herrührt, wegen welcher der Dampf im Kessel strebt, sich mit demjenigen im Cylinder ins Gleichgewicht zu setzen; denn sonst könnte der Strom in der Dampfröhre blofs der Erzeugung des Dampfes entsprechen.

Hieraus folgt, dafs der wirksame Druck auf die Kolben demjenigen im Kessel gleich gesetzt werden darf, sobald die Geschwindigkeit des Kolbens die der Erzeugung des Dampfes erreicht hat. Da wir bald durch Versuche erfahren werden, wie grofs die Masse von Dampf, mit der Spannung im Kessel, ist, welche die Maschine in einem bestimmten Zeitraum erzeugt: so wird sich berechnen lassen, wie viel Cylinder voll Dampf von dieser Spannung die Maschine in einer Minute liefern kann, und welche Geschwindigkeit also dem, was wir die volle Spannung im Cylinder nennen, entspricht. Wir werden auf diese Weise sehen, dafs die Geschwindigkeit für die Maschinen, mit welchen wir experimentirten, wenigstens 16 F. in der Secunde beträgt. Wir dürfen also annehmen, dafs jedesmal, wenn die Geschwindigkeit nicht mehr betrug, die Spannung in den Cylindern der im Kessel gleich war, und dafs wir also, wenn wir danach rechneten, das rechte Maafs der Kraft der Maschine fanden.

[Da hier nicht auf den Niederschlag der Dämpfe, der in gröfserer oder geringerer Masse auf dem Wege vom Kessel nach den Cylindern Statt finden kann, Rücksicht genommen wird, so scheint der Druck auf die Kolben, und folglich die Kraft der Maschine, für eine bestimmte Spannung der Dämpfe im Kessel, zu hoch angeschlagen, und also die Reibung der Maschine, nach der obigen Rechnungsart, die aufserdem keine besondere Sicherheit der Resultate zu gewähren scheint, zu grofs; was freilich für die Praxis gerade keine Gefahr hat. Der Gegenstand ist noch so neu, und dabei so verwickelt und schwierig zu erforschen, dafs noch fernere Versuche, auch noch auf andere Weise, und möglichst direct angestellt, zu wünschen sind. Nur aber directe Versuche, und keinesweges etwa Rechnungen, von abstracten Principien ausgehend, dürften fernere, sichere Daten gewähren können. D. H.]

(Die Fortsetzung folgt im nächsten Hefte.)

12.

Versuche über die Widerstandsfähigkeit der bekanntesten und nützlichsten Bausteine, welche das Rheinische Schiefergebirge und das daran grenzende Flötzgebirge an der Mosel und in den Ardennen liefern, desgleichen des Bauholzes: angestellt im Festungs-Bauhofe zu Coblenz.

(Von dem Königl. Preufs. Ingenieur-Premier-Lieutenant Herrn *Beise* zu Coblenz.)

(Fortsetzung der Abhandlung No. 6. Heft 1., No. 12. Heft 3., No. 14. Heft 4. des vorigen und No. 2. Heft 1. dieses Bandes.)

---

§. 21.

Tab. XXI. Vergleiche über die Widerstandsfähigkeit des Bauholzes, mit der Schraubenpresse. Auf beiden Enden Unterlagen.

Lauf. No.	Dimensionen in Preufs. Maafs. Länge. Fufs.	Breite. Zoll.	Höhe. Zoll.	Gewicht in Preufs. Pfunden, Handelsgewicht.	Biegung der Hölzer in Preufs. Linien.	Specifisches Gewicht des Holzes in Preufs. Pfunden.	Holzart.	Besondere Bemerkungen und Beobachtungen.
1.	15	5¾	3¾	100	3½	66	Eichenholz.	Ehe die Gewichte aufgelegt wurden, hatte der Balken schon durch seine eigene Schwere ½ Zoll Biegung, welche folglich zu allen den vorigen Biegungen hinzugerechnet werden mufs. Nahm die vorige Gestalt nicht wieder an, sondern behielt einige Biegung.
				200	7			
				300	10			
				500	21			
				700	28			
				900	39			
				1000	41			
2.	15	5¾	3¾	100	3	Desgl.	Desgl.	Hatte durch seine eigene Schwere schon ½ Zoll Biegung. Mit 1100 Pfd. fing er in einem Aste zu krachen an; deshalb wurde er entlastet.
				200	7			
				300	11			
				500	19			
				700	27			
				900	37			
				1000	45			
3.	15	3¾	5¾	100	2	Desgl.	Desgl.	Die letzten 1400 Pfd. hatten 15 Stunden lang den Balken beschwert und ihn noch um 5 Linien in der Mitte mehr gebogen, denn vorher hatte er nur 28 Linien Biegung. Das Eigengewicht hatte diesen Balken blofs um 1½ Linien in der Mitte gebogen.
				200	4			
				300	6			
				500	10			
				700	14			
				900	18			
				1000	20			
				1200	25			
				1400	33			

Lauf. No.	Dimensionen in Preufs. Maafs. Länge. Fufs.	Breite. Zoll.	Höhe. Zoll.	Gewicht in Preufs. Pfunden, Handelsgewicht.	Biegung der Hölzer in Preufs. Linien.	Specifisches Gewicht des Holzes in Preufs. Pfunden.	Holzart.	Besondere Bemerkungen und Beobachtungen
4.	15	$3\frac{3}{4}$	$5\frac{3}{4}$	100	2	66	Eichener Balken.	Die Biegung nimmt also immer mehr oder stärker zu, als die Gewichte, wodurch sie hervorgebracht wird. In dieser Beziehung hat Barlow zu Woolwich in England gute Tabellen berechnet und entworfen; es ist nur Schade, dafs er zu seinen Versuchen nicht stärkeres Holz genommen hat. Die hier vom Verfasser dieses Aufsatzes angestellten Versuche hatten den Zweck, die von Barlow aufgestellten Berechnungen näher zu prüfen.
				200	4			
				300	6			
				400	8			
				500	10			
				700	$14\frac{1}{4}$			
				900	$19\frac{1}{2}$			
				1000	$21\frac{1}{2}$			
				1200	$25\frac{1}{2}$			
				1400	30			
5.	15	12	3	100	5	Desgl.	Eine eichene Bohle.	
				200	$9\frac{1}{2}$			
				300	$13\frac{1}{2}$			
				400	$18\frac{1}{2}$			
				500	$23\frac{1}{2}$			
				700	32			
				900	42			
				1000	47			
				1100	52			
				1200	58			
				1300	63			
				1400	69			
6.	15	12	3	100	5	Desgl.	Desgl.	Diese haben sich nun, so weit es mit gröfseren Holzstücken verträglich ist, für die Praxis brauchbarer befunden, als irgend andere. Denn in einer Construction mit Bauholz kommt es mehr auf die Biegung an, welche dieses unter gegebenen Gewichten erleidet, als auf den Moment, wo es zerbricht; weil jede Biegung immer unangenehm ins Auge fällt und der Dauer des Gebäudes schadet.
				200	10			
				300	17			
				400	22			
				500	27			
				600	$31\frac{1}{2}$			
				700	36			
				900	46			
				1000	51			
				1100	56			
				1200	63			
				1300	68			
				1400	73			
7.	15	3	12	200	1	Desgl.	Desgl.	
				400	$1\frac{1}{2}$			
				600	2			
				700	3			
				900	$3\frac{1}{2}$			
				1000	4			
				1100	$4\frac{1}{2}$			
				1200	5			
				1400	6			
				1600	7			
8.	15	14	4	100	$1\frac{1}{2}$	Desgl.	Desgl.	Diese Bohle hatte sich durch ihr eigenes Gewicht und ein eisernes Gewicht von 100 Pfd. schon um 5 Linien herunter gebogen, ehe der Versuch anfing. Das Gewicht von 2000 Pfd. hing daran eine Stunde, ehe sich die Bohle bis auf 56 Linien in der Mitte herunterbog.
				200	4			
				300	8			
				400	11			
				500	13			
				600	$15\frac{1}{2}$			
				700	18			
				800	21			
				900	$22\frac{1}{2}$			
				1000	24			
				1100	27			

Lauf. No.	Dimensionen in Preuſs. Maaſs.			Gewicht in Preuſs. Pfunden, Handelsgewicht.	Biegung der Hölzer in Preuſs. Linien.	Specifisches Gewicht des Holzes in Preuſs. Pfunden.	Holzart.	Besondere Bemerkungen und Beobachtungen.
	Länge. Fuſs.	Breite. Zoll.	Höhe. Zoll.					
8.	15	14	4	1200	30			
				1300	32			
				1400	35			
				1500	37			
				1600	40			
				1700	43¼			
				1800	46			
				1900	49			
				2000	56			
				2100	58			
				2200	60½			
9.	15	14	4	100	3	66	Eine eichene Bohle.	Das Gewicht von 900 Pfd. hing 1 Stunde lang. Nach 19 Stunden hatte sich die Bohle mit 2200 Pfd. noch um 13 Linien mehr in der Mitte gebogen; so daſs nun die ganze Biegung daselbst 70 Linien betrug.
				200	5½			
				300	8			
				400	10			
				500	12			
				600	15			
				700	17			
				800	20			
				900	28			
				1000	29½			
				1100	31			
				1200	34			
				1300	36			
				1400	39			
				1500	40			
				1600	42			
				1700	44			
				1800	47			
				1900	50			
				2000	53			
				2100	55½			
				2200	57			
10.	15	4	14	400	1½	Desgl.	Desgl.	Das eigene Gewicht hatte die Bohle gar nicht gebogen.
				800	2½			
				1200	3½			
				1600	4½			
				2000	6			
11.	12	5¾	3¾	100	1	Desgl.	Eichenholz.	Dieser Balken behielt noch 2 Linien Biegung, nachdem die Gewichte schon abgenommen worden waren, und man ihn auf eine horizontale Ebene gelegt hatte.
				200	3			
				300	5			
				400	7			
				500	9			
				600	11			
				700	13			
				800	15			
				900	17½			
				1000	19			
				1100	21¼			
				1200	23¼			
				1300	25½			
				1400	27			
				1500	29½			
				1600	31½			
				1700	34			
				1800	36			
				1900	38½			

Lauf. No.	Dimensionen in Preufs. Maafs. Länge. Fufs.	Breite. Zoll.	Höhe. Zoll.	Gewicht in Preufs. Pfunden, Handelsgewicht.	Biegung der Hölzer in Preufs. Linien.	Specifisches Gewicht des Holzes in Preufs. Pfunden.	Holzart.	Besondere Bemerkungen und Beobachtungen
12.	12	$3\frac{3}{4}$	$5\frac{3}{4}$	200	1	66	Eichenholz.	Diese beiden Balken sollten 4 und 6 Zoll stark werden, die Ungeschicklichkeit des Zimmermanns hatte sie aber auf $3\frac{3}{4}$ und $5\frac{3}{4}$ Zoll herunter gebracht. Mit 100 Pfd. konnte der Balken so lange hangen wie man wollte, die Biegung wurde nicht gröfser, dagegen bog er sich mit 2400 Pfd. noch um 14 Linien während 18 Stunden.
				400	3			
				600	5			
				800	7			
				1000	9			
				1200	$11\frac{1}{2}$			
				1400	$13\frac{1}{2}$			
				1600	16			
				1800	$18\frac{1}{2}$			
				2000	$20\frac{1}{4}$			
				2200	23			
				2400	$25\frac{1}{2}$			
13.	9	$3\frac{3}{4}$	$5\frac{3}{4}$	200	1	Desgl.	Desgl.	
				400	2			
				600	3			
				800	4			
				1000	5			
				1200	6			
				1600	8			
				2000	10			
				2400	13			
				2800	15			
14.	9	$5\frac{3}{4}$	$3\frac{3}{4}$	400	2	Desgl.	Desgl.	Mit 3200 Pfd. fing der Balken an zu krachen.
				600	$4\frac{1}{2}$			
				800	$6\frac{1}{2}$			
				1000	8			
				1200	10			
				1400	12			
				1600	14			
				1800	$15\frac{1}{2}$			
				2000	$17\frac{1}{2}$			
				2400	22			
				2800	26			
				3200	33			
				3260	zerbrach			
15.	9	$15\frac{1}{2}$	$1\frac{3}{4}$	100	$3\frac{1}{4}$	58	Desgl.	Eine sehr schöne eichene Diele, frei von allen Aesten und bedeutend ausgetrocknet. Sie wurde durch die Last zur Seite gedrückt und zerbrach deshalb; sonst hätte sie mehr getragen.
				200	$6\frac{1}{2}$			
				300	9			
				400	12			
				500	15			
				800	$25\frac{1}{2}$			
				1300	43			
				1400	47			
				1500	53			
				1600	57			
				1700	60			
				1800	66			
				1900	72			
				2400	zerbrach			
16.	9	2	9	400	$2\frac{1}{4}$	Desgl.	Desgl.	Eben solche auf die hohe Kante gestellt. Aus demselben Grunde, wie die vorige, zerbrochen.
				800	4			
				1300	6			
				1600	$7\frac{1}{2}$			
				2000	10			
				2200	zerbrach			

Lauf. No.	Dimensionen in Preuſs. Maaſs. Länge. Fuſs.	Breite. Zoll.	Höhe. Zoll.	Gewicht in Preuſs. Pfunden, Handelsgewicht.	Biegung der Hölzer in Preuſs. Linien.	Specifisches Gewicht des Holzes in Preuſs. Pfunden.	Holzart.	Besondere Bemerkungen und Beobachtungen.
17.	9	$7\frac{1}{4}$	12	1000	$\frac{1}{4}$	64	Eichenholz.	Die bei No. 15. und 16. bemerkte Ausbiegung der Bohlen nach der Seite ist bei Bohlendächern wohl in Erwägung zu ziehen.
				2000	$\frac{1}{2}$			
				3000	$\frac{3}{4}$			
				4000	1			
				5000	$1\frac{1}{4}$			
				6000	$1\frac{2}{3}$			
				7000	2			
				8000	$2\frac{1}{4}$			
				9000	$2\frac{2}{3}$			
18.	9	12	$7\frac{1}{4}$	1000	1	64	Desgl.	
				2000	$1\frac{1}{2}$			
				3000	3			
				4000	$3\frac{1}{2}$			
				5000	4			
				6000	$4\frac{1}{2}$			
				7000	5			
				8000	$5\frac{1}{2}$			
				9000	6			
				10000	$6\frac{2}{3}$			
19.	12	12	$7\frac{1}{4}$	1000	1	65	Desgl.	
				2000	2			
				3000	4			
				4000	6			
				5000	8			
				6000	10			
				7000	12			
20.	12	$7\frac{1}{4}$	12	1000	$\frac{1}{2}$	$65\frac{1}{2}$	Desgl.	
				2000	1			
				3000	$1\frac{1}{2}$			
				4000	2			
				5000	$2\frac{1}{2}$			
				6000	3			
				7000	$3\frac{1}{2}$			
				8000	4			
				9000	$4\frac{1}{2}$			
				10000	5			
				11000	$5\frac{1}{2}$			
				12000	6			
21.	12	12	$7\frac{1}{4}$	1000	$1\frac{1}{3}$	$65\frac{1}{2}$	Desgl.	
				2000	$2\frac{2}{3}$			
				3000	4			
				4000	$5\frac{1}{3}$			
				5000	$6\frac{2}{3}$			
				6000	8			
				7000	$9\frac{1}{3}$			
				8000	$10\frac{2}{3}$			
				9000	12			
				10000	$13\frac{1}{3}$			
22.	15	$3\frac{1}{8}$	$2\frac{1}{4}$	50	30	32	Rothtannenholz. *Pinus picea.*	Die eigene Schwere des Balkens und 50 Pfd. Last, hatten selbigen 30 Linien in der Mitte gebogen.
				100	49			
				150	66			
				200	85			
				250	105			
				280	118			

Lauf. No.	Dimensionen in Preufs. Maafs.			Gewicht in Preufs. Pfunden, Handelsgewicht.	Biegung der Hölzer in Preufs. Linien.	Specifisches Gewicht des Holzes in Preufs. Pfunden.	Holzart.	Besondere Bemerkungen und Beobachtungen.
	Länge. Fufs.	Breite. Zoll.	Höhe. Zoll.					
23.	15	$2\frac{1}{4}$	$3\frac{1}{4}$	50	13	32	Rothtannenholz. *Pinus picea.*	Desgl. Der Balken blieb noch 9 Linien gekrümmt als alle Gewichte davon genommen worden waren.
				100	21			
				150	30			
				200	38			
				250	47			
				300	55			
				350	61			
				400	69			
				450	79			
				500	91			
				550	105			
24.	15	6	5	100	2	39	Desgl.	Der Balken wurde genau aus einem Stamme geschnitten, aber nicht behobelt, weil das Bauholz in der Regel nicht behobelt wird.
				200	$3\frac{1}{2}$			
				300	5			
				400	7			
				500	8			
				600	9			
				700	11			
				800	13			
				900	14			
				1000	$15\frac{1}{2}$			
				1100	$16\frac{1}{2}$			
				1200	18			
				1300	19			
				1400	21			
				1500	23			
				1600	26			
				1700	28			
				1800	29			
				1900	30			
				2000	32			
				2100	34			
				2200	36			
				2300	38			
25.	15	5	6	200	2	39	Desgl.	Die erste Biegung von 2 Linien wurde durch die eigene Schwere und 200 Pfd. hervorgebracht.
				400	4			
				600	6			
				800	8			
				1000	10			
				1200	12			
				1400	$14\frac{1}{2}$			
				1600	17			
				1800	19			
				2000	$21\frac{1}{2}$			
				2200	24			
				2400	27			
26.	15	$3\frac{1}{4}$	$2\frac{1}{4}$	50	36	32	Desgl.	Die erste Biegung wurde durch die eigene Schwere und 50 Pfd. Gewicht hervorgebracht.
				100	43			
				150	56			
				200	67			
				250	83			
				300	97			
				350	113			
				450	zerbrach			

Lauf. No.	Dimensionen in Preuſs. Maaſs. Länge. Fuſs.	Breite. Zoll.	Höhe. Zoll.	Gewicht in Preuſs. Pfunden, Handelsgewicht.	Biegung der Hölzer in Preuſs. Linien.	Specifisches Gewicht des Holzes in Preuſs. Pfunden.	Holzart.	Besondere Bemerkungen und Beobachtungen.
27.	12	$3\frac{1}{4}$	$2\frac{1}{4}$	50	12	32	Rothtannenholz. *Pinus picea.*	Wie vorher.
				100	23			
				150	$33\frac{1}{2}$			
				200	42			
				250	51			
				300	60			
28.	12	$2\frac{1}{4}$	$3\frac{1}{4}$	50	7	32	Desgl.	Desgl.
				100	11			
				150	15			
				200	20			
				250	25			
				300	29			
				350	34			
				400	39			
				450	45			
				500	49			
				550	55			
29.	15	11	10	600	1	30	Desgl.	Desgl. Er nahm die vorige Gestalt wieder an.
				1000	$1\frac{1}{2}$			
				1500	$2\frac{1}{2}$			
				2000	3			
				2500	$3\frac{1}{2}$			
				3000	4			
				3500	$4\frac{1}{2}$			
30.	15	6	9	400	1	30	Desgl.	Aus dem vorigen Stamme. Er nahm seine vorige gerade Gestalt wieder an.
				8.0	2			
				1200	$3\frac{1}{8}$			
				1600	$4\frac{1}{3}$			
				2000	$5\frac{1}{3}$			
				2400	$6\frac{1}{2}$			
				2800	8			
				3200	$9\frac{1}{2}$			
31.	15	9	6	400	1	30	Desgl.	Wie der vorige. Nachdem das letzte Gewicht noch 15 Stunden darauf gelastet hatte, betrug die ganze Biegung 21 Linien.
				800	3			
				1200	6			
				1600	9			
				2000	$11\frac{1}{2}$			
				2400	14			
				2800	$16\frac{1}{2}$			
				3200	19			
32.	15	3	6	200	$4\frac{1}{2}$	30	Desgl.	Aus demselben Stamme wie die vorigen.
				400	7			
				600	$10\frac{1}{2}$			
				800	15			
33.	15	3	6	200	3	30	Desgl.	Desgl. Ganz schönes Holz zwischen Kern und Splint.
				400	6			
				600	10			
				800	13			
				1000	16			
				1200	20			
				1600	$27\frac{1}{2}$			
				1925	36 und zerbrach.			

Lauf. No.	Dimensionen in Preufs. Maafs. Länge. Fufs.	Breite. Zoll.	Höhe. Zoll.	Gewicht in Preufs. Pfunden, Handelsgewicht.	Biegung der Hölzer in Preufs. Linien.	Specifisches Gewicht des Holzes in Preufs. Pfunden.	Holzart.	Besondere Bemerkungen und Beobachtungen.
34.	15	6	3	100	$4\frac{1}{2}$	30	Rothtannenholz. *Pinus abies.*	Aus dem vorigen Stamme.
				200	$11\frac{1}{2}$			
				300	$18\frac{1}{2}$			
				400	$25\frac{1}{2}$			
				600	41			
				800	55			
				900	$65\frac{1}{2}$			
				1000	73			
				1100	82			
				1200	95			
				1300	111			
				1369	126			
					zerbrach			
35.	9	6	5	400	1	38	Desgl.	Nach 18 Stunden bog sich der Balken mit 3800 Pfd. noch um eine Linie mehr.
				1000	$3\frac{1}{2}$			
				1500	5			
				1800	6			
				2300	8			
				2700	10			
				3200	12			
				3500	14			
				3800	15			
36.	9	5	6	600	1	38	Desgl.	
				1200	3			
				1800	$4\frac{1}{2}$			
				2400	6			
				3000	8			
				3600	10			
37.	12	6	5	400	3	38	Desgl.	Mit dem letzten Gewichte fing der Balken an zu krachen.
				800	6			
				1200	$9\frac{1}{2}$			
				1600	$12\frac{1}{2}$			
				2000	16			
				2400	20			
				3000	26			
				3600	32			
38.	12	5	6	600	$1\frac{1}{2}$	38	Desgl.	
				1200	5			
				1800	9			
				2400	13			
				3000	17			
				3600	22			
39.	15	5	6	600	8	38	Desgl.	Mit dem letzten Gewichte zerbrach der Balken.
				1200	15			
				1800	22			
				2400	30			
				3000	37			
				3600	51			
				4114	60			
40.	9	$2\frac{1}{4}$	$3\frac{1}{4}$	100	3	32	Desgl.	
				400	15			
				600	23			
				800	34			
				900	41			

Lauf. No.	Dimensionen in Preufs. Maafs. Länge. Fufs.	Breite. Zoll.	Höhe. Zoll.	Gewicht in Preufs. Pfunden, Handelsgewicht.	Biegung der Hölzer in Preufs. Linien.	Specifisches Gewicht des Holzes in Preufs. Pfunden.	Holzart.	Besondere Bemerkungen und Beobachtungen.
41.	20	10	12	1000	1	40	Rothtannenholz. *Pinus abies.*	Nachdem er mit dieser Last 5 Stunden gestanden hatte, war die Biegung 1 Zoll, nachher bog er sich nicht mehr.
				2000	3			
				3000	5			
				4000	7			
				5000	9			
42.	25	12	10	1000	2	40	Desgl.	Dieser Balken war nur auf den beiden Lagerseiten beschlagen.
				2000	6			
				3000	11			
				4000	15			
				5000	19			
				6000	23			
43.	12	6	9	1000	$1\frac{1}{3}$	31	Desgl.	
				2000	3			
				3000	5			
				4000	$6\frac{3}{4}$			
				5000	8			
				6000	10			
44.	9	6	9	1000	$\frac{3}{4}$	31	Desgl.	
				2000	2			
				3000	3			
				4000	$3\frac{4}{5}$			
45.	15	6	9	1000	$3\frac{1}{2}$	31	Desgl.	
				2000	7			
				3000	10			
				4000	13			
				5000	16			
				6000	19			
				6400	21			
46.	15	6	6	500	4	35	Rothtannenholz. *Pinus picea.*	Ganz reines Holz ohne sichtbare Aeste.
				1000	8			
				1500	12			
				2000	17			
				3000	27			
				3500	32			
47.	12	6	6	1000	5	35	Desgl.	Desgl. aus dem vorigen Stamme.
				2000	10			
				3000	15			
				3500	18			
				4000	22			
48.	9	6	6	1000	2	35	Desgl.	Desgl.
				2000	4			
				3000	6			
				4000	9			
				5500	13			
49.	15	6	6	1000	10	35	Desgl.	Desgl.
				2000	20			
				3000	30			
				3500	39			

Lauf. No.	Dimensionen in Preufs. Maafs. Länge. Fufs.	Breite. Zoll.	Höhe. Zoll.	Gewicht in Preufs. Pfunden, Handelsgewicht.	Biegung der Hölzer in Preufs. Linien.	Specifisches Gewicht des Holzes in Preufs. Pfunden.	Holzart.	Besondere Bemerkungen und Beobachtungen.
50.	12	6	6	1000	$1\frac{1}{4}$	35	Rothtannenholz. *Pinus picea.*	Desgl.
				2000	$3\frac{1}{2}$			
				3000	6			
				4000	$8\frac{1}{2}$			
				5000	$11\frac{1}{4}$			
				6000	14			
				6500	16			
51.	20	$8\frac{1}{4}$	$10\frac{1}{4}$	1000	$\frac{1}{2}$	$36\frac{1}{2}$	Desgl.	Gutes Holz aus einem andern Stamme.
				2000	2			
				3000	5			
				4000	8			
52.	20	$10\frac{1}{4}$	$8\frac{1}{4}$	1000	4	$36\frac{1}{2}$	Desgl.	Desgl. Mit 4000 Pfd. hatte er sich in 24 Stunden noch 2 Linien mehr gebogen.
				2000	8			
				3000	12			
				4000	16			
53.	9	6	11	1000	$\frac{1}{2}$	34	Desgl.	Ein anderer Stamm.
				2000	1			
				3000	$1\frac{1}{2}$			
				4000	2			
				5000	$2\frac{1}{2}$			
				6000	3			
				7000	$3\frac{1}{2}$			
				8000	4			
54.	12	6	11	1000	1	34	Desgl.	Aus dem vorigen Stamme.
				2000	2			
				3000	3			
				4000	4			
				5000	5			
				6000	6			
				7000	$7\frac{1}{4}$			
				8000	8			
55.	12	6	11	1000	2	34	Desgl.	Desgl.
				2000	4			
				3000	6			
				4000	8			
				5000	10			
				6000	12			
				7000	14			
				8000	$14\frac{1}{6}$			
56.	20	6	11	1000	$3\frac{1}{2}$	34	Desgl.	Desgl. Hatte sich durch das eigene Gewicht schon 3 Linien gebogen.
				2000	7			
				3000	$10\frac{1}{2}$			
				4000	14			
				5000	$17\frac{1}{2}$			
				6000	$21\frac{1}{4}$			
				7000	$24\frac{3}{4}$			
57.	25	6	11	1000	$6\frac{1}{2}$	34	Desgl.	Desgl. Hatte sich durch sein eigenes Gewicht schon 5 Linien gebogen.
				2000	$13\frac{1}{2}$			
				3000	20			
				4000	28			
				5000	36			
				6000	44			
				7200	zerbrach			

Um zu sehen, ob die durch die Schraubenpresse auf das Holz ausgeübte Gewalt auch so grofs sei, als die wirklich in der Mitte des Balkens angehängten Gewichte, wurden die berechneten Pressungen der Schraube in Preufsischen Pfunden an die Balken angehangen, und man erhielt dieselben Biegungen als unter der Schraube.

Es wurde auch Holz in Würfeln von 3 Zoll Seite unter die Presse gebracht, wobei sich denn ergab, dafs man dieses Holz, auf dem Hirnende geprefst, von 3 Zoll auf 8 Linien mit einem Drucke von 150000 Pfd. reduziren konnte (*pinus picea*). Das auf die Fasern geprefste Holz, das heifst wo der Druck lothrecht auf dieselben erfolgte, liefs sich durch diesen Druck selbst bis auf 6 Linien zusammen pressen. Wurden diese Würfel in Wasser gelegt, so nahmen sie ihre vorige Gestalt und Gröfse wieder an, sobald sie unter der Presse weggenommen wurden.

Auch 7jähriger Mörtel von Muschelkalk und schwarzem vulkanischen Sande, wie er in der Umgegend von Coblenz vorkommt, nemlich 1 Tonne ungelöschten Muschelkalk, 3 bis 4 Tonnen (Berliner) Sand vermischt, zeigte sich eben so fest als gut gebrannte Ziegelsteine. Merkwürdig war, dafs dieser Mörtel beim Zerdrücken inwendig ganz feucht wurde, oder sein Crystallisationswasser nach der Mitte concentrirte.

In der Gegend von Bendorf bei Coblenz findet sich ein Bimstein-Conglomerat, wovon das Bindemittel ein feiner Kalkbrei gewesen zu sein scheint, ehe es erhärtete. Aus diesen Steinen fertigt man Fachwände und Schornsteine, selbst leichte feuerfeste Gewölbe. Die Fachwände schützen aber nicht hinreichend gegen die Einbrüche der Diebe, und die Wanzen finden darin die bequemste Herberge. Die daraus gefertigten Schornsteine, wenn sie nur 4 bis 6 Zoll weit sind, können ihrer Leichtigkeit und Feuerfestigkeit wegen vorzüglich genannt werden. Da wo man aber noch am Vorurtheile der weiten Schornsteine festklebt, oder gar, wie in den Niederlanden und in Luxemburg, durch Gesetze zu dieser schlechten Construction derselben gezwungen ist, geben sie ein Material zum Schornsteinbau, was nicht genug zu vermeiden ist. Jedesmal, wenn der Schornsteinfeger einen solchen Schornstein besteigt, kratzt er mit dem Glanzrufs zugleich einen Theil der Schornsteinwände ab, und macht ihn dadurch feuergefährlich. Der Verfasser dieses, hat in Coblenz in mehreren Gebäuden, die wegen des Festungsbaues abgebrochen werden mufsten, Schornsteine dieser Art gefunden, welche bis an die Tapeten durchgekratzt waren, andere, wo die Löcher schon durch die Tapeten gingen, und andere, wo die Wände kaum noch einen Zoll dick waren. Ein Mal sah er sogar einen Fufsboden mit brennen, als ein mit solchen Steinen aufgeführter, alter weiter Schornstein Feuer gefangen hatte. Da wo sich solches Material vorfindet, sollten die Schornsteine entweder gesetzlich alle enge sein, oder ihre Construction mit diesem Material verboten werden.

Das Widerstandsvermögen dieses Conglomerates betrug pro Quadratzoll durchschnittlich nicht mehr als 50 bis 60 Preufs. Pfunde. Demungeachtet stehen die engen Schornsteine, welche man daraus erbauet, sehr fest, wenn sie selbst durch 4 Etagen geführt werden.

Um zu sehen, wie die in Tabelle XXI. erhaltenen Resultate mit der Barlowschen Theorie übereinstimmen, stellte man folgende Berechnungen an. l Länge des Balkens, W Gewicht, welches ihn biegt, a Breite, d Höhe desselben, ξ absolute Elasticität.

1stes Beispiel. Wie grofs mufs die Biegung des geprüften Balkens No. 24. Tab. XXI. unter dem Gewichte von 1600 Preufs. Pfd. sein, wenn er auf beiden Enden unterstützt und blofs in der Mitte belastet ist; nach der von Barlow entwickelten Formel $d = \frac{l^3 W}{a d^3 \xi}$. Die Elasticität des Rothtannenholzes 5000000 berechnet?

$$l^3 = 180^3 = 583200$$
$$W = 1600$$
$$l^3 W = 9331200000,$$
$$a d^3 \xi = 6 \text{ Mal } 125 \text{ Mal } 5000000 = 3750000000,$$

folglich

$$\delta = \frac{l^3 W}{a d^3 \xi} = \frac{9331200000}{3750000000} = 2{,}488 \text{ Preufs. Zoll} = 29{,}8 \text{ Linien.}$$

Der Versuch giebt 26 Linien. Hätte das Gewicht von 1600 Pfd. aber mehrere Stunden oder Tage auf dem Balken No. 24. gelastet, so würde seine Biegung gewifs der berechneten gleich gekommen sein, wie dies bei mehreren gebogenen Balken der Tab. XXI. zu sehen ist.

2tes Beispiel. Wie stark wird sich derselbe Balken unter denselben Umständen biegen, wenn er auf die hohe Kante gestellt wird (*de champ*) und dieselbe Belastung von 1600 Pfd. erhält?

$$l^3 = 180^3 = 583200$$
$$W = 1600$$
$$l^3 W = 9331200000,$$

$$a d^3 \xi = 5 \times 216 \times 5000000 = 5400000000 \text{ und } \frac{l^3 W}{a d^3 \xi} = \delta = \frac{9331200000}{5400000000} = 1{,}728 \text{ Zoll} = 20\tfrac{3}{4} \text{ Linien.}$$

Der Versuch gab 17 Linien, würde aber wohl 20 Linien gewesen sein, wenn das Gewicht von 1600 Pfd. mehrere Tage darauf gelastet hätte.

3tes Beispiel. Wie groß ist die Biegung des Balkens No. 29. Tab. XXI., wenn er auf beiden Enden unterstützt und in der Mitte mit 3000 Pfd. belastet ist?

$$l^3 = 5832000, \quad W = 3000, \quad \text{daher} \quad l^3 W = 17496000000.$$

$$a d^3 \zeta = 11 \times 1000 \times 5000000 = 55000000000,$$

$$\text{daher } \delta = \frac{l^3 W}{a d^3 \xi} = \frac{17496}{55000} = 0{,}318 \text{ Zoll} = 3{,}876 \text{ Linien.}$$

Der Versuch ergab 4 Linien.

4tes Beispiel. Wieviel Linien wird ein Balken von 15 Fuß Länge, 6 Zoll Breite, 9 Zoll Höhe No. 30. Tab. XXI. tragen, wenn er in seiner Mitte mit 3200 Pfd. belastet und auf beiden Enden unterstützt wird?

$$l^3 = 5832000, \quad W = 3200, \quad l^3 W = 17662400000;$$

$$a d^3 \xi = 21870000000, \quad \delta = \frac{l^3 W}{a d^3 \xi} = \frac{176624}{218870} = 0{,}869 \text{ Zoll} = 10\tfrac{1}{2} \text{ Linien.}$$

Der Versuch giebt $9\frac{1}{2}$ Linien Biegung, welche der Balken gewiß erhalten haben würde, wenn das Gewicht längere Zeit darauf gelastet hätte.

5tes Beispiel. Wie groß ist die Biegung des Balkens No. 31. mit 3200 Pfd., wenn er auf beiden Enden unterstützt und in der Mitte allein belastet ist?

$$l^3 = 5832000, \quad W = 3200, \quad \text{folglich} \quad l^3 W = 17662400000.$$

$$a d^3 \xi = 9 \text{ Mal } 216 \text{ Mal } 5000000 = 97200000000, \quad \text{und} \quad \frac{l^3 W}{a d^3 \xi} = \frac{176624}{97200} = 1{,}807 \text{ Zoll} = 21\tfrac{3}{4} \text{ Linien.}$$

Der Versuch gab 19 Linien. Hätte man das Gewicht aber mehrere Tage darauf hangen lassen, so würde die Biegung auch 21 bis 22 Linien betragen haben.

6tes Beispiel. Um wieviel Linien wird der Balken No. 35. Tab. XXI. in der Mitte gebogen werden, wenn daselbst ein Gewicht von 3800 Pfd. lastet und beide Enden desselben frei unterstützt sind?

$$l^3 = 108^3 = 1259712, \quad W = 3800, \quad \text{daher} \quad l^3 W = 4786905600,$$

$$a d^3 \xi = 3750000000, \quad \text{daher} \quad \delta = \frac{l^3 W}{a d^3 \xi} = \frac{47869056}{37500000} = 1{,}276 \text{ Zoll} = 15\tfrac{1}{4} \text{ Linien.}$$

Der Versuch gab 15 Linien.

7tes Beispiel. Wie groß ist die Biegung des Balkens No. 41., wenn er auf beiden Enden unterstützt und in der Mitte mit 5000 Pfd. belastet ist?

$$l^3 = 240^3 = 13824000, \quad W = 5000, \quad \text{daher} \quad l^3 W = 69120000000;$$

$$a d^3 \xi = 10 \text{ Mal } 1728 \text{ Mal } 5000000 = 8640000000, \quad \text{folglich} \quad \delta = \frac{l^3 W}{a d^3 \xi} = \frac{6912}{8640} = 0{,}834 \text{ Zoll} = 10 \text{ Linien.}$$

Der Versuch gab 9 Linien, und nach 5 Stunden 12 Linien, so daß die Berechnung die mittlere Biegung angiebt.

8tes Beispiel. Wieviel Linien wird sich ein Balken wie No. 43. biegen, wenn er in der Mitte mit 6000 Pfd. belastet ist?

$$l^3 = 144^3 = 2985984, \quad W = 6000 \text{ Pfd.}; \quad \text{also} \quad l^3 W = 17915904000;$$

$$a d^3 \xi = 6 \times 729 \times 5000000 = 21870000000, \quad \text{folglich} \quad \delta = \frac{l^3 W}{a d^3 \xi} = \frac{17915904}{21870000} = 0{,}819 \text{ Z.} = 10 \text{ L. beinahe.}$$

Der Versuch gab 9 Linien, und würde gewiß 10 Linien gegeben haben, wenn das Gewicht längere Zeit darauf gelastet hätte.

Weil sich bei gleichen Stücken und Gewichten, nach obiger Formel, die Biegungen wie die Cuben der Längen verhalten müssen, so kann man aus der Biegung des 15 Fuß langen Balkens, die Biegung des 12füßigen und 9füßigen berechnen, wenn dasselbe Gewicht darauf lastet. Z. B. der 15füßige Balken biegt sich, wenn er flach liegt, unter 2400 Pfd. etwa 40 Linien No. 24., wie stark wird er sich auf 12 Fuß und 9 Fuß Länge biegen, wenn er dieselbe Last erhält.

$15^3 : 12^3 : 9^3 = 40 : 20\frac{1}{2} : 8\frac{2}{3}$. Die Versuche ergeben hier $46 : 20 : 8\frac{1}{2}$. Oder: die Theorie ist richtig.

(Der Schluß im nächsten Hefte.)

Inhaltsverzeichnifs des dritten Hefts zehnten Bandes.

Berlin, gedruckt bei G. Reimer.

Journal

für

die Baukunst.

In zwanglosen Heften.

Herausgegeben

von

Dr. A. L. Crelle,

Königlich-Preufsischem Geheimen-Ober-Baurathe, Mitgliede der Königlichen Akademie der Wissenschaften zu Berlin, Correspondenten der Kaiserlichen Akademie der Wissenschaften zu St. Petersburg und der Königlichen Akademieen der Wissenschaften zu Neapel und Brüssel, Ehrenmitgliede der Hamburger Gesellschaft zur Verbreitung der mathematischen Wissenschaften.

Zehnter Band.

Viertes Heft.

Mit drei Figurentafeln (Taf. XVII. — XIX.).

Berlin,

bei G. Reimer.

1836

13.

Ausführliche technische Nachricht von der Drahtbrücke zu Freyburg in der Schweiz.

(Nach den Mittheilungen des Erbauers derselben in den *Annales des ponts et chaussées.*)

Das gegenwärtige Journal hat in das erste Heft seines neunten Bandes eine ihm von einem Ungenannten mitgetheilte kurze Beschreibung dieser Brücke aufgenommen. Da diese Beschreibung indessen zu wenig ausführlich ist, als dafs sie, zumal nicht von Zeichnungen begleitet, dem Techniker genügen könnte, das Bauwerk aber, schon seiner Gröfse und Aufserordentlichkeit wegen, in der That ungemein interessant ist, auch Einiges darüber technisch zu bemerken sein dürfte: so glaubt der Herausgeber dieses Journals, es werde dem Interesse der Leser desselben angemessen sein, dafs er die von dem Erbauer der Brücke selbst, dem französischen Ingenieur Herrn *Challey*, im Jahrgange 1835 der *Annales des ponts et chaussées* gegebene ausführliche und genaue technische Beschreibung derselben und ihres Baues hier vollständig mittheilt. Maafs, Gewicht und Geld sind dabei auf Preufsische reducirt worden. Er wird sich erlauben, der Beschreibung einige Bemerkungen beizufügen.

I. Einleitung zu dem Projecte, und allgemeine Beschreibung der Brücke.

1. *Zweck der Brücke.* Die Stadt Freyburg in der Schweiz liegt grofsentheils auf steilen, fast senkrechten Felsen, an 480 F. hoch über dem Sarine-Flufs. Die Stadt wird von den gegenüberliegenden Bergen durch ein Thal getrennt, welches an seiner schmalsten Stelle etwa 950 F. breit ist. Sie hat mit dem gegenüberliegenden Ufer, also mit Bern und der deutschen Schweiz, keine andere Verbindung als durch eine schwierige, lange und gefährliche Strafse, welche mit vielen Krümmungen in das Thal hinabsteigt. Diese Strafse hat an manchen Stellen mehr als 1 auf

Lauf. No.	Dimensionen in Preufs. Maafs. Länge. Fufs.	Breite. Zoll.	Höhe. Zoll.	Gewicht in Preufs. Pfunden, Handelsgewicht.	Biegung der Hölzer in Preufs. Linien.	Specifisches Gewicht des Holzes in Preufs. Pfunden.	Holzart.	Besondere Bemerkungen und Beobachtungen.
58.	25	11	6	1000 2000 3000 4000 4500	23 41 72 98½ 116	35¼	Rothtannenholz. *Pinus picea.*	Aus einem andern Stamme. Die Biegung von 23 Linien, wurde durch sein eigenes Gewicht und 1000 Pfd. Last erzeugt.
59.	20	11	6	1000 2000 3000 4000 5000 6000 6680 6800	15½ 27 38 53 68 84 108 zerbrach	35¼	Desgl.	Aus dem vorigen Stamme. Die erste Biegung entstand durch sein eigenes Gewicht und 1000 Pfd.
60.	15	11	6	1000 2000 3000 4000 5000 6000 7000	7 13 19 25 31 37 44	35¼	Desgl.	Wie bei dem vorigen.
61.	12	11	6	1000 2000 3000 4000 5000 6000 7000 8000	3 7 11 15 19 23¼ 27 32	38¾	Desgl.	Ein anderer Stamm.
62.	9	11	6	1000 2000 3000 4000 5000 6000 7000 8000 9000	1 2½ 4 5½ 7 8½ 9 10½ 12	38¾	Desgl.	Desgl.
63.	20	6	10	1000 2000 3000 4000 5000	8½ 15 22 29 36	30	Desgl.	Anderer Stamm, 2 Linien Biegung durch die eigene Schwere.
64.	20	10	6	1000 2000 3000 3050	23 41 60 zerbrach			

Das letzte der Probe unterworfene Stück Holz war sehr schlecht, es hatte ein brändiges Ansehen, selbst Faulflecke, und der Versuch geschah in der Absicht, um zu sehen, wie sehr solches Holz dem gesunden nachstehe, und auch wie weit man sich auf alte, beim Abbruche der Häuser vorgefundene Balken verlassen könne, wenn sie dieses Ansehen haben. Der Erfolg lehrte, dafs dies Holz sehr schwach sei, weil ganz gesundes Holz wohl 6000 Pfd. und mehr unter denselben Umständen trägt.

$6\frac{2}{3}$ Gefälle, ist gepflastert, zu jeder Jahreszeit sehr beschwerlich, und im Winter gar nicht zu passiren. Unten angelangt, und nachdem man, auf schmalen Brücken, dreimal die Sarine passirt ist, befindet man sich am Fuſse der Berge des andern Ufers, welche fast eben so schwierig zu ersteigen sind, als der Felsen, auf welchem die obere Stadt Freyburg liegt. Ist man glücklich und ohne Unfall auf das andere Ufer wieder hinaufgekommen, wozu in allem wenigstens eine Stunde Zeit gehört, so befindet man sich an einem Orte, der vom Ausgangspunct, in gerader Linie, nur 80 bis 100 Ruthen entfernt ist.

Diese Schwierigkeit der für die Stadt Freyburg so wichtigen Verbindung derselben mit dem gegenüberliegenden Lande hatte schon seit mehreren Jahren die Aufmerksamkeit einiger einsichtigen und patriotischen Männer erregt, und es hatten dieselben auf Mittel gesonnen, die Communication zu erleichtern.

Mehrere Projecte zu festen Brücken von Holz, und selbst von Steinen, zur Verbindung der beiden Berge, waren gemacht, aber immer, als auſser Verhältniſs zu den Kräften des Landes, wieder bei Seite gelegt worden. Die Lösung der Aufgabe war dem Systeme der Hängebrücken, welches sich schon durch einige gelungene Anwendungen in Frankreich und England empfohlen hatte, vorbehalten geblieben.

2. *Unterhandlungen.* Es war im Februar 1830, als ich mich, auf die Aufforderung der Freyburger, an Ort und Stelle begab. Ich setzte mich mit dem Comité der Actionnairs in Verbindung, welche sich, als Unterzeichner der Baukosten, zum Nutzen ihres Landes, und unter Mitwirkung der Stadt- und Cantonsbehörden, zur Ausführung des Projects vereinigt gehabt hatten. Der Subscribenten waren 270 gewesen, und darunter Einwohner aus allen Classen; auch mehrere Municipalitäten und Corporationen; so wie auch einige geistliche Behörden.

Das Comité machte mich, ohne Rückhalt, mit Allem bekannt, was bis dahin vorgeschlagen und geschehen war. Es theilte mir alle Ausarbeitungen und Plane derjenigen Ingenieure mit, welche bis dahin über den Gegenstand gearbeitet gehabt hatten, und versah mich mit allen nöthigen Angaben, um demnach meinerseits einen Entwurf machen zu können.

Es wurde eine vorläufige Übereinkunft geschlossen, und im Mai 1830 legte ich der Commission zwei Plane zu Hängebrücken vor: die eine mit einem Mittelpfeiler, die andere mit einer einzigen Spannung.

Im Juni nahm die Regierung die Grundzüge der vorläufigen Übereinkunft an, und am 10. Juli 1830 wurde mit mir ein Vertrag geschlossen, welchem zufolge die Actionnairs sich verpflichteten:

Erstlich, den Raum zu der Brücke selbst und zu den Arbeitsplätzen mir zu liefern;

Zweitens, mir 80 000 Rthlr. (300 000 franz. Fr.) allmälig, so wie die Arbeit vorrücken würde, zu zahlen, und

Drittens, den Brückenzoll, nach einem von der Regierung festzusetzenden Tarif, auf 40 Jahre mir zu überlassen.

Meinerseits hatte ich

Erstlich, die Brücke auf meine Kosten und Gefahr nach dem vorgelegten Plane zu erbauen und dabei die Wahl zwischen einer Brücke mit einem Mittelpfeiler und derjenigen mit einer einzigen Spannung.

Zweitens hatte ich, wenn mehr als 80 000 Rthlr. Kosten nöthig sein sollten, den Überschufs aus meinen Mitteln zu tragen.

Kaum hatte aber hierauf die Anschaffung der Baumaterialien begonnen, und kaum war Hand an das Werk gelegt worden, als die politischen Ereignisse von 1830 gegen meinen und den Willen der Actionnairs die Ausführung unterbrachen. Erst im Frühling 1832 konnte der Bau wirklich angefangen werden, und am 30. Mai 1832 wurde der Grundstein zu dem ersten Porticus, demjenigen an der Stadtseite, gelegt.

3. *Allgemeine Beschreibung der Brücke.* Die Brücke (Taf. XVII. Fig. 1.) steht an der schmalsten Stelle des Thales. Sie geht von der Stelle der alten Schlachthäuser aus und reicht nach dem gegenüberliegenden Berge hin. Dieser Berg steigt noch 255 F. weiter über die Brückenbahn empor.

Eine von der Cantons-Regierung erbaute Verbindungs-Chaussée führt, mit einer Krümmung von 80 F. Halbmesser, von der Brücke, etwa 530 Ruthen lang, und mit einem Gefälle von 1 auf 25, auf den Gipfel des Berges und nach der Berner Strafse hin. Diese Verbindungs-Chaussée ist in den Berg, welcher aus Conglomerat und grobem Kiese besteht, eingeschnitten. Die ersten 26 Ruthen Strafse haben über 11 000 Sch. R. Terrain-Arbeit erfordert, und noch sind die an 80 F. hohen Böschungen viel zu steil, und erfordern noch Abflächungen.

Auf der Seite der Stadt werden die Zugänge zur Brücke durch meist sehr alte Häuser verengt, die, aufser dafs sie häfslich aussehen, den Weg in wiederholte enge und kurze Krümmen zwängen. Den Bemühungen des Comités der Actionnairs wird es indessen hoffentlich noch gelingen, zunächst die der Brücke am nächsten stehenden Häuser wegzuräumen und so allmälig der Brücke einen geräumigeren Zugang zu verschaffen.

Da die Felsen, auf welchen die Widerlagen der Brücke sich befinden, zum Theil fast senkrecht, und an den entblöfsten Stellen verwittert sind, so habe ich es für rathsam gehalten, mit den Portiken, welche die Hängeseile der Brücke tragen, von den Rändern des Thales 32 F. zurück zu bleiben. Dieser Anordnung wegen habe ich vor jedem Porticus, für den Zugang zu der Brückenbahn, eine Terrasse, in Form eines Halbmondes gebaut (Fig. 2.), von welcher man bis in's Thal hinabsehen kann. Die Gegend, von der Ansicht der Brücke begrenzt, gewährt hier eine durch die Mannichfaltigkeit und Schönheit der Landschaft ungemein interessante Aussicht.

Die Hängebrücke ist mit Drahtseilen und mit einer einzigen Spannung erbaut. Das letzte geschah gegen die Meinung bedeutender Männer, und fast gegen den Wunsch der Freyburger und der Actionnairs. Meine Gründe für die einzelne Spannung waren folgende. Vor Allem hatte ich die Bauzeit, und dann die Kosten eines 186 F. hohen Pfeilers zu berücksichtigen, zu welchem das Material hätte von weit hergeholt werden müssen. Ich bin noch jetzt mehr als jemals überzeugt, dafs der Bau des Pfeilers und der Brücke mit zwei Öffnungen unendliche Schwierigkeiten gehabt haben würde, während dagegen die eine Spannung sehr einfach und die Aufführung des Mauerwerks und das Aufrichten der Brücke leicht war. Aufserdem wird Jedermann gestehen, dafs das grandiose Aussehen einer einzelnen Spannung, von so grofser Weite, unvergleichlich ist.

Zwei Portiken, von dorischer Ordnung, Fig. 3., 4., 5., 6., 7. und 8., von 63 F. 9 Z. hoch, und zwischen ihren Sockeln 846 F. 9 Z. von einander entfernt, eröffnen die Zugänge zu der Brücke, und unterstützen die Hängeseile.

Dieser Hängeseile sind an jeder Seite der Brückenbahn zwei. Sie bilden über das Thal hin einen Bogen von 61 F. 5 Z. Tiefe nach unten, und 855 F. Sehne, legen sich auf die Portiken auf, und gehen dann, hinter denselben, in schiefer Richtung nach dem Boden zu. Sie versenken sich in denselben zunächst in der gleichen schiefen Richtung, die sie von der Höhe des Porticus an haben, bis auf den Felsen. Dort biegen sie sich von Neuem und gehen in den Felsen, in Brunnen 44 F. 7. Z. tief hinab. Dort werden sie, wie es Taf. XVII. Fig. 1. und 2. und Taf. XVIII. Fig. 1., 2., und 3. vorstellen, durch Mauerwerk, und in der Tiefe der Brunnen noch durch eiserne Anker festgehalten.

Die oberen Öffnungen der senkrechten Brunnen liegen, in der Hauptlinie der Brückenbahn, 169 F. hinter den Portiken, und die Entfernung der Brunnen zu beiden Seiten der Brücke von einander beträgt 1221 F.

Man glaubte Anfangs, dafs der Berg, der Stadt gegenüber, Sandstein sei, nur einige Fufs hoch mit Kies und Damm-Erde bedeckt. Die Untersuchung des Hügels hat aber ergeben, dafs der Felsen mit einer ungeheuren Masse von Kies und Schutt hoch bedeckt ist, und dafs seine Oberfläche fast horizontal und in der nemlichen Höhe liegt, wie die Felsenbank, auf welcher die Stadt erbauet ist. Deshalb ist die Befestigung der Tragseile auf beiden Seiten ganz auf gleiche Weise angeordnet worden.

An beiden Seiten der Brücke mufs man unter die Spannseile hindurch gehen, um zu den Portiken zu gelangen. Nachdem man hierauf die beiden oben gedachten Halbmonde passirt ist, welche 29 bis 32 F. breit sind, gelangt man auf die Brückenbahn. Die Mauern der Terrassen dienen zugleich zu Stützpuncten der eigentlichen Brückenbahn, und die Entfernung derselben von einander, quer über das Thal, oder die Länge der eigentlichen, frei hängenden Brückenbahn beträgt 784 F. 8 Z.

II. Bauplätze und Mauerwerk.

4. *Bauplätze und Werkstätten.* Dieselben wurden in dem Thal, an der Strafse von Freyburg nach Bern, auf dem rechten Ufer der Sarine, fast ganz in der Mittellinie der Brücke etablirt.

Eine alte Baumwollen-Färberei lieferte hinreichende Locale zu dem Unterkommen der Arbeiter und zur Unterbringung von Öl, Theer, Eisen, Draht etc., so wie zu den Schmieden und anderen Werkstätten. Auch fand ich darin ganz fertige Essen, so wie grofse luftige Böden, welche zum Aufspannen der gefirnifsten Drähte und zur Verfertigung der Trag- und Spannseile gebraucht werden konnten. Eine Wiese, und ein Spaziergang dicht bei diesem Etablissement, 640 F. lang, fast horizontal, gewährte mir aufserdem Raum zur Zulage der Brückenbahn und zur Bereitung der Fäden, aus welchen die Tragseile zusammengesetzt werden sollten. Eine Laufbrücke von Eisendraht (Taf. XVII. Fig. 1.) diente, um von der Baustelle nach der Höhe des Ufers an der entgegengesetzten Seite des Flusses zu gelangen.

Die Baustelle zur Ablage und Bearbeitung der Werksteine zum Mauerwerk auf dem rechten Ufer [die Stadt Freyburg liegt auf dem linken Ufer der Sarine] konnte noch an der Strafse, am Fufse einer hölzernen Rampe, angelegt werden, auf welcher man diese Materialien in die Höhe schaffte.

Da das linke Ufer keinen Raum weiter zu einer Baustelle als den Raum eines Theils der alten Schlachthäuser und den eines Theils der anstofsenden Strafsen gewährte, so habe ich von dieser Seite die Mauermaterialien, nur so wie sie allmälig bereitet und gebraucht wurden, genommen.

5. *Materialien.* Mit sehr wenigen Ausnahmen sind alle Materialien und alle Arbeiter von der Schweiz geliefert worden.

A. Kalk. Aller Kalk des Landes ist mehr oder weniger fett. Die verschiedenen Versuche der Bereitung von Mörtel und Béton ergaben, dafs der Kalk nur in sehr geringem Grade wasserfest ist. Inzwischen gab der magerste Kalk von Plafayon einen Mörtel, der nach einigen Monaten, selbst an den feuchten Stellen unter dem Boden, ziemlich hart wurde.

B. Sand. Der auf dem linken Ufer verbrauchte Sand ist aus dem Flufsbette der Sarine genommen: auf dem rechten Ufer aus Gruben im Berge, die entweder zu den Portiken selbst, oder zu der Chaussée gemacht worden waren. Der Sand enthält, rein gewaschen, viele Kalktheile und etwas Kiesel.

C. Kalksteine. Aller bei dem Bau der Brücke verbrauchte Kalkstein ist aus dem Jura, und zwar aus den Brüchen von Neuchatel, Neuville und Lenguau, 6 bis 8 Meilen von Freyburg entfernt, genommen. Die Steine sind aus den Brüchen, zu Wagen, bis an die nahen Ufer des Neuchateller oder Bienner Sees gefahren, und von da weiter, auf diesem See und den Morat-See zu Wasser, bis an's Thor von Morat, $1\frac{3}{4}$ Meilen von Freyburg entfernt, transportirt worden. Von da hat man nach Freyburg die eine Hälfte nahe bis zum linken Ufer, die andere, für das rechte Ufer, bis an die Baustelle am Fufse der obenerwähnten Rampe gebracht. Der Wassertransport bis Morat ist oft durch den niedrigen Wasserstand des Broie-Flusses, der die Seen von Neuchatel und Morat verbindet, unterbrochen worden, und über diese Unterbrechungen sind 3 Monate der guten Jahreszeit von 1832 verloren gegangen.